华为ICT大赛系列

华为ICT大赛实践赛

云赛道真题解析

组　编　华为ICT大赛组委会
主　编　吴伟强 许可 明月
副主编　王永学 李冬青 张瑞

人 民 邮 电 出 版 社
北　京

图书在版编目（CIP）数据

华为 ICT 大赛实践赛云赛道真题解析 / 华为 ICT 大赛组委会组编 ; 吴伟强，许可，明月主编. -- 北京 : 人民邮电出版社，2024. -- ISBN 978-7-115-65457-1

Ⅰ. TP393.027-44

中国国家版本馆 CIP 数据核字第 20247FC568 号

内 容 提 要

本书对华为 ICT 大赛 2023—2024 实践赛云赛道真题进行解析，涉及云、大数据、AI 这 3 个技术方向。本书共 5 章，第 1 章先讲解华为 ICT 大赛目标，以及华为 ICT 大赛 2023—2024 实践赛和创新赛的比赛内容，然后介绍实践赛云赛道赛制和考试大纲；第 2～5 章按照由浅入深的顺序逐步解析省赛初赛、省赛复赛、全国总决赛和全球总决赛的真题，解析时根据各技术方向分解每道题的考点，帮助读者系统掌握考点并提升实践技能。

◆ 组　　编　华为 ICT 大赛组委会
主　　编　吴伟强　许　可　明　月
副 主 编　王永学　李冬青　张　瑞
责任编辑　贾　静
责任印制　王　郁　胡　南

◆ 人民邮电出版社出版发行　　北京市丰台区成寿寺路 11 号
邮编　100164　　电子邮件　315@ptpress.com.cn
网址　https://www.ptpress.com.cn
三河市兴达印务有限公司印刷

◆ 开本：800×1000　1/16
印张：23　　　　2024 年 11 月第 1 版
字数：504 千字　　　　2024 年 11 月河北第 1 次印刷

定价：69.80 元

读者服务热线：(010)81055410　印装质量热线：(010)81055316
反盗版热线：(010)81055315
广告经营许可证：京东市监广登字 20170147 号

前言

当前，AI 等新技术的发展突飞猛进；数据规模呈现爆炸式增长态势；越来越多的行业正在加快数字化转型和智能化升级进程，从而推动数字技术和实体经济深度融合，使人类社会加速迈向智能世界。而信息与通信技术（Information and Communications Technology）人才则成为推动全球智能化升级的第一资源和核心驱动力，成为推动数字经济发展的新引擎。

为加速 ICT 人才的培养与供给，提高 ICT 人才的技能使用效率，华为技术有限公司（以下简称“华为”）积极构建良性 ICT 人才生态。通过华为 ICT 学院校企合作项目，华为向全球大学生传递华为领先的 ICT 技术和产品知识。作为华为 ICT 学院校企合作项目的重要举措，华为 ICT 大赛旨在打造年度 ICT 赛事，为全球大学生提供国际化竞技和交流平台，帮助学生提升其 ICT 知识水平和实践能力，培养其运用新技术、新平台的创新创造能力。

目前为止，华为 ICT 大赛已举办八届，被中国高等教育学会正式纳入全国普通高校大学生竞赛榜单，也是 UNESCO（United Nations Educational，Scientific and Cultural Organization，联合国教科文组织）全球技能学院的关键伙伴旗舰项目。随着华为 ICT 大赛的连续举办，大赛规模及影响力持续提升。第八届华为 ICT 大赛共吸引了全球 80 多个国家和地区、2000 多所院校的 17 万余名学生报名参赛，最终来自 49 个国家和地区的 161 支队伍、470 多名参赛学生入围全球总决赛。

同时，参赛学生的知识水平与实践能力也在不断提升。据统计，第八届华为 ICT 大赛实践赛的所有参赛队伍平均得分为 562 分，较第七届提高了 105 分，其中中国区参赛队伍平均得分为 670 分，高于华为认证体系中最高级别的 ICT 技术认证——HCIE（Huawei Certified ICT Expert，华为认证 ICT 专家）认证要求的 600 分，反映出华为 ICT 大赛的竞争日益激烈、含金量日益提升。

为帮助参赛学生更好地备赛，华为特推出华为 ICT 大赛系列真题解析，该系列丛书共 4 册，涵盖第八届华为 ICT 大赛实践赛的网络、云、计算、昇腾 AI 赛道真题，是唯一由华为官方推出的聚焦华为 ICT 大赛的真题解析。该系列丛书逻辑严谨、条理清晰，按照由浅入深的顺序，逐步解析全国初赛（网络、云和计算这 3 条赛道为省赛的形式，其中省赛分为省赛初赛和省赛复赛）、全国总决赛和全球总决赛真题，从基础概念讲起，帮助参赛学生在学习相关知识的同时提升实践能力；按照模块化设计模式，按技术方向拆解考点，并深入讲解重点和难点知识，帮助参赛学生系统、高效地学习。该系列丛书将尽量保持华为 ICT 大赛 2023—2024 实践赛各赛道真题的原貌，以方便读者感受各赛道考题的风格、难易程度，有效帮助读者把握命题思路、掌握重点内容、检验学习效果、增加实战经验。该系列丛书既适合作为华为 ICT 大赛的参考书，也适合作为相关华为认证考试的参考书。

在编写本书的过程中，我们努力确保信息的准确性，但由于时间有限，难免存在不足之处。如有问题，读者可以发送邮件到 wuweiqiang@szpu.edu.cn。

同学们，智能世界之未来星河璀璨，时代赋予了我们新的挑战和机遇。“千淘万漉虽辛苦，吹尽狂沙始到金。”希望全球所有 ICT 青年，从该系列丛书起步，乘华为 ICT 大赛之东风，以知识和技术为翼，携勇气和梦想远征，与华为一起，共同构建一个更加美好的万物互联的智能世界。

华为 ICT 大赛组委会

2024 年 8 月

资源与支持

资源获取

本书提供如下资源：

- 考试指导；
- 异步社区 7 天 VIP 会员。

要获得以上资源，您可以扫描下方二维码，根据指引领取。

提交勘误

作者和编辑尽最大努力来确保书中内容的准确性，但难免会存在疏漏。欢迎您将发现的问题反馈给我们，帮助我们提升图书的质量。

当您发现错误时，请登录异步社区（https://www.epubit.com/），按书名搜索，进入本书页面，点击“发表勘误”，输入勘误信息，点击“提交勘误”按钮即可（见下图）。本书的作者和编辑会对您提交的勘误进行审核，确认并接受后，您将获赠异步社区的 100 积分。积分可用于在异步社区兑换优惠券、样书或奖品。

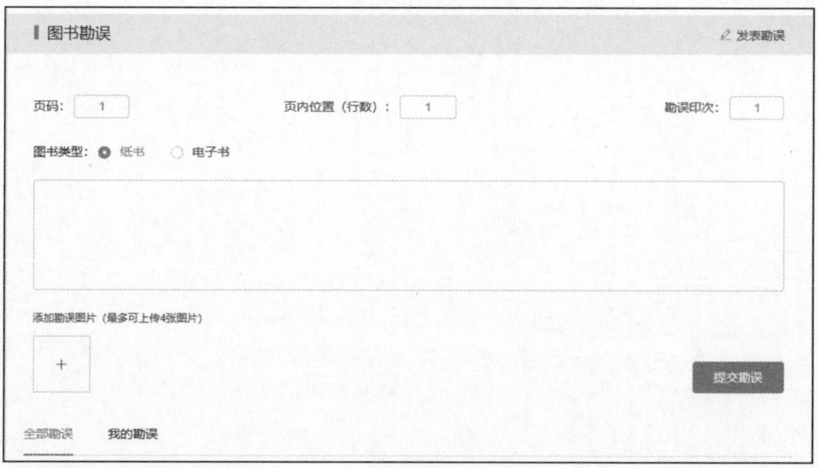

与我们联系

我们的联系邮箱是 contact@epubit.com.cn。

如果您对本书有任何疑问或建议，请您发邮件给我们，并请在邮件标题中注明本书书名，以便我们更高效地做出反馈。

如果您有兴趣出版图书、录制教学视频，或者参与图书翻译、技术审校等工作，可以发邮件给本书的责任编辑（jiajing@ptpress.com.cn）。

如果您所在的学校、培训机构或企业，想批量购买本书或异步社区出版的其他图书，也可以发邮件给我们。

如果您在网上发现有针对异步社区出品图书的各种形式的盗版行为，包括对图书全部或部分内容的非授权传播，请您将怀疑有侵权行为的链接发邮件给我们。您的这一举动是对作者权益的保护，也是我们持续为您提供有价值的内容的动力之源。

关于异步社区和异步图书

"异步社区"（www.epubit.com）是由人民邮电出版社创办的 IT 专业图书社区，于 2015 年 8 月上线运营，致力于优质内容的出版和分享，为读者提供高品质的学习内容，为作译者提供专业的出版服务，实现作者与读者在线交流互动，以及传统出版与数字出版的融合发展。

"异步图书"是异步社区策划出版的精品 IT 图书的品牌，依托于人民邮电出版社在计算机图书领域 30 余年的发展与积淀。异步图书面向 IT 行业以及各行业使用相关技术的用户。

目录

第 1 章

华为 ICT 大赛实践赛云赛道介绍

华为 ICT 大赛是华为面向全球大学生打造的年度 ICT 赛事，大赛以“联接、荣耀、未来”为主题，以“I. C. The Future”为口号，旨在为全球大学生打造国际化竞技和交流平台，提升学生的 ICT 知识水平和实践动手能力，培养其运用新技术、新平台的创新能力和创造能力，推动人类科技发展，助力全球数字包容。

华为 ICT 大赛自 2015 年举办以来，影响力日益增强，不仅参赛国家和地区、报名人数不断增加，还被中国高等教育学会正式纳入全国普通高校大学生竞赛榜单。

1.1 华为 ICT 大赛目标

华为 ICT 大赛目标如下。

- 建立联接全球的桥梁。大赛旨在打造国际化竞技和交流平台，将华为与高校联接在一起、教育与 ICT 联接在一起、大学生就业和企业人才需求联接在一起，促进教育链、人才链与产业链、创新链的有机衔接；助力高校构建面向 ICT 产业未来的人才培养机制，实现以赛促学、以赛促教、以赛促创、以赛促发展，培养面向未来的新型 ICT 人才。
- 提供绽放荣耀的舞台。大赛为崭露头角的学生提供国际舞台，授予奖项和荣誉；大赛成果将反映高校人才培养的质量，助力教师和高校提高业内影响力。
- 打造面向未来的生态。大赛培养学生的团队合作精神，培养其创新精神、创业意识和创新创业能力，促进学生实现更高质量的创业、就业；大赛将教育融入经济社会产业发展，推动互联网、大数据、AI 等 ICT 领域的成果转化和产学研用融合，促进各国加大对 ICT 人才生态建设的重视与投入，加速全球数字化转型与升级；大赛助力发展平等、优质教育，推进全球平衡发展，促进全球数字包容，力求让更多人从数字经济中获益，打造一个更美好的数字未来。

1.2　华为 ICT 大赛 2023—2024 比赛内容及方式

华为 ICT 大赛 2023—2024 的主题赛事包括实践赛和创新赛。

1.2.1　实践赛

实践赛包含网络、云、计算和昇腾 AI 这 4 条赛道（目前昇腾 AI 赛道仅对中国开放），主要考查参赛学生的 ICT 理论知识储备、上机实践能力以及团队合作能力；通过理论考试和实验考试考查学生的理论知识水平和动手能力，基于考试得分进行排名，学生需熟悉相关技术理论及实验。

实践赛采用“国家→区域→全球”三级赛制，国家赛的考查方式为理论考试；区域总决赛的考查方式为理论考试和实验考试；全球总决赛的考查方式为实验考试，其参赛队伍由区域总决赛队伍晋级产生。

中国区华为 ICT 大赛 2023—2024 实践赛为“省赛/全国初赛→全国总决赛→全球总决赛”三级赛制，比赛时间规划如表 1-1 所示。

表 1-1　中国区华为 ICT 大赛 2023—2024 实践赛比赛时间规划

<table>
<tr><th>主题赛事</th><th>报名时间</th><th>省赛时间</th><th>全国初赛时间</th><th>全国
总决赛时间</th><th>全球
总决赛时间</th></tr>
<tr><td>实践赛（网络、云、计算赛道）</td><td>2023 年 9 月 22 日—2023 年 10 月 31 日</td><td>2023 年 10 月—2023 年 12 月</td><td>无</td><td rowspan="2">2024 年 3 月</td><td rowspan="2">2024 年 5 月</td></tr>
<tr><td>实践赛（昇腾 AI 赛道）</td><td>2023 年 10 月 26 日—2023 年 12 月 10 日</td><td>无</td><td>2023 年 12 月</td></tr>
</table>

实践赛赛道的赛制级别及其中的组别划分如下。

- 省赛/全国初赛：分为网络、云、计算、昇腾 AI 这 4 条赛道，每条赛道分为本科组和高职组。
- 全国总决赛：分为网络、云、计算、昇腾 AI 这 4 条赛道，每条赛道分为本科组和高职组。
- 全球总决赛：分为网络、云、计算、昇腾 AI 这 4 条赛道（不区分本科组和高职组）。

其中，省赛分为省赛初赛和省赛复赛。

1.2.2　创新赛

创新赛要求学生从生活中遇到的真实需求入手，结合行业应用场景，运用 AI（必选）及云计算、物联网、大数据、鲲鹏、鸿蒙等技术，提出具有社会效益和商业价值的解决方案，并设计功能完备的作品。

创新赛采用作品演示加答辩的方式进行，重点考查作品创新性、系统复杂性/技术复合性、商业价值/社会效益、功能完备性及参赛队伍的答辩表现。

1.3　实践赛云赛道赛制

实践赛云赛道赛制分为省赛初赛赛制、省赛复赛赛制、全国总决赛赛制、全球总决赛赛制。其中，省赛初赛赛制和省赛复赛赛制分别如表 1-2 和表 1-3 所示。

表 1-2　实践赛云赛道省赛初赛赛制

赛段	考试类型	考试时长	试题数量	试题类型	总分	比赛形式	说明
省赛初赛（必选）	理论考试	90 分钟	60 道	判断、单选、多选	1000	个人	2023 年 1 月 1 日起至省赛初赛结束日前，通过 HCIA-Cloud Computing、HCIA-Cloud Service、HCIA-Big Data、HCIA-AI 任一认证加 50 分，通过 HCIP-Cloud Computing、HCIP-Cloud Service、HCIP-Big Data、HCIP-AI 任一认证加 100 分，通过 HCIE-Cloud Computing、HCIE-Cloud Service、HCIE-Big Data、HCIE-AI 任一认证加 200 分，可累计计分，加分上限为 200 分。 注意：大赛报名所用 Uniportal 账号需与认证考试所用 Uniportal 账号保持一致，否则将无法加分

表 1-3　实践赛云赛道省赛复赛赛制

赛段	考试类型	考试时长	试题数量	试题类型	总分	比赛形式	说明
省赛复赛（可选）	理论考试	90 分钟	90 道	判断、单选、多选	1000	个人	2023 年 1 月 1 日起至省赛初赛结束日前，通过 HCIA-Cloud Computing、HCIA-Cloud Service、HCIA-Big Data、HCIA-AI 任一认证加 50 分，通过 HCIP-Cloud Computing、HCIP-Cloud Service、HCIP-Big Data、HCIP-AI 任一认证加 100 分，通过 HCIE-Cloud Computing、HCIE-Cloud Service、HCIE-Big Data、HCIE-AI 任一认证加 200 分，可累计计分，加分上限为 200 分。 注意：大赛报名所用 Uniportal 账号需与认证考试所用 Uniportal 账号保持一致，否则将无法加分

实践赛云赛道全国总决赛的入围规则为：各省/市本科组队伍总成绩第一名、高职组队伍总成绩第一名入围全国总决赛。

实践赛云赛道全国总决赛赛制如表 1-4 所示，其奖项设置如表 1-5 所示。

表 1-4　实践赛云赛道全国总决赛赛制

赛段	考试类型	考试时长	试题数量	试题类型	总分	比赛形式	说明
全国总决赛	理论考试	60 分钟	20 道	判断、单选、多选	1000	3 人一组	全国总决赛的理论考试由队伍中的 3 名成员共同完成 1 套试题；实验考试由队伍 3 名成员通过分工共同完成任务，统一提交一份答案。总成绩=30%×队伍理论考试成绩 + 70%×队伍实验考试成绩
	实验考试	4 小时	不定	综合实验	1000		

表 1-5　实践赛云赛道全国总决赛奖项设置

奖项	本科组	高职组
特等奖	1 队	1 队
一等奖	4 队	4 队
二等奖	11 队	11 队
三等奖	剩余队伍	剩余队伍

实践赛云赛道全球总决赛的入围规则为：本科组队伍总成绩前 8 名、高职组队伍总成绩前 8 名入围全球总决赛。

实践赛云赛道全球总决赛赛制和奖项设置分别如表 1-6 和表 1-7 所示。

表 1-6　实践赛云赛道全球总决赛赛制

赛段	考试类型	考试时长	试题数量	试题类型	总分	比赛形式	说明
全球总决赛	实验考试	8 小时	不定	综合实验	1000	3 人一队	无

表 1-7　实践赛云赛道全球总决赛奖项设置

奖项	本科组、高职组混合
特等奖	4 队
一等奖	8 队
二等奖	12 队
三等奖	13 队

1.4　实践赛云赛道考试大纲

实践赛云赛道的试题涉及云、大数据、AI 等技术方向，这些技术方向试题在不同赛段的占比不尽相同，具体如表 1-8 所示。

表 1-8　各技术方向试题在不同赛段的占比

赛段技术方向试题	省赛初赛	省赛复赛	全国总决赛	全球总决赛
云	40%	40%	40%	40%
大数据	20%	20%	15%	15%
AI	40%	40%	45%	45%

实践赛云赛道考试内容涵盖云、大数据、AI 这 3 个技术方向的相关知识，包括但不限于云计算、云原生相关知识、华为云产品与服务、华为云解决方案、大数据基础知识、大数据组件基本原理与应用、大数据挖掘、AI 技术与应用、机器学习、深度学习、计算机视觉、NLP 等。

实践赛云赛道各技术方向的考核知识点分别如表 1-9、表 1-10、表 1-11 所示。

表 1-9 实践赛云赛道云技术方向的考核知识点

技术方向	能力分类	能力模型	能力细则	省赛初赛	省赛复赛	全国总决赛	全球总决赛
				HCIA级别	HCIP级别	HCIE级别	HCIE级别及以上
云	云计算	IT 发展阶段	IT 发展阶段概念：物理环境→虚拟化环境→私有云/公有云	√	√	√	√
		云计算概念	云计算发展背景、云计算定义、云计算价值、云计算分类等	√	√	√	√
		私有云	私有云概念、主流厂商及产品、使用场景	√	√	√	√
		公有云	公有云概念、主流厂商及产品、使用场景	√	√	√	√
	公有云服务操作	华为云	华为云简介、华为云使用场景、华为云生态、区域（Region）、可用区（AZ）、统一身份认证（IAM）、项目（Project）、华为云计费模式等	√	√	√	√
		计算服务	计算服务概述、弹性云服务器（ECS）、镜像服务（IMS）、弹性伸缩（AS）等	√	√	√	√
		云网络服务	传统网络和云网络的异同、虚拟私有云（VPC）技术、安全组、ACL、弹性公网 IP 服务、弹性负载均衡（ELB）等	√	√	√	√
		云存储服务	数据存储概念及发展，云存储概念、分类、使用场景，以及 OBS、EVS、SFS、CBR 等产品的概念、技术原理及使用方法等	√	√	√	√
		云数据库服务	数据库概述及发展、关系数据库概念、云数据库、云数据库 RDS、非关系数据库服务、数据库备份等	√	√	√	√
		云运维	云运维概述、云运维工具、云监控、云审计、云日志，以及 IAM 等产品的概念、技术原理及使用方法等	√	√	√	√
		云安全	Web 应用防火墙（WAF）、主机安全服务（HSS）、漏洞扫描服务（VSS）、数据加密服务（DEW）、云堡垒机（CBH）等		√	√	√
		应用运维	应用运维管理（AOM）、应用性能管理（APM）、应用服务网格（ASM）等		√	√	√
		应用系统上云	规划设计、应用上云、云迁移等		√	√	√
	云原生基础服务	云原生概念	云原生概念，包括云原生发展、定义、特点、模式、价值、使用场景、未来趋势等		√	√	√
		云原生基础设施——容器技术	华为云容器服务，包括容器概念、容器引擎、容器镜像、容器仓库、Kubernetes 概念及架构、Kubernetes 编排，以及华为云容器引擎（CCE）等产品的概念、技术原理及使用方法等		√	√	√
	云原生应用构建	微服务概念	华为云 Serverless 服务，包括 Serverless 的概念、形态、优势、价值，以及函数工作流 FunctionGraph 的技术原理及应用等			√	√
		基于云原生的应用构建	应用开发治理类服务，包括 CSE、ServiceStage 等产品的概念、技术原理及使用方法等			√	√

表 1-10　实践赛云赛道大数据技术方向的考核知识点

技术方向	能力分类	能力模型	能力细则	省赛初赛	省赛复赛	全国总决赛	全球总决赛
				HCIA 级别	HCIP 级别	HCIE 级别	HCIE 级别及以上
大数据	数据存储与处理	基本概念	大数据基本概念、大数据行业的发展趋势、大数据特点以及华为鲲鹏大数据等	√	√	√	√
		常用且重要的大数据组件	常用且重要的大数据组件（如 HDFS、HBase、Hive、ClickHouse、MapReduce、Yarn、Spark、Flink、Flume、Kafka、Elasticsearch、ZooKeeper 等的基础技术原理）	√	√	√	√
		华为大数据平台 MRS	华为大数据平台 MRS，包括 MRS 架构设计及核心特性、购买及使用方法、应用开发方法等	√	√	√	√
		大数据场景化解决方案	大数据离线处理场景化解决方案、大数据实时检索场景化解决方案、大数据实时流处理场景化解决方案等		√	√	√
		数据湖	数据湖概念以及数据入湖解决方案			√	√
		数据治理	数据治理方法论			√	√
	数据挖掘	数据预处理	数据预处理，包括缺失值、异常值、重复值处理，以及不均衡数据处理、偏态数据处理等			√	√
		特征工程	特征选择，涉及 Filter、Wrapper、Embedded 等操作				√
		有监督学习	有监督学习算法，包括回归算法、分类算法、集成算法等				√
		无监督学习	无监督学习算法，包括聚类算法、关联算法、降维算法等				√
		模型评估与优化	模型评估与优化，包括模型评估与选择、各类算法评估指标等				√
		PySpark MLlib 数据挖掘	PySpark MLlib 分类与回归、PySpark MLlib 聚类与降维、PySpark MLlib 关联规则与推荐算法、PySpark MLlib 评估矩阵等				√

表 1-11　实践赛云赛道 AI 技术方向的考核知识点

技术方向	能力分类	能力模型	能力细则	省赛初赛	省赛复赛	全国总决赛	全球总决赛
				HCIA 级别	HCIP 级别	HCIE 级别	HCIE 级别及以上
AI	AI 基础知识	AI 基础概念	AI 相关概念、发展历程及应用等	√	√	√	√
		AI 技术领域	AI 技术领域包括计算机视觉、NLP、ASR 等	√	√	√	√
		AI 当前前沿技术趋势及场景	AI 当前前沿技术趋势及场景，包括智能驾驶、量子机器学习、强化学习、知识图谱等	√	√	√	√

续表

技术方向	能力分类	能力模型	能力细则	省赛初赛 HCIA级别	省赛复赛 HCIP级别	全国总决赛 HCIE级别	全球总决赛 HCIE级别及以上
AI	AI算法	机器学习	传统机器学习算法、集成学习算法（例如boosting、bagging）、超参数搜索算法、模型评估、模型有效性（例如过拟合、欠拟合）等	√	√	√	√
		深度学习	深度学习算法（例如全连接神经网络、CNN、RNN、LSTM、GAN等）、损失函数、梯度下降、神经网络计算过程、优化器和激活函数、正则化等方面的常见问题（包括梯度消失、数据样本不平衡等）及处理方法	√	√	√	√
	华为云AI开发平台	华为云AI全栈全场景整体应用	华为云ModelArts、昇腾芯片、Atlas AI解决方案等	√	√	√	√
		华为云AI开发平台使用方法	华为云AI开发平台使用方法，包括数据标注、自动学习、云上开发环境、算法管理、训练管理、应用部署等	√	√	√	√
	MindSpore开发框架	AI开发框架	MindSpore体系架构、MindSpore框架全场景应用	√	√	√	√
		MindSpore基础知识和使用方法	MindSpore运行环境配置、基础知识（例如张量构建、数据类型及类型转换、常用函数及类的使用方法）、数据操作（例如数据集构建、数据变换、数据增强等）、网络构建、模型训练、模型保存及加载操作等	√	√	√	√
		MindSpore特性	动态图与静态图的使用方法、端云侧推理与部署的实现		√	√	√
		MindSpore开发流程和组件	MindSpore AI应用开发全流程，以及MindSpore组件，包括MindSpore Serving、MindSpore Lite、MindSpore Insight等		√	√	√
	AI应用开发	计算机视觉	数字图像处理； 计算机视觉任务，包括图像分类、图像分割、目标检测等； 计算机视觉常见算法，包括ResNet、YOLO、VGG等； 基于MindSpore实现计算机视觉应用开发			√	√
		语音处理	语音信号预处理、语音处理任务（例如语音识别、语音合成等）、基于MindSpore实现语音处理应用开发等			√	√
		NLP	文本数据处理、词嵌入、NLP任务（例如情感分类、机器翻译、命名实体识别等）、NLP常见算法（例如Transformer、BERT、ELMo等）、基于MindSpore实现NLP应用开发等			√	√

第 2 章

2023—2024 省赛初赛真题解析

2023—2024 省赛初赛的考试类型仅为理论考试，试题类型有单选题、多选题和判断题。2023—2024 省赛初赛试题包含云模块的 24 道题、大数据模块的 12 道题、AI 模块的 24 道题，共 60 道题。

2.1 云模块真题解析

1.【单选题】以下关于弹性文件服务（SFS）的描述中，错误的是哪一项？

A. 可以同时支持 NFS 协议和 CIFS 协议

B. 支持跨可用区的文件共享

C. 文件系统支持 KMS 加密功能

D. 支持多种文件协议，如 NFSv3.x 和 NFSv4.x 等协议

【解析】

选项 A：SFS（Scalable File Service，弹性文件服务）同时支持 NFS 和 CIFS 协议。SFS 通过标准协议访问数据，可以无缝适配主流应用程序并进行数据读写。

选项 B：SFS 支持文件共享，位于同一区域且跨多个可用区（Availability Zone，AZ）的云服务器可以访问同一 SFS，实现多台云服务器共同访问和分享文件。

选项 C：SFS 提供 KMS 加密功能，可以对新创建的文件系统进行加密。

选项 D：SFS 只支持 NFSv3x 协议。

【答案】D

2.【单选题】以下关于对象存储服务（OBS）多版本控制的描述，错误的是哪一个选项？

A. 开启多版本控制后，其仅对新上传的文件有效，因此上传与已存在的文件同名的文件时，会覆盖历史文件

B. 开启多版本控制后，用户可以在一个桶中保留多个版本的对象

C. 新创建的桶默认不开启多版本控制，新上传的对象将覆盖原有的对象

D. 删除目标对象的某个版本后，并不影响该对象的其他版本

【解析】

如果开启了多版本控制，上传对象时，OBS（Object Storage Service，对象存储服务）自动为每个对象创建唯一的版本号。上传同名的对象时，该对象将以不同的版本号被同时保存在 OBS 中。如果未开启多版本控制，向同一个文件夹中上传同名的对象时，新上传的对象将覆盖原有的对象。新创建的桶默认不开启多版本控制。在开启多版本控制的情况下，删除目标对象的某个版本后，并不影响该对象的其他版本。

【答案】A

3.【单选题】云硬盘服务（EVS）不支持以下哪一项管理操作？

A. 挂载　　B.卸载　　C. 备份　　D. 映射

【解析】

EVS（Elastic Volume Service，云硬盘服务）支持的管理操作有挂载、扩容、卸载、备份。

【答案】D

4.【单选题】以下关于对等连接的描述，错误的是哪一个选项？

A. 有重叠子网网段的 VPC 建立的对等连接，可能不生效

B. 创建对等连接后，需要在两端 VPC 内添加对等连接路由信息，才能使两个 VPC 互通

C. 不同区域的相同账户下的 VPC 之间可以创建对等连接

D. 跨账户创建对等连接时，对方接受该连接请求后，两个 VPC 才能互通

【解析】

选项 A：在同区域 PVC 下，有重叠子网网段的 VPC 时，无法创建整个 VPC 网段之间的对等连接。

选项 B：创建对等连接后，需要在两端 VPC 内添加对等连接路由信息，才能使两个 VPC 互通。

选项 C:不同区域的相同账户下的 VPC 之间无法创建对等连接,只能使用 VPN 或 CC 进行跨区域连接。

选项 D：不同账户创建对等连接的过程中，本端账户创建完成后，需要联系对端账户，等待对端账户接受对等连接请求，接受请求后两个 VPC 才能互通。

【答案】C

5.【单选题】配置安全组可以提高业务的安全性，以下关于安全组的描述，错误的是哪一个选项？

A. 安全组是一个逻辑上的分组，其可为具有相同安全保护需求并相互信任的云服务器、云容器、云数据库等实例提供访问策略

B. 系统会为每个用户创建一个默认安全组，默认安全组的规则是在出方向上的数据报文全部放行，入方向访问受限

C. 安全组创建后，用户可以在安全组中定义各种访问规则，当实例加入该安全组后，即受到这些访问规则的保护

D. 配置安全组规则时，源地址和目的地址只能设置为 IP 地址，不能设置为安全组

【解析】

选项 A：安全组是一个逻辑上的分组，其可为具有相同安全保护需求并相互信任的云服务器、云容器、云数据库等实例提供访问策略。

选项 B：系统会为每个用户创建一个默认安全组，默认安全组的规则是在出方向上的数据报文全部放行，入方向访问受限。

选项 C：安全组创建后，用户可以在安全组中定义各种访问规则，当实例加入该安全组后，即受到这些访问规则的保护。

选项 D：配置安全组规则时，源地址和目的地址可以设置为 IP 地址，也可以设置为安全组。

【答案】D

6.【单选题】以下关于弹性负载均衡（ELB）服务的描述，错误的是哪一个选项？

A. 健康检查功能用于检查后端服务器组中服务器的状态，因此不能手动关闭

B. 后端服务器组把具有相同特性的后端服务器放在一个组，流量分配策略会以后端服务器组为单位分配流量

C. ELB 服务可以提高应用程序的容错能力，消除单点故障并提升应用系统的可用性

D. ELB 服务可以支持多种负载均衡策略，如加权轮询算法、加权最少连接、源 IP 地址算法、连接 ID 算法等

【解析】

选项 A：ELB（Elastic Load Balance，弹性负载均衡）服务会定期对后端服务器进行健康检查，以确保它们能够正常处理请求。如果某个后端服务器无法通过健康检查，ELB 服务会将其从负载均衡组中移除，直到该后端服务器通过健康检查。ELB 服务也同时支持手动关闭健康检查功能。

选项 B：后端服务器组把具有相同特性的后端服务器放在一个组，流量分配策略会以后端服务器组为单位分配流量。这样可以确保流量在后端服务器之间被均匀分配，提高应用程序的性能和可靠性。

选项 C：ELB 服务可以提高应用程序的容错能力，消除单点故障并提升应用系统的可用性。当某个后端服务器出现故障时，ELB 服务会自动将流量切换到其他正常运行的后端服务器，确保应用程序继续使用负载均衡策略。

选项 D：ELB 服务支持多种负载均衡策略，如加权轮询算法、加权最少连接、源 IP 地址算法和连接 ID 算法等。用户可以根据实际需求对这些负载均衡策略进行选择和配置，以实现最佳的负载均衡效果。

【答案】A

7.【单选题】某用户希望通过远程方式访问 Linux 和 Windows 操作系统的弹性云服务器（ECS），安全组入方向需要放通以下哪两个端口？

A. 80、3389　　B.22、3389　　C. 22、80　　D. 443、8080

【解析】

Linux 的 ECS 的远程访问端口为 22，Windows 的 ECS 的远程访问端口默认为 3389。

【答案】B

8.【单选题】云数据库 GaussDB 是华为自主创新研发的分布式关系数据库，以下关于 GaussDB 描述错误的是哪一个选项？

A. 支持分布式事务，能够确保数据在同城跨 AZ 部署的情况下实现零丢失

B. 支持主备部署和单节点部署

C. 支持 1000+的扩展能力，PB 级海量存储

D. 基于 Shared-Nothing 架构

【解析】

云数据库 GaussDB 是一种分布式关系数据库。

选项 A：GaussDB 支持分布式事务，能够确保数据在同城跨 AZ 部署的情况下实现零丢失。

选项 B：GaussDB 并不支持主备部署和单节点部署。主备部署是一种高可用性部署模式，一个节点作为主节点用于处理请求，另一个节点作为备份节点用于在主节点故障时接管服务。单节点部署则只使用一个节点处理所有请求。这些部署模式与 GaussDB 的分布式特性不符，因此选项中“支持主备部署和单节点部署”是错误的。

选项 C：GaussDB 支持 1000+的扩展能力，能够满足 PB 级海量存储的需求。

选项 D：GaussDB 基于 Shared-Nothing 架构，这是一种分布式数据库架构，它将数据分布在多个节点上，每个节点都有独立的计算和存储资源，这样可以提高系统的可扩展性和性能。

【答案】B

9.【单选题】以下关于弹性云服务器（ECS）的描述中，错误的是哪一个选项？

A. 支持以包年/包月、按需计费以及竞价计费等模式购买云服务器

B. 可以通过 Web 控制台或 API，控制或访问云服务器

C. 适合部署 AI 分析、视频剪辑、核心数据库等业务

D. 可以根据业务需求和策略，自动调整弹性计算资源，高效匹配业务需求

【解析】

ECS（Elastic Cloud Server，弹性云服务器）支持以包年/包月、按需计费和竞价计费等模式购买云服务器。通过 Web 控制台或 API，来控制或访问云服务器，这样可以根据业务需求和策略自动调整弹性计算资源，以高效匹配业务需求。BMS（Bare Metal Server，裸金属服务器）才适合部署 AI 分析、视频剪辑、核心数据库等业务，故选择选项 C。

【答案】C

10.【单选题】云数据仓库 GaussDB(DWS)是一款具备分析及混合负载能力的分布式数据库，以下关于 GaussDB(DWS)的描述中，错误的是哪一个选项？

A. 支持 x86/Power/Itanium 硬件架构

B. 提供 PB 级数据分析能力

C. 提供多模分析和实时处理能力

D. 支持分布式事务 ACID

【解析】

云数据仓库 GaussDB(DWS)是一种分布式数据库，它具有以下特点。

（1）支持 x86/ARM 硬件架构。

（2）提供 PB 级数据分析能力，能够处理大量数据并快速返回查询结果。

（3）提供多模分析和实时处理能力，能够满足不同场景下的数据处理需求。

（4）支持分布式事务 ACID（原子性、一致性、隔离性和持久性），确保数据在分布式环境下的正确性和可靠性。

因此，选项 A 错误。

【答案】A

11.【多选题】华为云数据库 RDS 是一种基于云计算平台的稳定可靠、弹性伸缩、便捷管理的在线云数据库服务，以下哪些是 RDS 支持的数据库引擎？

A. MySQL　　B. PostgreSQL　　C. DAS　　D. DDM

【解析】

华为云数据库 RDS 支持 MySQL、PostgreSQL 和 MariaDB 等数据库引擎。

【答案】AB

12.【多选题】关系数据库是采用关系模型来组织数据的数据库，遵循 ACID 等特性，其以行和列的形式存储数据，华为云为用户提供以下哪些关系数据库？

A. RDS for MySQL　　B. RDS for Oracle

C. RDS for PostgreSQL　　D. RDS for SQL Server

【解析】

华为云为用户提供以下关系数据库：RDS for MySQL、RDS for PostgreSQL、RDS for SQL Server、RDS for MariaDB。华为云不提供 RDS for Oracle，故选项 B 不正确。

【答案】ACD

13.【多选题】华为云中的云日志服务（LTS）支持实时日志采集功能，支持多种日志采集方式，以下关于云日志服务的相关描述中，正确的是哪些选项？

A. 可以采集主机和云服务的日志数据

B. 日志结构化以日志组为单位，通过不同的日志提取方式将日志组中的日志进行结构化

C. 对于采集的日志数据，可以通过关键字查询、模糊查询等方式简单、快速地进行查询

D. 支持云服务、API/SDK 接入等多种日志采集方式

【解析】

选项 A：正确。云日志服务（Log Tank Service，LTS）能够采集主机（如 ECS、BMS 等）和各种云服务（如 RDS、DCS 等）的日志数据。

选项 B：错误。日志结构化以日志流为单位，通过不同的日志提取方式将日志流中的日志进行结构化，提取出有固定格式或者相似程度较高的日志，过滤不相关的日志，以便对结构化后的日志按照 SQL 语法进行查询与分析。

选项 C：正确。云日志服务提供了强大的日志查询功能，包括多种日志查询方式，如关键字查询、模糊查询等，用户可以通过这些方式简单、快速地检索和筛选所需的日志数据。

选项 D：正确。云日志服务支持多种日志采集方式，包括但不限于云服务（如 RDS、DCS）、API/SDK 接入（开发者可以通过 API 或 SDK 将应用日志直接发送到云日志服务）。

【答案】ACD

14.【多选题】以下关于云监控服务特点的描述，错误的是哪些选项？

A. 云监控服务需要手动开通，可以通过控制台或 API 查看云服务运行状态并设置告警

B. 实时上报原始采样数据，提供对云服务的实时监控，若触发告警，及时通知用户

C. 告警模板旨在帮助用户为单个云服务创建告警通知，提高数据的采样效率

D. 通过在告警规则中开启消息通知，当云服务运行状态变化达到告警阈值时，系统可以通过邮件和短信等方式进行通知

【解析】

选项 A：云监控服务不需要手动开通，在创建弹性云服务器等资源后云监控服务会自动开通，用户可以直接到云监控服务查看云服务运行状态并设置告警规则，故选项 A 错误。

选项 B：云监控服务支持实时上报原始采样数据，提供对云服务的实时监控，若触发告警，及时通知用户。

选项 C：告警模板是一组以云服务为单位的告警规则组合，方便用户对同一个云服务下的多个资源批量创建告警规则。告警模板的作用是帮助用户为单个云服务快速创建告警通知，以提升管理效率。它并不是为了提高数据的采样效率，故选项 C 错误。

选项 D：通过在告警规则中开启消息通知，当云服务运行状态变化达到告警阈值时，系统可以通过邮件和短信通知用户，还可以通过 HTTP、HTTPS 将告警信息发送至告警服务器，使用户可以在第一时间知悉业务运行状况，进而构建智能化程序以处理告警。

【答案】AC

15.【多选题】消息通知服务（SMN）是可靠的、可扩展的、海量的消息处理服务，SMN 服务可以通过以下哪些方式进行通知？

A. 邮件　　B. 手机短信　　C. 函数工作流　　D. 微信

【解析】

SMN 可以通过邮件、手机短信、函数工作流、HTTP 和 HTTPS 等多种通知方式将消息发送给特定用户。

【答案】ABC

16.【多选题】云硬盘（EVS）根据性能可以分成多种类型，以下关于云硬盘的类型的描述中，正确的是哪些选项？

A. 极速型 SSD　　B. 超高 IO　　C. 通用型 SSD　　D. 高性能型

【解析】

云硬盘可分为极速型 SSDv2、极速型 SSD、通用型 SSDv2、通用型 SSD、超高 IO、高 IO、普通 IO。

【答案】ABC

17.【多选题】工程师 A 在华为云中，通过弹性文件服务（SFS）新创建了 10 TB 的文件系统，并将其挂载给 CentOS 8 操作系统的云服务器，以下哪些原因可能导致文件系统挂载失败？

A. 新创建的文件系统容量过大，导致系统不支持

B. 挂载命令中的共享路径输入错误

C. 文件内容过多，导致挂载超时

D. 访问文件系统时使用的 DNS 错误

【解析】

在使用 mount 命令挂载文件系统到云服务器时，如果云服务器提示 access denied，则表示挂载失败，导致该结果的原因如下。

原因 1：文件系统已被删除。

原因 2：执行挂载命令的云服务器和被挂载的文件系统不在同一 VPC 下。

原因 3：挂载命令中的共享路径输入错误。

原因 4：使用虚拟 IP 访问 SFS。

原因 5：访问文件系统时使用的 DNS 错误。

原因 6：将 CIFS 类型的文件系统挂载至 Linux 操作系统的云服务器。

原因 7：挂载的目标子目录不存在。

由以上原因可知，选项 A 中提到的“新创建的文件系统容量过大，导致系统不支持”和选项 C 中提到的“文件内容过多，导致挂载超时”并不会直接导致文件系统挂载失败。

【答案】BD

18.【多选题】华为云对象存储服务（OBS）拥有以下哪些桶策略？

A. 桶只读　　B. 目录只读　　C. 公共读写　　D. 公共写

【解析】

华为云 OBS 拥有的桶策略包括公共读写、公共读、桶读写、桶只读、目录读写、目录只读等。

【答案】ABC

19.【判断题】混合云通常部署在企业或单位内部，运行在混合云上的数据全部保存在企业自有的数据中心内，如果需要访问这些数据，需要经过部署在数据中心入口的防火墙，这样可以在最大程度上保护数据。

【解析】

混合云并非通常部署在企业或单位内部，运行在混合云上的数据也不一定全部保存在企业自有的数据中心内。

【答案】错误

20.【判断题】裸金属服务器是一款兼具虚拟机弹性和物理机性能的计算类服务，为用户提供专属的云上物理服务器，为核心数据库、关键应用系统、高性能计算、大数据等业务提供更高的计算性能以及数据安全。

【解析】

该表述正确。

【答案】正确

21.【判断题】Web 应用防火墙（WAF）服务，通过对网站业务流量进行全方位检测和防护，智能识别恶意请求特征和防御未知威胁，避免源站被黑客恶意攻击和入侵，防止核心资产遭窃取，为网站业务提供安全保障。当网站成功接入 WAF 后，所有网站访问请求将先流转到 WAF 进行监控，恶意攻击流量在 WAF 上被检测和过滤，而正常流量返回给源站，从而确保源站安全、稳定、可用。

【解析】

该表述正确。

【答案】正确

22.【判断题】华为云数据库 PostgreSQL 是一款分布式架构的关系数据库，支持集群化部署，在保证数据可靠性和完整性方面表现出色，支持互联网电商、地理位置应用系统、金融保险系统、复杂数据对象处理等场景。

【解析】

PostgreSQL 是一个开源对象云数据库管理系统，侧重于可扩展性和标准的符合性，被业界誉为“最先进的开源数据库”。云数据库 RDS for PostgreSQL 面向企业复杂 SQL 处理的 OLTP 在线事务处理场景，支持 NoSQL 数据类型（JSON/XML/hstore），支持通过 GIS 进行地理信息处理，在数据可靠性和完整性方面有良好声誉，适用于互联网电商、地理位置应用系统、复杂数据对象处理等应用场景。

【答案】错误

23.【判断题】云日志服务提供实时日志采集功能，支持云服务、API/SDK 接入等多种日志采集方式。无须安装插件，即可接入平台，通过平台主动采集日志后，日志数据可以在云日志控制台以简单、有序的方式展示用户可以以方便、快捷的方式对其进行查询。

【解析】

云日志服务一般是被动采集日志的，例如云日志服务采集 ICAgent 或 ELB、VPC 等云服务的日志时，ICAgent、云服务主动上报日志给云日志服务。

【答案】错误

24.【判断题】云监控服务（CES）为用户提供一个针对弹性云服务器、带宽等资源的立体化监控平台，使用户全面了解云上的资源使用情况、业务的运行状况，并及时收到异常告警，以便迅速做出反应，保证业务顺畅运行。

【解析】

该表述正确。

【答案】正确

2.2 大数据模块真题解析

1.【单选题】关于 Spark 中 Structured Streaming 的两个处理模型，以下哪一个选项是不正确的?

A. Structured Streaming 包括两个处理模型，即微批处理模型和持续处理模型

B. Structured Streaming 默认采用持续处理模型

C. 如采用微批处理模型，流计算引擎在处理上一批次数据结束后，再对新数据进行批量查询。在下一个微批处理之前，要将数据的偏移范围保存在日志中

D. 持续处理模型可以实现毫秒级延迟，启动一系列的连续读取、处理和写入结果任务

【解析】

选项 A：Structured Streaming 是构建在 Spark SQL 引擎上的流式数据处理引擎，使用 Scala 编写，具有容错功能，包括微批处理模型和持续处理模型两个处理模型。

选项 B：Structured Streaming 默认采用微批处理模型。

选项 C：在下一个微批处理之前，要将数据的偏移范围保存在日志中。所以，只有在上一批次数据处理结束，同时偏移范围被记录到日志后，才能进行下一批次数据的处理，因此会有一定的延迟。

选项 D：持续处理模型可以实现毫秒级延迟，启动一系列的连续读取、处理和写入结果任务。将数据的偏移范围异步写入日志，以实现连续处理，避免高延迟。但这是建立在牺牲一致性的基础上的，低延迟的情况下会丢失数据。

【答案】B

2.【单选题】关于 Spark Structured Streaming 时间窗口的描述，以下哪一个选项是不正确的?

A. Structured Streaming 支持处理时间和事件时间

B. Structured Streaming 不支持利用 watermark 机制处理滞后数据

C. 处理时间是指每台机器的系统时间，当流程序采用处理时间时，将使用各个实例的机器时间，事件

时间是指事件在其设备上发生的时间，这个时间在事件进入

D. Structured Streaming 之前已经嵌入事件，然后 Structured Streaming 可以提取该时间

【解析】

Structured Streaming 支持处理时间和事件时间，同时支持利用 watermark 机制处理滞后数据。故选项 B 中 Structured Streaming 不支持利用 watermark 机制处理滞后数据的描述是不正确的。

【答案】B

3.【单选题】关于 Flink 中 TimeWindow 分类的描述，以下哪一个选项是不正确的？

A. 滚动窗口依据固定的窗口长度对数据进行切片

B. 滑动窗口由固定的窗口长度和滑动间隔组成

C. 滑动窗口的特点是时间对齐、窗口长度固定、无重叠

D. 会话窗口在一段时间内没有接收到新数据就会生成新的窗口

【解析】

Flink 中 TimeWindow（时间窗口）分为滚动窗口、滑动窗口、会话窗口。

选项 A：滚动窗口依据固定的窗口长度对数据进行切片，其特点是时间对称、窗口长度固定、无重叠。

选项 B：滑动窗口是固定窗口的更广义的一种形式，滑动窗口由固定的窗口长度和滑动间隔组成。

选项 C：滑动窗口的特点是时间对齐、窗口长度固定、有重叠。

选项 D：会话窗口由一系列事件组合和一个指定时间长度的时间间隙（timeout）组成，类似于 Web 应用的会话（session），也就是在一段时间内没有接收到新数据就会生成新的窗口。

【答案】C

4.【单选题】以下哪一个场景不属于 Elasticsearch 的应用场景？

A. 日志搜索和分析　　B. 事务应用　　C. 时序检索　　D. 智能搜索

【解析】

Elasticsearch（分布式全文检索）是一个高性能、基于 Lucene 的全文检索服务，也是一个分布式的 RESTful 风格的搜索和数据分析引擎，此外，它还可以作为 NoSQL 数据库使用。

Elasticsearch 适用于日志搜索和分析、时空检索、时序检索、智能搜索等场景，这些场景并不包含选项 B 中的事务应用，故正确答案为选项 B。

【答案】B

5.【单选题】在 Yarn 中，以下哪一个组件负责向调度器申请、释放资源，请求 NodeManager 运行任务、跟踪应用程序的状态并监控它们的进程？

A. ResourceManager　　B. ApplicationMaster　　C. NodeManager　　D. Container

【解析】

选项 A：ResourceManager 负责集群中所有资源的统一管理和分配，它收集来自各个节点（NodeManager）的资源，并将收集的资源按照一定的策略分配给各个应用程序。

选项 B：ApplicationMaster 负责一个应用程序生命周期内的所有工作，具体包括与 ResourceManager 调度器协商以获取资源，将得到的资源进一步分配给内部任务（资源的二次分配）；与 NodeManager 通信以启动/停止任务，监控应用程序的运行状态，并在应用程序运行失败时重新启动应用程序。

选项 C：NodeManager 是 Yarn 中每个节点上的代理，用于管理 Hadoop 集群中单个计算节点，其主要工作包括与 ResourceManager 保持通信，监督 Container 的生命周期管理，监控每个 Container 的资源（如内存、CPU 等）使用情况，追踪节点健康状况，管理日志和不同应用程序用到的附属服务（Auxiliary Service）。

选项 D：Container 是 Yarn 中的资源抽象，可封装某个节点上的多维度资源，如内存、CPU、磁盘、网络等（目前仅封装了内存和 CPU）。

【答案】B

6.【多选题】在 Flink 中，TimeWindow 可以根据窗口实现原理的不同分成以下哪些类别?

A. 事件窗口（Event Window）

B. 滚动窗口（Tumbling Window）

C. 滑动窗口（Sliding Window）

D. 会话窗口（Session Window）

【解析】

TimeWindow 可以根据窗口实现原理的不同分成 3 类：滚动窗口（Tumbling Window）、滑动窗口（Sliding Window）和会话窗口（Session Window）。

【答案】BCD

7.【多选题】关于 Spark SQL 与 Hive 的区别，以下哪些选项是正确的?

A. Spark SQL 的执行速度是 Hive 的 10～100 倍

B. Spark SQL 不支持 bucket，Hive 支持

C. Spark SQL 依赖 Hive 的元数据

D. Spark SQL 不能使用 Hive 的自定义函数

【解析】

Spark SQL 与 Hive 的区别如下。

选项 A：Spark SQL 的执行引擎为 Spark Core，Hive 默认执行引擎为离线计算引擎 MapReduce。Spark SQL 的执行速度是 Hive 的 10～100 倍。

选项 B：Spark SQL 不支持 bucket（桶），Hive 支持。

选项 C：Spark SQL 依赖 Hive 的元数据。

选项 D：Spark SQL 兼容绝大部分 Hive 的语法和函数，Spark SQL 可以使用 Hive 的自定义函数。

【答案】ABC

8.【多选题】关于 Spark Streaming 与 Storm 的异同点，以下哪些说法是正确的?

A. Storm 是纯实时的，来一条数据，处理一条数据；Spark Streaming 是准实时的，将一个时间段内的数据收集起来，作为一个 RDD 处理

B. Storm 的延迟度为毫秒级，Spark Streaming 的延迟度为秒级

C. Storm 支持事务机制，Spark Streaming 也支持，但不够完善

D. Storm 和 Spark Streaming 的容错性都依赖 ZooKeeper

【解析】

选项 A：Storm 是纯实时的，来一条数据，处理一条数据；Spark Streaming 是准实时的，将一个时间段内的数据收集起来，作为一个 RDD 处理。

选项 B：Storm 的延迟度为毫秒级，Spark Streaming 的延迟度为秒级。

选项 C：Storm 支持完善的事务机制，Spark Streaming 也支持事务机制，但不够完善。

选项 D：Storm 具有非常强的容错性，使用 ZooKeeper 和 Acker 进行容错处理，Spark Streaming 的容错

性一般，使用 checkpoint 和 WAL 进行容错处理动态调整。

【答案】ABC

9.【多选题】在 Spark 中，以下哪些算子属于窄依赖？

A. map　　B.union　　C. groupByKey　　D. reduceByKey

【解析】

在 Spark 中，属于窄依赖的算子主要包括 map、flatMap、filter 和 union。

选项 A：map 算子可用作最基本的转换操作，它会将一个函数应用于 RDD 的每个元素。map 操作不会产生数据混洗，因此它属于窄依赖。

选项 B：union 用于合并两个或多个 RDD，它只会简单地将多个 RDD 的元素合并到一起，并不涉及数据的重分区，因此它也属于窄依赖。

选项 C：groupByKey 会将具有相同键的所有记录分组在一起。这个过程涉及数据混洗，因为需要跨分区地移动数据以根据键进行分组，所以它是典型的属于宽依赖的算子。

选项 D：reduceByKey 根据键来聚合数据，但它在每个分区内先执行局部归约，然后跨分区合并结果。尽管 reduceByKey 比 groupByKey 更为高效，但它仍然需要进行数据混洗来完成整个归约过程，因此它也被认为属于宽依赖。

【答案】AB

10.【判断题】在 HBase 表结构中，每个单元格都保存着同一份数据的多个版本，这些版本采用时间戳进行索引。

【解析】

HBase 表拥有 4 个元素，分别是行键、列族、列限定符和时间戳。HBase 表中的每个单元格都保存着同一份数据的多个版本，这些版本采用不同的时间戳进行索引。

【答案】正确

11.【判断题】在 Flink 延迟数据处理机制中，Allowed Lateness 机制允许用户设置一个允许的最大延迟时长。Flink 会在窗口关闭后一直保存窗口的状态直至超过允许的最大延迟时长，这期间的延迟事件不会被丢弃，而是默认会触发窗口重新计算。

【解析】

在 Flink 延迟数据处理机制中，Allowed Lateness 机制允许用户设置一个允许的最大延迟时长。这意味着，当窗口关闭后，Flink 会保存窗口的状态，直到超过允许的最大延迟时长。在这期间，延迟到达的事件不会被丢弃，而是默认会触发窗口计算。这样可以确保数据的完整性和准确性，但同时也会增加计算的复杂性和延迟。

【答案】正确

12.【判断题】在 Flink 流处理时间分类中，ingestion time 指的是事件到达流处理系统的时间。

【解析】

在 Flink 流处理时间分类中每个事件的时间可以分为 3 种：event time（即事件发生的时间）、ingestion time（即事件到达流处理系统的时间）和 processing time（即事件被流处理系统处理的时间）。

【答案】正确

2.3 AI 模块真题解析

1.【单选题】医疗影像分析运用了如下哪种人工智能技术？

A. 计算机视觉　　B. 推荐系统　　C. 智能语言处理　　D. 语音识别

【解析】

选项 A：计算机视觉技术使计算机能够理解和处理图像和视频数据。在医疗领域，计算机视觉可以用于分析医疗影像，如 X 光、MRI 等，以辅助医生进行诊断。

选项 B：推荐系统根据用户的历史行为和偏好来推荐内容。在医疗领域，推荐系统可以用于推荐治疗方案或药物，但与医疗影像分析关系不大。

选项 C：智能语言处理技术使计算机能够理解和生成人类语言。在医疗领域，智能语言处理可以用于病历记录、患者咨询等场景，但与医疗影像分析关系不大。

选项 D：语音识别技术使计算机能够识别和理解人类语音。在医疗领域，语音识别可以用于辅助医生记录病历或进行语音搜索，但与医疗影像分析关系不大。

【答案】A

2.【单选题】以下不属于计算机视觉使用场景的是哪个选项？

A. 语义分割　　B. 超分辨率重构　　C. 行为识别　　D. 知识图谱

【解析】

选项 A：语义分割是指将图像中的每个像素分配到一个类别中的技术。它通常用于理解图像内容和场景。

选项 B：超分辨率重构是指通过软件方法提高图像分辨率的技术。它通过算法补充原有低分辨率图像缺少的高频细节，使得原有低分辨率图像获得更高分辨率的显示效果。

选项 C：行为识别专注于分析和识别视频序列中人类或其他动物的动作与活动。

选项 D：知识图谱是一种将各种数据以图形形式表示，并揭示数据之间关系的技术，并非直接关联到图像处理。因此，不属于计算机视觉的使用场景。

【答案】D

3.【单选题】某同学在模型训练中，为了保存训练过程中的网络模型和参数，进行了以下操作：1. 通过 CheckpointConfig 设置每 500 步保存网络模型及参数，最多保存 10 个 checkpoint 文件；2. 通过 ModelCheckpoint 实例化接口，同时定义保存路径和文件前缀；3. 开始训练，并加载实例化后的接口。这种可以观察训练过程中网络内部状态和相关信息，并且在特定时期执行特定动作的操作，对应 MindSpore 以下哪一种能力？

A. 回调函数　　B. 高效数据格式 MindRecord

C. 优化器　　D. 评价指标

【解析】

选项 A：回调函数是 MindSpore 中用于在训练过程中执行特定操作（如保存模型、记录日志等）的函数。它允许开发者插入自定义的逻辑到训练循环中，实现对训练过程的精细控制。

选项 B：高效数据格式 MindRecord 是 MindSpore 提供的一种高效的数据存储格式，用于提升数据处理的效率，特别是在大规模数据集上。它支持多种数据类型，并能有效地处理和存储大量数据。

选项 C 和选项 D：优化器是在训练神经网络的过程中更新权重和偏差，以最小化损失函数的工具。MindSpore 提供了多种优化器，如 SGD、Adam 等，以支持通过不同的评价指标（如准确率、召回率等）量化模型的性能。MindSpore 提供了一套丰富的评价指标，帮助开发者评估和监控模型的表现。优化器和评价指标虽各有专长和应用场景，但对于保存网络模型和参数这一特定操作而言，二者都不属于直接相关的能力。

【答案】A

4.【单选题】MindSpore 提供高阶封装 Model，可自动构建训练网络，以下哪一个 Model 的接口用于对输入数据进行推理？

A．train　　B．eval　　C．predict　　D．fit

【解析】

选项 A：train 接口专门用于训练模型。它在整个训练集上执行模型的训练过程，通过多轮迭代优化模型参数以最小化损失函数。

选项 B：eval 接口用于在验证集上评估模型的性能。这个过程通常不涉及权重的更新，只是利用已有的模型参数来计算并输出各种评价指标。

选项 C：predict 接口用于对新输入的数据进行推理，即根据已训练好的模型参数生成预测结果。这一过程不涉及任何形式的参数更新或性能评估，仅关注将输入数据转换为输出预测。

选项 D：fit 接口将训练和评估过程结合在一起，使用户可以在同一个接口调用过程中完成模型的训练以及在测试集上的评估。

【答案】C

5.【单选题】以下哪种算法相比其他 3 种差异最大？

A．KNN　　B．SVM　　C．逻辑回归　　D．k-means

【解析】

选项 A：KNN（k-Nearest Neighbor，k 近邻）是一种基于实例的或局部逼近的监督学习算法。它通过查找训练集中最接近未知样本的 k 个实例来确定该未知样本的类别。

选项 B：SVM（Support Vector Machine，支持向量机）是一种监督学习算法，主要用于解决分类问题，但它也可以用于解决回归问题。SVM 试图找到数据点之间的最大可能间隔，这个间隔称为最大边距超平面。

选项 C：逻辑回归是一种统计算法，尽管其名称中包含“回归”，但它实际上是一个分类技术，用于预测输出的离散值而不是连续值。

选项 D：k-means 是一种聚类算法，其基本思想是将样本分为 k 个类别，每个样本属于与其距离最近的类别。k-means 的核心步骤是不断迭代更新类别的中心点，直到最终收敛。k-means 的无监督特性，是它与其他 3 种监督学习算法（KNN、SVM 和逻辑回归）最根本的不同，此外 k-means 是一种聚类算法，KNN、SVM 和逻辑回归是分类算法。

【答案】D

6.【单选题】关于均值滤波的说法，以下错误的是哪一个选项？

A．均值滤波指模板权重都为 1 的滤波器

B. 均值滤波将像素的邻域最大值作为输出结果

C. 均值滤波可以实现图像平滑的效果，可以去除噪声

D. 均值滤波经常用于图像模糊化

【解析】

选项 A：在均值滤波中，通常使用一个矩形或正方形的模板（也称为卷积核或滤波器），首先将其所有权重均设置为相同的值（通常是 1），然后将该模板应用于图像上的每一个像素及其邻域，以计算新的像素值。

选项 B：这一说法是错误的。均值滤波计算的是邻域内像素值的算术平均值，而不是最大值。计算最大值的操作通常与另一种类型的滤波器，即最大值滤波器相关，它可以计算局部区域内的最大值，通常用于图像增强而非图像平滑。

选项 C：均值滤波可以实现图像平滑的效果，可以去除噪声。由于均值滤波通过取算数平均值来合并邻域内的像素值，因此它可以有效地减少图像中的随机噪声和尖锐的细节变化，从而实现图像平滑的效果。

选项 D：均值滤波是实现图像模糊效果的一种常用方法。通过减少图像中的高频信息（如边缘和纹理），均值滤波可以帮助生成柔和且细节更少的图像版本，这在艺术效果创建或背景模糊等应用中非常有用。

【答案】B

7.【单选题】以下哪一项是反向传播算法的理论基础？

A. 链式法则　　B. 计算图　　C. 代价函数　　D. 线性代数

【解析】

在神经网络的训练中，反向传播算法是一种核心技术。它基于链式法则，通过计算损失函数对每个权重的偏导数来实现权重的更新，进而优化网络的性能。

选项 A：链式法则是微积分中的一个基本工具，它允许人们计算复合函数的导数。在神经网络中，由于各层之间的输出相互依赖，形成了一个复杂的“复合”关系，因此链式法则成为计算这种复合关系对应的复合函数的导数的有效手段。

选项 B：计算图是一个描述数学运算的图形，它表示变量之间的操作和依赖关系，可以帮助人们可视化和组织网络中的运算过程。

选项 C：代价函数（也称为损失函数）是衡量神经网络输出结果与真实目标之间差异的指标。它是优化的对象，即训练神经网络的目的是最小化代价函数。

选项 D：线性代数是数学的一个分支，主要研究向量空间、线性映射以及它们的性质。在神经网络中，线性代数提供了处理大规模数据和复杂变换所需的数学工具。

【答案】A

8.【单选题】对 HSV 空间的 S 分量进行处理可以实现图像饱和度的增强，饱和度的调整通常是在 S 原始值上乘一个修正系数。以下说法正确的是哪一个选项？

A. 修正系数小于 1，会增强饱和度，使图像的色彩更鲜明

B. 修正系数大于 1，会降低饱和度，使图像看起来比较平淡

C. 修正系数小于 1，会降低饱和度，使图像看起来比较平淡

D. 修正系数的取值对于图像的饱和度没有影响

【解析】

选项 A：当修正系数小于 1 时，S 分量的值会减小，导致图像的饱和度降低。饱和度的降低会使图像中的色彩变得相对暗淡和接近灰色，色彩之间的对比变得模糊。这种效果适用于需要营造复古、怀旧或者柔和的视觉效果的场景。

选项 B：当修正系数大于 1 时，S 分量的值会增加，这意味着图像的饱和度将得到增强。饱和度的增强使得图像中的色彩变得更加鲜艳和丰富，色彩之间的对比也会更加明显。这种效果适用于需要强调图像中的色彩或者让图像看起来更加生动和吸引人的场景。

选项 C：当修正系数小于 1 时，S 分量的值会减小，导致图像的饱和度降低，进而使得图像看起来比较平淡。

选项 D：修正系数的取值会直接影响图像的饱和度，不同的取值会产生不同的视觉效果。

【答案】C

9.【单选题】当深度学习神经网络层数过深时，网络的性能反而会下降，这是由于什么问题造成的?

A. 梯度消失　　B. 梯度爆炸　　C. 梯度剪枝　　D. 神经元死亡

【解析】

选项 A：梯度消失导致网络较浅层的权重更新非常缓慢或几乎不更新，进而导致网络较浅层的学习缓慢，难以有效捕捉输入数据的特征，从而使整个网络的性能下降。

选项 B：梯度爆炸主要表现为梯度过大，导致权重更新不稳定，与题目描述的网络性能下降不符。

选项 C：梯度剪枝是一种防止梯度爆炸的技术，该技术通过限制梯度的大小来保证训练稳定性，并不直接导致网络性能下降。

选项 D：神经元死亡会导致神经网络不再更新权重，这会造成梯度消失或梯度爆炸，而不是只有网络性能的下降。

【答案】A

10.【单选题】以下哪个损失函数用于分类问题?

A. 二次代价损失函数　　B. 均方误差损失函数

C. 绝对值误差损失函数　　D. 交叉熵损失函数

【解析】

选项 A：二次代价损失函数主要用于回归问题，通过最小化预测值与真实值的差的平方来优化模型。然而，在分类问题中，由于其对大误差的惩罚过重和对小误差的关注不足，通常不作为首选。

选项 B：均方误差损失函数常用于回归问题，但理论上也可以用于概率预测的分类问题。它衡量的是预测概率与真实标签之间的欧氏距离。然而，其对误差的平方处理，使得模型在面对异常值时过于敏感。

选项 C：绝对值误差损失函数同样更多地应用于回归问题，它通过计算预测值与真实值的差的绝对值来优化模型。在分类问题中，由于其不支持概率输出，因此应用范围较为有限。

选项 D：交叉熵损失函数是分类问题中应用最广泛的损失函数之一。它基于模型预测概率与真实标签之间的差异进行优化，特别适合输出为概率的情况。交叉熵损失函数能够很好地衡量两个概率分布之间的差异，从而有效地指导模型学习到正确的分类边界。

【答案】D

11.【多选题】ModelArts 是面向开发者的一站式 AI 开发平台，以下关于 ModelArts 的描述中，正确的是哪些选项？

A. 支持数据筛选、标注等数据处理，提供数据集版本管理，特别是深度学习的大数据集版本管理

B. 自研的 MoXing 深度学习框架，更高效、更易用，大大提升训练速度

C. 支持模型部署到多种生产环境，可部署为云端在线推理和批量推理，也可以直接部署到端和边

D. 支持多种自动学习能力，通过“自动学习”训练模型，用户无须编写代码即可完成自动建模、一键部署

【解析】

题目中的这 4 个选项描述的都是 ModelArts 的特色功能。

选项 A：数据治理支持数据筛选、标注等数据处理，提供数据集版本管理，特别是深度学习的大数据集版本管理，以便让训练结果可重现。

选项 B：极“快”致“简”模型训练自研的 MoXing 深度学习框架，更高效、更易用，大大提升训练速度。

选项 C：多场景部署支持模型部署到多种生产环境，可部署为云端在线推理和批量推理，也可以直接部署到端和边。

选项 D：ModelArts 支持多种自动学习能力，通过“自动学习”训练模型，用户无须编写代码即可完成自动建模、一键部署。AI Gallery 预置常用算法和常用数据集，支持模型在企业内部共享或者公开共享。

【答案】ABCD

12.【多选题】以下哪些选项是自然语言处理的应用？

A. 机器翻译　　B. 自动文摘　　C. 舆情分析　　D. 风格迁移

【解析】

自然语言处理的应用包括机器翻译、自动文摘、舆情分析和情感分析等。

选项 A：机器翻译是利用自然语言处理技术将一种自然语言自动转换成另一种自然语言的过程。这是自然语言处理领域中最为常见的应用之一，其应用实例包括谷歌翻译等在线翻译服务。

选项 B：自动文摘指的是利用自然语言处理技术从一篇文章中自动提取关键信息，生成简洁的摘要。自动文摘在信息检索、新闻摘要以及内容推荐系统中被广泛地应用。

选项 C：舆情分析是指通过关键词提取、文本聚类、主题挖掘等算法模型，挖掘突发事件、舆论导向，进行话题发现、趋势发现等。舆情分析需要多维度分析情绪、热点、趋势、传播途径等，使相关人员及时、全面地掌握舆情动态。

选项 D：风格迁移不是自然语言处理的一个直接应用，但它可以借助自然语言处理中的文本生成等技术来实现。风格迁移更关注的是在保留原文内容的前提下改变其表达方式，使其符合特定的写作风格或者格式要求。

【答案】ABC

13.【多选题】以下哪些选项为 MindSpore 中用于从 checkpoint 文件中加载模型权重的接口？

A．save_checkpoint　　B．load_checkpoint　　C．load_param_into_net　　D．load

【解析】

选项 A：save_checkpoint 主要负责保存模型状态而不是加载模型权重。

选项 B：load_checkpoint 是 MindSpore 提供的一个专用 API，用于从 checkpoint 文件中恢复模型的状态。这个接口能够加载模型的结构、权重以及优化器状态等信息。

选项 C：load_param_into_net 专门用于将 checkpoint 文件中的参数加载到现有的网络中。

选项 D：load 通常用于加载整个模型的配置和结构，而非加载模型权重。

【答案】BC

14.【多选题】以下关于 MindSpore 特性的描述，正确的是哪些选项?

A. 动静统一
B. 仅适配 Ascend 硬件
C. 分布式并行
D. 全场景统一（MindIR）

【解析】

MindSpore 的特性有动静统一、分布式并行、图算融合、全场景统一（MindIR）、三方硬件接入（可接入 GPU 系列芯片，亦可接入各类 DSA 芯片）等。选项 B 中仅适配 Ascend 硬件的描述是错误的。

【答案】ACD

15.【多选题】华为云 AI 开发平台 ModelArts 的部署方式主要有哪些?

A. 在线服务
B. 批量服务
C. 边缘服务
D. 定制服务

【解析】

ModelArts 当前支持如下几种部署方式：

- 在线服务——将 AI 应用部署为一个 Web Service，并且提供在线的测试 UI 与监控功能；
- 批量服务——可对批量数据进行推理，完成数据推理后自动停止；
- 边缘服务——通过智能边缘平台，在边缘节点将 AI 应用部署为一个 Web Service。

ModelArts 当前还未推出定制服务，故选项 D 是错误的。

【答案】ABC

16.【多选题】以下关于模型训练和测试过程中所产生的误差描述正确的有哪些选项?

A. 训练误差由方差和偏差组成
B. 模型偏差过大时可能会出现欠拟合现象
C. 模型方差过大时可能会出现过拟合现象
D. 随着模型复杂度的提升，测试误差一定会减小

【解析】

选项 A：训练误差是模型在训练集上的误差。训练误差由方差、偏差和噪声这 3 个因素组成。

选项 B：偏差过大意味着模型过于简单，无法捕捉数据中的真实关系，所以模型偏差过大就代表模型的学习效果不好，也就是欠拟合。欠拟合是指训练误差很大的现象。

选项 C：方差过大意味着模型对训练数据中的噪声和异常值过于敏感，导致模型在训练集上表现良好而在测试集上表现不好。过拟合是指学得的模型的训练误差很小，而泛化能力较弱，即泛化误差较大的现象。

选项 D：模型复杂度的提升会增强模型的拟合能力，但是在一定范围内减小了测试误差。当超出这个范围之后测试误差就会增大。在二维坐标系内，以模型复杂度为 x 轴、以测试误差为 y 轴，得到的图形大致为一个 U 形。在一定范围内，随着模型复杂度的提升，测量误差将减小；当模型复杂度超过这个范围时，测量误差将随模型复杂度的增加而增加。

【答案】BC

17.【多选题】CANN（Compute Architecture for Neural Networks）是华为面向深度神经网络和昇腾处理器打造的芯片使能层，它主要包括哪些功能模块？

A. FusionEngine B. CCE 算子库 C. TBE（Tensor Boost Engine） D. 编译器

【解析】

CANN 主要包括 FusionEngine、CCE 算子库、TBE 以及编译器等功能模块。

选项 A：FusionEngine 是一个硬件抽象层，它使得不同硬件设备能够无缝协作，提供统一的计算资源视图。这一层的主要作用是管理和优化跨多个设备的计算任务，以实现更高效的资源利用和更强大的计算性能。

选项 B：CCE 算子库提供了大量的预定义和优化的算子，这些算子可以直接映射到昇腾处理器上的高效指令。通过使用这些算子，开发者能够轻松实现高性能的神经网络计算，而无须从头开始编写复杂的算法。

选项 C：TBE 是一个针对张量计算进行优化的引擎，它通过特定的优化技术，如算子融合和内存管理优化，来加速张量操作。TBE 能够显著提升深度神经网络在训练和推理时的性能，特别是在处理大规模数据的情况下。

选项 D：编译器负责将由高级语言编写的深度神经网络转换为昇腾处理器能够执行的代码。编译器不仅涉及代码的转换，还涉及对特定硬件的优化，确保转换的代码能够在昇腾处理器上高效执行。

【答案】ABCD

18.【多选题】卷积神经网络的核心思想是什么？

A. 权值共享 B. 局部感知 C. 全局感知 D. 权值不变

【解析】

卷积神经网络（Convolution Neural Network，CNN）的核心思想在于利用卷积层的权值共享和局部感知特性自动提取特征，并通过池化层降低特征维度，提高计算效率。

选项 A：正确。在卷积神经网络中，卷积核在对输入数据进行卷积操作时，其权值是共享的。这意味着同一个卷积核在不同的位置上进行卷积操作时使用的权值是相同的。权值共享降低了模型的复杂度，同时也降低了过拟合的风险，因为每个特征都被平等地对待，无论它出现在输入数据的哪个位置。

选项 B：正确。卷积神经网络的卷积层通过卷积核（或滤波器）在输入数据上进行局部感知，即每个神经元只处理输入数据的一个局部区域。这种方式受到生物学的视觉感知机制，即人脑在处理视觉信息时会采用局部感知的方式的启发。局部感知有助于网络捕捉到数据的局部特征，如图像的边缘、纹理等。

选项 C：错误。全局感知通常是指每个神经元都能感知到整个输入数据的特性，这与卷积神经网络的局部感知特性相反。卷积神经网络通过叠加多个卷积层和池化层来逐渐扩大神经元的感受野，但这种对全局信息的处理是建立在多层局部感知的基础上的。

选项 D：错误。权值不变意味着在整个训练过程中权值不会发生变化，这显然与卷积神经网络的训练过程相矛盾。在卷积神经网络的训练过程中，权值是通过反向传播算法根据损失函数的梯度进行更新的。

【答案】AB

19.【判断题】相比于卷积神经网络，循环神经网络更适合处理时序数据、对硬件（如 GPU、NPU）的资源利用率更高，但参数量较多、容易过拟合和出现梯度消失问题，但两者都具备权值共享的特点。

【解析】

循环神经网络（Recurrent Neural Network，RNN）对显存带宽的要求更高，对硬件的资源利用率更低，卷积神经网络对硬件的资源利用率更高。

【答案】错误

20.【判断题】在卷积神经网络中，卷积核要具备以下特点：形状为正方形、长度为奇数且步长大于等于 1。

【解析】

卷积核的设计是影响卷积神经网络性能的关键因素之一。正确选择卷积核的形状、长度和步长对于提高模型的准确性和效率至关重要。在实践中，这些参数往往需要根据具体任务和数据集的特点进行调整和优化，并未对卷积核的形状、长度和步长进行强制要求。

【答案】错误

21.【判断题】当前大模型（Foundation Model）的训练平台主要为 GPU、NPU，且主要用于 NLP、多模态等任务，华为盘古、ChatGPT、PaLM 2 等都属于此类模型。

【解析】

该表述正确。

【答案】正确

22.【判断题】当用于训练模型的标准不符合用于判断模型效率的标准时，可能会导致模型过拟合。

【解析】

过拟合通常发生在模型过于复杂、训练时间过长以及用于训练模型的标准不恰当的情况下，当用于训练模型的标准不符合用于判断模型效率的标准时，可能会导致模型过拟合。

【答案】正确

23.【判断题】MindSpore 中提供了数据处理的子模块 dataset，用于加载数据集或进行数据增强操作。

【解析】

MindSpore 的 dataset 提供了加载和处理各种通用数据集的 API，如 MNIST、CIFAR-10、CIFAR-100 等。此外，用户还可以使用此模块加载自己的数据集或进行数据增强操作。

【答案】正确

24.【判断题】深度学习框架的出现降低了 AI 入门的门槛，我们可以调用框架中已有的模型或算法进行模型训练，避免从头开始编写代码、重复造轮子。

【解析】

深度学习框架的出现不仅降低了 AI 入门的门槛，还极大地提高了模型训练的效率和可行性。通过调用框架中已有的模型或算法，开发者可以避免从头开始编写代码、重复造轮子，从而将更多的精力投入创新和优化工作。

【答案】正确

第 3 章

2023—2024 省赛复赛真题解析

2023—2024 省赛复赛的考试类型仅为理论考试，试题类型有单选题、多选题和判断题。2023—2024 省赛复赛试题包含云模块的 36 道题、大数据模块的 18 道题、AI 模块的 36 道题，共 90 道题。

3.1 云模块真题解析

1.【单选题】数据库通常可以分为关系数据库和非关系数据库，以下关于数据库的描述中，错误的是哪一个选项？

A. RDS for MySQL、RDS for PostgreSQL、RDS for SQL Server 属于关系数据库

B. 非关系数据库在对事务的支持上，比关系数据库更好

C. 非关系数据库中的数据以键值对的形式存储，每个键值对代表一个文档或对象

D. GaussDB（for Mongo）、GaussDB（for Redis）属于非关系数据库

【解析】

选项 A：RDS for MySQL、RDS for PostgreSQL、RDS for SQL Server 等数据库都基于关系模型，支持 SQL，因此它们属于关系数据库。

选项 B：实际上，关系数据库通常提供对事务的支持，能够保证正确执行系统中的事务，并提供事务恢复、回滚、并发控制和死锁问题的解决方案。而非关系数据库可能不支持事务，无法保证数据的完整性和安全性

选项 C：非关系数据库可以存储各种形式，如键值对形式、文档形式等的数据。

选项 D：根据名称中的 Mongo 和 Redis 可以看出，这两个数据库分别基于文档存储和键值对存储，因此它们属于非关系数据库。

【答案】B

2.【单选题】性能测试服务是一项为应用接口、链路提供性能测试的云服务，以下关于性能测试服务推荐适用场景的描述中，错误的是哪一个选项？

A. 电商抢购场景测试　　B. 游戏高峰场景测试

C. 应用性能调优场景　　D. 容灾场景安全性测试

【解析】

性能测试服务推荐适用场景有电商抢购场景测试、游戏高峰场景测试、复杂场景支持、应用性能调优场景。

选项 A：电商抢购场景测试适用于模拟高并发、高流量的情况，确保系统能够在大量用户同时访问时保持稳定性和可用性。在这种场景下，性能测试服务可以帮助识别和优化系统中的性能瓶颈。

选项 B：游戏高峰场景测试适用于验证系统在用户活跃度极高时的响应能力和稳定性，确保游戏体验不会因系统性能问题而受到影响。性能测试服务可以模拟玩家数量激增的情况，测试系统的弹性伸缩能力和系统在玩家数量高峰时的性能表现。

选项 C：在应用性能调优场景中，性能测试有助于发现应用在不同负载下的性能瓶颈，从而帮助开发团队对应用配置或代码进行优化，提高应用的执行效率和资源利用率。性能测试服务提供了详细的性能分析报告，以帮助开发团队对应用性能进行调优。

选项 D：性能测试可以帮助验证系统在高负载下的可用性和稳定性，但它并不直接评估系统的安全性或容灾能力。容灾场景安全性测试通常涉及系统的安全性评估和灾难恢复能力的验证，这超出了性能测试服务的能力范畴。

【答案】D

3.【单选题】弹性文件服务（SFS）可以提供按需扩展的高性能文件存储，以下关于 SFS 使用场景的描述中，错误的是哪一个选项？

A. SFS Turbo HPC 型适用于影视渲染场景，可以提供百万 IOPS，数十 GB 带宽性能，满足影视渲染高性能需求

B. SFS Turbo 通用型适用于日志存储场景，可以为多个业务节点提供共享的日志输出目录，方便分布式应用的日志收集和管理

C. SFS Turbo HPC 缓存型适用于 EDA 仿真或基因分型场景，通过提供高吞吐、高缓存，大幅提升 EDA 及基因处理的效率

D. SFS 3.0 容量型非常适合 AI 及大模型训练等场景，借助高性能文件系统，高效利用云上资源和大吞吐量数据，缩短 AI 及大模型训练时间

【解析】

SFS 3.0 容量型主要应用于大容量扩展以及成本敏感型业务，如媒体处理、文件共享、高性能计算、数据备份等。

SFS 3.0 容量型虽然适用于大吞吐量数据的场景，但在 AI 及大模型训练等对性能要求极高的场景中，使用 SFS Turbo 性能型或 SFS Turbo 性能型-增强版更合适。

【答案】D

4.【单选题】通过云备份（CBR）服务可以对弹性云服务器或云硬盘进行备份，以下关于弹性云服务器备份或云硬盘备份的描述中，正确的是哪一个选项？

A. 云硬盘备份不支持复制至其他区域

B. 云硬盘处于“不可用”或“正在使用”状态时，不能进行备份

C. 考虑到数据一致性，不支持备份服务器中的共享云硬盘

D. 支持使用弹性云服务器和裸金属服务器的备份创建镜像

【解析】

选项A：云硬盘备份不支持复制至其他区域。

选项B：只有当云硬盘的状态为“可用”或者“正在使用”时，才可以创建备份。

选项C：CBR服务是支持备份服务器中的共享云硬盘的。

选项D：CBR服务仅支持使用弹性云服务器的备份创建镜像，不支持使用裸金属服务器的备份创建镜像。

【答案】A

5.【单选题】企业路由器（ER）是云上大规格、高带宽、高性能的集中路由器，以下关于企业路由器推荐使用场景的描述中，错误的是哪一个选项？

A. 多个VPC灵活互通和隔离，共享专线

B. 多条专线链路动态选路和切换

C. 中小型企业的云上和云下网络业务互通

D. 跨区域、跨云高可靠骨干网络

【解析】

企业路由器（Enterprise Router，ER）的推荐使用场景如下。

- 场景一：多个VPC灵活互通和隔离，共享专线。
- 场景二：多条专线链路动态选路和切换。
- 场景三：专线+VPN双链路主备。
- 场景四：跨区域、跨云高可靠骨干网络。
- 场景五：构建VPC间的边界防火墙。

中小型企业的云上和云下网络业务互通不是企业路由器的推荐使用场景。

【答案】C

6.【单选题】作为新一代云服务器，云耀云服务器FlexusL使用户可以快速搭建简单的应用，以下关于FlexusL和ECS的区别的描述中，错误的是哪一个选项？

A. FlexusL底层使用的物理硬件资源与ECS使用的一致，具有相同CPU、内存的FlexusL与ECS的计算能力处于同一水平

B. FlexusL可以快速搭建简单应用，按已搭配的套餐售卖，适用于低负载应用场景，更加便捷、高效

C. 对于高负载应用类场景，如图形渲染、数据分析、高性能计算，推荐使用ECS，其性能更稳定

D. FlexusL和ECS平台部署业务软件架构相同，且都支持包年/包月、按需计费、竞价计费等计费模式

【解析】

FlexusL只支持包年/包月计费模式，不支持按需计费。ECS支持包年/包月、按需计费、竞价计费等计费模式。

【答案】D

7.【单选题】以下关于华为云容器引擎（CCE）的描述，错误的是哪一个选项？

A. CCE 创建后，用户只能通过 Web 界面对资源和应用进行管理操作，不能通过命令行进行管理操作

B. 用户可以通过 CCE 直接使用华为云高性能的弹性云主机、裸金属服务器、GPU 加速云服务

C. CCE 可提供高可扩展的、高性能的企业级 Kubernetes 集群，支持运行 Docker 容器

D. CCE 除了支持本地磁盘存储外，还支持将工作负载数据存储在华为云的云存储服务上

【解析】

选项 A：CCE（Cloud Container Engine，云容器引擎）提供了 Kubernetes 原生 API 支持，用户不仅可以通过图形化控制台进行操作，还可以使用 kubectl 等工具通过命令行管理资源和应用。因此，该选项的描述是错误的。

选项 B：CCE 确实允许用户直接利用华为云高性能的弹性云主机、裸金属服务器、GPU 加速云服务等，以满足不同应用的性能需求。这使得 CCE 非常适用于运行各种计算密集型和数据密集型的容器应用。

选项 C：相关人员在 CCE 设计之初就考虑到了高可扩展和高性能的需求，CCE 支持运行 Docker 容器，并提供了一系列功能来保证集群的高可扩展和高性能。

选项 D：CCE 除了支持本地磁盘存储外，还支持将工作负载数据存储在华为云的各种云存储服务（如 OBS 等）上。这为用户提供了灵活的数据存储和管理选项。

【答案】A

8.【单选题】工程师 A 在华为云购买了弹性云服务器（ECS）（操作系统为 CentOS 7.6），并希望可以在本地 PC 通过 SSH 工具访问云主机，方便后续业务的部署和测试。但目前该 ECS 只能内网访问，且管理员不建议直接通过 SSH 的默认端口进行访问；工程师 A 若可以通过本地 PC 直接访问该云主机，以下需要完成的操作/配置中，错误的是哪一个选项？

A. 在安全组的入方向，添加新的规则，放通新设置的 SSH 端口

B. 将操作系统中 SSH 默认端口改成其他端口，如 2030 端口

C. 购买弹性公网 IP 并绑定 ECS

D. 通过 IAM 服务，获取 ECS 服务的访问权限

【解析】

选项 A：正确。为了确保安全性，通常建议更改 SSH 的默认端口并仅允许特定的端口通过安全组规则进行访问。这样可以减少针对默认端口（如 22 端口）的自动攻击尝试。

选项 B：正确。改变 SSH 的默认端口可以增加额外的安全层，使得随机端口扫描难以发现 SSH 服务，从而降低潜在的安全风险。

选项 C：正确。如果 ECS 只能内网访问，那么为其购买并绑定一个弹性公网 IP 是实现从互联网上任何位置访问 ECS 的必要条件。没有弹性公网 IP 的情况下，外网无法直接访问 ECS。

选项 D：错误。IAM（Identity and Access Management，统一身份认证）服务主要用于管理用户的身份认证和授权策略，它允许管理员控制哪些用户可以访问哪些资源以及如何访问这些资源。IAM 不直接影响通过 SSH 从本地 PC 访问 ECS 的能力。

【答案】D

9.【单选题】以下关于 Kata 容器的描述中，错误的是哪一个选项？

A. Kata 容器是通过 QEMU/KVM 技术创建的一种轻量型虚拟机，兼容 OCI runtime specification 标准

B. 支持 Kubernetes CRI，可替换 CRI shim runtime (runc)，并通过 Kubernetes 来创建 pod 或容器

C. 可以为用户提供直接在裸机上运行容器管理工具并实现工作负载之间的强安全隔离的能力

D. 各容器间共享 Guest 虚拟机内核，可提供对网络、I/O、内存等的隔离

【解析】

选项 A：正确。Kata 容器是利用 QEMU/KVM 技术创建的轻量型虚拟机，与 OCI runtime specification 标准兼容。

选项 B：正确。Kata 容器支持 Kubernetes CRI，允许替换 CRI shim runtime (runc)，并通过 Kubernetes 创建 pod 或容器。

选项 C：正确。用户可以使用 Kata 容器直接在裸机上运行容器管理工具，并实现工作负载之间的强安全隔离。

选项 D：错误。实际上，Kata 容器的设计理念是每个容器都运行在独立的轻量级虚拟机中，且拥有自己的操作系统内核，从而提供更强的隔离能力和安全保证。

【答案】D

10.【单选题】以下关于容器技术相对于虚拟化技术的优势中，描述错误的是哪一个选项？

A. 统一的交付标准可以屏蔽环境差异，使能 DevOps

B. 更少的资源消耗，提高资源利用率，匹配微服务架构

C. 容器技术具备更高的隔离性，每个容器都有自己的系统和应用程序

D. 极速的弹性伸缩、故障恢复，解放运维生产力

【解析】

选项 A：容器技术通过提供统一的交付标准，确保应用程序在不同环境中的一致性，这有助于促进 DevOps 的发展。

选项 B：由于容器共享宿主操作系统的内核，它们消耗的资源比传统虚拟机消耗的更少，这使得容器非常适用于微服务架构，可以提高资源利用率。

选项 C：容器技术虽然提供了进程级别的隔离性，但容器之间并不是完全隔离的。与虚拟机相比，容器在隔离性上较弱，因为它们共享宿主操作系统的内核。

选项 D：可以快速启动和停止容器技术，这使得该技术非常适用于实现极速的弹性伸缩和故障恢复，从而提升运维效率。

【答案】C

11.【单选题】针对 DDoS 攻击，华为云提供多种安全防护方案，以下关于 DDoS 支持的安全防护方案中，错误的是哪一个选项？

A. DDoS 原生基础防护

B. DDoS 原生高级防护

C. DDoS 主动防御

D. DDoS 高防

【解析】

DDoS 支持的安全防护方案有 DDoS 原生基础防护（Anti-DDoS 流量清洗）、DDoS 原生高级防护、DDoS 高防、DDoS 高防国际版。

【答案】C

12.【单选题】下列关于 Docker 技术的描述中，错误的是哪一个选项？

A. Docker 提供了一种机制来创建镜像或者更新现有的镜像，用户可以直接从其他人那里下载一个已经做好的镜像来直接使用

B. 容器（Container）是从镜像创建的运行实例，它可以被启动、开始、停止、删除。每个容器都是相互隔离的、安全的平台

C. 仓库（Repository）是集中存放镜像的场所。仓库注册服务器 Registry 上往往存放着多个仓库，每个仓库中包含多个镜像

D. 推荐使用 Docker commit 方式而非 Dockerfile 方式创建镜像，因为 Docker commit 创建的镜像可以非常方便地进行版本控制

【解析】

选项 A：Docker 确实提供了一种创建和管理镜像的机制，允许用户从仓库中拉取已有的镜像或推送自己的镜像到仓库中。这种机制极大地方便了应用的快速部署和分发。

选项 B：容器确实是基于镜像创建的轻量级、可运行的运行实例。每个容器在运行时拥有独立的资源和文件系统，确保了应用之间的隔离性和安全性。

选项 C：仓库注册服务器 Registry 是管理仓库（Repository）的服务器，每个服务器上可以有多个仓库，每个仓库可以存放多个镜像。用户可以从仓库中拉取镜像到本地使用，也可以将自己的镜像推送到仓库中供他人使用。

选项 D：虽然 Docker commit 能够通过提交容器当前状态来创建镜像，但这种方式通常不推荐用于创建镜像，尤其是涉及版本控制与持续集成/部署流程时。不推荐这种方式的主要原因在于，Docker commit 创建的镜像缺乏可追踪性和复现性，而且不能保证环境的一致性。相反，Dockerfile 是一个更优的选择，因为它提供了可编程的方式来创建镜像，并且创建的镜像具有更好的可读性且易于版本控制。

【答案】D

13.【单选题】以下与迁移相关的服务中，哪一个选项不能支持数据库类的数据迁移？

A. RDA　　B. DRS　　C. MGC　　D. UGO

【解析】

选项 A：RDA（Resource Discovery and Assessment，资源发现与评估）是一款支持部署在 Windows/Linux 主机的服务，用于发现和采集云平台、主机、数据库、容器、中间件等资源信息以及评估上云驱动力和准确度，同时支持云存储数据迁移、NAS 迁移和主机迁移，但不能支持数据库类的数据迁移。

选项 B：DRS（Data Replication Service，数据复制服务）是一种易用、稳定、高效，并且用于数据库实时迁移和数据库实时同步的云服务。

选项 C：MgC（Migration Center，迁移中心）是华为云一站式迁移和现代化服务，承载华为云迁移方法论和最佳实践，该服务提供强大的应用发现能力和资源评估能力。

选项 D：UGO 的全称为数据库和应用迁移 UGO，是专注于异构数据库结构迁移的专业服务。

【答案】A

14.【单选题】云容器安全服务（CGS）是华为云针对容器安全风险推出的安全防护产品，以下关于 CGS 功能及特点的描述中，错误的是哪一个选项？

A. 可扫描镜像仓库与正在运行的容器镜像，发现镜像中的漏洞、恶意文件等并给出修复建议

B. 在容器的任何状态下，都可以实时监控节点中容器运行状态，及时发现挖矿、勒索等恶意程序

C. 通过配置安全策略，帮助企业制定容器进程白名单和文件保护列表，确保容器以最小权限运行

D. 能够满足入侵防范与恶意代码防范等保条款，能够扫描容器镜像中的漏洞，以及提供容器安全策略设置和防逃逸功能

【解析】

选项 A：CGS（Container Guard Service，容器安全服务）可扫描镜像仓库与正在运行的容器镜像，发现镜像中的漏洞、恶意文件等并给出修复建议，帮助用户得到一个安全的镜像。

选项 B：虽然 CGS 能够在容器的各种状态下监控容器运行状态并及时发现恶意程序，但它并不能做到"在任何状态下"都进行实时监控。特别是当容器未运行时，CGS 无法进行实时监控。

选项 C：CGS 通过配置安全策略，帮助企业制定容器进程白名单和文件保护列表，确保容器以最小权限运行，从而提高系统和应用的安全性。

选项 D：容器运行时 CGS 实时监控节点中容器运行状态，发现挖矿、勒索等恶意程序，违反容器安全策略的进程运行和文件修改操作，以及容器逃逸等行为并给出解决方案。

【答案】B

15.【单选题】数据复制服务（DRS）提供实时迁移等多种功能，以下关于 DRS 实时迁移可以支持的网络迁移方式中，错误的是哪一个选项？

A. 对等迁移　　B. 公网网络　　C. 专线网络　　D. VPN

【解析】

选项 A：DRS 实时迁移不支持对等迁移，是因为 DRS 实时迁移是针对跨区域的数据迁移，而对等迁移只能在同一区域下使用。

选项 B：使用公网网络进行数据迁移意味着数据将通过互联网传输。这种方式的优点是部署迅速、成本较低，缺点是可能会受到网络不稳定、安全性较低等因素的影响。对于需要快速部署且数据不涉及敏感信息的情况，公网网络是一个可行的选择。

选项 C：专线网络提供了一条专用的物理通道，用于连接两个地点。这种方式的优点是稳定性高、安全性好，适用于对数据传输有较高要求的场景；缺点是成本相对较高，且部署较为复杂。对于需要长时间稳定运行且对数据安全性要求高的应用场景，专线网络是更好的选择。

选项 D：VPN 可以在公网网络上模拟一个私有网络，为用户提供一种实现安全连接和数据传输的手段。VPN 的优点是在公共网络上提供加密传输，安全性较高，同时其成本比专线网络成本低。

【答案】A

16.【单选题】通过应用性能管理（APM）服务，可以帮助运维人员快速发现应用的性能瓶颈或进行故障定位，以下关于 APM 功能及特点的描述中，错误的是哪一个选项？

A. 应用指标监控：可以度量应用的整体健康状况，帮助用户全面掌握应用的运行情况

B. 调用链追踪：能够对应用的调用情况进行全方位、可视化的监控，协助发现应用的性能瓶颈及实现故障快速定位

C. 日志统计分析：实现关键词周期性统计，并生成指标数据，帮助用户实时了解系统性能及业务等信息

D. 应用拓扑：通过拓扑图展示一段时间内服务之间的调用关系，用户可以查看这个调用关系的趋势图

【解析】

APM（Application Performance Management，应用性能管理）作为管理云应用性能的服务，拥有应用指标监控、调用链追踪、应用拓扑等多个功能及特点。

选项 A：APM 能够度量应用的整体健康状况，帮助用户全面掌握应用的运行情况，这是 APM 的基本功能之一。

选项 B：通过调用链追踪，APM 可以对应用的调用情况进行全方位、可视化的监控，协助发现应用的性能瓶颈及实现故障快速定位，这是 APM 的核心特点之一。

选项 C：APM 主要关注的是实时性能指标和调用链追踪等，并不直接涉及日志统计分析。虽然某些 APM 工具可能提供日志管理功能，但这并非其基本功能或核心特点。因此，这一描述是错误的。

选项 D：APM 能够展示一段时间内服务之间的调用关系，用户可以查看调用关系的趋势图，这有助于理解应用组件间的依赖和交互模式。

【答案】C

17.【多选题】Kubernetes 集群包含 Master 节点和 Node 节点，以下哪些组件运行在 Master 节点上？

A. API Server　　B. Scheduler　　C. Controller Manager　　D. kube-proxy

【解析】

选项 A：API Server 作为 Kubernetes 集群的唯一管理接口，处理所有 REST 请求，是其他组件交互的中枢。它运行在 Master 节点上，负责维护集群的各种资源状态数据。

选项 B：Scheduler 负责为新创建的 Pod 分配一个合适的 Node 节点来运行。它也运行在 Master 节点上，监听新创建的未分配 Node 的 Pod，并为它们分配节点。

选项 C：Controller Manager 运行在 Master 节点上，负责管理集群中的控制器，如节点控制器、副本控制器、端点控制器等。这些控制器共同维护集群的状态，比如确保某个 Deployment 下的 Pod 副本数量符合预期。

选项 D：kube-proxy 负责为 Service 实现网络代理，并维护 Pod 与 Service 之间的网络连接。它运行在所有 Node 节点上，而不是 Master 节点上。

【答案】ABC

18.【多选题】以下关于华为云容器引擎（CCE）的描述中，正确的是哪些选项？

A. CCE 是基于开源 Kubernetes 的云服务产品，提供高可扩展的、高性能的企业级 Kubernetes 集群，支持运行 Docker 容器的环境

B. 用户可以根据业务需要在 CCE 中快速创建 CCE 集群、鲲鹏集群、CCE Turbo 集群，并通过 CCE 对创建的集群进行统一管理

C. 使用 CCE，用户可以一键创建 Kubernetes 容器集群，无须自行创建 Docker 和 Kubernetes 集群

D. 华为云容器镜像服务 SWR 需要配合 CCE、CCI 使用，不可单独作为容器镜像服务使用

【解析】

选项 A：此描述是正确的。CCE 确实是建立在开源 Kubernetes 之上的云服务产品，它为企业提供了一个高可扩展且高性能的容器管理平台，即企业级 Kubernetes 集群，并且支持运行 Docker 容器的环境。

选项 B：此描述是正确的。CCE 提供了灵活的集群创建选项，可以创建的集群包括标准 CCE 集群、鲲

鹏集群及 CCE Turbo 集群，这些集群都可以通过 CCE 进行统一的管理和操作。

选项 C：此描述是正确的。CCE 的一个主要优势是简化了 Kubernetes 容器集群的部署和管理，用户无须手动创建复杂的 Docker 和 Kubernetes 集群，而是可以通过 CCE 一键创建和管理集群。

选项 D：此描述是错误的。实际上，华为云容器镜像服务 SWR 可以单独作为容器镜像仓库使用，不必依赖于 CCE 或 CCI。SWR 提供了容器镜像的上传、下载、管理等功能，可以独立于其他华为云服务运行。

【答案】ABC

19.【多选题】通过弹性公网 IP 服务可以为以下哪些云资源提供公网访问能力？

A. 可以通过运行用户指定的命令，对容器进行启动、停止、删除等操作

B. 容器可以被理解为一个镜像的运行实例

C. 通过命令分配一个伪终端可以进入容器的操作界面

D. 每个 Pod 中的各容器之间是相互可见的，方便进行资源共享和资源调度

【解析】

选项 A：用户可以通过 Docker 提供的命令行工具执行各种操作，如启动、停止、删除容器等。这些操作通常通过运行特定的命令来完成，例如运行 docker run 命令来启动一个新的容器实例。

选项 B：容器可以被理解为一个镜像的运行实例。镜像包含运行容器所需的代码、运行时环境、系统工具、系统库和设置等，容器则是基于这些镜像创建的运行实例。

选项 C：通过命令分配一个伪终端（pseudo-TTY）可以进入容器的操作界面，这种模式通常通过在 docker run 命令中添加-t 参数实现。

选项 D：在 Kubernetes 中，Pod 是由一组容器组成的最小部署单元，同一个 Pod 内的容器共享网络命名空间，可以通过 localhost 互相访问。即使在同一个 Pod 内，容器之间的隔离性也是由其配置决定的。每个 Pod 中的各容器之间不一定是相互可见的。

【答案】ABC

20.【多选题】通过弹性公网 IP 服务可以为以下哪些云资源提供公网访问能力？

A. 弹性文件服务（SFS）

B. 裸金属服务器（BMS）

C. 云数据库 RDS（for MySQL）

D. 弹性负载均衡（ELB）

【解析】

为资源绑定弹性公网 IP 后，可以直接访问公网，如果资源只绑定了私网 IP，就无法直接访问公网。弹性公网 IP 可以与弹性云服务器、裸金属服务器、虚拟 IP、弹性负载均衡、NAT 网关等资源灵活地绑定及解绑。但不支持将弹性公网 IP 绑定在弹性文件服务上。

【答案】BCD

21.【多选题】主机迁移服务（SMS）是一种 P2V/V2V 迁移服务，通过 SMS 可以把以下哪些业务主机迁移到华为云？

A. IDC 机房中的 x86 物理服务器

B. 私有云平台上的虚拟机

C. 公有云平台上的虚拟机

D. 运行在 Power 架构的业务主机

【解析】

SMS（Server Migration Service，主机迁移服务）是一种 P2V/V2V 迁移服务，支持将 IDC 机房中的 x86

物理服务器或者私有云、公有云平台上的虚拟机迁移上云，但不支持将运行在 Power 架构的业务主机迁移上云。

【答案】ABC

22.【多选题】随着企业数字化转型的深入，越来越多的企业逐渐由 ON CLOUD 进阶到 IN CLOUD，实现基于云构建的新生能力与既有能力的有机协同；以下关于云原生 2.0 优势的描述中，正确的是哪些选项？

A. 以“应用”为中心打造高效的资源调度和管理平台，为企业提供一键式部署、可感知应用的智能化调度，以及全方位监控与运维能力

B. 通过 DevSecOps 应用开发模式，实现应用的敏捷开发，提升业务应用的迭代速度，高效响应用户需求，并保证全流程安全

C. 帮助企业管理好数据，快速构建数据运营能力，实现数据的资产化沉淀和价值挖掘，并结合数据和 AI 的能力帮助企业实现业务的智能升级

D. 以虚拟化为中心，实现各类资源（如计算、存储、网络）的池化，通过统一的虚拟化软件平台，为上层业务软件提供统一的资源管理接口

【解析】

选项 A：云原生 2.0 强调以“应用”为中心来打造高效的资源调度和管理平台，为企业提供一键式部署、可感知应用的智能化调度，以及全方位监控与运维能力。

选项 B：云原生 2.0 通过 DevSecOps 应用开发模式，实现应用的敏捷开发，提升业务应用的迭代速度，并保证全流程的安全。这种模式整合了开发、安全和运维的流程，使得应用从设计到部署的每个环节都能高效、安全地进行，有效缩短了产品上市时间，同时确保了应用的质量和安全性。

选项 C：云原生 2.0 帮助企业管理好数据，快速构建数据运营能力，实现数据的资产化沉淀和价值挖掘，结合数据和 AI 的能力，助力企业实现业务的智能升级。在当前由数据驱动的商业环境中，这一能力尤其重要。企业可以通过对数据的深度分析和智能化应用，发现新的商业机会，提升决策的效率和准确性，从而获得竞争优势。

选项 D：“以虚拟化为中心，实现各类资源（如计算、存储、网络）的池化，通过统一的虚拟化软件平台，为上层业务软件提供统一的资源管理接口”描述的是一种有效的资源管理方式，但这并非云原生 2.0 的优势。云原生 2.0 更侧重于在云环境下，基于容器、微服务等技术，提供更加灵活、动态的资源管理和服务部署能力。

【答案】ABC

23.【多选题】云容器引擎（CCE）支持多种网络模型，满足用户的多种业务需求，以下关于 CCE 支持的网络模型中，正确的有哪些选项？

A. 容器隧道网络　　B. VPC 网络　　C. 仲裁网络　　D. 云原生网络 2.0

【解析】

CCE 支持的网络模型有云原生网络 1.0、容器隧道网络、VPC 网络、云原生网络 2.0。CCE 不支持仲裁网络，故选项 C 错误。

【答案】ABD

24.【多选题】某企业计划将容器业务从本地数据中心迁移到华为云容器引擎（CCE）中，相对于自建集群，CCE 的优势有哪些？

A. 使用简单，可以一键创建和扩容集群

B. 可以按使用量付费，使用成本更低

C. 提供优化的各类型操作系统镜像，安全性、可靠性更高

D. 集群运维需要自行管理，可扩展性较差

【解析】

相对于自建集群，CCE 的优势如下。

用户可以使用 CCE 一键创建和扩容 Kubernetes 容器集群。

用户可以按使用量付费，支付的费用可能包含用于存储和运行应用程序的基础设施资源（例如云服务器、云硬盘、弹性公网 IP/带宽）费用。

CCE 提供优化的各类型操作系统镜像，同时应用的整个生命周期都在容器服务内，确保了容器的安全性和可靠性。

CCE 可以根据资源使用情况轻松实现集群节点和工作负载的自动扩容和缩容，并可以自由组合多种弹性策略，以应对业务高峰期的突发流量浪涌。集群运维无须自行管理，可扩展性强，所以选项 D 错误。

【答案】ABC

25.【多选题】华为云提供了多种迁移方式，方便用户将业务从本地数据中心迁移到云端，在以下迁移方式中，华为云可以支持的有哪些选项？

A. 主机迁移　　B. 数据库迁移　　C. 对象存储迁移　　D. 镜像迁移

【解析】

华为云支持主机迁移、数据库迁移、对象存储迁移、云数据迁移，不支持镜像迁移。

【答案】ABC

26.【多选题】某企业为进一步提高业务性能，计划采用 GaussDB（for Redis）服务提升业务读写性能，与开源 Redis 相比，华为 GaussDB（for Redis）的优势有哪些？

A. 采用主从异步复制，对性能影响小，综合效率更优

B. 采用存算分离架构，资源可弹性平滑扩缩容

C. 支持全量数据落盘，提供底层数据三副本冗余保存

D. 全部计算节点可写，且采用多线程架构，吞吐量轻松翻倍

【解析】

选项 A：主从异步复制在某些情况下可以降低延迟，但它增加了数据丢失和不一致的风险，特别是在对可用性和数据一致性要求较高的场景下。因此，华为 GaussDB（for Redis）采用的强一致同步复制机制，虽然可能在写入数据时产生更高的延迟，却提供了更高的数据安全性和可靠性。

选项 B：GaussDB（for Redis）采用了存算分离架构，这意味着它能够使计算层和存储层独立，从而实现资源的弹性平滑扩缩容。这种架构不仅提高了资源利用率，还使得扩缩容过程更加平滑，对业务影响极小。

选项 C：GaussDB（for Redis）支持全量数据落盘，并提供底层数据三副本冗余保存，大大增强了数据的安全性和可靠性。

选项 D：GaussDB（for Redis）的设计允许全部计算节点可写，并且采用多线程架构，这在高并发场景下显著提升了吞吐率，使吞吐量轻松翻倍。

【答案】BCD

27.【多选题】以下关于 APM 功能及特点的描述中，正确的是哪些选项？

A. 无须修改代码，通过为应用安装 APM Agent，实现对应用的全方位监控，提升线上问题诊断的效率

B. 部署 APM Agent 时，需要通过 AK/SK 进行鉴权，否则可能部署失败

C. 接入 APM 的应用达到告警阈值时，会自动将告警数据发送到 AOM，并在 AOM 告警面板进行显示

D. 通过给账户下资源添加标签，可以对资源自定义标记，实现资源的分类

【解析】

选项 A：用户无须更改应用代码，只需要部署 APM Agent 包，修改相应的应用启动参数，就可以实现应用监控。

选项 B：应用通过 APM Agent 自身的 AK/SK 鉴权进行接入。

选项 C：接入 APM 的应用达到告警阈值时会触发告警，将集群的某类告警数据以短信或电子邮件方式批量发送给用户，而不是发送到 AOM（Application Operations Management，应用运维管理）。

选项 D：APM 通过给账号下资源添加标签，可以对资源自定义标记，实现资源的分类。

【答案】ABD

28.【多选题】企业通过使用数据加密服务（DEW），可以支持以下哪些服务或功能的加密？

A. 密钥管理服务　　B. 云凭据管理服务　　C. 密钥对管理服务　　D. 专属加密服务

【解析】

DEW（Data Encryption Workshop，数据加密服务）支持密钥管理服务、云凭据管理服务、密钥对管理服务、专属加密服务。

【答案】ABCD

29.【判断题】VPC 内的云主机需要访问公网，为了节省弹性公网 IP 资源并且避免云主机 IP 直接暴露在公网上，推荐使用公网 NAT 网关的 DNAT 功能。VPC 中一个子网对应一条 DNAT 规则，一条 DNAT 规则对应 1 个弹性公网 IP，用户通过创建多条 DNAT 规则，满足多种业务的访问需求。

【解析】

当 VPC 内的云主机需要访问公网时，为了节省弹性公网 IP 资源并且避免云主机 IP 直接暴露在公网上，应该使用公网 NAT 网关的 SNAT 功能。

SNAT 功能通过绑定弹性公网 IP，实现私网 IP 向公网 IP 的转换，进而实现 VPC 内跨可用区的多个云主机共享弹性公网 IP，安全、高效地访问互联网。

DNAT 功能绑定弹性公网 IP 后，可通过 IP 映射或端口映射两种方式，实现 VPC 内跨可用区的多个云主机共享弹性公网 IP，为互联网提供服务。

【答案】错误

30.【判断题】CCE 包含 CCE Standard 集群和 CCE Turbo 集群两种产品形态，相对于 CCE Standard 集群，CCE Turbo 集群支持容器隧道网络模式和 VPC 网络模式，可以通过 VPC 网络叠加容器隧道网络，它还支持 Cgroups 安全隔离等功能。

【解析】

CCE 包含 CCE Standard 集群、CCE Turbo 集群、CCE Autopilot 集群这 3 种产品形态。相对于 CCE Standard 集群，CCE Turbo 集群支持云原生网络 2.0 模式，还支持安全容器和普通容器。

【答案】错误

31.【判断题】数据加密服务（DEW）是一个综合的云上数据加密服务，可以安全、可靠地为用户解决数据安全、密钥安全、密钥管理复杂等问题。其密钥由硬件安全模块（HSM）保护，并与多个华为云服务集成。

【解析】

DEW是一个综合的云上数据加密服务，可以安全、可靠地为用户解决数据安全、密钥安全、密钥管理复杂等问题。其密钥由硬件安全模块（Hardware Security Module，HSM）保护，并与多个华为云服务集成。

【答案】正确

32.【判断题】容器技术起源于Linux，是一种内核虚拟化技术，提供轻量级的虚拟化，以便隔离进程和资源，相对于虚拟化技术，具有资源利用率高、启动速度快等特点。

【解析】

容器技术是一种在操作系统层面上实现应用程序运行环境隔离的技术。与传统的硬件级虚拟化技术相比，容器技术更加轻量级，因为它复用宿主机内核且只需为每个容器提供独立的用户空间。容器技术起源于Linux，是一种内核虚拟化技术，提供轻量级的虚拟化，以便隔离进程和资源，相对于虚拟化技术，具有资源利用率高、启动速度快等特点。

【答案】正确

33.【判断题】云硬盘（EVS）加密采用行业标准的XTS-AES-128加密算法，利用密钥加密云硬盘；云硬盘加密利用的密钥由统一认证服务平台IAM提供，用户无须自行构建和维护密钥管理基础设施。

【解析】

云硬盘加密采用行业标准的XTS-AES-256加密算法而不是XTS-AES-128加密算法，利用密钥加密云硬盘。

【答案】错误

34.【判断题】通过镜像服务（IMS）用户可以使用公共镜像或共享镜像申请弹性云服务器和裸金属服务器，同时，用户还能通过已有的云服务器或使用外部镜像文件创建私有镜像，实现业务上云或云上迁移；但不能将本地的镜像上传到镜像服务中，或直接调用第三方云平台的镜像部署业务。

【解析】

用户可以将本地的镜像上传到镜像服务中，或直接调用第三方云平台的镜像部署业务。

【答案】错误

35.【判断题】通过主机迁移服务（SMS）进行业务迁移时，对网络质量有一定要求，可以通过SMS提供的网络质量检测功能，评估当前迁移网络质量，及时做出调整，避免因网络质量问题，导致迁移失败。

【解析】

迁移对网络质量有一定要求，可以通过SMS提供的网络质量检测功能，评估当前迁移网络质量，及时做出调整，避免因网络质量问题，导致迁移失败。

【答案】正确

36.【判断题】应用运维管理（AOM）服务是云上应用的一站式立体化日志管理平台，实时监控云服务的运行参数及日志信息，分析应用健康状态，提供灵活、丰富的数据可视化功能，并对日志进行持久化存储，帮助用户及时发现故障，满足用户对日志分析、故障筛查及安全审计的业务需求。

【解析】

AOM 是云上应用的一站式立体化运维管理平台而不是一站式立体化日志管理平台。AOM 融合云监控、云日志、应用性能、真实用户体验、后台链接数据等多维度可观测性数据源，提供应用资源统一管理、一站式可观测性分析和自动化运维方案，帮助用户及时发现故障，全面掌握应用、资源及业务的实时运行状况，提升企业海量运维的自动化能力和效率。

【答案】错误

3.2　大数据模块真题解析

1.【单选题】以下哪一种场景不是 Spark SQL 的使用场景？

A. 结构化数据处理场景

B. 对数据处理的实时性要求不高的场景

C. 需要处理 PB 级的大容量数据的场景

D. 实时数据查询场景

【解析】

选项 A：Spark SQL 正是为了处理结构化数据而设计的，它允许用户使用 SQL 来处理和分析数据。

选项 B：虽然 Spark SQL 相较于传统的 MapReduce 有更快的处理速度，但是它本身并不是专门为了实时数据处理而设计的。因此，如果所在场景对数据处理的实时性要求并不高，Spark SQL 是一个合适的选择。

选项 C：Spark SQL 非常适合用于处理大容量数据，包括 PB 级的数据。由于具有基于内存的计算能力，Spark SQL 能够高效地处理大容量数据，尤其适合用于批量数据处理和数据分析任务。

选项 D：Spark SQL 可以快速执行查询并实现高效的数据分析，但它主要用于批处理而非实时数据查询。

【答案】D

2.【单选题】关于 Hive 自定义函数的描述，以下哪一个选项是不正确的？

A. UDF 用于接收单个数据行，并产生一个数据行作为输出

B. UDMF 用于接收多个数据行，并产生多个数据行作为输出

C. UDAF 用于接收多个数据行，并产生一个数据行作为输出

D. UDTF 用于接收单个数据行，并产生多个数据行作为输出

【解析】

Hive 自定义函数可以分为 3 类：UDF（User-Defined Function，用户自定义函数）、UDAF（User-Defined Aggregating Function，用户自定义聚合函数）和 UDTF（User-Defined Table-Generating Function，用户自定义表生成函数）。

选项 A：正确。UDF 通常用于处理简单的数据转换任务，属于“进一出一”的类型，例如将一个字符串从小写形式转换为大写形式。

选项 B：不正确。在 Hive 自定义函数中不存在 UDMF 这种类型的函数。

选项 C：正确。UDAF 常用于执行聚合操作，如计数、求和或求平均值等，属于“进多出一”的类型，

例如求所有行数据的数量。

选项 D：正确。UDTF 能够将一行输入转换成多行输出，属于“进一出多”的类型，适用于数据扩展的场景，例如侧视图展开操作。

【答案】B

3.【单选题】关于 HBase 应用场景描述，以下哪一个选项是不正确的？

A. 海量数据（数量级为 TB、PB）

B. 完全拥有传统关系数据库所具备的 ACID 特性

C. 能够同时处理结构化和非结构化的数据

D. 需要在海量数据中实现高效的随机读取

【解析】

选项 A：正确。HBase 能够处理的数据量非常庞大，包括 TB 甚至 PB 级数据。它的分布式存储特性使其能够有效地管理和存储海量数据。

选项 B：不正确。HBase 作为一个 NoSQL 数据库，并不完全拥有传统关系数据库所具备的 ACID 特性。虽然它提供了强一致性的读写，但不拥有传统关系数据库的事务特性和复杂的关联查询能力。

选项 C：正确。HBase 能够同时处理结构化和非结构化的数据，其列式存储模式允许动态增加列，适用于处理不同结构的数据。

选项 D：正确。HBase 默认对行键进行索引优化，即使在数据量非常庞大的情况下，根据行键进行查询的效率依然很高，这使得 HBase 非常适用于需要在海量数据中实现高效随机读取的场景。

【答案】B

4.【单选题】以下关于 Hive 调优的方法中，哪一个选项是不正确的？

A. 当连接一个较小和较大表的时候，把较大表直接放到内存中，再对较小表进行 map 操作

B. 每个查询会被 Hive 转化为多个阶段，当有些阶段关联性不大时，可以并行执行，缩短整个查询的执行时间

C. 设置 map side join：set hive.auto.convert.join=true

D. 开启任务并行执行：set hive.exec.parallel=true

【解析】

选项 A：不正确。在 Hive 中处理连接（JOIN）操作时，通常建议将较小表放入分布式缓存，以便在各个节点上复制，从而实现高效的连接操作。较大表无法直接放入内存，因为较大表的数据量可能非常大，远超单个节点的内存容量。正确的做法是使用 MAPJOIN 或者 BUCKETMAPJOIN 来处理较小表和较大表的连接，这样可以利用较小表的小规模特性。

选项 B：正确。Hive 支持多阶段查询的并行执行，可以通过设置配置项 hive.exec.parallel 为 true 来开启此功能。此功能允许不相互依赖的阶段并发执行，从而缩短整个查询的执行时间。

选项 C：正确。这样的设置会让 Hive 自动尝试将普通 JOIN 转换为 MAPJOIN，如果较小表适合放入内存中。这样的设置可以减少磁盘 I/O 并加速查询处理过程。

选项 D：正确。设置这个属性，可以允许 Hive 并行执行一些查询计划中的独立任务，这样可以更有效地利用集群资源，加快查询速度。

【答案】A

5.【单选题】以下关于 Spark SQL 中 Dataset 的描述，哪一个选项是不正确的？

A. Dataset 是一个由特定域的对象组成的强类型集合，可通过功能或关系操作并行转换其中的对象

B. Dataset 以 Catalyst 逻辑执行计划表示，并且数据以二进制编码的形式存储

C. Dataset 需要反序列化才可以执行 sort、filter、shuffle 等操作

D. Dataset 是“懒惰”的，只在执行 action 操作时触发计算

【解析】

选项 A：Dataset 是 Spark SQL 处理结构化数据的核心数据结构，它类似于传统数据库中的表，但具有分布式和弹性的特性。Dataset 是一个由特定域的对象组成的强类型集合，这意味着它在编译时就知道数据的类型，这使得它在处理数据时能够提供类型安全和更高的性能保证。

选项 B：Dataset 以 Catalyst 逻辑执行计划表示，这是 Spark SQL 的查询优化引擎的一部分。Catalyst 负责将 DSL 查询转换为优化后的物理执行计划，以便在集群上高效执行。此外，数据确实以二进制编码的形式存储，这有助于减少内存消耗并提高处理效率。

选项 C：由于 Dataset 内部使用了编码器来序列化数据，所以在执行如 sort、filter、shuffle 等变换操作时，并不需要反序列化。

选项 D：Dataset 继承了 Spark 的惰性计算特性，这意味着只有在遇到一个 action 操作（例如 collect 或 show 操作）时，才会触发之前定义的一系列转换操作的实际执行。这种惰性求值策略允许 Spark 优化整个计算过程，仅在必要时才执行计算。

【答案】C

6.【单选题】关于 Flume 配置的描述，以下哪一个选项是不正确的？

A. server.sources.a1.batchSize：Flume 一次发送的事件个数（数据条数）。增大此参数会提升性能，降低实时性；反之降低性能，提升实时性

B. server.channels.ch1.type：Channel 类型，取值为 file、memory 中的任意一个

C. server.sinks.s1.hdfs.path：写入 HDFS 的目录，此参数不能为空

D. server.sinks.s1.hdfs.rollSize：在 HDFS 上写入多少个事件后重新创建一个文件

【解析】

选项 A：在 Flume 中，server.sources.a1.batchSize 参数用于设置 Flume 一次发送的事件个数（数据条数）。增大 batchSize 可以提升性能，因为可以减少数据传输的次数，但可能会降低实时性，因为需要等待更多的事件累积；反之，减小 batchSize 会降低性能，因为增加了数据传输的次数，但可以提升实时性。

选项 B：Flume 中的 Channel 类型不仅限于 file 和 memory，还包括其他类型如 JDBC Channel 等。因此，Channel 类型可以是 file、memory 或其他支持的类型之一。

选项 C：在 Flume 中，server.sinks.s1.hdfs.path 参数用于指定写入 HDFS 的目录，这是一个必须设置的参数，因为它决定了数据的最终存储位置。

选项 D：server.sinks.s1.hdfs.rollSize 参数用于指定在 HDFS 上写入多少个事件后重新创建一个文件。这个参数允许用户根据事件的个数来控制文件的滚动，是 Flume 中的文件滚动策略的一部分。

【答案】B

7.【单选题】关于 Hive 数据仓库分层的说法，以下哪一个选项是错误的？

A. ODS 层：原始数据层

B. DWD 层：数据结构和粒度与原始表的数据结构和粒度保持一致，简单清洗

C. DWS 层：以 ODS 层为基础，进行轻度汇总

D. ADS 层：为各种统计报表提供数据

【解析】

选项 A：ODS 层是原始数据层，存储着未经处理的原始数据。这些数据通常直接来源于业务系统，如日志数据、业务操作数据等，均直接来源于业务系统，它们被加载到数据仓库系统中，在结构上与源系统中的结构保持一致。

选项 B：DWD 层的数据结构和粒度与原始表的数据结构和粒度保持一致，该层主要进行简单的清洗工作，如删除空值、脏数据等，以确保数据的质量和完整性，方便后续层的分析和处理。

选项 C：DWS 层基于 DWD 层或更低层的数据进行更复杂的汇总和处理。

选项 D：ADS 层为各种统计报表提供数据，支持提供数据产品和数据分析使用的数据，这些数据一般会被存放在 ES、MySQL、Redis 等系统中供线上系统使用。

【答案】C

8.【单选题】以下对离线批处理的描述，哪一个选项是不正确的？

A. 对处理时间要求不高

B. 处理数据量巨大

C. 处理数据格式多样

D. 支持 SQL 类作业，但不支持自定义作业

【解析】

选项 A：离线批处理通常不涉及实时数据处理，因此可以容忍较长的处理时间。这种处理模式适用于不需要即时响应，但对数据处理的准确性和全面性有较高要求的场合。

选项 B：离线批处理的设计初衷之一就是能够处理海量的数据。Hadoop 等离线批处理技术通过分布式系统基础架构，充分利用集群的威力进行高速运算和存储，能够处理海量的数据。

选项 C：在离线批处理中，可以处理结构化、半结构化和非结构化等多种格式的数据。这种多样性使得离线批处理平台能够加工原始数据，生成明细数据，并进行各种分析。

选项 D：不正确。离线批处理不仅支持 SQL 类作业，还支持自定义作业。实际上，离线批处理的一个重要应用场景就是根据具体需求，执行包含复杂逻辑的自定义作业。

【答案】D

9.【多选题】GES 是基于 HBase 和 Elasticsearch 的分布式图数据库，以下哪些选项属于 GES 的特点？

A. 提供单实例部署，可纵向扩展

B. 提供属性图模型的建模方案，可以将数据映射成图进行存储

C. 提供灵活的图元数据更新、修改功能

D. 提供强大的 Gremlin 图遍历功能，可实现复杂的业务逻辑

【解析】

选项 A：GES 提供多实例部署，可横向扩展。

选项 B：GES 提供属性图模型的建模方案，可以将数据映射成图进行存储。

选项 C：GES 提供灵活的图元数据更新、修改功能，提供易用的 Rest 接口。

选项 D：GES 提供强大的 Gremlin 图遍历功能，可实现复杂的业务逻辑。

【答案】BCD

10.【多选题】在 Flume 中，以下哪些选项属于 Sink Processor 的类型？

A. Default Sink Processor

B. Failover Sink Processor

C. Load balance Sink Processor

D. Replicating Sink Processor

【解析】

Sink Processor 的类型有 Default Sink Processor、Failover Sink Processor、Load balance Sink Processor。其中 Default 表示该类型是默认类型，不需要配置 Sink groups；Failover 是故障转移机制；Load balance 是负载均衡机制。

【答案】ABC

11.【多选题】以下关于 Flink 的描述，哪些选项是正确的？

A. Flink 是一个闭源的分布式流式处理框架

B. Flink 提供准确的结果，甚至在出现无序或者延迟加载的数据的情况下也可以提供准确的结果

C. Flink 是状态化容错的，在维护一次完整的应用状态的同时，能无缝修复错误

D. Flink 能够大规模运行，在上千个节点运行时有很好的吞吐量和低延迟

【解析】

选项 A：错误。Flink 是一个开源的分布式流式处理框架。

选项 B：Flink 的设计确保了即使在面对无序或延迟加载的数据时，它也能生成准确的结果。这一点是通过其事件时间处理机制实现的，该机制允许 Flink 在计算结果时考虑事件的实际发生时间，而不仅仅考虑它们到达系统的时间。

选项 C：Flink 具备强大的状态化容错能力，这意味着它可以在维护应用程序状态的同时无缝地修复错误。这是通过 Flink 的检查点机制实现的，该机制定期记录应用程序状态的快照，从而在发生故障时能够准确地将应用程序状态恢复到最后一个数据一致的状态。

选项 D：Flink 能够在大规模集群上高效运行，支持上千个节点的部署。它通过优化内存中的数据处理和高效的网络通信来实现高吞吐量和低延迟，这使得 Flink 成为处理大规模数据流的理想选择。

【答案】BCD

12.【多选题】以下哪些场景属于 Kafka 的主要应用场景？

A. 消息队列　　B. 流处理　　C. 日志数据即时查询　　D. 日志收集

【解析】

Kafka 主要应用于消息队列、流处理、日志收集。Kafka 还可被用于日志聚合，即将日志数据批量、异

步地发送到 Kafka 集群，但它并不适用于日志数据即时查询。Kafka 更擅长批量处理和顺序读写，而不是随机访问查询。

【答案】ABD

13.【多选题】关于 Source Interceptor，以下哪些选项是正确的？

A. Flume 可以在 source 阶段修改/删除 event，这是通过 Source Interceptor 来实现的

B. Source Interceptor 只能设置 1 个

C. 可以在收集的数据的 event 的 head 中加入处理的时间戳、agent 的主机或者 IP 地址、固定 key-value 等

D. 常见的 Source Interceptor 包括 Timestamp Interceptor 和 Host Interceptor

【解析】

选项 A：Flume 的 Source Interceptor 允许用户在 source 阶段修改/删除 event。这种能力使得 Flume 能够灵活地处理各种数据清洗和预处理任务，例如添加时间戳、附加主机信息、过滤不必要的事件等。

选项 B：Flume 支持在同一个 Source 上配置多个 Source Interceptor，这些 Source Interceptor 将按照配置的顺序依次对事件进行处理。这意味着用户可以根据需要串联多个 Source Interceptor，以实现复杂的数据处理逻辑。插入静态数据：Source Interceptor 还可以用于向 event 的 head 中添加静态的关键值，以便在后续处理中可以根据这些关键值进行路由或分类处理。

选项 C：Source Interceptor 可以在收集的数据的 event 的 head 中加入处理的时间戳、agent 的主机或者 IP 地址、固定 key-value 等。

选项 D：Timestamp Interceptor 和 Host Interceptor 是两种常见的 Source Interceptor。Timestamp Interceptor 用于向 event 的 head 中添加时间戳，Host Interceptor 则用于添加主机名或 IP 地址。这两种 Source Interceptor 的配置方式简单，且广泛应用于日志数据的采集和处理，以增加数据的时间维度和来源信息。

【答案】ACD

14.【多选题】关于数据集市和数据仓库的区别，以下哪些说法是正确的？

A. 数据集市仅仅是一种提供存储的、面向数据管理的服务，不面向最终分析用户

B. 数据集市，也叫数据市场，数据集市可以满足特定的部门或者用户的需求，按照多维的方式对数据进行存储

C. 数据仓库为满足各类零散分析的需求，通过数据分层和数据模型的方式，并以基于业务和应用的角度将数据进行模块化的存储

D. 数据仓库是面向分析应用和最终分析用户的

【解析】

选项 A：数据集市不仅仅是简单的数据存储服务，而是面向最终分析用户的服务。

选项 B：数据集市可以满足特定的部门或者用户的需求，按照多维的方式对数据进行存储。数据集市可以是独立型的，直接从操作型系统获取数据；也可以是从属型的，依赖于中心数据仓库提供数据。

选项 C：数据仓库通过数据分层和数据模型的方式，并以基于业务和应用的角度将数据进行模块化的存储来满足各类零散分析的需求。

选项 D：数据仓库是面向分析应用的，不面向最终用户。

【答案】BC

15.【判断题】图数据库可以完美地实现复杂多级关系查询分析，选用 GES 来满足图数据的实时查询需求，其数据底层仍存在 Elasticsearch 中，而索引存在 HBase 中。

【解析】

GES 的数据底层并非存在于 Elasticsearch 中，而是使用了华为自研的 EYWA 内核进行图数据的查询和分析服务。

【答案】错误

16.【判断题】SparkContext 是 Spark 的入口，相当于应用程序的 main 函数。

【解析】

SparkContext 是 Spark 的入口，相当于应用程序的 main 函数。SparkContext 扮演着核心角色，它是用于连接集群、提交作业以及与 Spark 集群交互的主入口。

【答案】正确

17.【判断题】数据倾斜指计算数据的时候，数据的分散度不够，导致大量的数据集中到了一台或者几台机器上计算，这些数据的计算速度远远低于平均计算速度，导致整个计算过程过慢。

【解析】

数据倾斜是一个在分布式数据处理中常见的问题，尤其在使用如 Hadoop 和 Spark 等大数据处理框架时。理想情况下，一个分布式系统中的所有工作节点应该平均分担处理任务，这样可以有效利用所有可用的计算资源，达到最快的计算速度。然而，由于各种原因，实际操作中往往会出现某些节点处理的数据量远大于其他节点处理的数据量的情况，这就会导致这些数据的计算速度远远低于平均计算速度，使得整个计算过程过慢。

【答案】正确

18.【判断题】Kafka 把 Topic 中的一个 Partition 大文件分成多个小文件段，通过多个小文件段，可以容易地定期清除或删除已经消费完的文件，减少磁盘占用。

【解析】

Kafka 通过将 Topic 中的一个 Partition 大文件分成多个小文件段,实现了对大量数据的高效管理和存储。这种设计不仅减少了磁盘占用，还提高了数据处理的速度和效率，使 Kafka 成为处理大规模实时数据流的理想选择。

【答案】正确

3.3　AI 模块真题解析

1.【单选题】用两个 3×3 的卷积核对一幅三通道的彩色图像进行卷积，得到的特征图有几个通道？

A.1　　B.2　　C.3　　D.4

【解析】

当使用两个 3×3 的卷积核对三通道的彩色图像进行卷积时，每个卷积核都会分别对图像的 3 个通道进行卷积操作。因此，每个卷积核都会产生一个特征图，这个特征图包含从原始图像的 3 个通道中提取的信息。由于有两个卷积核，所以最终会得到两个这样的特征图，每个特征图都是单通道的。这两个特征图可以堆叠在一起形成一个具有 2 个通道的特征图。所以，最终得到的特征图有 2 个通道。

【答案】B

2.【单选题】使用 MindSpore 构建张量（Tensor）后，以下哪一个选项表示张量的形状？

A. Tensor.asnumpy()　　B. Tensor.shape　　C. Tensor.dtype　　D. Tensor.sum()

【解析】

选项 A：Tensor.asnumpy()方法用于将 MindSpore 构建的张量转换为 NumPy 数组。转换后，两者共享相同的内存地址，因此对 MindSpore 构建的张量的任何修改都会反映到相应的 NumPy 数组上。

选项 B：Tensor.shape 是张量的一个属性，用于获取张量的形状，该属性的值是一个元组（Tuple），表示张量在各个轴上的大小。

选项 C：Tensor.dtype 属性用于获取张量的数据类型，比如 float32、int64 等。

选项 D：Tensor.sum()方法用于计算张量中所有元素的总和。它表示一个数学操作，该操作用于求和，而不是获取张量的属性或信息。

【答案】B

3.【单选题】下列选项中，哪个不是关键词提取常用的算法？

A. SSA（Sparrow Search Algorithm）

B. TextRank

C. TF-IDF（Term Frequency–Inverse Document Frequency）

D. LDA（Latent Dirichlet Allocation）

【解析】

选项 A：SSA 是一种较新的优化算法，主要用于解决工程优化问题，并不常用于关键词提取。

选项 B：TextRank 算法是利用局部词汇关系，即共现窗口，对候选关键词进行排序的算法。

选项 C：TF-IDF 是一种统计算法，用于评估一个词语对于一个文件集或一个语料库中的一个文件或一条语料的重要程度。

选项 D：LDA 是一种主题模型算法，用于在大规模文件集中发现潜在的主题结构。

【答案】A

4.【单选题】某同学在使用 MindSpore 进行模型训练时，希望通过 Web UI 将训练性能数据（如算子耗时等）可视化，方便进行性能调试，请问需要使用以下哪个 MindSpore 的工具？

A. MindSpore Lite　　B. MindSpore Insight

C. MindSpore Armour　　D. MindSpore Serving

【解析】

选项 A：MindSpore Lite 主要面向端侧设备，提供轻量化的 AI 引擎解决方案，侧重于模型推理而非训练性能数据的可视化或性能调试。

选项 B：MindSpore Insight 是用于可视化训练性能数据（如算子耗时等）的工具。

选项 C：MindSpore Armour 专注于 AI 模型的安全与隐私保护，提供模型安全测评、模型混淆、隐私数据保护等功能，与性能调试无关。

选项 D：MindSpore Serving 提供模型部署和推理服务的功能，不涉及训练过程中的训练性能数据可视化或性能调试。

【答案】B

5.【单选题】下列关于词向量说法错误的是哪一个选项?

A. Word2Vec 有两种模型：Skip-gram 与 CBOW

B. 用 fastText 获取词向量能够考虑子词级别信息

C. 原始的 GloVe 方法可以很好地解决未登录词问题

D. BERT 与 ELMo 都可以生成动态词向量

【解析】

选项 A：Word2Vec 有 Skip-gram 与 CBOW 这 2 种模型。其中，CBOW 模型通过上下文预测目标词，而 Skip-gram 模型通过目标词预测上下文。

选项 B：fastText 是由 Meta 研究团队提出的一个用于快速文本分类和词嵌入的库。与 Word2Vec 和 Skip-gram 不同，fastText 能够利用子词信息来生成词向量。这意味着它可以为词汇表中不存在的词生成词向量，这对于处理形态丰富的语言特别有用。

选项 C：原始的 GloVe 方法并不是直接针对未登录词问题而设计的，它通过对整个语料库中的共现矩阵进行分解来生成词向量。尽管这种方法可以在一定程度上通过共现信息解决未登录词问题，但对于新出现的词或训练集中极少出现的词，这种方法可能无法生成准确的词向量。

选项 D：BERT 和 ELMo 是两种能够生成动态词向量的模型。与传统的生成静态词向量的模型不同，这些模型考虑了上下文信息，能够根据单词在句子中的使用环境生成不同的词向量。

【答案】C

6.【单选题】John 在训练一个图像分类网络（隐藏层为卷积神经网络）时，发现网络收敛速度慢，且在训练集上误差较小、测试集上误差较大，他可以选择以下哪个选项来缓解问题?

A. 在隐藏层中加入 Dropout

B. 在卷积层后加入 Batch Normalization 层

C. 使用全连接层代替卷积层

D. 增加隐藏层中卷积层的数量

【解析】

Batch Normalization 的作用是加快训练速度、提高模型稳定性、提高泛化能力。

选项 A：Dropout 是一种正则化技术，通过在训练过程中随机丢弃一部分神经元来减少模型复杂性并防止过拟合。但在某些情况下，如果已经出现收敛缓慢的问题，加入 Dropout 可能会进一步减慢收敛速度，因为它减少了每次迭代中参与训练的模型容量。

选项 B：Batch Normalization 层通过在网络中的层之间引入标准化层来加速训练过程并提高模型稳定性。它不仅有助于缓解内部协变量偏移，提升训练速度，还能提高模型的泛化能力，从而有效缓解过拟合问题。

选项 C：在图像处理任务中，卷积层因其出色的空间信息处理能力而被广泛使用。用全连接层替换卷积层通常不是一个好的选择，因为这可能导致空间信息的损失，降低模型处理图像的能力，并可能增加过拟合的风险。

选项 D：虽然增加隐藏层中卷积层的数量可能使模型在训练集上的表现更好，但这同样可能加剧过拟合问题，导致模型在测试集上的性能下降。此外，增加隐藏层中卷积层的数量还会增加计算负担，与加快收敛速度的需求相悖。

【答案】B

7.【单选题】MindSpore 在数据预处理中采取流水线的形式，以下哪一个操作可以实现数据集样本增强？

A. map　　B. filter　　C. batch　　D. shuffle

【解析】

选项 A：map 操作可被用于数据集中的每个元素，这意味着用户可以定义一系列数据增强操作，并将其应用于整个数据集，从而实现批量的数据预处理和增强。

选项 B：filter 操作主要用于过滤数据集中的特定元素，不适用于数据增强。

选项 C：batch 操作将多个样本组合成批次，主要用于准备模型训练的批数据，而不是数据增强。

选项 D：shuffle 操作会随机重新排列数据集中的元素，虽然可以增加数据呈现的随机性，但不提供实际的数据增强功能。

【答案】A

8.【单选题】John 想要训练一个猫狗分类的模型，但是他的数据集里有 1000 张狗的图片和 10000 张猫的图片，以下关于此情景的描述错误的是哪个选项？

A. 可以直接删除多出的猫的图片，但是可能会丢失一些重要特征

B. 可以直接将狗的图片重复采样至 10000 张，但是模型可能会过拟合

C. 使用集成学习的思想，将猫的图片等分成 10 份，分别和狗的图片组合，相继训练一个模型，可避免过拟合

D. 可以通过对训练集中狗的图片进行插值来产生额外的图片进行训练

【解析】

选项 A：直接删除多出的猫的图片，可以快速达到数据集的平衡，但会丢失一些重要的数据特征或模式，因为删除的数据可能包含对模型学习至关重要的信息。

选项 B：直接将狗的图片重复采样至 10000 张，可能会导致模型过拟合，因为模型会看到太多重复的狗的图片，从而可能过度适应这些重复图片的特征，而不是学习到更泛化的特征。

选项 C：使用集成学习的思想，将猫的图片等分成 10 份，分别和狗的图片组合，相继训练一个模型，这种方法的错误在于它误解了集成学习的应用。集成学习通常涉及训练多个不同的模型（或算法）来解决同一个问题，并通过结合它们的预测来提高整体性能。简单地将数据集分割并顺序训练单个模型，并不构成集成学习的正确应用。此外，这种方法也没有解决数据不平衡的根本问题，因为每个子集中的数据仍然是不平衡的。

选项 D：通过对训练集中狗的图片进行插值来产生额外的图片进行训练，这种方法有助于增加狗的图片数量，缓解数据不平衡的问题。然而，插值产生的额外的图片可能不会增加太多的新信息，因为它们是基于已有图片生成的，可能不会提供额外的独特特征或视角。

【答案】C

9.【单选题】在使用 MindSpore 进行环境配置（如指定硬件平台、运行模式等）时，应该调用以下哪个接口？

A. get_context B. export C. load_checkpoint D. set_context

【解析】

选项 A：get_context 接口用于获取当前的上下文信息，包括硬件平台、运行模式等。通过调用该接口，可以获取当前环境的设置情况。

选项 B：export 接口用于导出模型的计算图和参数，以便在其他设备或平台上对模型进行部署和使用。通过调用该接口，可以将训练好的模型导出为可执行文件或共享库。

选项 C：load_checkpoint 接口用于加载预训练的模型权重。通过调用该接口，可以将之前训练好的模型权重加载到当前环境中，以便继续训练或推理模型。

选项 D：set_context 接口用于设置硬件平台、运行模式等参数，以便在训练和推理过程中使用正确的计算资源。通过调用该接口，可以配置 MindSpore 的环境。

【答案】D

10.【单选题】John 构建了一个全球各个国家和地区关系的知识图谱，关于此知识图谱以下描述错误的是哪一个选项？

A. 中国和美国属于该图谱中的实体

B. 欧洲和亚洲属于图谱中的概念

C. 每个国家的经纬度属于图谱中实体的属性

D. 该图谱的基本单位是四元组：实体-关系-属性-实体

【解析】

选项 A：正确。因为知识图谱中的实体通常指的是具体的个体或者对象，例如人、地点、组织等。在这个知识图谱中，各个国家（如中国和美国）自然是作为实体存在的。

选项 B：正确。在知识图谱中，概念可以指代一类事物或者一种分类，例如地理区域（如欧洲和亚洲）。这些概念可以用来对实体进行分类或者建立实体之间的关系。

选项 C：正确。在知识图谱中，实体的属性是用来描述实体特征的信息，例如一个国家的经纬度就是用来描述该国家地理位置的重要信息。

选项 D：错误。知识图谱的基本单位通常是三元组（实体-关系-实体），而不是四元组。三元组表示的是两个实体之间的关系，而属性通常是与某个实体直接相关的信息，不构成独立的关系三元组。例如，“中国”（实体）-“位于”（关系）-“亚洲”（实体）是一个合理的三元组；而“中国”（实体）的“经度：116.4°E”（属性）则不是通过关系与其他实体连接的，而是直接描述中国这一实体的属性。

【答案】D

11.【单选题】下列不属于语音识别处理流程的是哪一个选项？

A. 语音预处理 B. 声学特征提取 C. 语言模型训练 D. 水平镜像

【解析】

语音识别处理流程主要包括语音信号采集、语言预处理、声学特征提取、语言模型训练以及预测与识别。

【答案】D

12.【单选题】下列不属于 MFCC 提取过程的是哪一个选项？

A. 预加重 B. 快速傅里叶变换 C. 倒谱分析 D. end to end

【解析】

在语音信号处理中，MFCC（Mel Frequency Cepstrum Coefficient，梅尔频率倒谱系数）是一种广泛应用于语音识别和话者识别的重要特征。

选项 A：这是 MFCC 提取的第一步，该步骤通过高通滤波器增强信号的高频成分，使频谱平坦化，同时消除发声过程中可能的影响。

选项 B：快速傅里叶变换将时域信号转换为频域上的能量分布，以便观察不同频率分量的特性。

选项 C：在 MFCC 的提取过程中，并没有直接使用“倒谱分析”术语，但该过程中的 DCT（Discrete Cosine Transform，离散余弦变换）可被视为一种倒谱分析的方法，用于从滤波器的对数能量输出中提取 MFCC。

选项 D：end to end 通常指的是一种系统或模型的端到端处理方式，并不是 MFCC 的提取步骤。

【答案】D

13. 【单选题】下列关于语音识别中的 MFCC，描述不正确的是哪一个选项？

A. MFCC 是为了提取语音特征

B. MFCC 是为了过滤无用特征，提取高频部分信号

C. 预加重属于 MFCC 提取过程，是为了增强高频分辨率

D. MFCC 的输出一般是 12 维的向量

【解析】

选项 A：正确。MFCC 的主要目的就是从语音信号中提取有助于识别的语音特征。

选项 B：不正确。MFCC 的主要目的是全面提取语音特征，而不是仅关注高频部分。

选项 C：正确。在 MFCC 的提取过程中，预加重是一个关键步骤，它通过增强信号中的高频成分来改善高频分辨率。

选项 D：正确。MFCC 可以输出不同维度的向量，12 维是常见的选择，其中包括 12 个倒谱系数。

【答案】B

14. 【单选题】下列关于 CNN 的描述中，不正确的是哪一个选项？

A. Padding 就是在图像外面加上一层 0

B. 卷积核在输入图像上滑动的跨度称为步长，如果卷积核一次移动一个像素，我们称其步长为 1

C. 经过卷积核卷积得到的结果矩阵就是特征图。特征图的个数与卷积核的个数无关

D. 根据一定规则进行图像扫描并进行卷积计算的对象称为卷积核。卷积核可以提取局部特征

【解析】

选项 A：正确。Padding（填充）是一种技术，用于在输入图像的周围添加额外的“边界”（通常用 0 填充），这样可以控制输出特征图的大小。例如，使用 1 像素的 Padding 意味着在输入图像的每一条边增加一个像素宽度的 0。

选项 B：正确。步长（Stride）定义了卷积核在输入图像上滑动的跨度。步长为 1 意味着卷积核一次移动一个像素，这会使得输出特征图的尺寸更接近于输入尺寸。

选项 C：不正确。特征图的个数实际上与使用的卷积核的数量直接相关。每个卷积核都会在输入图像或特征图上进行卷积操作，生成一个特征图。因此，如果有 10 个卷积核，经过卷积操作就会生成 10 个特征图。每个特征图代表了从输入数据中提取的一种特定的特征或模式。

选项 D：正确。根据一定规则进行图像扫描并进行卷积计算的对象称为卷积核（也称为滤波器）。卷积核是一个小矩阵，通过在输入图像上进行卷积计算来提取特定类型的特征，如边缘、纹理等。卷积核的大小和值决定了它能提取的特征类型。

【答案】C

15.【单选题】以下哪一个选项是反向传播算法的理论基础？

A. 链式法则　　B. 计算图　　C. 代价函数　　D. 线性代数

【解析】

在神经网络的训练中，反向传播算法是一种核心的技术。它基于链式法则，通过计算损失函数对每个权重的偏导数来实现权重的更新，进而优化网络的性能。

选项 A：链式法则是微积分中的一个基本工具，它允许人们计算复合函数的导数。在神经网络中，由于各层之间的输出相互依赖，形成了一个复杂的“复合”关系，因此链式法则成为计算这种复合关系对应的复合函数的导数的有效手段。

选项 B：计算图是一个描述数学运算的图形，它表示变量之间的操作和依赖关系。在神经网络中，计算图可以帮助人们可视化和组织网络中的运算过程。

选项 C：代价函数（也称为损失函数）是衡量神经网络输出与真实目标之间差异的指标。它是优化的目标，即神经网络训练的目的是最小化这个代价函数。

选项 D：线性代数是数学的一个分支，主要研究向量空间、线性映射以及它们的性质。在神经网络中，线性代数提供了处理大规模数据和复杂变换所需的数学工具。

【答案】A

16.【单选题】在端到端的深度学习语音模型中，一般使用以下哪一个选项特征作为输入？

A. 波形数据　　B. 频谱　　C. fbank　　D. MFCC

【解析】

在端到端的深度学习语音模型中，常用的输入特征为 fbank。

选项 A：波形数据包含完整的声学信息，但在端到端的深度学习语音模型中直接使用波形数据作为输入会大大增加模型的复杂度和计算负担。

选项 B：频谱是音频信号在频域上的表示，包含信号的频率成分和能量分布，也不会在端到端的深度学习语音模型中作为输入。

选项 C：fbank 特征基于梅尔频率，能够很好地模拟人耳对不同频率的感知，强调语音信号中对人类听觉更重要的部分。在端到端的深度学习语音模型中，fbank 特征因其能够有效捕捉语音信号中的关键信息，并且计算相对高效，已成为一种被广泛使用的输入特征。

选项 D：MFCC 更多地用于传统的语音识别系统，在这些系统中，它能够有效表征语音信号的特性。

【答案】C

17.【多选题】在 MindSpore 中，可以通过以下哪几种方法查看网络模型结果及对应参数？

A. model.see_parameters()

B. model.check_parameters()

C. model.parameters_and_names()

D. print(model)

【解析】

选项 A：model.see_parameters()方法可以显示模型中所有参数的名称和值。这对于检查模型的当前状态和调试模型非常有用。

选项 B：model.check_parameters()方法可以检测模型参数是否满足指定的条件，并返回一个布尔值。它主要用于验证模型参数的正确性。

选项 C：model.parameters_and_names()方法返回模型中所有参数及其对应的名称。该方法与 model.see_parameters()方法类似，但该方法以列表形式返回参数和名称。

选项 D：print(model)方法直接输出模型对象，通常不会输出详细的参数信息，可以用于查看模型的一般结构和其他属性。

【答案】CD

18.【多选题】某同学正在通过 MindSpore 构建一个猫狗分类的模型，并计划利用 MindSpore Lite 框架将模型部署在手机上，目前已经完成了模型的训练，以下对接下来的操作描述正确的是哪些选项？

A. 首先，模型导出为 MindIR 格式

B. 其次，在端侧部署时，因为 MindIR 已经是全场景的中间表示，即使依赖库和软硬件环境不同，也无须对模型进行格式转换

C. 再次，在手机端构建好可以调用模型的 App 后，通过 USB 连接传输、邮件传输、第三方软件传输等形式，将模型传输至手机

D. 最后，将模型移动至指定路径下，在手机端进行识别效果验证

【解析】

选项 A：正确。在完成模型训练后，需要将训练好的模型导出为 MindIR（Intermediate Representation，中间表示）格式。MindIR 是 MindSpore 的一种中间表示格式，用于在不同平台和设备之间进行模型的迁移和部署。

选项 B：错误。MindIR 是为了跨平台而设计的，但在实际应用中，可能需要根据目标设备的特定要求对模型进行优化或转换。特别是在使用 MindSpore Lite 进行端侧部署时，可能需要将模型转换为更适合移动端部署的格式，如 TFLite 等。

选项 C：正确。在开发了能够加载和使用模型的 App 之后，需要将模型传输到手机上。这可以通过多种形式实现，包括但不限于 USB 传输、邮件传输或第三方软件传输等形式。

选项 D：正确。一旦模型被传输到手机上，它需要被放置在 App 预期的路径下。之后，可以在手机端运行 App 来测试和验证模型的实际识别效果。

【答案】ACD

19.【多选题】语音合成方法有哪些？

A. 共振峰合成器　B. 并联共振峰合成器　C. PSOLA 方法　D. 串联共振峰合成器

【解析】

语音合成方法有共振峰合成器、并联共振峰合成器、PSOLA 方法、串联共振峰合成器。

【答案】ABCD

20.【多选题】以下对于使用 MindSpore 完成“数据预处理—网络构建—模型训练—模型评估—模型推理”深度学习全流程的描述中，哪些选项是正确的？

A. 数据处理：调用 mindspore.dataset 加载数据，并进行数据变换

B. 网络构建：构建类继承 nn.Cell，重写__init__与 construct 函数

C. 模型训练：定义训练逻辑（或调用 Model.eval 接口），无须定义损失函数与优化器

D. 模型评估：基于训练集评估模型的训练效果，模型状态需要设置为 model.set_train(True)

【解析】

选项 A：正确。使用 MindSpore 进行数据处理时，通常会使用 mindspore.dataset 模块来加载数据，并利用其提供的数据预处理功能进行必要的数据变换，如数据增强、归一化等。

选项 B：正确。在 MindSpore 中构建网络模型时，需要构建自定义的网络类，该类应继承自 nn.Cell。在自定义的网络类中，需要重写__init__函数来定义网络层和参数，并重写 construct 函数来定义前向传播的过程。

选项 C：错误。在 MindSpore 中进行模型训练时，不仅需要定义训练逻辑，还需要定义损失函数和优化器。损失函数用于衡量模型的预测结果与真实值之间的差异，优化器则用于根据损失函数的结果更新模型的参数。通常，可以使用 MindSpore 提供的 API 来定义这些组件。

选项 D：错误。在评估模型时，应该使用验证集或测试集，而不是训练集，以避免过拟合。另外，模型状态需要设置为 model.set_train(False)，因为在评估模式下，模型不应该执行与训练相关的操作，如 Dropout 和权重更新。

【答案】AB

21.【多选题】图像数字化包括的处理过程有哪些？

A. 二值化　　B. 量化　　C. 采样　　D. 灰度变换

【解析】

图像数字化包括的处理过程有采样、量化、压缩编码。

【答案】BC

22.【多选题】MindSpore 支持以下哪几种硬件？

A. CPU　　B. 仅支持 CPU 与 NPU

C. NPU　　D. GPU

【解析】

MindSpore 支持 CPU、NPU、GPU。

【答案】ACD

23.【多选题】John 先后使用 64 个尺寸为 5 且步长为 2、32 个尺寸为 3 且步长为 1 的卷积核对尺寸为 225×225 的图片做卷积操作（无填充），以下关于此操作描述正确的有哪些选项？

A. 最终输出特征图维度大小为[110,110,32]

B.（在原图上）尺寸为 3 的卷积核感受野比尺寸为 5 的卷积核感受野大

C. 将尺寸为 5 的卷积核拆分为两层（每层 32 个）尺寸为 3 的卷积核，可进一步减少参数量，且功能不变

D. 尺寸为 3 的卷积核可用 3×1 和 1×3 的卷积核代替

【解析】

选项 A：对于尺寸为 225 × 225 的输入图像，经过步长为 2 的 5 × 5 卷积后输出尺寸为 111，再经过步长为 1 的 3 × 3 卷积后输出尺寸为 109，所以最终的输出尺寸是[109,109,32]，因此选项 A 不正确。

选项 B：尺寸为 3 × 3 的卷积核感受野比尺寸为 5 × 5 的卷积核感受野小。感受野的大小取决于卷积核的尺寸，因此选项 B 是正确的。

选项 C：将尺寸为 5 × 5 的卷积核拆分为两个尺寸为 3 × 3 的卷积核是一种减少参数的方法，因为卷积层的参数与卷积核的尺寸成正比。这是一种常见的优化方法，理论上不会影响功能，因此选项 C 是正确的。

选项 D：尺寸为 3 × 3 的卷积核通常不会被 1 × 3 和 3 × 1 的卷积核替换，因为这两者的感受野不同。虽然在某些网络结构中可能有这种替换，但通常情况下它们不是直接等效的。因此，选项 D 不正确。

【答案】BC

24.【多选题】语音助手可能会用到以下哪些技术？

A. 语音合成　　B. 语音识别　　C. 文字识别　　D. 语言生成

【解析】

选项 A：正确。语音合成技术用于将系统的文本响应转换成语音输出，以便用户可以用听的方式获得反馈。这对于实现与用户的自然交互至关重要。

选项 B：正确。语音识别技术使语音助手能够理解和处理用户的语音指令。它通过将语音信号转换成文本数据，让系统能够进一步解析和响应用户的需求。

选项 C：错误。文字识别技术主要用于从图像中提取文字信息，这在语音助手的应用场景中通常不是必需的。语音助手主要处理的是语音输入与输出，而非从图像中提取文字信息。

选项 D：正确。语言生成技术用于创建系统的文本响应。在处理了用户的请求并决定了相应的动作后，系统需要生成合适的语言进行回应。这项技术确保了系统的回应是流畅且自然的，以提供良好的用户体验。

【答案】ABD

25.【多选题】VGG19 中的 19 代表了网络中哪些层的数目总和？

A. 卷积层　　B. 池化层　　C. 全连接层　　D. 输入层

【解析】

在 VGG19 模型中，19 代表了网络中的权重层（卷积层和全连接层）的数目总和。具体来说，这 19 层包括 16 个卷积层和 3 个全连接层。其中 16 个卷积层负责提取输入图像的特征。每个卷积层后通常会紧接 ReLU 激活函数，以提供非线性处理能力。3 个全连接层用于将学到的特征表示映射到最终的输出空间。全连接层在处理分类任务时扮演着至关重要的角色。

【答案】AC

26.【多选题】以下关于 GBDT 和随机森林两种算法描述正确的有哪些选项？

A. 两者都可以用于解决分类问题和回归问题

B. GBDT 训练时，要求模型预测的样本损失尽可能小

C. 随机森林训练时，各基学习器会相互拟合误差

D. GBDT 中基学习器的单独使用效果优于随机森林中基学习器的

【解析】

选项 A：正确。GBDT 和随机森林都具有很高的灵活性，可被用于解决不同类型的机器学习问题，包括分类和回归问题。GBDT 通过逐步添加树模型来最小化预测误差，随机森林则通过构建多个互不相关的决策树并综合它们的预测结果来实现分类或回归。

选项 B：正确。GBDT 的核心思想就是通过迭代优化来减小模型的预测误差。在每一步中，GBDT 都会添加一个新的决策树，并专注于在前一轮中预测错误的样本，以此来最小化样本的损失。

选项 C：错误。在随机森林中，每个决策树都是独立生成的，它们在训练过程中不会相互影响或拟合彼此的误差。每个决策树都是基于随机选取的数据样本和特征来训练的，这种方法有助于减少过拟合，提高模型的泛化能力。

选项 D：错误。虽然 GBDT 中的每个决策树都是为了修正前一个决策树的残差而训练的，这些决策树可能看起来比随机森林中的决策树更强，但这并不意味着 GBDT 中的单个决策树在独立使用时一定优于随机森林中的决策树。实际上，由于随机森林中的决策树是通过随机选取的数据样本和特征来训练的，它们在集合使用时通常能够提供更好的泛化能力。

【答案】AB

27.【多选题】卷积神经网络的核心思想是什么？

A. 权值共享　　B. 局部感知　　C. 全局感知　　D. 权值不变

【解析】

卷积神经网络的核心思想在于利用卷积层的局部感知和权值共享特性自动提取特征，并通过池化层降低特征维度，提高计算效率。

选项 A：正确。在卷积神经网络中，卷积核在对输入数据进行卷积操作时，其权重是共享的。这意味着同一个卷积核在不同的位置上进行操作时使用的权重是相同的。权值共享减少了模型的复杂度，同时也降低了过拟合的风险，因为每个特征都被平等地对待，无论它出现在输入数据的哪个位置。

选项 B：正确。卷积神经网络的卷积层通过卷积核（或滤波器）在输入数据上进行局部感知，即每个神经元只处理输入数据的一个局部区域。这种方式受到启发于生物学的视觉感知机制，即人脑在处理视觉信息时也是采用局部感知的方式。局部感知有助于网络捕捉到数据的局部特征，如图像的边缘、纹理等。

选项 C：错误。全局感知通常是指每个神经元都能感知到整个输入数据的能力，这与卷积神经网络的局部感知特性相反。CNN 通过叠加多个卷积层和池化层来逐渐扩大神经元的感受野，但这种全局信息的处理是建立在多层局部感知的基础上的。

选项 D：错误。权值不变意味着在整个训练过程中权重不会发生变化，这显然与卷积神经网络的训练过程相矛盾。在 CNN 的训练过程中，权重是通过反向传播算法根据损失函数的梯度进行更新的。

【答案】AB

28.【多选题】以下哪些模型可以用于实时语音识别？

A. GMM-HMM　　B. CTC　　C. LAS　　D. RNN-T

【解析】

选项 A：GMM-HMM（Gaussian Mixture Model-Hidden Markov Model，高斯混合模型-隐马尔可夫模型）是一种传统的语音识别模型，它结合了 GMM 用于特征概率分布的建模和 HMM 用于时间序列的建模。

选项 B：CTC（Connectionist Temporal Classification，联结主义时间分类）是一种专门用于处理序列数据的算法，它能够处理不等长的输入和输出序列数据，使得端到端的语音识别训练成为可能。

选项 C：LAS（Listen, Attend and Spell）模型是一种基于深度学习的端到端语音识别模型，它结合了 CNN 和 RNN，并通过注意力机制来提升识别性能。但其复杂的模型结构可能需要较多的计算资源，这可能对实时性能产生一定影响。

选项 D：RNN-T（Recurrent Neural Network-Transducer，循环神经网络传感器）是一种较新的端到端语音识别模型，它通过一个编码器网络处理输入的音频信号，并通过一个解码器网络生成输出的文字序列。

【答案】ABD

29.【判断题】反向传播是用来训练人工神经网络的常见方法。

【解析】

反向传播是一种高效训练人工神经网络的方法，该方法通过计算损失函数对每个权重的梯度来实现参数的优化。

【答案】正确

30.【判断题】LDA（Latent Dirichlet Allocation）算法假设文档中主题的先验分布和主题中词的先验分布都服从狄利克雷分布。

【解析】

狄利克雷分布是多项式分布的共轭先验分布。这种分布有利于简化模型的数学处理，因为在贝叶斯方法框架下，共轭先验分布可以使得后验分布的计算更加直接和便捷。LDA 模型有两个层次的狄利克雷分布，具体如下。

- 主题的先验分布：每个文档都被看作不同主题的混合，每个主题在文档中的占比是随机的，遵循狄利克雷分布。这里的狄利克雷分布由超参数 α 控制，超参数 α 影响了模型对于文档主题多样性的假设。
- 主题中词的先验分布：每个主题被表征为一个词的分布，即认为某些词更有可能属于某个特定主题。这个分布也是从狄利克雷分布中抽样得出的，由另一个超参数 β 控制，超参数 β 影响了模型对于主题内词的多样性的假设。通过这种方式，LDA 不仅可以识别出文档集中的主要主题，还能理解这些主题是如何通过特定的词的组合表达的。这种能力使得 LDA 成为探索大规模文本数据集中潜在结构的强大工具。

【答案】正确

31.【判断题】MindSpore 支持数据并行、Tensor 模型并行、流水并行等多种并行模式，但暂时无法支持多维混合并行与自动并行。

【解析】

MindSpore 支持的并行模式包括数据并行、Tensor 模型并行、流水并行，并且能够实现自动并行。

【答案】错误

32.【判断题】某同学希望可以在手机端部署图像分类模型，此时他需要用到 MindSpore 中的 MindSpore Lite 子程序。

【解析】

MindSpore Lite 子程序的主要作用是提供一个轻量级、高效的推理引擎，用于在边缘设备上快速执行经过训练的神经网络模型，该子程序适合该同学在手机端部署图像分类模型时使用。

【答案】正确

33.【判断题】朴素贝叶斯算法是一种生成式算法，相比决策树中的 CART 算法，该算法对于缺失值不敏感，且泛化能力、准确率更高。

【解析】

朴素贝叶斯算法是一种基于概率的分类算法，它假设特征之间相互独立。CART 算法是一种决策树算法，它通过递归地将数据集分割成不同的子集，达到分类或回归的目的。

朴素贝叶斯算法在某些情况下可能会有很好的表现，尤其是在数据满足算法独立性假设的情况下。然而，这并不意味着它的泛化能力或准确率普遍比 CART 算法的更高。实际上，CART 算法由于其灵活性和对非线性关系的建模能力，通常在很多实际应用中表现优异。

【答案】错误

34.【判断题】对于激活函数 ReLU，当学习率过大时，可能会出现“神经元死亡”现象（对应参数不更新）。

【解析】

ReLU 的一个重要缺陷是它对异常输入非常敏感，这可能导致所谓的“神经元死亡”现象。具体来说，如果某个神经元的输入为负，那么经过 ReLU 激活后输出将会是 0，且其梯度也为 0。这意味着在后续的训练过程中，这个神经元将不会更新，因为任何通过这个神经元传递的梯度都会变为 0。这种现象在某些输入总是为负的神经元上尤为常见，这些神经元因此被称为“死亡神经元”。

【答案】正确

35.【判断题】在训练生成对抗网络（GAN）时，生成器的输入数据为一组随机向量和文本信息，当训练完成后，生成器可以根据输入的文本信息生成对应的图像。

【解析】

生成对抗网络（Generative Adversarial Network，GAN）可以通过训练学习如何根据文本信息生成对应的图像，但其生成器的输入数据通常只包括随机噪声向量，而从文本信息到图像的转换需要更复杂的设置或预处理步骤。

【答案】错误

36.【判断题】MindSpore 使用函数式自动微分的设计理念，并提供 grad 接口来获取微分函数，从而通过计算得到梯度。

【解析】

MindSpore 使用函数式自动微分的设计理念，并提供 grad 接口来获取微分函数，从而方便用户计算梯度。

【答案】正确

第 4 章

2023—2024 全国总决赛真题解析

2023—2024 中国区全国总决赛分为本科组和高职组，这两个组的考试类型均包含理论考试和实验考试两种，理论考试仅 20 道题。实验考试试题类型为综合实验，本科组和高职组共用。

4.1 理论考试真题解析

4.1.1 高职组真题解析

1.【单选题】某企业的业务使用 Hive 进行批量数据处理，公司准备使用华为大数据云平台 MRS，请问 MRS 的集群类型应该选什么？MRS 部署好之后，使用以下命令创建一张表：create table if not exists test_table(ueserid STRING, movieid STRING, rating STRING, ts STRING) row format delimited fields terminated by '\t' stored as sequencefile;。然后通过 Load 命令往此表导入数据，但导入操作中遇到如下问题，请分析导致该问题的原因是什么？

> LOAD DATA INPATH '/user/tester1/hive-data/data.txt' INTO TABLE test_table;

Error: Error while compiling statement: FAILED: SemanticException Unable to load data to destination table. Error: The file that you are trying to load does not match the file format of the destination table. (state=42000,code=40000)

A. 分析集群，表所指定的数据类型和被导入数据类型是不一致的

B. 分析集群，表所指定的数据存储格式和被导入数据存储格式是不一致的

C. 流式集群，表所指定的数据类型和被导入数据类型是不一致的

D. 流式集群，表所指定的数据存储格式和被导入数据存储格式是不一致的

E. 混合集群，表所指定的数据类型和被导入数据类型是不一致的

F. 混合集群，表所指定的数据存储格式和被导入数据存储格式是一致的

【解析】

MRS 的集群类型包括分析集群、流式集群和混合集群。考虑到需要使用 Hive 进行批量数据处理，分析集群适合进行大规模数据计算和分析，适用于需要处理大量数据的业务场景，如数据挖掘、日志分析等。因此，MRS 的集群类型应该是分析集群，故排除选项 C、D、E、F。同时，题目中还提到，创建表时指定的数据存储格式为 sequencefile，而 Load 命令中被导入数据的存储格式为 txt，两个数据存储格式不一致，故选项 B 正确。

【答案】B

2.【单选题】随着信息技术的不断发展，很多场景对于数据的时效性提出了更高的要求，比如安全领域的实时布控、金融领域的实时欺诈检测等。而且用户数据的量级越来越高，数据类型越来越丰富，对于存储也提出了更高的要求。因此很多公司开始构建实时数据湖。实时数据湖能够实现数据的统一存储，消除数据孤岛，并且实现真正批流一体的分析能力，提升数据的时效性。实时数据湖和离线数仓的区别之一是实时数据湖的数据从产生到入湖的时间能够达到实时级别。请问下面的选项中哪个选项可以作为实时数据湖的技术选型？

A. Sqoop+Spark Streaming　　B. Logstash+Tez　　C. Kafka+Flink　　D. Flume+Spark

【解析】

本题主要的考查点是实时数据湖的概念以及常见大数据采集组件和计算引擎的应用场景。题目强调的是“实时”，选项中提到的 Sqoop、Tez、Spark 这三者是离线场景的组件，因此可以将包含这三者的选项排除。最终得出选项 C 是正确的。

【答案】C

3.【单选题】作为一名自然语言处理算法工程师，小李负责对一些文本数据做预处理并提取有意义的特征来训练文本分类模型。对于文本特征工程，小李有丰富的实践经验并做出了一些总结，以下关于总结的描述，错误的是哪一个选项？

A. 在获取到文本数据之后，通常先要进行分词、去停用词、标注词性等操作

B. 在面对多语言文本数据时，可以使用机器翻译的方法来统一语言

C. 可以通过 TF-IDF、Word2Vec、BERT 等方法来实现特征表示

D. L1 正则方法具有稀疏解特性，可以用于特征选择

【解析】

选项 A：正确。获取到文本数据后，通常先要进行分词、去停用词和标注词性等操作。这些步骤有助于清理数据并且提高模型的准确性和效率。

选项 B：错误。面对多语言文本数据时，使用机器翻译的方法统一语言可能不是最合适的选择，因为这可能导致语义的损失或者误差的增加。更合适的选择可能是使用多语言处理模型统一语言或者分别处理每种语言的数据。

选项 C：正确。这些方法可以帮助将原始文本数据转换为机器学习模型可以理解的特征。

选项 D：正确。因为 L1 正则方法能够产生稀疏矩阵，所以该方法可以用于特征选择。

因此，错误的是选项 B。

【答案】B

4.【单选题】小张就职于一家做语音交互的公司，主要负责音频类模型的部署和性能维护，在模型评估和优化方面，小张有丰富的实践经验并做出了一些总结，以下关于总结的描述，错误的是哪一个选项？

A. 在评估模型的性能时，通常要使用交叉验证的方法来避免过拟合

B. 在优化模型的参数时，通常要使用梯度下降的方法来寻找最优解

C. 在选择模型的复杂度时，通常要使用 AIC 或 BIC 等信息准则来平衡拟合度和复杂度

D. 在比较模型的效果时，通常要使用 F1 分数或 ROC 曲线等指标来综合考虑精确度和召回率

【解析】

选项 A：错误。交叉验证是一种评估模型泛化能力的技术，它通过将数据集分成多个部分，轮流使用其中一部分作为测试集，其他部分作为训练集，来评估模型性能。虽然交叉验证有助于评估模型在未见过的数据上的表现，但它本身并不直接用于“避免”过拟合。“避免”过拟合通常是通过正则化、增加数据量、降低模型复杂度等方法来实现的。

选项 B：正确。梯度下降是一种常用的优化算法，用于找到最小化（或最大化）目标函数的参数值。在机器学习中，它常用于优化损失函数，以找到使模型性能最佳的参数设置。

选项 C：正确。AIC（Akaike Information Criterion，赤池信息准则）和 BIC（Bayesian Information Criterion，贝叶斯信息准则）是两种常用的信息准则，用于模型选择。它们旨在选择最佳模型，并通过惩罚项来平衡模型的拟合度和复杂度，避免过拟合。

选项 D：正确。F1 分数是精确度和召回率的调和平均数，用于评估模型的准确性，特别是在不平衡类分布的情况下。ROC（Receiver Operating Characteristic，接收者操作特征）曲线及 AUC（Area Under Curve，曲线下面积）是评估分类模型性能的重要工具，能够综合反映分类模型对不同阈值的响应性能。

【答案】A

5.【单选题】基于无监督学习的用户画像方案能够有效挖掘用户的兴趣和偏好，在个性化推荐中扮演着重要角色。用户画像场景下经常采用 k-means、DBSCAN、层次聚类等算法。以下关于无监督学习的描述，错误的是哪一个选项？

A. 无监督学习是一种没有标签数据的学习方法，主要用于聚类、降维、异常检测等任务

B. k-means 是一种基于距离的聚类算法，需要事先指定聚类的个数，通过迭代更新聚类中心和划分簇来实现收敛

C. DBSCAN 是一种基于密度的聚类算法，可以发现任意形状的簇，通过设定邻域半径和最小点数来判断核心点、边界点和噪声点

D. 层次聚类是一种基于概率的聚类算法，可以对数据的分布做出假设，通过最大化似然函数来估计模型的参数

【解析】

选项 D：层次聚类是一种通过构建数据点之间的层次结构来进行聚类的算法，可以是自底向上的凝聚方法或自顶向下的分裂方法。层次聚类不是基于概率的聚类算法，不涉及对数据的分布做出假设，也不通过最大化似然函数来估计模型的参数。因此，选项 D 是错误的。

【答案】D

6.【单选题】华为云 AI 开发平台的自动学习是一种低门槛、高灵活性、零代码的定制化模型开发工具，可以根据用户提供的标注数据和选择的场景，自动生成满足用户精度要求的模型，并支持一键部署和在线推理。以下关于自动学习的描述，错误的是哪一个选项？

A. 自动学习是基于华为云 AI 开发平台 ModelArts 的功能，可以在 ModelArts 控制台上使用

B. 自动学习可以从华为云 AI 开发者社区 AI Gallery 中订阅和使用数据集资产，也可以上传自己的数据

C. 自动学习支持图像分类、物体检测、预测分析、声音分类和文本分类等多种场景的模型开发

D. 自动学习需要用户编写代码来设计模型、调整参数、训练模型、压缩模型和部署模型

【解析】

选项 D：自动学习被设计为低门槛、高灵活性、零代码的定制化模型开发工具，这意味着它不需要用户编写代码来设计模型、调整参数、训练模型、压缩模型和部署模型。因此，选项 D 是错误的。

【答案】D

7.【单选题】小明是某银行的一名风险控制分析师，他需要利用客户的信用卡交易数据来预测客户是否会违约。他使用了一个神经网络模型来进行分类，但是他发现模型在训练集上的准确率很高，而在测试集上的准确率很低，而且模型对于违约的客户的识别率很差。他向几位同事寻求建议，以下关于同事对于模型效果不太理想的原因的描述，错误的是哪一个选项？

A. 小红："可能是因为信用卡交易数据的分布不平衡，违约的客户比例很低，导致模型偏向于预测客户不会违约"

B. 小刚："可能是因为神经网络模型的参数太多，导致模型过拟合训练集的数据，无法泛化到测试集的数据"

C. 小华："可能是因为神经网络模型的学习率太高，导致模型无法收敛到最优的解，需要调低学习率或者使用动态学习率"

D. 小李："可以采用数据增强的方法，通过对训练集的数据进行一些变换，增加数据的多样性，缓解模型的过拟合问题"

【解析】

选项 C 是错误的，因为神经网络模型的学习率太高，通常会导致模型在训练集上的表现也不好，而不是只在测试集上表现不好。学习率太高会使得模型在优化过程中跳过最优的解，而不是收敛到最优的解。选项 A、B、D 都是正确的，因为数据分布不平衡、模型参数太多、数据多样性不足，都是导致模型效果不太理想，即模型过拟合的常见原因。数据增强、批归一化、Dropout 等方法，都可以有效缓解模型过拟合。

【答案】C

8.【单选题】某企业欲通过 SMS（主机迁移服务）将本地服务器上的操作系统和数据迁移到华为云弹性云服务器（ECS）上，在测试阶段，本地服务器安装好 SMS Agent 后，迟迟没有成功注册到 SMS 控制台，导致无法进行后续迁移步骤。关于导致该问题的可能原因的描述，以下说法错误的是哪一个选项？

A. 从本地服务器到华为云之间的网络故障，导致本地服务器无法正常注册到华为云上的 SMS 控制台

B. 安装 SMS Agent 的过程中，提供了错误的 AK/SK，导致无法正确鉴权，注册失败

C. 本地服务器使用了非标准时间或错误的时区，导致 AK/SK 鉴权失败

D. 华为云上的 SMS 是一个收费服务，当前操作用户账号余额不足，导致本地服务器注册失败

E. 华为云的当前操作用户对 SMS 缺少"注册源端服务器"的权限，导致注册失败

【解析】

选项 A：正确。如果本地服务器到华为云之间存在网络故障，将阻止安装好 SMS（Server Migration Service，主机迁移服务）Agent 的本地服务器成功注册到 SMS 控制台。网络连接问题是一个常见的故障点。

选项 B：正确。在安装 SMS Agent 的过程中，如果提供了错误的 AK（Access Key，访问密钥）和 SK

（Secret Key，秘密密钥），将导致 AK/SK 鉴权失败，从而导致注册失败。

选项 C：正确。如果本地服务器使用了非标准时间或错误的时区，可能导致 AK/SK 鉴权失败。

选项 D：错误。该场景属于 SMS 迁移服务器故障分析场景，对于 SMS，即使账号欠费，也不影响注册，只影响迁移过程和结果。

选项 E：正确。如果当前操作用户对 SMS 缺少“注册源端服务器”的权限，将会导致注册失败。权限不足是一个常见的问题。

【答案】D

9.【单选题】某出行平台已实现业务系统 100%上云，生产站点所有业务部署在同一区域。在项目初期，出于安全考虑，将风控业务的众多子系统独立部署到一个 VPC，随着业务发展，其他 VPC 内的业务和风控业务的个别子系统之间有互通需求，依然需要确保高安全性，同时考虑成本。作为一名云服务架构师，如下哪个方案是应向客户推荐的最佳方案？

A. 使用 VPC 对等连接，将两个 VPC 网络完全打通，实现各个业务均可互通的目的

B. 使用 VPC 终端节点服务，将两个需要互通的业务系统跨 VPC 点对点互通

C. 对当前的架构进行改造，将所有需要互通的业务置于同一个 VPC 内部的不同子网下，默认互通

D. 手动创建路由表，为两个 VPC 下不同子网创建互通路由

【解析】

选项 A：错误。这个方案支持两个 VPC 之间的双向通信，可以实现各个业务之间的互通。然而，这个方案会暴露两个 VPC 内的所有资源，包括 ECS 和 ELB，可能导致不必要的安全风险。

选项 B：正确。这个方案通过 VPC 终端节点服务建立连接，只允许特定端口的访问，大大增强了安全性。它仅支持终端节点所在的 VPC 访问 VPC 终端节点服务所在的后端资源的指定端口，这符合当前的局部通信需求，同时保持了高安全性和成本效益。

选项 C：错误。这个方案能实现业务系统间的互通，但将所有业务整合到一个 VPC 可能会引入潜在的安全风险，并可能影响原有架构的稳定性和可扩展性。

选项 D：错误。这个方案虽然提供了灵活性，但手动创建路由表增加了运维的复杂性和出错的可能性，且不一定能保证高安全性和成本效益。

【答案】B

10.【单选题】某电商平台计划将前端业务部署在华为云上的北京四区域，后端业务已部署在该企业本地自有数据中心。综合考虑下，客户决定通过经典型 VPN 打通前后端网络，并采用包年的计费方式，客户现在刚刚开通华为云账号，还需进行如下操作：（1）创建 VPC、子网并配置安全组；（2）在云上 ECS 部署前端业务；（3）创建 VPN 连接；（4）配置本地自有数据中心的网关设备，使之与云上 VPN 网关建立连接；（5）创建 VPN 网关；（6）测试业务是否正常。正确的操作顺序是如下哪一个选项？

A. （1）（2）（3）（4）（5）（6）

B. （1）（2）（5）（3）（4）（6）

C. （5）（3）（4）（1）（2）（6）

D. （3）（4）（5）（1）（2）（6）

【解析】

解答这道题的关键点是，在创建 VPC 连接后，才能创建 VPN 网关，之后才能使本地自有数据中心的网关设备与 VPN 网关建立连接。

【答案】B

11.【单选题】某企业自营电商网站部署在华为云 ECS 上，数据库使用 RDS 主备实例，临近假期业务突增，经常发生商品查询及展示失败等问题，经排查发现 ECS 和 RDS 的资源负载较高，且 RDS 进行的操作大多为查询操作，企业 CTO 要求尽快解决这些问题，以下解决方案中，哪一个解决方案不能有效满足当前业务需求？

A. 为 RDS 新增只读实例，降低数据库查询压力

B. 提升 ECS 规格，使用更大的 CPU 和内存，缓解应用服务器压力

C. 增加分布式缓存服务 Redis 作为 RDS 缓存，降低数据库查询压力

D. 结合 CDN 技术，缩短用户访问路径，以此降低应用服务器压力

E. 结合 AS（弹性伸缩）服务和 ELB（弹性负载均衡）服务，将应用服务器集群化部署，提升整体服务能力

【解析】

选项 A：为 RDS 增加只读实例可以有效分散数据库的读取操作到新的只读实例上，从而减轻数据库的查询压力。对于查询密集型的应用来说，这是一个常见的解决方案。

选项 B：提升 ECS 规格，使用更大的 CPU 和内存，缓解应用服务器压力。其中提升 ECS 规格可以直接提高服务器的处理能力，有助于应对业务突增带来的压力。这是一个快速、有效的解决方案。

选项 C：增加分布式缓存服务 Redis 作为 RDS 缓存，降低数据库查询压力。通过引入 Redis 等缓存服务，可以将频繁访问的数据缓存，减少对数据库的直接查询，这样可以显著降低数据库的负载。

选项 D：不能有效满足当前业务需求。结合 CDN（Content Delivery Network，内容分发网络）技术，缩短用户访问路径，以此降低应用服务器压力。其中 CDN 技术主要用于加速静态资源（比如图片、视频、CSS 文件和 JavaScript 文件等）的全球分发。虽然它可以减轻源站服务器的带宽压力，但对于数据库查询压力的减轻和动态内容的生成作用有限。因此，如果问题主要集中在数据库查询和应用服务器的动态内容处理上，CDN 技术可能不会直接解决问题。

选项 E：结合 AS（Auto Scaling，弹性伸缩）服务和 ELB 服务，将应用服务器集群化部署，提升整体服务能力。利用 AS 服务和 ELB 服务可以实现应用服务器的自动扩展和负载均衡，并能根据流量的变化动态调整资源，这是解决高并发问题的常见解决方案。

【答案】D

12.【多选题】假设某款新短视频 App 的日活用户有 10 万，通过调研问卷等方式，只收集到 3000 份用户性别数据，公司利用这些数据及用户行为等特征作为样本进行模型训练，预测其他用户的性别，但模型训练的准确率只有 65%。现在想要提升模型训练的准确率，从数据预处理角度可以从以下哪些方面进行改进？

A. 训练集是否完整，如果存在缺失情况，Python 的 sklearn.impute 库中的 SimpleImputer 类可以对缺失值进行众数填充、均值填充等

B. 离群点会影响模型训练的准确率，可以考虑利用 Python 中 matplotlib.pyplot 库的 scatter 函数进行可视化分析

C. 样本的特征也是至关重要的，需要选择有意义的特征，可以考虑选择 sklearn 子模块 feature_selection 的类 VarianceThreshold、SelectKBest 和 mutual_info_classif 等

D. 对性别进行预测可以考虑使用逻辑回归、决策树等算法

【解析】

选项 A：数据完整性是模型训练的基础，缺失值处理是数据预处理中的常规操作。使用 Python 的 sklearn.impute 库中的 SimpleImputer 类可以有效地对缺失值进行填充。

选项 B：数据中的异常值或离群点会对模型造成负面影响，降低模型的精度和泛化能力。利用 Python 中 matplotlib.pyplot 库的 scatter 函数或其他可视化工具可以帮助识别这些异常值或离群点。

选项 C：选择合适的特征并去除噪声或不相关的特征，可以显著提高模型训练的准确率。sklearn 子模块 feature_selection 提供了诸如 VarianceThreshold、SelectKBest 和 mutual_info_classif 等类，这些都是进行特征选择的有效类。

选项 D：逻辑回归、决策树属于模型算法选择范畴，不属于数据预处理范畴。

【答案】ABC

13.【多选题】基于朴素贝叶斯算法的邮件分类方案能够有效区分垃圾邮件和正常邮件，在信息安全中扮演着重要角色。邮件分类场景下经常采用多项式朴素贝叶斯和伯努利朴素贝叶斯算法。以下关于朴素贝叶斯算法的描述，正确的有哪些选项？

A. 多项式朴素贝叶斯算法通常利用词袋模型来表示邮件的特征

B. 伯努利朴素贝叶斯算法在计算条件概率时通常会考虑词频的影响

C. 朴素贝叶斯算法属于生成式模型，可以同时建模特征和类别的联合分布

D. 朴素贝叶斯算法的核心假设是特征之间相互独立，这样可以简化计算

【解析】

选项 A：正确。多项式朴素贝叶斯算法通常利用词袋模型来表示邮件的特征。词袋模型忽略了单词在文档中的顺序，仅考虑它们是否出现及出现的次数。这种算法适用于邮件分类，因为它可以捕捉到关键单词的出现频率，从而帮助区分垃圾邮件和正常邮件。

选项 B：错误。伯努利朴素贝叶斯算法在计算条件概率时不考虑词频的影响，只关注单词是否出现。它假设每个特征（即单词）在文档中只出现一次，这种算法适用于基于单词出现与否而非出现次数的分类任务。

选项 C：正确。朴素贝叶斯算法属于生成式模型，它可以同时建模特征和类别的联合分布。这意味着这种算法不仅考虑了特征对于类别的影响，还尝试理解特征和类别之间的相互关系。

选项 D：正确。朴素贝叶斯算法的核心假设是特征之间相互独立，这样可以简化计算。这个独立性假设虽然在实际应用中往往不成立，但它使得模型简单且高效，尤其是在大规模文本数据处理中。

【答案】ACD

14.【多选题】基于 RNN 的影评情感分析方案能够有效捕捉影评的语义和情感，在自然语言处理中扮演着重要角色。影评情感分析场景下经常采用 LSTM、GRU、BiLSTM 等算法。以下关于 RNN、LSTM、GRU 和 BiLSTM 的描述，正确的有哪些选项？

A. RNN 是一种循环神经网络，可以处理序列数据，如文本、语音、视频等

B. LSTM 是一种改进的 RNN，可以解决长期依赖的问题，通过遗忘门、输入门、输出门来控制信息的流动

C. GRU 是一种改进的 RNN，通过重置门、更新门来控制信息的流动，在减小计算量的同时，实现比 LSTM 更高的算法精度

D. BiLSTM 是一种双向的 RNN，可以同时利用前向和后向的信息，通过连接两个 LSTM 层来实现

【解析】

选项 A：正确。RNN 的核心特性在于其循环结构，这使得它能够处理任意长度的序列数据。在处理文本时，RNN 能够根据前面的词语预测下一个词语，从而捕捉到文本的语义信息。

选项 B：正确。LSTM 是一种改进的 RNN，它通过引入遗忘门、输入门和输出门来解决传统 RNN 中的长期依赖问题。这些门使得 LSTM 能够在长序列中保证信息的稳定传递，从而记住或忘记信息。

选项 C：错误。GRU 是另一种改进的 RNN，它只有两个门：重置门和更新门。GRU 相比 LSTM 在结构上更为简化，计算量也更小。尽管在某些情况下，GRU 的表现可能接近或优于 LSTM 的表现，但并不能认为 GRU 的算法精度普遍比 LSTM 的更高，因为算法精度取决于具体的应用场景和参数设置。

选项 D：正确。BiLSTM 是一种双向的 LSTM，它由两个 LSTM 层组成，其中一个 LSTM 层用于正向处理输入序列，另一个 LSTM 层用于反向处理输入序列。这种结构允许模型同时利用过去的上下文信息和未来的上下文信息，从而获得更全面的信息理解。

【答案】ABD

15.【多选题】小杨是一名图像处理的研究员，他正在使用一个深度神经网络模型来进行图像分割任务。他发现在模型训练过程中，损失函数的下降速度不稳定，而且模型的性能也不太理想。他想要尝试使用不同的优化器来提高模型的训练效果，于是向几位同事寻求建议。以下关于同事对于不同优化器的特点的描述，正确的有哪些？

A. 小周：“可以使用随机梯度下降法（SGD）优化器，它是最基本的优化器之一，每次只使用一个样本来更新模型的参数，可以避免陷入局部最优解”

B. 小吴：“可以使用动量（Momentum）优化器，它在 SGD 优化器的基础上增加了一个动量项，可以加速梯度的下降，同时抑制梯度的震荡”

C. 小高：“可以使用自适应学习率（Adaptive Learning Rate）优化器，比如 AdaGrad、RMSProp、Adam 等，它们可以根据梯度的变化自动调整学习率，适应不同的参数和数据”

D. 小林：“可以使用批量梯度下降法（Batch Gradient Descent）优化器，它使用整个训练集来更新模型的参数，可以保证收敛到全局最优解”

【解析】

选项 A：错误。随机梯度下降法（Stochastic Gradient Descent，SGD）优化器虽然是最基本的优化器之一，但是它并不能避免陷入局部最优解，而且它的收敛速度很慢，容易受到噪声的影响。

选项 B：正确。动量优化器在 SGD 优化器的基础上增加了一个动量项，可以加速梯度的下降，同时抑制梯度的震荡，这是一种常用的优化器。

选项 C：正确。自适应学习率优化器，比如 AdaGrad、RMSProp、Adam 等，它们可以根据梯度的变化自动调整学习率，适应不同的参数和数据，这是一种高效的优化器。

选项 D：错误。批量梯度下降法优化器虽然可以保证收敛到全局最优解，但是它的计算成本很高，而且在深度神经网络模型中，往往不存在一个唯一的全局最优解。

【答案】BC

16.【多选题】小刘是一名自然语言处理的研究员，他正在使用一个深度神经网络模型来进行文本分类

任务。他发现在模型训练过程中，损失函数的下降速度很慢，而且模型的性能也不太理想。他怀疑模型出现了梯度消失的问题，于是向几位同事寻求建议。以下关于同事对于梯度消失的描述，正确的有哪些？

A. 小赵："梯度消失是指在反向传播过程中，梯度的值随着层数的增加而指数级地减小，导致模型的参数无法有效地更新"

B. 小钱："梯度消失是指在反向传播过程中，梯度的值随着层数的增加而指数级地增大，导致模型的参数出现大幅度的波动"

C. 小孙："可以采用不同的激活函数来缓解梯度消失的问题，比如 ReLU、Leaky ReLU、ELU 等，这些激活函数的导数在正区间都是恒定的，不会出现梯度消失的问题"

D. 小李："可以采用残差连接的方法来缓解梯度消失的问题，比如 ResNet、DenseNet 等，这些模型可以让梯度直接从后面的层传到前面的层，避免梯度的衰减"

【解析】

选项 A：正确。梯度消失确实会导致深度神经网络模型中的参数更新变得非常缓慢或无效。

选项 B：错误。这个描述混淆了梯度消失和梯度爆炸的概念。梯度爆炸是指梯度的值随着层数的增加而指数级地增大。

选项 C：正确。这些激活函数被设计用来缓解梯度消失的问题，它们的导数在正区间是恒定的，有助于保持梯度的稳定传递。

选项 D：正确。残差连接的方法可以帮助梯度在网络中更有效地传播，从而缓解梯度消失的问题。

【答案】ACD

17.【多选题】某社交平台目前运行在 A 云上，所有用户发到社区的图片存储在 A 云的对象存储中，因商务等原因，该社交平台要整体迁移到华为云的上海一区域。对于这些图片，综合评估后选择由华为云上的 OMS（对象存储迁移服务）来实施迁移，以下关于迁移过程执行动作及注意事项等的描述，正确的有哪些选项？

A. OMS 支持多对象并行迁移，如果源端数据量较大，可通过多对象并行迁移来提升迁移效率

B. 在迁移过程中由于短暂的网络中断导致迁移中断时，需要手动重启迁移任务，已迁移完成的数据需要重新迁移

C. 迁移是一个整体工程，不局限于对象存储的迁移，但是从源端到目的端的网络带宽往往是固定的，可通过设置 OMS 任务在不同时间段的最大流量带宽，来确保其他业务数据的迁移效率

D. 对象存储数据量往往非常大，迁移耗时数天到数周不等，创建迁移任务时可配合消息通知服务，当迁移任务结束后，可通过邮件、短信等方式了解任务结果

【解析】

选项 A：正确。OMS（Object Storage Migration Service，对象存储迁移服务）确实支持多对象并行迁移，对于源端数据量较大的情况，通过多对象并行迁移可以显著提升迁移效率。

选项 B：错误。在迁移过程中由于短暂的网络中断导致迁移中断时，需要手动重启迁移任务，但已迁移完成的数据无须重新迁移。这是因为 OMS 会记录迁移进度，重启后只需从中断点继续进行即可，不会重复迁移已迁移完成的数据。

选项 C：正确。迁移是一个整体工程，迁移不仅仅是对象存储的迁移，还可能包括其他业务数据的迁

移。由于从源端到目的端的网络带宽通常是固定的，合理设置 OMS 任务在不同时间段的最大流量带宽，可以确保其他业务数据的迁移效率不受影响。

选项 D：正确。对象存储数据量往往非常大。创建迁移任务时配合消息通知服务是明智的选择，以便在迁移任务结束后，可以通过邮件、短信等方式及时了解任务结果，从而有效地掌握迁移情况和状态。

【答案】ACD

18.【多选题】你的同学 A 是一名视觉传达专业的学生，为了方便设计，A 在华为云上购买了一台带 GPU 的弹性云服务器，购买成功后，A 通过 VNC 控制台登录到弹性云服务器安装相关设计软件，在进行软件下载时，发现总是下载失败，并且无法连接互联网。于是 A 便向你求助，你觉得问题可能出现在哪些地方？如何解决问题？

A. 购买弹性云服务器时，没有同步购买弹性公网 IP，单独购买弹性公网 IP 后与弹性云服务器进行绑定即可

B. 该弹性云服务器使用的安全组规则里没有开放常规端口，开放常规端口即可

C. 该弹性云服务器使用的网段绑定了网络 ACL，网络 ACL 限制弹性云服务器和外部网络通信，修改网络 ACL 的规则即可

D. A 的本地机器网络安全限制，导致其弹性云服务器无法连接外部网络

E. 弹性云服务器内部防火墙阻拦该弹性云服务器访问该特定下载网站，修改防火墙规则即可

【解析】

选项 A：正确。如果弹性云服务器没有绑定弹性公网 IP，它将无法直接访问互联网。解决这一问题的方法是单独购买弹性公网 IP 并与弹性云服务器进行绑定。

选项 B：正确。安全组规则决定了哪些流量可以进出弹性云服务器。如果没有正确配置安全组规则以允许出站流量通过常规端口（如 80、443 端口），弹性云服务器将无法访问互联网。解决这个问题的方法是修改安全组规则，开放常规端口。

选项 C：正确。网络 ACL 是一种控制进出子网流量的防火墙组件。如果网络 ACL 限制了弹性云服务器和外部网络通信，那么需要修改网络 ACL 的规则，以允许弹性云服务器访问互联网。

选项 D：错误。如果 A 的本地机器网络设置存在问题，可能会影响到其远程操作弹性云服务器的能力，但不会影响弹性云服务器本身的互联网访问能力。

选项 E：正确。弹性云服务器内部防火墙可能阻止了其对特定网站的访问。解决这个问题的方法是检查并修改防火墙规则，确保允许访问所需的下载网站。

【答案】ABCE

19.【多选题】某直播平台包含众多业务子系统，且各个子业务系统的更新迭代频率较快，综合评估后，客户选择将该直播平台运行在华为云的云容器引擎（CCE）之上。随着近期直播业务的迅速发展，各业务子系统需要进行在线升级和扩容，作为一名架构师，你会向客户推荐以下哪些升级或扩容方案？

A. 通过修改工作负载实例的个数来实现业务子系统的扩容，这种方案不会影响现有业务，可实现在线扩容

B. 通过调整不同版本 Deployment 的副本数，即可调整不同版本服务的权重，实现灰度发布，完成业务子系统的在线升级

C. 在对工作负载实例进行部署时，新部署的实例无法正常启动，此时需立即手动添加计算节点，对计算资源进行扩容操作

D. 使用 HPA+CA 这两种弹性伸缩策略，实现工作负载和计算节点的弹性伸缩，从而根据业务负载动态调整业务子系统工作负载实例资源及集群节点资源

【解析】

选项 A：正确。这种方案不会影响现有业务，并且可以实现在线扩容。通过增加工作负载实例的个数，可以在不中断服务的情况下，增强处理业务请求的能力。

选项 B：正确。这种方案可以在用户无感知的情况下，逐步将用户流量从旧版本切换到新版本，完成业务子系统的在线升级。

选项 C：错误。在这种情况下，应先检查实例无法正常启动的原因，而不是直接添加计算节点。实例无法正常启动的可能的原因包括配置错误、资源限制等。手动添加计算节点应该是在确定计算资源不足时的最后手段。

选项 D：正确。结合使用基于容器的自动扩缩策略，如 Kubernetes 的 HPA（Horizontal Pod Autoscaling，Pod 水平自动扩缩容）和基于集群节点的自动扩缩策略，如 CA（Cluster Autoscaling，集群自动扩缩容），可以根据业务负载动态调整业务子系统工作负载实例资源及集群节点资源，从而实现资源的高效利用。

【答案】ABD

20.【多选题】某房地产 App 使用独享型 ELB（弹性负载均衡器）为业务做负载，配置完成后业务无法访问，检查 ELB 的后端服务器组时，组内后端服务器健康状态显示为异常，在 ECS 控制台查看相关后端服务器健康状态时显示为正常，关于该异常现象可能原因的描述，以下说法正确的有哪些选项？

A. 后端服务器端口配置错误，和后端服务器实际监听端口不匹配

B. 后端服务还未正常拉起或异常，导致端口未正常监听

C. 健康检查配置错误，选择了后端不支持的健康检查方式

D. 后端服务器通过弹性伸缩（AS）进行管理，但是后端服务器已经被移除弹性伸缩组，ELB 的后端服务器组没有同步

E. 后端服务器所使用的安全组没有放通业务监听端口

【解析】

选项 A：正确。如果 ELB 配置的端口与后端服务器实际监听的端口不匹配，健康检查将失败。

选项 B：正确。若后端服务未正常拉起或异常，端口将无法响应健康检查请求。

选项 C：正确。如果健康检查协议、端口或路径不适用于后端服务，健康状态会显示为异常。

选项 D：正确。如果 ELB 没有及时更新其后端服务器组，被移除弹性伸缩组的后端服务器仍会显示在 ELB 的后端服务器组中，但实际上已经无法访问该后端服务器。

选项 E：错误。对于独享型 ELB 实例，4 层监听器转发的流量不受后端服务器的安全组规则限制，安全组无须额外放通业务监听端口。

【答案】ABCD

4.1.2　本科组真题解析

1.【单选题】在本机通过 Beeline 连接 Hive，执行 LOAD DATA LOCAL INPATH ‘home/xiaoming/. txt’ OVERWRITE INTOTABLE tb1；语句，下列描述正确的是哪一个选项？

A. 将 HDFS 目录/home/xiaoming/下匹配到的扩展名是.txt 的文件导入数据表 tb1，覆盖原来的数据表

B. 将本机目录/home/xiaoming/下匹配到的扩展名是.txt 的文件导入数据表 tb1，覆盖原来的数据表

C. 将 HDFS 目录/home/xiaoming/下匹配到的扩展名是.txt 的文件导入数据表 tb1，追加到原来的数据表

D. 将本机目录/home/xiaoming/下匹配到的扩展名是.txt 的文件导入数据表 tb1，追加到原来的数据表

E. 将本机目录/home/xiaoming/下匹配到的扩展名是.txt 的文件导入数据表 tb1，合并到原来的数据表

【解析】

HiveSQL 语句中的 LOAD DATA LOCAL INPATH 代表从本机目录进行导入，而该语句中的 OVERWRITE 代表 Hive 在进行导入时的覆盖操作，也就是要把数据表中原有的数据进行全范围覆盖。

【答案】B

2.【单选题】在机器翻译或者文本摘要等自然语言处理场景中，需要理解和生成自然语言来完成特定的任务。不同的文本可能包括不同的语言、语境和语气（如正式、非正式、口语、书面语等）。在这些情况下，自然语言处理系统需要使用不同的技术以准确地理解和生成自然语言。以下关于自然语言处理的描述，正确的是哪一个选项？

A. 词嵌入是一种将词语映射到高维空间的技术，该技术使得语义相近的词语在高维空间中的距离较远

B. 循环神经网络（RNN）由于其循环结构，无法处理序列数据，如文本

C. Transformer 模型中的自注意力机制可以捕捉序列中的长距离依赖关系

D. 在处理自然语言任务时，模型无须考虑上下文信息，因为每个词语都是独立的

【解析】

选项 A：错误。词嵌入是一种将词语映射到高维空间的技术，该技术使得语义相近的词语在高维空间中的距离较近，而不是较远。

选项 B：错误。RNN 正是因为其循环结构，才能够处理序列数据，如文本。

选项 C：正确。Transformer 模型中的自注意力机制确实可以捕捉序列中的长距离依赖关系。

选项 D：错误。在处理自然语言任务时，模型需要考虑上下文信息，因为词语的含义往往与其上下文信息有关，词语并非都是独立的。

【答案】C

3.【单选题】在深度学习领域，MindSpore 作为华为推出的一款全场景 AI 计算框架，已经在众多 AI 应用中得到了广泛的应用。MindSpore 支持将一行代码切换为动态图和静态图模式以及在不同芯片上运行，适合工业界和学术界的不同开发场景。下列哪一个选项是 MindSpore 设置动态图模式并在昇腾芯片上运行的代码？

A. mindspore.set_context(mode=mindspore.PYNATIVE_MODE, device_target=“Ascend”)

B. mindspore.set_context(mode=mindspore.GRAPH_MODE, device_target=“Ascend”)

C. mindspore.set_context(mode=mindspore.PYNATIVE_MODE, device_target=“GPU”)

D. mindspore.set_context(mode=mindspore.GRAPH_MODE, device_target="GPU")

【解析】

MindSpore 允许用户通过设置上下文（set_context()函数）来切换不同的运行模式和设备目标。set_context()函数中的参数和参数值含义如下。

- mode 参数用于指定是使用动态图模式还是静态图模式。
- device_target 参数用于指定运行代码的设备目标。
- mode=mindspore.PYNATIVE_MODE 表示使用动态图模式，即 Python 原生模式，允许即时运行和调试代码。
- mode=mindspore.GRAPH_MODE 表示使用静态图模式，需要先构建计算图再运行代码。
- device_target="Ascend"表示使用昇腾芯片作为设备目标。

根据题目要求，我们需要找到设置为动态图模式并使用昇腾芯片作为设备目标的选项。因此，正确的是选项 A。

【答案】A

4.【单选题】某公司正在开发一款自动驾驶汽车，他们希望汽车能够实时检测到路上的行人、车辆、交通标志等物体，以便做出正确的驾驶决策。为了实现这个目标，他们选择使用 YOLO 算法进行实时的物体检测。以下关于 YOLO 算法的描述，正确的是哪一个选项？

A. YOLO 算法将图像分割成多个格子，每个格子预测多个边界框和类别概率

B. YOLO 算法无法处理实时物体检测任务

C. YOLO 算法需要预先确定物体的大小和位置

D. YOLO 算法无法检测小物体

【解析】

选项 A：正确。YOLO 算法将图像分割成多个格子，每个格子预测多个边界框和类别概率。这是 YOLO 算法的一个重要特性，该特性使得 YOLO 算法能够在实时物体检测任务中表现出色。

选项 B：错误。YOLO 算法正是为了处理实时物体检测任务而设计的，它可以有效地处理这类任务。

选项 C：错误。YOLO 算法不需要预先确定物体的大小和位置，它可以自动地在图像中检测出物体。

选项 D：错误。虽然 YOLO 算法在检测小物体时可能会面临一些挑战，但是这并不意味着 YOLO 算法无法检测小物体。通过适当的设计和优化，它仍然可以检测到小物体。

【答案】A

5.【单选题】假设你是一家全球领先的电商公司的首席数据科学家，你正在研究如何使用机器学习技术来提高产品销售量。你的团队已经收集了大量的用户行为数据，包括用户的浏览历史、购买历史、搜索关键词等。你决定使用集成学习算法来预测用户是否会购买某个产品。在众多的集成学习算法中，你选择了随机森林算法。以下哪个选项最能描述随机森林算法的工作原理？

A. 随机森林算法通过创建多个决策树，并将它们的预测结果进行平均，以得到最终的预测结果

B. 随机森林算法仅使用一个决策树进行预测，但是它会随机选择特征进行分割

C. 随机森林算法通过创建多个强学习器，并将它们的预测结果进行平均，以得到最终的预测结果

D. 随机森林算法仅使用一个强学习器进行预测，但是它会随机选择特征进行分割

【解析】

选项 A：正确。通过创建多个决策树并综合它们的预测结果来提高模型的准确性和泛化能力，符合随机森林算法的工作原理。

选项 B：错误。随机森林算法需要使用多个决策树，而不是只使用一个决策树。

选项 C：错误。随机森林算法是由多个决策树组成的集成学习算法，这些决策树通常是较弱的学习器。

选项 D：错误。随机森林算法是由多个决策树组成的集成学习算法，这些决策树通常是较弱的学习器。但随机森林算法确实会随机选择特征进行分割。

【答案】A

6.【单选题】C 公司是一家初创公司，主要通过 App+小程序提供订餐服务。所有业务均部署在华为云上，现需要根据业务需求，设计华为云上的业务架构。现已知业务需求如下：（1）业务完成部署后，由客户自行运维与管理，该企业仅有一名 IAAS 层的运维工程师；（2）节假日会有活动，存在不可预期的业务压力突增需求；（3）由于涉及用户优惠券发放、用户支付等场景，对数据库的安全、可靠性有非常高的要求；（4）企业初创期间，访问量较小，需要尽量控制成本，同时要考虑后续业务增长后，架构可平滑扩展以支持业务发展。根据以上需求，你会如何为 C 公司进行架构设计？

A. 采用 ECS+AS+ELB 的组合支撑应用层，采用主备模式的 RDS 实例支撑数据层，并定期对数据进行备份

B. 采用 ECS+AS+ELB 的组合支撑应用层，采用单节点模式的 RDS 实例支撑数据层，并定期对数据进行备份

C. 采用 CCE+ELB 的组合支撑应用层，采用主备模式的 RDS 实例支撑数据层，并定期对数据进行备份

D. 采用 CCE+ELB 的组合支撑应用层，采用单节点模式的 RDS 实例支撑数据层，并定期对数据进行备份

【解析】

结合对成本和企业运维能力的考虑，业务不能采用 CCE 这种容器化方式部署，排除选项 C 和 D；由于对数据安全、可靠性的要求高，至少需要实现主备数据库并定期备份；存在不可预期的业务压力突增需求，需要使用 AS 实现资源弹性伸缩，在满足业务压力突增需求的同时，尽可能节省资源和成本。

【答案】A

7.【单选题】某图片服务商对外提供高清图片以供用户二次创作，这些图片均通过网页方式为其用户呈现（用户支付费用后，该图片服务商提供相应的下载链接给其用户）。当前有近 160TB 的存量数据，存放于该图片服务商自有的小型数据中心，还会源源不断地产生新的数据（平均每月产生的数据量为 2TB 左右），对于存量数据，还会根据其用户需要下载并进行加工的需求。现在该图片服务商要将所有的存量数据迁移到华为云，你作为一名对接该图片服务商的云服务架构师，你认为如下哪个方案是最优方案？

A. 存量数据和后续新增数据均通过 DES（数据快递服务）完成迁移，迁移到 OBS 桶中

B. 存量数据和后续新增数据均通过 DES（数据快递服务）完成迁移，迁移到 SFS（弹性文件服务）中

C. 存量数据采用 DES 一次性完成迁移，然后通过 CSG（云存储网关）服务将后续新增数据持续同步至云上的 OBS

D. 存量数据采用 DES 一次性完成迁移，然后通过 CSG（云存储网关）服务将后续新增数据持续同步

至云上的 SFS

【解析】

无论使用的是 DES（Data Express Service，数据快递服务）还是 CSG（Cloud Storage Gateway，云存储网关），都只能将数据直接迁移到 OBS，从业务的角度考虑，也是 OBS，所以选项 B、D 不是最佳方案；使用 DES 进行的数据迁移属于离线的物理搬迁，对“需要修改存量数据”不友好，且适合数据量非常大的场景。综合考量下，需要将 CSG 与云上的 OBS 建立连接，使后续新增数据可通过 CSG 同步至云上的 OBS。

【答案】C

8.【单选题】某大型快消品集团正在为将其云下数据库迁移到云上寻找方案。由于数据量庞大，云下数据库采用自研分布式中间件实现水平分库（MySQL 5.7），后端的多个分片由多台虚拟机承载。集团希望迁移上云后，能充分发挥云服务的便捷、弹性等优势，在帮助集团快速完成数字化转型的同时，性能能满足集团未来几年的业务增长需求，且迁移过程尽可能缩短停服时长。如下方案中，能满足集团需求的最佳方案是哪一个？

A. 使用 SMS（主机迁移服务），将分布式数据库中间件主机及数据库分片主机均迁移到华为云上的 ECS（弹性云服务器）

B. 使用 SMS（主机迁移服务）完成分布式数据库中间件主机的迁移，然后使用 DRS（数据复制服务）将后端数据平滑迁移到华为云上的 RDS（关系数据库服务）实例

C. 云上创建 DDM+DRS 的分布式数据库架构，然后为云下数据库实例分别创建 DRS 实时迁移任务将数据迁移至 DDM

D. 将云下数据库数据分别导出后，上传到云上并导入 RDS 实例

【解析】

选项 A：错误。这个方案侧重于主机的迁移，而不涉及数据库层面的优化或适配。虽然 SMS 可以实现基础迁移，但它可能无法充分利用云上数据库的优势，且未必能满足高性能和集团未来业务增长的需求。

选项 B：错误。这个方案结合了 SMS 和 DRS。DRS 可以帮助实现数据的平滑迁移，但依然集中在实例级别的迁移，并未从根本上解决分布式数据库在云上的优化问题。

选项 C：正确。这个方案直接针对现代分布式数据库的需求而设计。通过创建 DDM（Distributed Database Middleware，分布式数据库中间件），再配合 DRS 实现实时数据迁移，不仅可以缩短停服时间，还能确保数据一致性，同时这种架构能够根据业务需求动态扩展，符合集团对未来几年业务增长的期望。

选项 D：错误。手动导出和导入大量数据往往耗时长、风险高，容易导致数据丢失或错误，并且在此期间业务需停服，不利于满足快速完成数字化转型的要求。

【答案】C

9.【单选题】某单位的福利性消费券业务由报名和登记 2 个子业务系统构成，该业务的所有系统均运行在华为云上，为方便问题定位，这 2 个子业务系统需要进行日志采集，且根据政策要求，所有日志均需要长期存储，近 30 天的日志需要被实时检索。已知这 2 个子业务系统均运行在多个 ECS 弹性云服务器上，请问，考虑成本因素，如下在华为云上，对这 2 个子业务系统进行日志采集和配置的方案中，哪个方案最好？

A. 使用华为云上的 LTS（云日志服务），将 2 个子业务系统放到同一个日志组下的同一个日志流中进行日志采集，并配置 30 天的存储时间，同时配置日志转储，将日志转储到 OBS 桶中长期存储

B. 使用华为云上的 LTS（云日志服务），将 2 个子业务系统放到同一个日志组下的不同日志流中进行

日志采集，并配置 30 天的存储时间，同时配置日志转储，将日志转储到 OBS 桶中长期存储

C. 使用 ECS 自建 ELK 日志系统，然后通过 Logstash 分别对 2 个子业务系统的日志进行采集，并配置从 Kafka 将日志转储至 OBS 进行长期存储，使用 Kibana 进行可视化日志检索

D. 登录到每个子业务系统运行的多个 ECS 上手动采集日志，使用文本工具进行检索，并手动将日志上传到 OBS 桶中保存

【解析】

选项 A：错误。此方案将 2 个子业务系统放置在同一个日志组下的同一个日志流中进行日志采集。此方案虽然简化了日志管理，但可能会带来不同子业务系统的日志的混淆，不利于问题定位和数据分析。

选项 B：正确。此方案提出将 2 个子业务系统分别置于同一日志组下的不同日志流中进行日志采集，并为每个子业务系统单独配置存储时间和日志转储。这样做不仅有助于区分和管理不同子业务系统的日志，还能通过日志转储满足长期存储的需要，完全符合题目的要求。

选项 C：错误。采用自建 ELK 日志系统进行日志采集和长期存储，虽然提供了高自定义能力，但相比使用华为云上的 LTS，其维护成本较高，且配置和管理工作更为复杂。

选项 D：错误。手动采集和上传日志的方案非常低效，且容易出错，无法满足实时检索的要求，更不符合长期存储的要求。

【答案】B

10.【多选题】以下关于特征选择中的互信息法的描述中，正确的是哪些？

A. 互信息法从信息熵的角度分析特征和输出值之间的关系评分

B. 在 Python 工具的 sklearn 模块中，可使用 mutual_info_classif（分类）和 mutual_info_regression（回归）来计算各个输入特征和输出值之间的互信息值

C. 互信息值对离散化的方式不敏感

D. 互信息值越大，说明该特征和输出值之间的相关性越大，越需要保留该特征

E. 互信息法属于一种过滤算法，此类算法独立于任何模型

【解析】

选项 A：正确。互信息法确实从信息熵的角度分析特征和输出值之间的关系评分。互信息是信息论中的一个概念，用于衡量两个随机变量之间的相互依赖程度。

选项 B：正确。Python 的 sklearn 模块提供了 mutual_info_classif（分类）和 mutual_info_regression（回归）函数来计算各个输入特征和输出值之间的互信息值。

选项 C：错误。互信息值对离散化的方式是敏感的。不同的离散化方式可能会导致计算出不同的互信息值，因此在使用互信息法进行特征选择时，需要注意数据的离散化方式。

选项 D：正确。互信息值越大，说明该特征和输出值之间的相关性越大，越需要保留该特征。这是因为互信息值反映了特征对目标变量的信息贡献程度，互信息值高的特征包含更多关于目标变量的信息，因此该特征在构建预测模型时更加重要。

选项 E：正确。互信息法属于一种过滤算法，此类算法独立于任何模型。它通过统计指标来为每个特征打分并筛选特征，聚焦于数据本身的特点，不依赖于具体的模型。

综上所述，正确的是选项 A、B、D、E。

【答案】ABDE

11.【多选题】以下描述的场景属于大数据实时检索技术场景并且对场景特点描述正确的是哪些?

A. 要求 1s 以内响应、高并发(100 以上请求)查询条件复杂(80%的查询是主键查询，其他的查询是简单条件组合查询)，使用 Elasticsearch 作为检索引擎

B. 用户话费及流量清单查询场景，主要根据 ID(用户手机号码)、时间段进行用户话费清单、流量清单查询，使用 HBase 作为查询组件

C. 车联网进行快速车辆信息检索场景，根据 ID(如身份证、车牌号等)进行查询，可用于实时布控、车辆轨迹绘制，快速完成信息汇集，使用 Elasticsearch 作为检索引擎

D. 用户信息查询场景，可用于根据用户信息表的多个字段进行关联查询，并对查询结果进行汇聚、分析

【解析】

选项 A：错误。因为虽然要求 1s 以内响应、高并发(100 以上请求)查询条件复杂(80%的查询是主键查询，其他的查询是简单条件组合查询)，单独使用 Elasticsearch 作为检索引擎不足以满足需求，应采用“Elasticsearch+HBase”的方式。

选项 B：正确。因为用户话费及流量清单查询场景，主要根据 ID(用户手机号码)、时间段进行用户话费清单、流量清单查询，使用 HBase 作为查询组件，属于大数据实时检索技术场景且对场景特点描述正确。

选项 C：正确。因为车联网进行快速车辆信息检索场景，根据 ID(如身份证、车牌号等)进行查询，可用于实时布控、车辆轨迹绘制，快速完成信息汇集，使用 Elasticsearch 作为检索引擎，属于大数据实时检索技术场景且对场景特点描述正确。

选项 D：错误。因为虽然用户信息查询场景，可用于根据用户信息表的多个字段进行关联查询，并对查询结果进行汇聚、分析，但是该选项并没有明确指出该场景属于大数据实时检索技术场景，所以该选项不符合题目要求。

【答案】BC

12.【多选题】在无人驾驶汽车的场景中，计算机视觉技术被广泛应用于环境感知和决策制定。这些环境可能包括各种天气条件、不同的道路类型，以及各种交通参与者(如行人、自行车、汽车等)。在这些情况下，无人驾驶汽车需要准确地识别和理解其周围环境，以做出安全和有效的驾驶决策。以下关于计算机视觉在无人驾驶中的应用，正确的有哪些选项?

A. 通过目标检测类算法，计算机视觉可以实现对道路、行人、车辆等物体的准确识别

B. 利用 SLAM 技术，可以实现对环境的三维重建，有助于无人驾驶汽车的导航和路径规划

C. 立体视觉可以用于估计物体的深度信息，有助于无人驾驶汽车避免碰撞

D. 计算机视觉无法处理复杂环境(如下雨、下雪等恶劣天气)下的场景理解

【解析】

选项 A：正确。通过目标检测类算法，计算机视觉确实可以实现对道路、行人、车辆等物体的准确识别。这主要得益于深度学习模型，尤其是 CNN，它能够有效地处理图像数据并识别各种对象。

选项 B：正确。利用 SLAM(Simultaneous Localization and Mapping，同时定位与地图构建)技术，可以实现对环境的三维重建，这对于无人驾驶汽车的导航和路径规划非常重要。SLAM 技术结合了传感器数据和计算机视觉算法，以提供精确的定位和地图构建能力。

选项 C：正确。立体视觉通过分析来自不同摄像头视角的图像来估计物体的深度信息，这对于避免碰撞至关重要。这种技术可以帮助无人驾驶汽车估计与其周围物体的距离，从而提高行驶安全性。

选项 D：错误。尽管复杂环境（如下雨或下雪等恶劣天气）会对计算机视觉系统的性能构成挑战，但并不意味着计算机视觉系统无法应对这些情况。实际上，通过使用先进的图像处理技术和算法优化，计算机视觉系统可以在复杂环境下实现有效的场景理解。

【答案】ABC

13.【多选题】在智能家居设备的应用中，语音识别技术被广泛用于设备控制和用户交互。这些智能家居设备可能包括各种智能音箱、智能电视、智能空调等。智能家居设备需要准确地识别和理解用户的语音指令，以提供准确和便捷的服务。以下关于语音识别在智能家居设备中的应用，正确的有哪些选项？

A. 传统算法结合深度学习，语音识别可以实现对用户语音指令的准确识别

B. 利用语音理解技术，可以实现对用户语音指令的模拟，有助于智能家居设备的交互

C. 语音识别可以用于理解用户的意图、习惯，有助于智能家居设备提供个性化服务

D. 通过鲁棒性算法和降噪技术，语音识别可以较好地实现在噪声环境中的语音理解

【解析】

选项 A：正确。传统算法结合深度学习，语音识别可以实现对用户语音指令的准确识别。这是因为深度学习模型，尤其是神经网络，已经被广泛应用于语音识别技术中，能够有效地处理和识别用户的语音指令。

选项 B：错误。利用语音理解技术，可以实现对用户语音指令的模拟，有助于智能家居设备的交互，此描述有误，语音理解技术主要用于理解和解析用户的语音指令，而不是模拟用户的语音指令。通过语音理解技术，智能家居设备可以理解用户的需求并做出相应的响应。

选项 C：正确。语音识别可以用于理解用户的意图、习惯，有助于智能家居设备提供个性化服务。这是因为通过分析用户的语音指令，语音识别系统可以学习用户的使用习惯和偏好，从而提供更加个性化的服务。

选项 D：正确。通过鲁棒性算法和降噪技术，语音识别可以较好地实现在噪声环境中的语音理解。这是因为尽管噪声环境会对语音识别的准确性构成挑战，但是通过使用鲁棒性算法和降噪技术，可以提高语音识别系统在噪声环境中的性能。

【答案】ACD

14.【多选题】在深度学习框架 MindSpore 中，动态图和静态图是两种重要的计算模式。它们各自具有独特的特性和优势。以下关于 MindSpore 中动态图和静态图特性的描述，正确的有哪些选项？

A. 动态图模式下，程序按照代码的编写顺序执行，在正向执行过程中根据反向传播的原理，动态生成反向执行图

B. 静态图模式下，程序在编译、执行时先生成神经网络的图结构，再执行图中涉及的计算操作

C. 静态图模式比较适合网络固定且需要高性能的场景

D. 在动态图模式下，没有 Python 语法限制

【解析】

选项 A：正确。在动态图模式下，程序按照代码的编写顺序执行，在正向执行过程中根据反向传播的原理，动态生成反向执行图。这种模式下，编译器将神经网络中的各个算子逐一下发并执行，方便用户编写和调试神经网络。

选项 B：正确。在静态图模式下，程序在编译、执行时先生成神经网络的图结构，再执行图中涉及的计算操作。

选项 C：正确。静态图模式比较适合网络固定且需要高性能的场景。在静态图模式下，基于图优化、计算图整图下沉等技术，编译器可以对图进行全局的优化，因此在静态图模式下能获得较好的性能。

选项 D：正确。在动态图模式下，用户可以使用完整的 Python API。此外，使用 MindSpore 提供的 Python API 时，MindSpore 会根据用户选择的硬件平台（如 Ascend、GPU、CPU 等），将算子 Python API 的操作在对应的硬件平台上执行，并返回相应的结果。这使得用户可以随意使用 Python 的语法以及调试方法。

【答案】ABCD

15.【多选题】某新闻推荐平台希望通过用户的历史阅读记录来预测用户未来可能感兴趣的新闻类型。他们收集了用户在过去一年中阅读的新闻，并记录了每篇新闻的主题、发布时间、阅读时长等信息。为了更准确地预测用户的阅读兴趣，他们选择了 LSTM 算法来处理这个问题。以下关于 LSTM 算法的描述中，正确的有哪些选项？

A. LSTM 算法具有长期记忆能力，可以处理长序列数据

B. LSTM 算法中的门控机制可以有效地解决梯度消失和梯度爆炸问题

C. LSTM 算法无法处理时间序列数据

D. LSTM 算法中的隐藏状态可以在整个序列中传递信息

E. LSTM 算法需要预先确定序列的长度

【解析】

选项 A：正确。LSTM 算法通过其特殊的结构设计，可以有效地处理长序列数据，捕捉到序列中的长期依赖关系。

选项 B：正确。LSTM 算法中的门控机制可以有效地解决梯度消失和梯度爆炸问题，这是 LSTM 算法的一个重要特性。

选项 C：错误。LSTM 算法正是为处理时间序列数据而设计的，它可以有效地处理这类数据。

选项 D：正确。LSTM 算法中的隐藏状态可以在整个序列中传递信息，这是 LSTM 算法处理序列数据的一个重要机制。

选项 E：错误。LSTM 算法可以处理任意长度的序列，不需要预先确定序列的长度。这使得 LSTM 算法在处理实际问题时具有很大的灵活性。

【答案】ABD

16.【多选题】在一个金融科技公司，数据科学家们正在使用机器学习模型预测用户的信用评分。他们决定使用集成学习算法来提高预测的准确性。以下哪些算法属于集成学习算法？

A. 随机森林　　B. AdaBoost　　C. 梯度提升　　D. 线性回归　　E. 支持向量机

【解析】

随机森林、AdaBoost 和梯度提升都是集成学习算法，它们通过结合多个弱学习器的预测结果来提高整体模型的预测准确性。

其他选项中的算法，如线性回归和支持向量机，都是单一的机器学习算法，而不是集成学习算法。

【答案】ABC

17.【多选题】某地医保平台经过统一的微服务改造后，所有业务系统运行在华为云上的云容器引擎（CCE）上，并通过 ServiceStage 对这些服务进行统一的运维、管理，在业务全链路压测阶段，发现个别微服务总是请求失败，导致整体服务不可用，针对该问题，首选使用服务治理的方式进行解决，如下关于该问题的分析及提供的解决方案的描述，正确的有哪些选项？

A. 对请求失败的微服务进行分析，如果是资源不足造成微服务请求失败，则可对该微服务单独扩容后再进行测试

B. 对请求失败的微服务进行分析，如果是资源不足造成微服务请求失败，则可通过服务治理中的负载均衡策略，将请求流量分发到其他实例上

C. 对整体服务进行分析，如果该请求失败的微服务不影响当前整体医保业务逻辑，则可通过服务治理中的降级策略或熔断策略，屏蔽该微服务的访问，避免其造成整体服务不可用

D. 对整体服务进行分析，如果该请求失败的微服务对整体医保业务逻辑至关重要，但是一旦并发量达到一定程度就必然报错影响整体医保业务逻辑，则可通过服务治理中的限流策略，控制访问该微服务的请求量大小，避免流量冲击破坏整个医保平台

【解析】

选项 A：正确。如果对微服务请求失败是由于资源不足导致的，对该微服务进行单独扩容是一个合理的解决方案。通过增加计算资源，可以缓解因资源竞争造成的性能瓶颈或超时问题，从而提高微服务的响应能力和处理能力。

选项 B：错误。负载均衡策略主要用于分发请求流量到不同的实例，以均衡每个实例的负载。然而，如果所有实例都面临资源不足的问题，仅仅依靠负载均衡策略并不能解决根本问题，因为流量依然会被分发到资源已经不足的实例上。

选项 C：正确。当某个微服务暂时出现问题，但不影响整体医保业务逻辑时，可以通过服务治理中的降级策略或熔断策略来屏蔽对该微服务的访问。这样可以避免由于单个服务故障而导致整体服务不可用，提高医保平台的健壮性和可用性。

选项 D：正确。对于对整体医保业务逻辑至关重要但不稳定的微服务，限流策略可以控制访问它的请求量大小，防止过大的流量冲击导致医保平台崩溃。通过限制访问频率，确保医保平台在高负载情况下依然能够稳定运行。

【答案】ACD

18.【多选题】某基金管理平台运行在华为云上，采用标准的三层架构（接入层、应用层、数据层），接入层对外提供 Web 页面，应用层实现主要业务逻辑，接入层和应用层都运行在 ECS（弹性云服务器）上，数据层采用华为 DDM+DRS 的组合，实现分布式数据存储。该平台对安全方面的要求甚高，你会向客户推荐如下哪些方案？

A. 三层架构之间通过安全组严格控制访问端口，应用层只开放指定端口供接入层访问，数据层只开放指定端口供应用层访问

B. 接入层前面添加 WAF（Web 应用防火墙），识别并阻断 SQL 注入、跨站脚本攻击、网页木马上传等，确保接入层的 Web 服务安全、稳定

C. 接入层和应用层的 ECS 开启 HSS（主机安全服务）可有效防止网页被篡改

D. 接入层使用共享型 ELB 进行负载均衡时，监听器的前端协议和后端协议均选择 HTTPS

E. 企业运维人员统一通过 CBH（云堡垒机）的方式接入该基金管理平台，对相关资源进行统一运维，由 CBH 实例对相关运维操作进行审计

【解析】

选项 A：正确。通过安全组严格控制访问端口是一种有效的网络安全策略，其可以确保只有授权的端口和 IP 地址能够访问相应的服务。这有助于缩小潜在的攻击面，因此推荐实施这一方案。

选项 B：正确。WAF 能够识别并阻断多种常见的网络攻击，如 SQL 注入、跨站脚本攻击、网络木马上传等，从而确保接入层的 Web 服务安全、稳定。这对于面向公众的接入层尤为重要，因此建议添加 WAF 以提高安全性。

选项 C：正确。HSS（Host Security Service，主机安全服务）可以有效防止网页被篡改，保护服务器免受恶意攻击。对于接入层和应用层的 ECS，开启 HSS 可以提高系统的整体安全性，因此推荐开启此服务。

选项 D：错误。虽然使用 HTTPS 可以保护数据在传输过程中的安全，但是使用共享型 ELB 进行负载均衡时，监听器的后端协议不支持 HTTPS。

选项 E：正确。通过 CBH（Cloud Bastion Host，云堡垒机）进行统一运维，可以有效地控制和审计运维人员的操作，防止误操作或恶意操作对系统造成影响。这是提高系统安全性和管理便捷性的重要措施，因此建议实施该措施。

【答案】ABCE

19.【多选题】某互联网创业公司设立了开发部、测试部和运维部，分别对应华为云上的开发环境、测试环境和生产环境，环境之间需要严格隔离，同时又有点对点互通的需求（方便版本包传递等），为了保证工作效率，3 个部门的所有员工在华为云上均有自己的账号。该公司要求严格控制网络访问和员工权限，关于 3 个环境的网络访问和员工权限的管理，如下方案描述中，合理的方案有哪些选项？

A. 将开发环境、测试环境和生产环境放到 3 个独立 VPC，通过 VPC Endpoint 满足点对点互通的需求

B. 将开发环境、测试环境和生产环境放到同一个 VPC 下的不同子网，通过网络 ACL 隔离

C. 为所有员工创建 IAM 用户，单独授权

D. 为所有员工创建 IAM 用户，并根据部门进行分组，给分组授权

【解析】

选项 A：正确。将开发环境、测试环境和生产环境放到 3 个独立 VPC，通过 VPC Endpoint 满足点对点互通的需求。使用独立 VPC 为每个环境实现了 100%的网络隔离，确保了安全性。通过 VPC Endpoint 可以实现这些环境之间的点对点互通，既满足了互通需求，又保持了网络的隔离性和安全性。

选项 B：错误。虽然不同子网和网络 ACL 可以实现一定程度的网络隔离，但在同一个 VPC 内部，仍然存在一定的安全风险，比如可能会受到 ARP 欺骗等攻击，不能保证绝对安全的隔离。

选项 C：错误。为所有员工创建 IAM 用户，并单独为每位员工的 IAM 用户授权会导致权限管理过于复杂和烦琐，而且不利于实行统一的权限控制和审计，增加了管理的复杂度和出错的风险。

选项 D：正确。为所有员工创建 IAM 用户，并根据部门进行分组，给分组授权。通过分组授权，可以根据员工的职能对其 IAM 用户进行相应的权限分配，简化了权限管理过程，同时也便于实施细粒度的权限控制和审计，增强了安全性和管理的便捷性。

【答案】AD

20.【多选题】某秒杀应用涉及多个微服务，将这些微服务全部部署到华为云上后，在业务正式上线前，需要模拟大量用户并发以完成全链路压测，检测各个微服务及整个应用系统的健壮性和性能，并为应用侧快速发现性能问题，假设你作为一名架构师，如下哪些方案有助于完成本次任务？

A. 使用华为云上的性能测试 CodeArts PerfTest 平台，通过现有模板快速创建 PerfTest 测试工程，对秒杀业务接口执行测试

B. 可通过客户本地导出的 JMeter 测试工程文件，在 CodeArts PerfTest 平台创建 JMeter 测试工程，对秒杀业务接口执行测试

C. 压测过程中，配合 ServiceStage 的应用拓扑分析和调用链跟踪工具，实现对微服务调用关系和异常访问的监控，帮助快速定位性能问题

D. 压测过程中，当秒杀业务接口响应异常时，通过 CES 查看业务应用使用的基础资源的监控信息，可快速判断异常是否由资源负载过高导致，有助于快速定位问题

【解析】

选项 A：正确。华为云性能测试 CodeArts PerfTest 平台提供自动化的压测，支持创建 PerfTest 测试工程并进行全链路压测。利用 CodeArts PerfTest 平台可以实现对大量用户并发的模拟，以检验系统在高负载条件下的表现。

选项 B：正确。通过 JMeter 测试工程文件在 CodeArts PerfTest 平台创建 JMeter 测试工程：JMeter 是广泛应用的性能测试工具，CodeArts PerfTest 平台支持用户直接上传 JMeter 测试工程文件，进行在线的性能测试，这为用户提供了便利和灵活性。

选项 C：正确。ServiceStage 的应用拓扑分析和调用链跟踪工具，能够帮助用户了解应用中微服务的调用关系，并在压测期间快速识别和定位问题，从而优化性能。

选项 D：正确。CES 监控业务应用使用的基础资源：当秒杀业务接口响应异常时，通过 CES 查看业务应用使用的基础资源（如 CPU、内存和网络等）监控信息，可以快速判断异常是否由资源负载过高导致，有助于快速定位并解决性能问题。

【答案】ABCD

4.2　实验考试真题解析

4.2.1　试题设计背景

企业上云已经成为近年来的热门话题，很多企业甚至把企业上云看成企业数字化转型的必经之路。云是 IT 基础设施的交付和使用模式，通过网络以按需、易扩展的方式获得所需的云资源（如硬件、平台、软件等）。

本实验通过模拟互联网社交媒体企业实际环境，在华为云××区域模拟本地数据中心，在华为云××区域模

拟真实云上环境，并在华为云××区域部署即时聊天平台，通过云服务实现本地数据中心与云之间的互联互通。

该企业云上部署即时聊天平台后，有了如下新的诉求。

① 更加方便地对即时聊天平台的数据进行更好的管理，可以应用大数据技术进行数据处理，方便后台管理者对即时聊天平台的数据进行管理和分析，并且能清晰地知道用户每天发送的消息量以及用户所使用的手机品牌分布情况等。

② 即时聊天平台每天都会产生大量的聊天数据，聊天数据包含用户的账号信息、消息接收人、用户手机型号、用户手机操作系统等。利用大数据、机器学习等技术对用户手机型号进行深入分析，估计用户购买手机的影响因素，预测手机市场未来的发展趋势，帮助改进手机相关参数，进一步刺激手机市场发展。

4.2.2 考试说明

（1）考试分数说明

考试试题分为云、大数据和 AI 这 3 个技术方向，总分为 1000 分，各技术方向试题占比及分数如表 4-1 所示。

表 4-1 各技术方向试题占比及分数

技术方向	试题占比	分数
云	40%	400
大数据	15%	150
AI	45%	450

（2）考试要求

① 做题之前需要仔细、完整地阅读“考试指导”及试题。

② 如果试题有多种答案，需要选择一个最符合试题要求的答案。

③ 考试涉及的云资源密码可自行设置，设置后请务必记住密码，因忘记密码导致无法登录的相关责任由考生自己承担。

（3）考试平台

考试平台为华为云官网：https://www.huaweicloud.com/。

① 代金券发放金额已包含购买所有考试中使用的云资源的金额，购买云资源时务必按照试题要求选择按需计费模式，因考生自行购买包年、包月云资源出现超出代金券限额的问题，相关责任由考生自己承担。

② 推荐使用华北-北京四或者华东-上海一区域。

③ 若遇到所需规格的资源售完的情况，请选择相近规格的资源购买。

（4）保存结果

本次云赛道考试结果以截图的形式保存，详细结果保存要求参考“考试指导”。

4.2.3 试题正文

（1）云（Cloud）技术方向试题

① 场景。

越来越多的企业将自己的业务运行在云上，在将业务迁移到云上的过程中，企业通常会经历两个阶段，第一阶段是将业务平滑迁移上云，并应用云上高可用相关服务来提升业务可用性及性能；第二阶段是将业务进行容器化改造，从而获得更优质的升级和维护体验。本场景将通过一个即时聊天平台对这两个阶段进行模拟。

② 网络拓扑。

网络拓扑如图 4-1 所示。

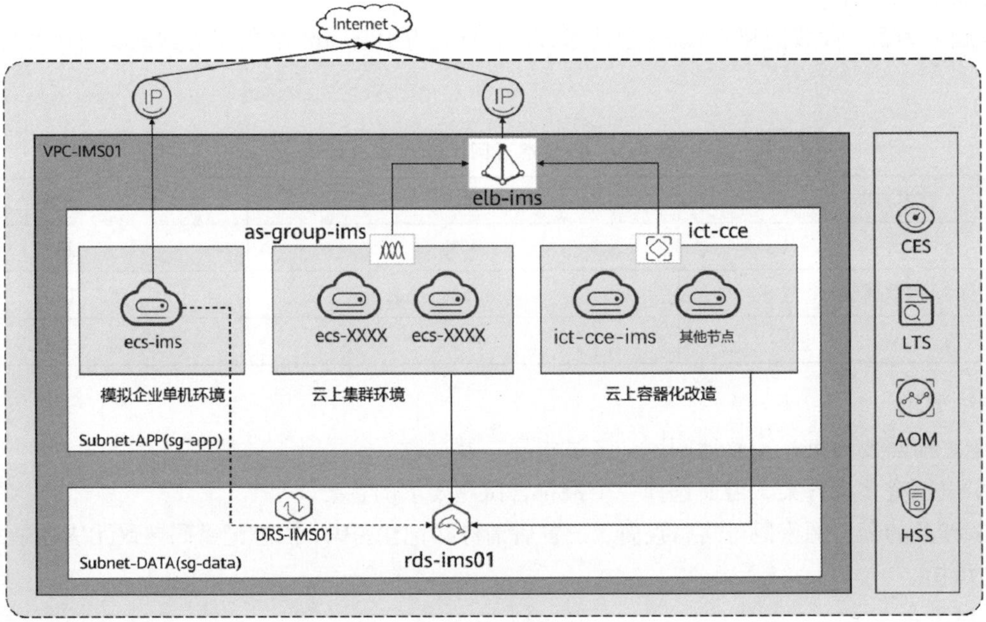

图 4-1 网络拓扑

网络拓扑介绍如下。

本实验首先模拟企业单机环境（即时聊天平台），该环境将应用及数据库均放置到一台机器上，然后将即时聊天平台的数据迁移到华为云 RDS 实例上，并将即时聊天平台部署到华为云 ECS，结合弹性伸缩（AS）服务和弹性负载均衡（ELB）服务提高服务韧性，在即时聊天平台稳定运行一段时间后，通过容器化改造的方式，将该即时聊天平台应用经过容器化改造，运行到华为云云容器引擎（CCE）中。即时聊天平台运行在华为云 CCE 后，通过华为云提供的 CES、LTS 以及 AOM 等服务对应用进行监控及运维操作，保障即时聊天平台的可观测性和稳定性。云资源及对应说明如表 4-2 所示。

表 4-2 云资源及对应说明

云资源	说明
ecs-ims	模拟单机应用，并作为后续镜像制作、容器环境构建的调试机
ecs-××××	AS 的应用主机 1
ecs-××××	AS 的应用主机 2
ict-cce-ims	CCE 集群节点主机
as-group-ims	AS 组
ict-cce	CCE 容器集群
elb-ims	弹性负载均衡，用于和 AS 联动，以及实现 CCE 集群应用外部访问
DRS-IMS01	数据复制服务，用于将单机应用的数据迁移、复制到 RDS 实例
rds-ims01	RDS 实例，用于存放即时聊天应用数据
VPC/Subnet	为应用提供资源运行的网络环境
EIP	为应用提供外部访问
SG	为应用及数据库提供安全流控
CES	为应用资源提供监控服务
LTS	为应用日志提供采集服务
AOM	为 CCE 应用负载提供应用运维管理服务
HSS	为即时聊天平台应用运行主机提供安全防护

③ 考试资源。

- 实验环境：实验环境需要考生根据试题要求在华为云自行搭建。推荐选择华北-北京四或华东-上海一区域。
- 云资源：请考生根据表 4-3 进行云资源购买、命名、密码设置。

表 4-3 云资源要求

云资源	规格	说明
虚拟私有云（VPC）	None	VPC-IMS01
安全组	None	sg-app、sg-data
ECS ecs-ims	2vCPUs | 4GB | CentOS 7.6 64bit	
ECS as-config-ims-××××××××	2vCPUs | 4GB | CentOS 7.6 64bit	源于 AS 服务（名称自动随机生成）
ECS as-config-ims-××××××××	2vCPUs | 4GB | CentOS 7.6 64bit	源于 AS 服务（名称自动随机生成）
ECS ict-cce-ims	4vCPUs | 8GB | CentOS 7.6 64bit	
镜像服务（IMS）	None	cloud-base-image、ict-ims-image

续表

云资源	规格	说明
弹性公网 IP	As required by the tasks	EIP
RDS	单机 | MySQL 5.7 | 2vCPUs | 4GB	rds-ims01
弹性伸缩（AS）服务	None	AS 组：as-group-ims。 AS 配置：as-config-ims
容器镜像服务（SWR）	None	组织：ict-ims
云容器引擎（CCE）服务	50 个节点、无高可用	ict-cce
云监控服务（CES）	None	
云日志服务（LTS）	None	
应用运维管理（AOM）服务	None	
ELB elb-ims	独享性、小型	
数据复制服务（DRS）		DRS-IMS01
主机安全服务（HSS）		

- 考试工具。

本实验中用到的考试工具如表 4-4 所示。

表 4-4　考试工具

软件包	说明
MobaXterm	远程登录工具

④ 试题。

实验任务如下。

实验中所有步骤单独计分，请合理安排考试时间。

任务 1：基础环境准备（60 分）

考点 1：新建虚拟私有云（VPC）

要求：

按照如下参数在××区域创建 VPC（自行选择区域，推荐选择华北-北京四或华东-上海一区域）。

a）名称：VPC-IMS01。

b）IPv4 网段：172.16.0.0/16。

c）默认子网：

名称为 Subnet-APP；

子网 IPv4 网段为 172.16.1.0/24。

d）添加子网：

名称为 Subnet-DATA；

子网 IPv4 网段为 172.16.2.0/24。

结果保存，截图要求：

保存 VPC 拓扑图页面的截图，并把截图命名为 **1-1-1vpc**。

【解析】

1. 登录华为云控制台，访问“虚拟私有云 ”服务。

2. 创建 VPC-IMS01。

a）创建 VPC，输入名称“VPC-IMS01”，选择推荐区域。

b）设置 IPv4 网段为“172.16.0.0/16”，如图 4-2 所示，进入下一步。

c）在子网配置页面，首先创建默认子网“Subnet-APP”，设置子网 IPv4 网段为“172.16.1.0/24”，然后继续创建第二个子网“Subnet-DATA”，设置子网 IPv4 网段为“172.16.2.0/24”，如图 4-3、图 4-4 所示，完成配置后，立即创建相应子网。

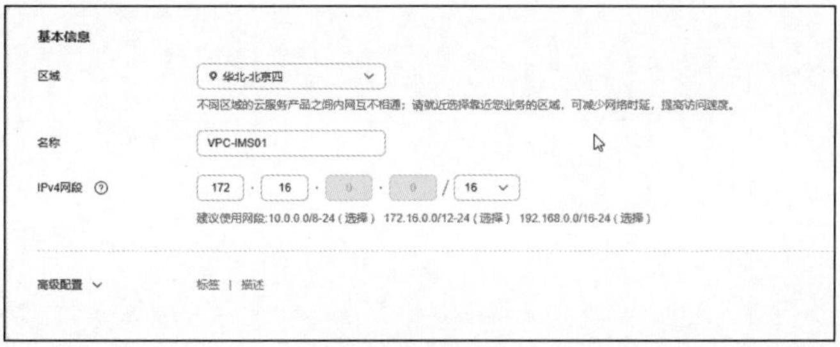

图 4-2　创建 VPC

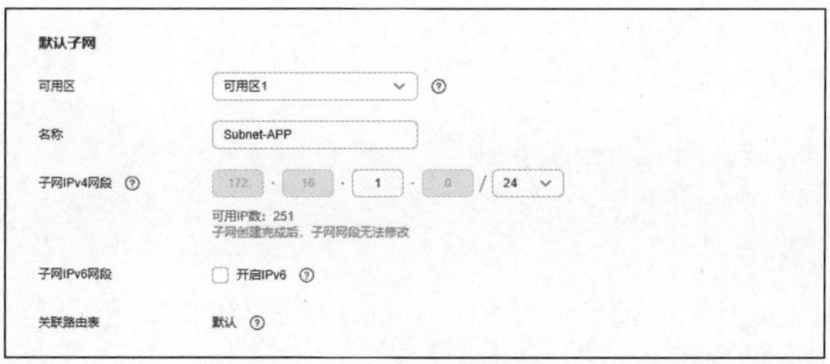

图 4-3　创建子网 Subnet-APP

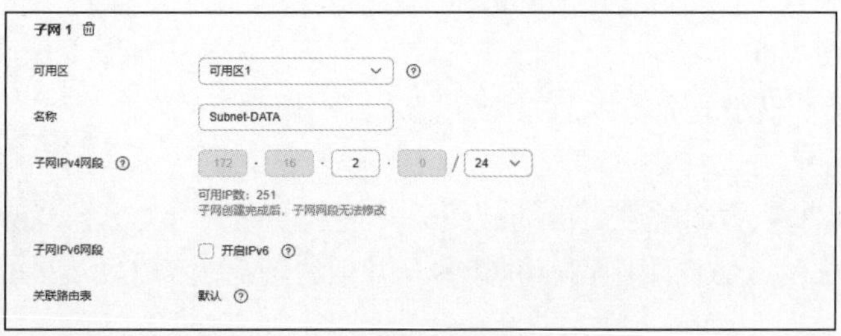

图 4-4　创建子网 Subnet-DATA

3. 验证配置。

在 VPC 列表中确认 VPC-IMS01 及其两个子网的信息准确无误。

4. 保存 VPC 拓扑图页面的截图。

a）进入 VPC-IMS01 的详情页，找到 VPC 拓扑图页面。

b）使用浏览器或截图工具截取整个 VPC 拓扑图页面，确保截图包含 VPC-IMS01 和所有子网的信息。将截图保存至本地，并按照要求命名为“1-1-1vpc”，如图 4-5 所示。

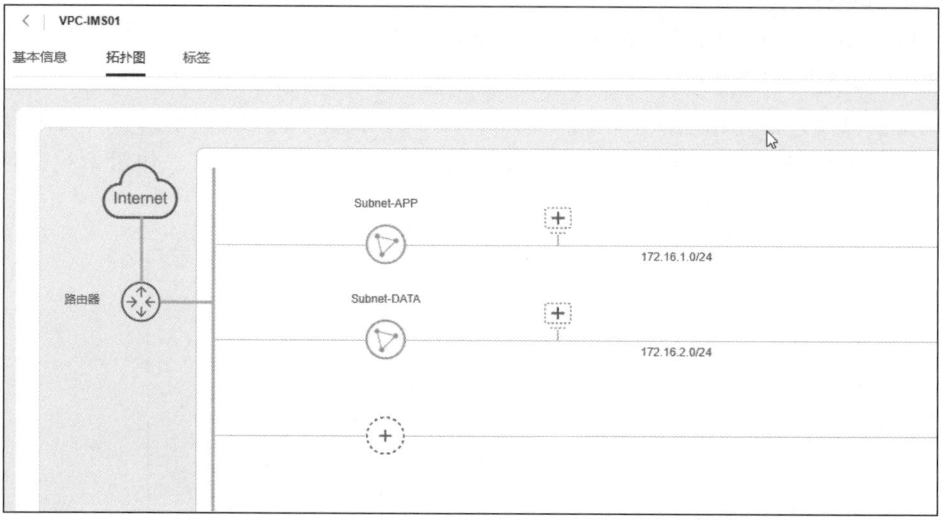

图 4-5　1-1-1vpc

考点 2：新建安全组

要求：

a. 按照如下参数在××区域创建 sg-app 安全组。

a）名称：sg-app。

b）企业项目：默认 default。

c）根据满足业务需求（业务监听端口为 8081）且最小放通范围的原则配置入方向规则。

b. 按照如下参数在××区域创建 sg-data 安全组。

a）名称：sg-data。

b）企业项目：默认 default。

c）根据满足业务需求且最小放通范围的原则配置入方向规则。

结果保存，截图要求：

a. 保存安全组 sg-app 的入方向规则页面的截图，并把截图命名为 **1-2-1sg-app**；

b. 保存安全组 sg-data 的入方向规则页面的截图，并把截图命名为 **1-2-2sg-data**。

【解析】

1. 登录华为云控制台，访问“弹性云服务器 ECS”或“安全组”服务。

2. 创建安全组 sg-app。

a）创建安全组，输入安全组名称“sg-app”，如使用企业账号操作，选择企业项目为“默认 default”，如图 4-6 所示。

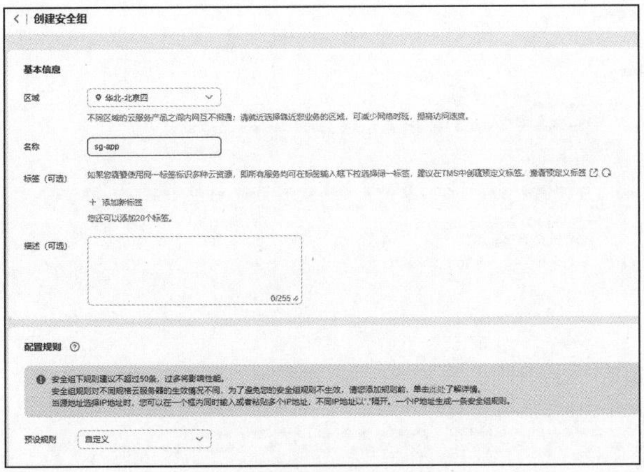

图 4-6　创建安全组 sg-app

b）添加入方向规则，根据业务需求配置入方向规则，例如放通 TCP 的 8081 和 22 端口，源地址可以选择“IP 地址”“0.0.0.0/0”（允许所有 IP 地址）或具体 IP 地址范围，具体配置请根据实际情况决定，如图 4-7、图 4-8 所示。

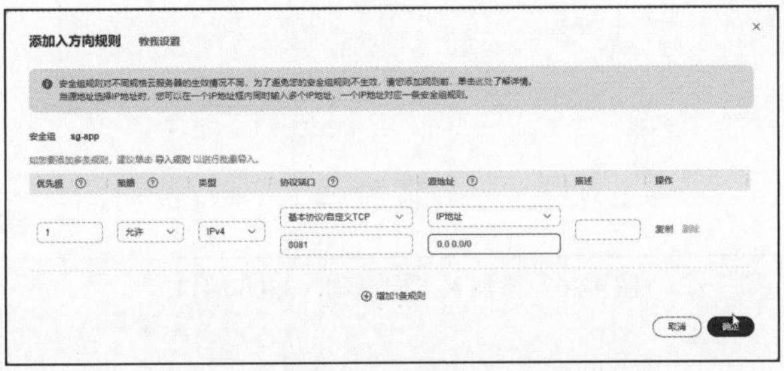

图 4-7　添加入方向规则（8081 端口）

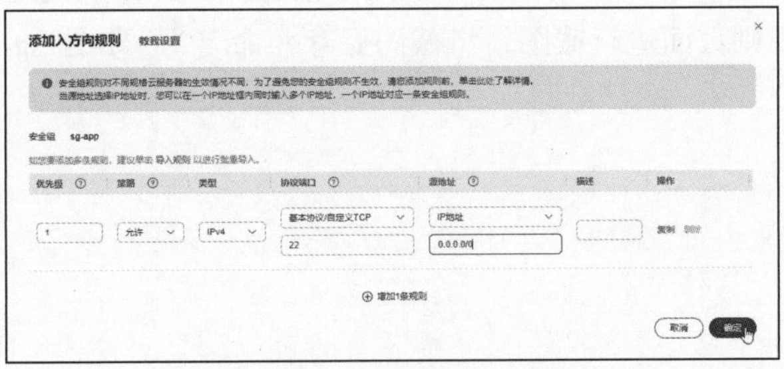

图 4-8　添加入方向规则（22 端口）

c）完成配置后，单击“确定”。

3. 创建安全组 sg-data。

重复上述步骤，但将安全组名称改为“sg-data”，入方向规则根据 sg-data 的业务需求进行配置，如图 4-9、图 4-10 所示。

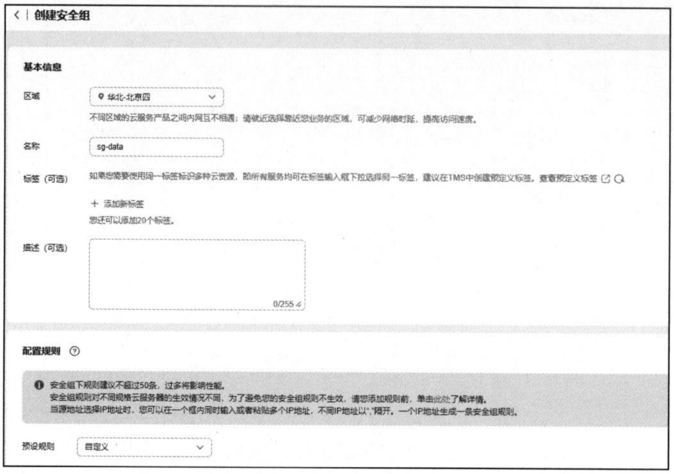

图 4-9　创建安全组 sg-data

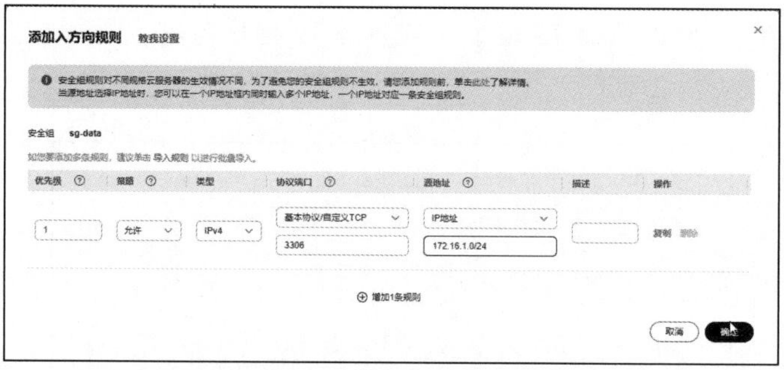

图 4-10　添加入方向规则（3306 端口）

4. 验证配置。

a）进入安全组列表，检查 sg-app 和 sg-data 的安全组信息及入方向规则是否正确。

b）对 sg-app 的入方向规则页面进行截图，将截图保存并命名为“1-2-1sg-app”，如图 4-11 所示。

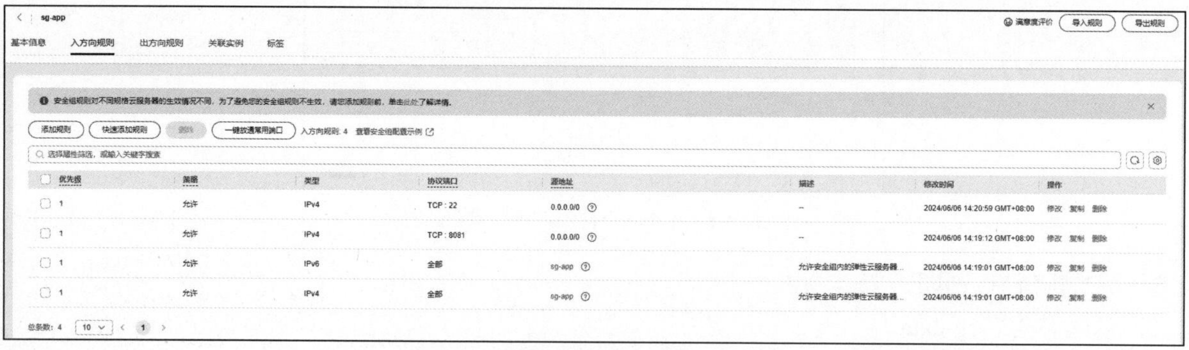

图 4-11　1-2-1sg-app

c）对 sg-data 的入方向规则页面进行截图，将截图保存并命名为“1-2-2sg-data”，如图 4-12 所示。

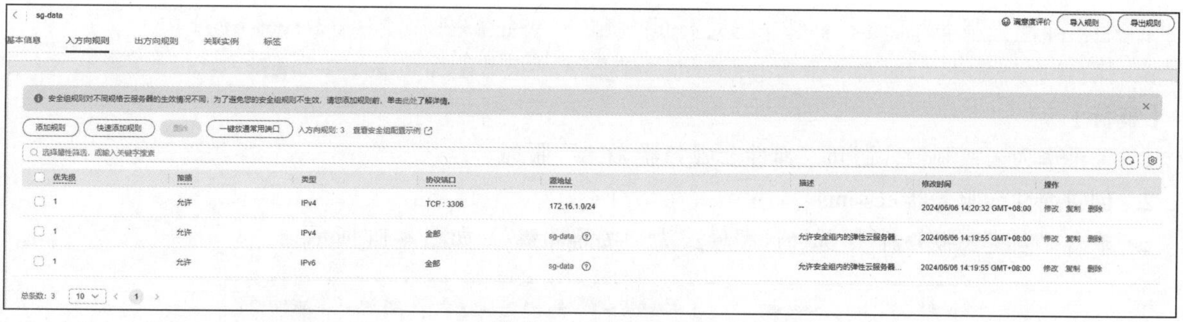

图 4-12 1-2-2sg-data

考点 3：创建弹性云服务器（ECS）

要求：

a. 按照如下指导，在镜像服务控制台接受共享镜像“cloud-base-image”，如图 4-13 所示。

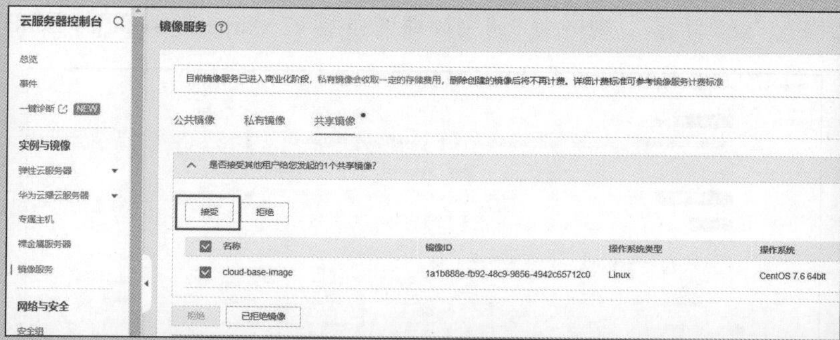

图 4-13 接受共享镜像

按照如下参数在××区域创建弹性云服务器 ecs-ims。

a）计费模式：按需计费。

b）CPU 架构：x86 计算。

c）规格：通用计算增强型 | c7.xlarge.2 | 4vCPUs | 8GiB。

d）镜像：共享镜像 cloud-base-image。

e）网络：VPC-IMS01。

f）子网：Subnet-APP。

g）安全组：sg-app。

h）弹性公网 IP 线路、公网带宽、带宽大小：全动态 BGP、按流量计费、100Mbit/s。

i）云服务器名称：ecs-ims。

j）登录凭证：密码（自行设置）。

b. 该虚拟机镜像内，已预置了即时交流平台的前端项目，在浏览器中输入“弹性公网 IP: 8081/chat-main/login.html”访问该平台的登录页面。

结果保存，截图要求：

a. 保存弹性云服务器 ecs-ims 基本信息页面的截图，并把截图命名为 **1-3-1ecs-ims**；

b. 保存浏览器访问即时聊天平台登录页面的截图，并把截图命名为 **1-3-2login**。

【解析】

1. 登录华为云控制台，访问“弹性云服务器 ECS”服务。

2. 创建弹性云服务器 ecs-ims。

a）单击“创建云服务器”，选择计费模式为“按需计费”，如图 4-14 所示。

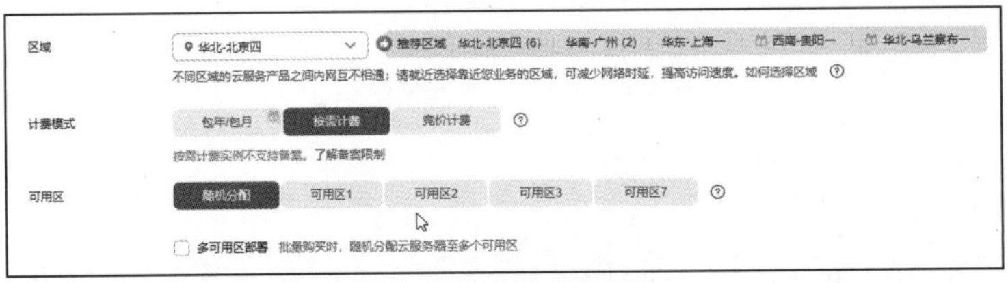

图 4-14　选择计费模式

b）选择 CPU 架构为“x86 计算”，规格为“通用计算增强型| c7.xlarge.2 | 4vCPUs |8GiB”，如图 4-15 所示。

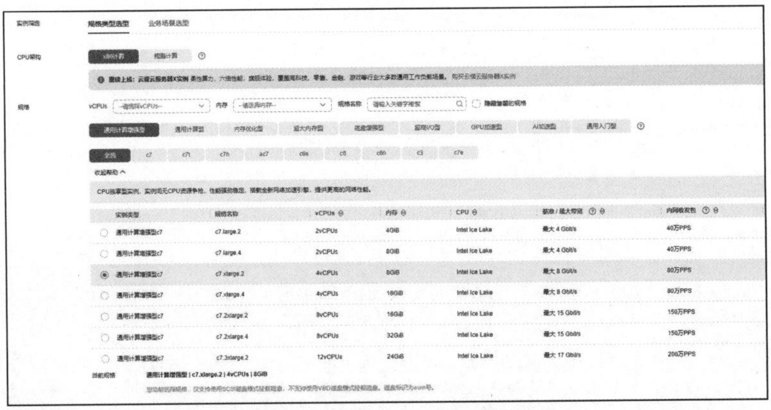

图 4-15　选择 CPU 架构和规格

c）选择镜像为共享镜像 cloud-base-image（此镜像只有在参加华为 ICT 大赛实践赛计算赛道的比赛时才能获得，读者自行练习时无此镜像，不能进行考点 3 的后续操作，因此此处解析仅作为参考），如图 4-16 所示。

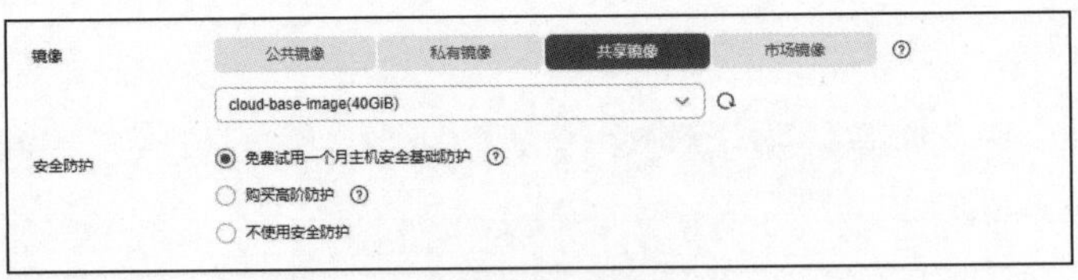

图 4-16　选择镜像

d）选择网络为之前创建的“VPC-IMS01”，子网为“Subnet-APP”，安全组为“sg-app”，如图 4-17、图 4-18 所示。

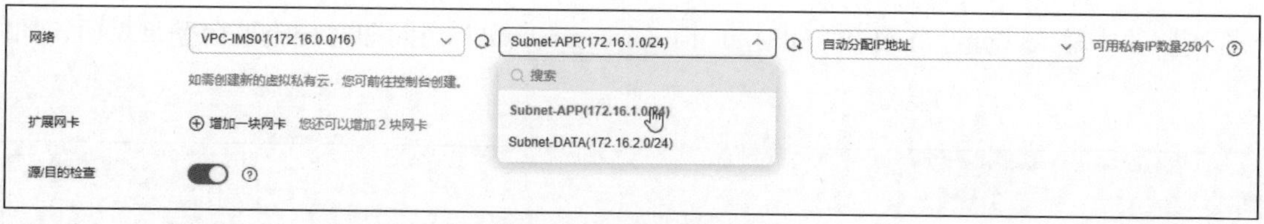

图 4-17　选择网络与子网

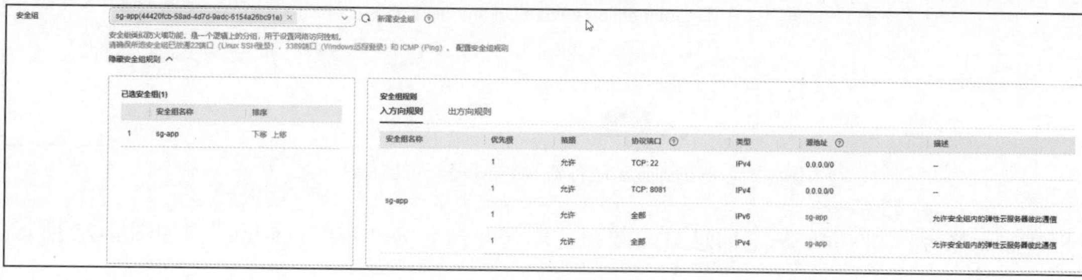

图 4-18　选择安全组

e）配置弹性公网 IP，选择线路为“全动态 BGP”，公网带宽为“按流量计费”，带宽大小为“100” Mbit/s，如图 4-19 所示。

f）输入云服务器名称“ecs-ims”，设置登录凭证（密码），如图 4-20 所示。

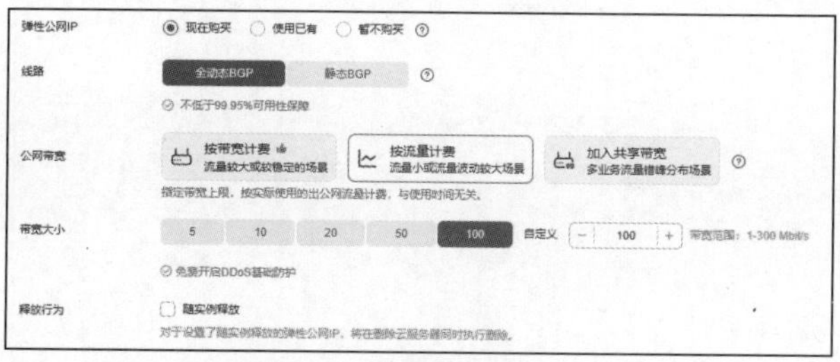

图 4-19　配置弹性公网 IP

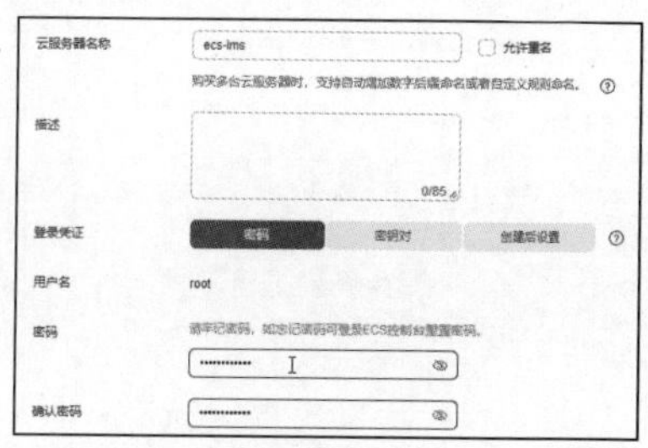

图 4-20　设置云服务器 ecs-ims 密码

g）立即创建并等待云服务器创建完成。

3. 访问即时交流平台前端项目。

a）查看弹性云服务器 ecs-ims 的弹性公网 IP，如图 4-21 所示。

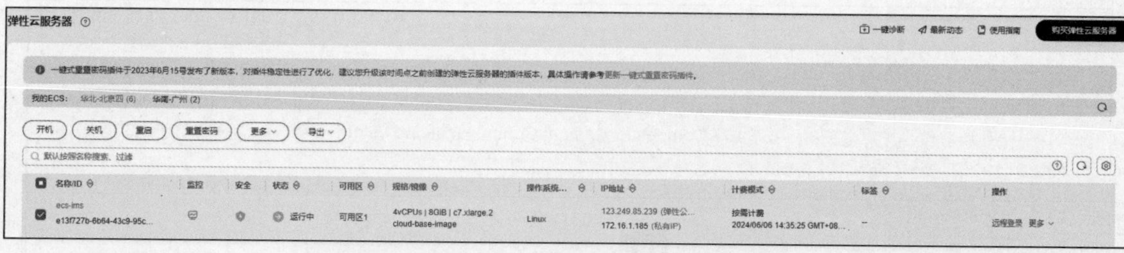

图 4-21　查看弹性云服务器 ecs-ims 的弹性公网 IP

b）在浏览器中输入“弹性公网 IP: 8081/chat-main/login.html”访问即时交流平台登录页面，如图 4-22 所示。

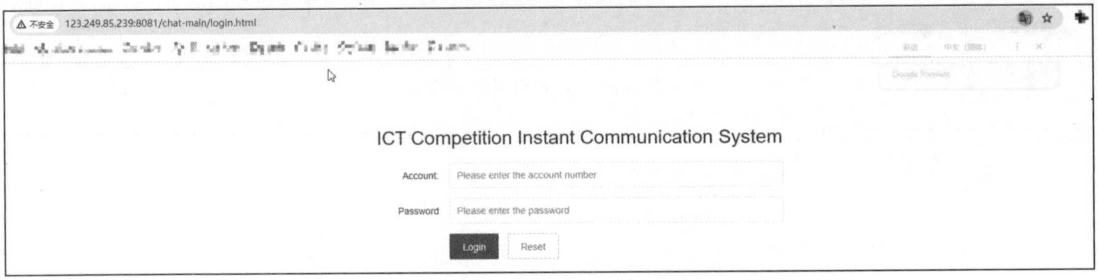

图 4-22　测试弹性云服务器 ecs-ims 是否可以正常访问

c）将弹性云服务器 ecs-ims 基本信息页面截图，保存并命名为“1-3-1ecs-ims”，如图 4-23 所示。

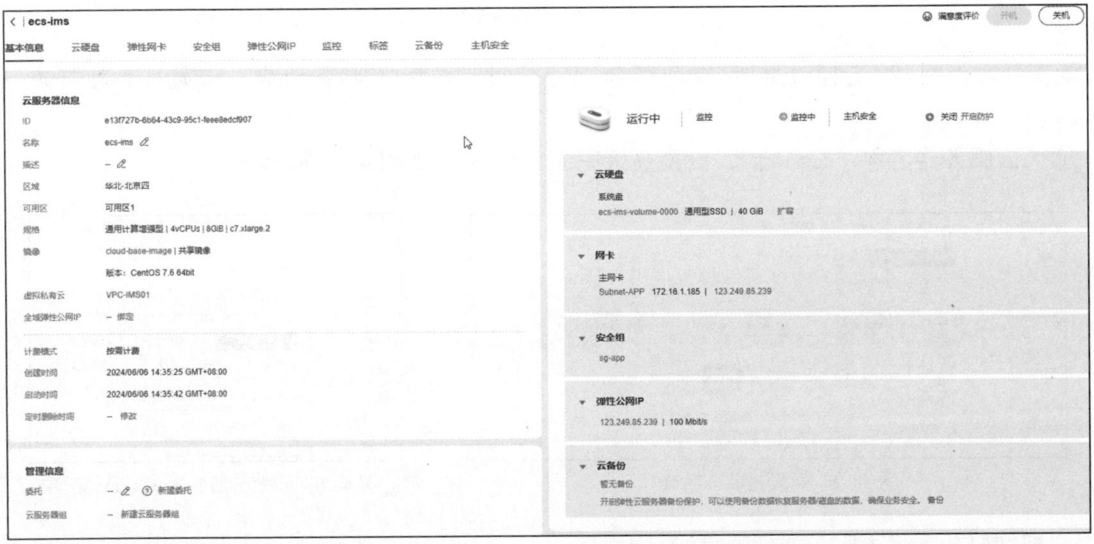

图 4-23　1-3-1ecs-ims

d）将浏览器访问即时交流平台登录页面截图，保存并命名为“1-3-2login”，如图 4-24 所示。

图 4-24　1-3-2login

考点 4：即时交流平台后端项目部署

要求：

a. 通过 ecs-ims 的弹性公网 IP，使用本地电脑远程连接的方式登录 ecs-ims。

b. 在 root 目录下已预置即时交流平台后端项目的源码目录 IMSystem，切换到该目录。修改源码配置文件里的数据库连接信息，连接到本机已预置的数据库。

a）切换目录命令：cd /root/IMSystem/。

b）源码配置文件：/root/IMSystem/src/main/resources/application.yml。

c）数据库用户名：root。

d）数据库密码：Wagy@123（MySQL 预置密码）。

e）使用如下命令修改并保存：vim src/main/resources/application.yml。

c. 执行应用包构建操作。

构建应用包命令：mvn clean package。

d. 构建完成后，手动运行应用包，拉起即时交流平台后端项目。

运行应用包命令：java -jar target/demo-0.0.1-SNAPSHOT.jar。

e. 登录即时交流平台，验证功能。

a）打开两个浏览器页面，分别使用两个用户登录即时聊天平台，两个用户进行聊天（通过单击用户头像，选择用户名，打开聊天框）。

b）登录地址：ecs-ims 的弹性公网 IP:8081/chat-main/login.html。

c）用户名和密码如表 4-5 所示。

表 4-5 用户名和密码

用户名	密码
Devkit	Dfg4Kb1fLApESqPi
Kunpeng	bbJxOO0ODcBCr9Cm

结果保存，截图要求：

a. 保存远程登录 ecs-ims 的截图，并把截图命名为 **1-4-1login-ecs**；

b. 保存修改后的源码配置文件里的数据库连接信息的截图，并把截图命名为 **1-4-2change-db**；

c. 保存构建应用包成功的截图，并把截图命名为 **1-4-3build-app**；

d. 保存运行应用包成功的截图，并把截图命名为 **1-4-4run-app**；

e. 保存登录即时交流平台后进行聊天的截图，并把截图命名为 **1-4-5use-app**。

【解析】

1. 远程登录 ecs-ims。

使用 SSH 客户端（如 PuTTY 或 SecureCRT）或 Linux/macOS 终端，通过 ecs-ims 的弹性公网 IP 远程登录到 ecs-ims，如图 4-25 所示。

2. 修改源码配置文件里的数据库连接信息。

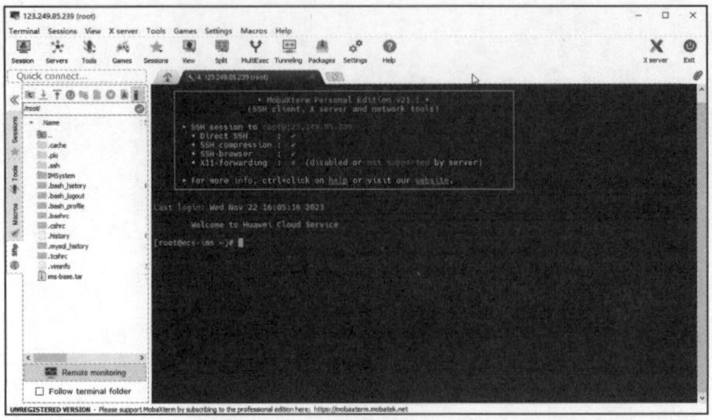

图 4-25　远程登录 ecs-ims

a）执行 cd /root/IMSystem/命令，切换到源码目录，如图 4-26 所示。

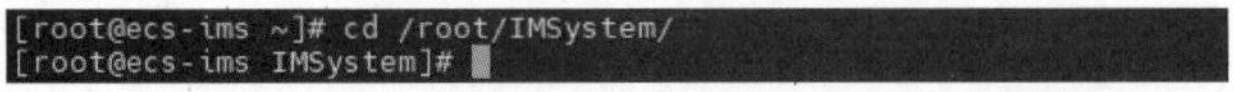

图 4-26　切换目录

b）使用 vim src/main/resources/application.yml 命令编辑源码配置文件，修改数据库连接信息，包括数据库用户名、密码等，如图 4-27 所示。

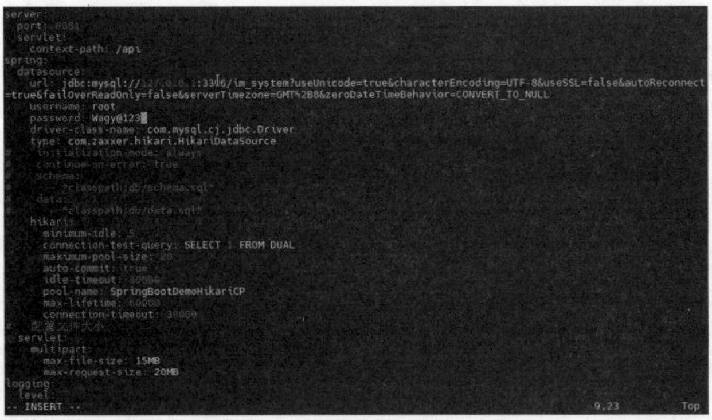

图 4-27　修改数据库连接信息

3. 构建应用包。

在源码目录下，执行 mvn clean package 命令，构建应用包，如图 4-28 所示。构建应用包结果如图 4-29 所示。

图 4-28　构建应用包

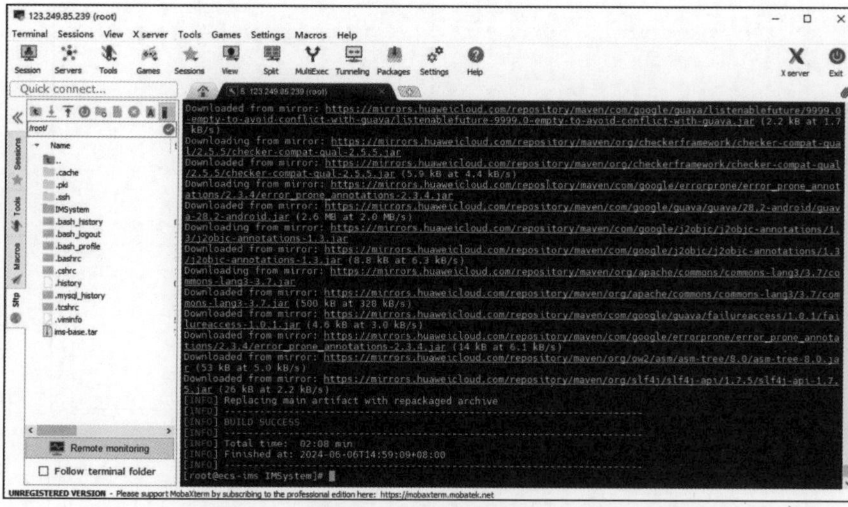

图 4-29　构建应用包结果

4. 运行应用包。

构建完成后，执行 java -jar target/demo-0.0.1-SNAPSHOT.jar 命令，运行应用包，如图 4-30 所示，运行应用包结果如图 4-31 所示。

图 4-30　运行应用包

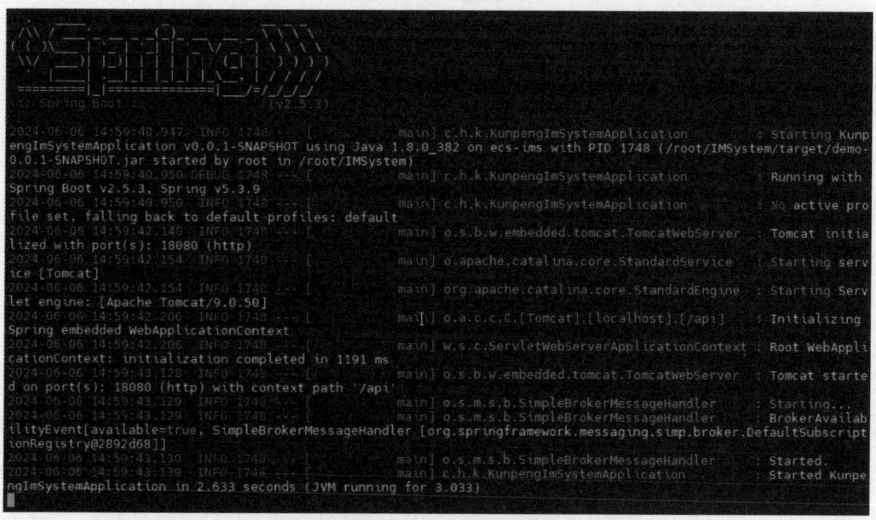

图 4-31 运行应用包结果

5. 验证功能。

a）在两个不同的浏览器窗口中，分别使用给定的用户名和密码登录即时交流平台，如图 4-32 所示。

b）使用两个用户进行聊天功能的验证，确保能够正常发送和接收消息，如图 4-33 所示。

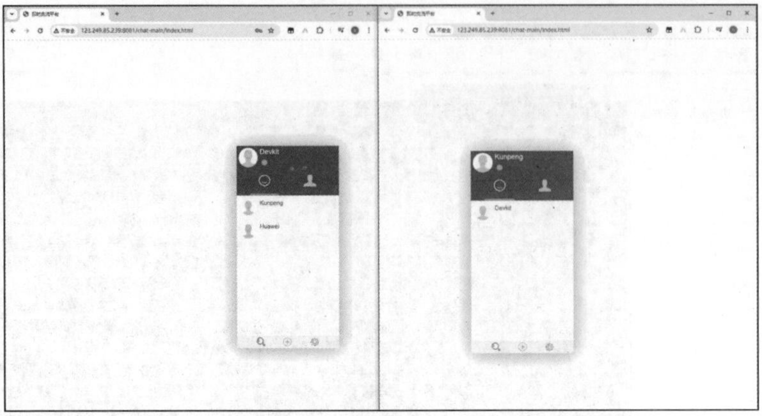

图 4-32　登录即时交流平台

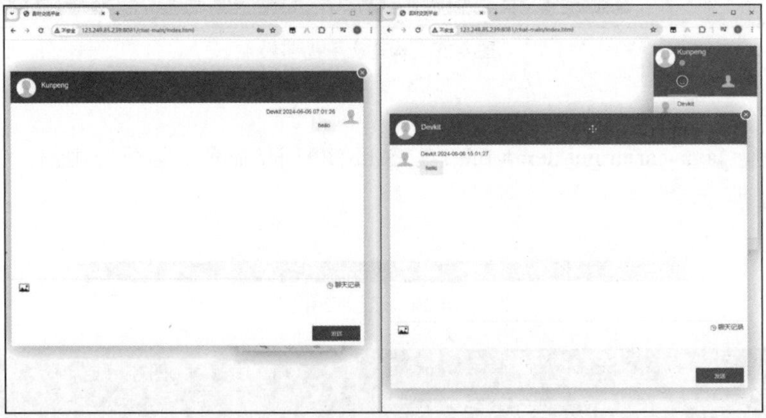

图 4-33　验证聊天功能

c）将远程登录页面的截图，保存为“1-4-1login-ecs”，如图 4-34 所示。

d）将修改后的源码配置文件里的数据库连接信息的截图，保存为“1-4-2change-db”，如图 4-35 所示。

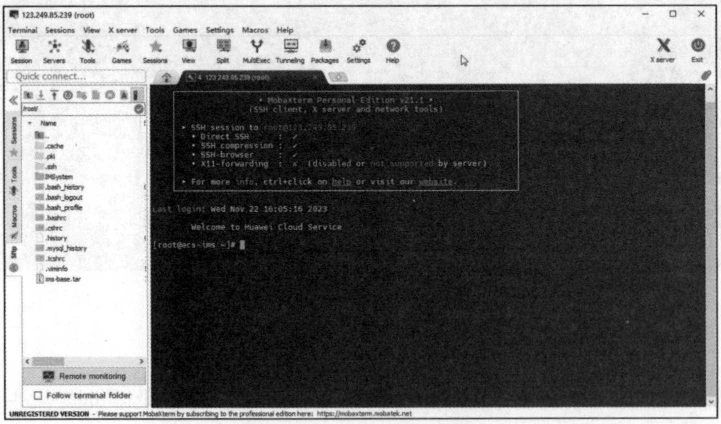

图 4-34　1-4-1login-ecs

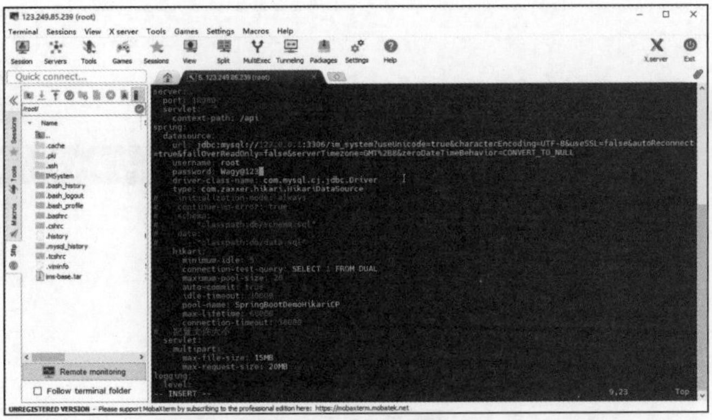

图 4-35　1-4-2change-db

e）将构建应用包成功的截图，保存为“1-4-3build-app”，如图 4-36 所示。

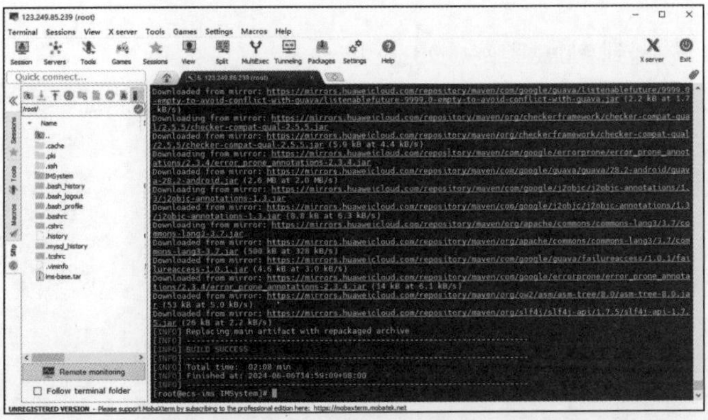

图 4-36　1-4-3build-app

f）将运行应用包成功的截图，保存为“1-4-4run-app”，如图 4-37 所示。

g）将即时交流平台登录后的聊天页面截图，保存为“1-4-5use-app”，如图 4-38 所示。

图 4-37　1-4-4run-app

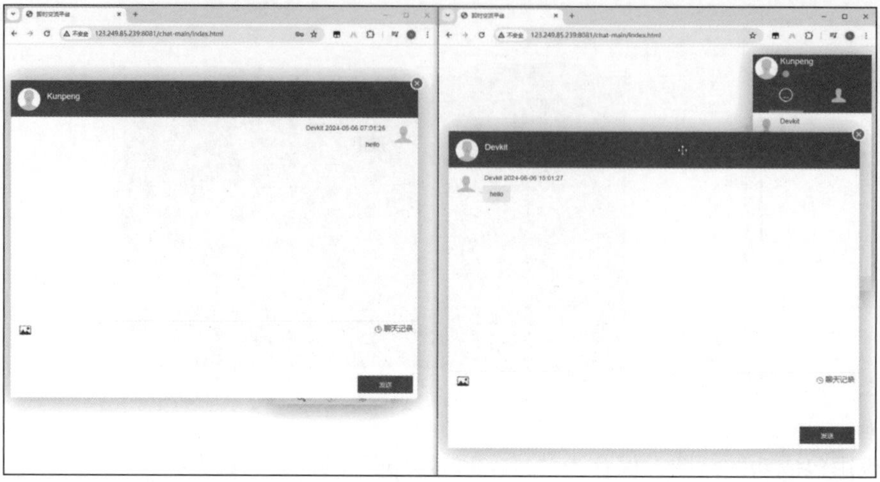

图 4-38　1-4-5use-app

任务 2：迁移 MySQL 数据到 RDS 实例（90 分）

本任务在××区域创建 RDS 实例，并将任务 1 中的 MySQL 数据整体迁移到 RDS 实例。通过该操作理解并掌握 MySQL 数据的迁移配置流程。

考点 1：创建 RDS 实例

要求：

按照如下要求在××区域创建 RDS 实例。

a）实例名称：rds-IMS01。

b）数据库引擎：MySQL。

c）数据库版本：5.7。

d）实例类型：主备。

e）性能规格：rds.mysql.n1.large.2.ha | 2 vCPUs | 4 GB（通用型）。

f）虚拟私有云、子网：VPC-IMS01、Subnet-DATA。

g）安全组：sg-data。

h）密码自行设置。

结果保存，截图要求：

保存创建的 rds-IMS01 基本信息页面的截图，并把该截图命名为 **2-1-1rds-IMS01**。

【解析】

1. 登录华为云控制台，访问“云数据库 RDS”服务，如图 4-39 所示。

2. 创建 RDS 实例 rds-IMS01，如图 4-40 所示。

a）创建实例，填写实例名称为“rds-IMS01”。

b）选择数据库引擎为“MySQL”，数据库版本为“5.7”。

c）选择实例类型为“主备 ”。

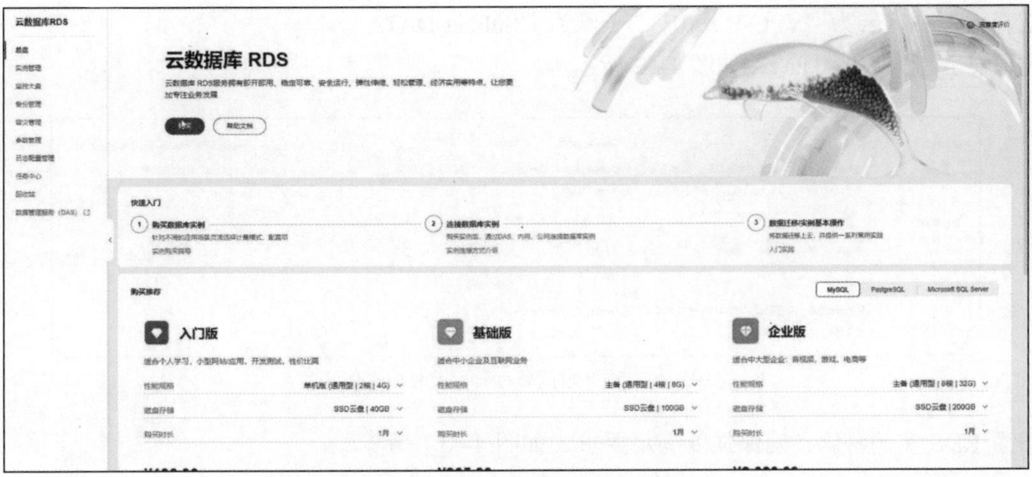

图 4-39　访问“云数据库 RDS”服务

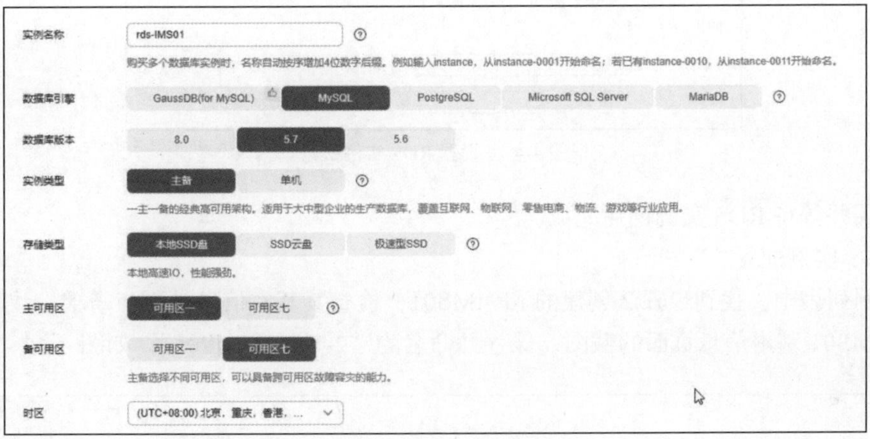

图 4-40　创建 RDS 实例

d）选择性能规格为“rds.mysql.n1.large.2.ha | 2 vCPUs | 4 GB (通用型)”，如图 4-41 所示。

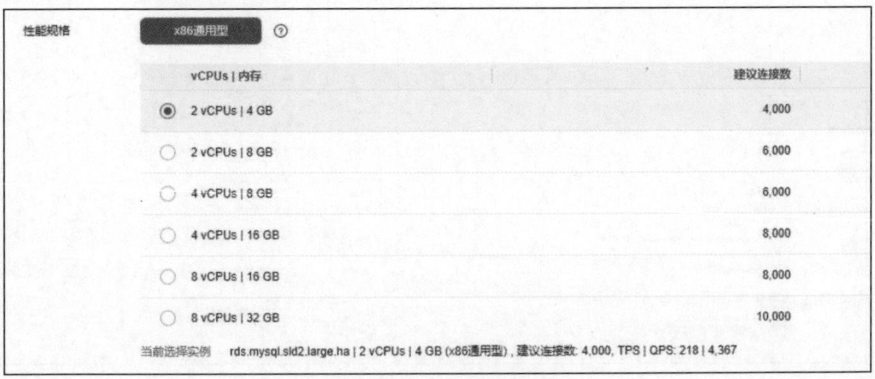

图 4-41　选择性能规格

e）选择虚拟私有云为“VPC-IMS01”，子网为“Subnet-DATA”。

f）选择安全组为“sg-data”，如图 4-42 所示。

图 4-42　选择虚拟私有云、子网与安全组

g）设置 RDS 实例密码，确保强度满足要求，如图 4-43 所示。

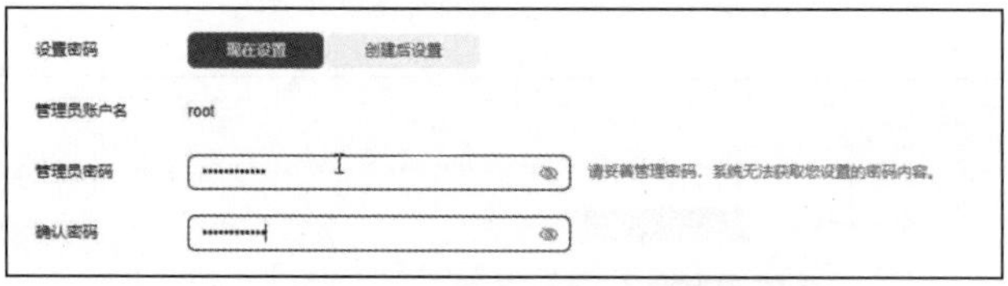

图 4-43　设置 RDS 实例密码

h）立即购买并等待 RDS 实例创建完成。

3. 验证 RDS 实例配置。

在 RDS 实例列表中，找到步骤 2 创建的 rds-IMS01，检查其基本信息是否与需求一致。

4. 将 rds-IMS01 基本信息页面的截图，保存并命名为“2-1-1rds-IMS01”，如图 4-44、图 4-45 所示。

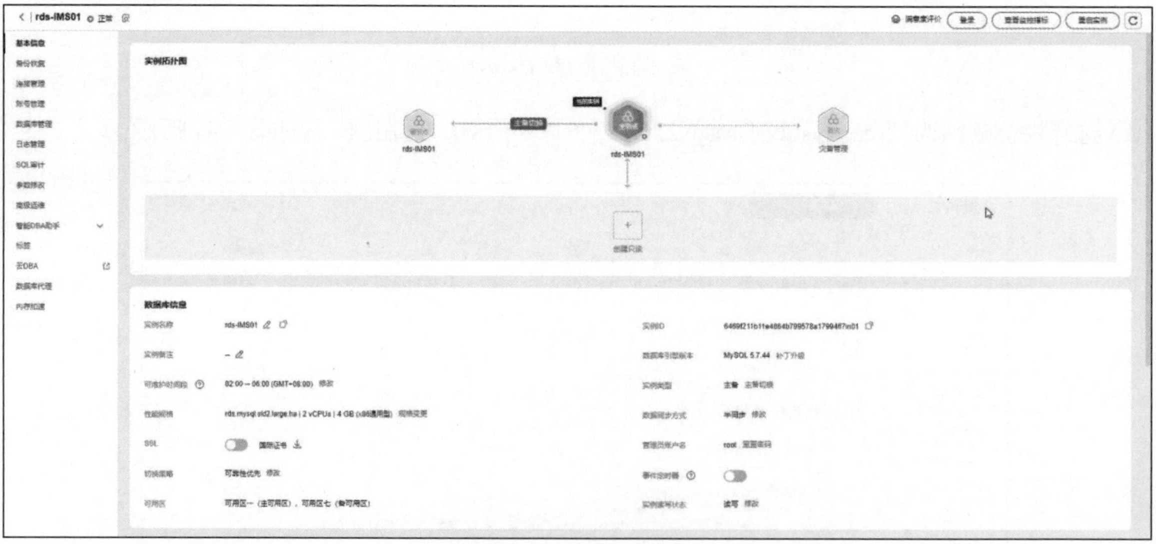

图 4-44　2-1-1rds-IMS01-1

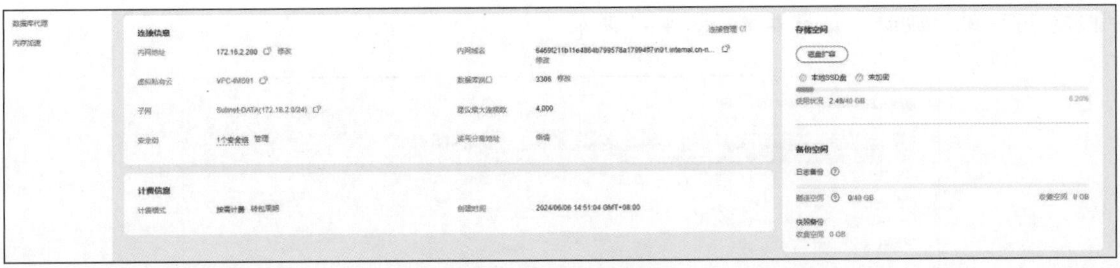

图 4-45 2-1-1rds-IMS01-2

考点 2：创建迁移任务

要求：

a. 按照如下要求，在××区域创建迁移任务，并配置源库及目标库。

a）任务名称：DRS-IMS01。

b）迁移实例信息：迁移任务的本质是将 ECS 里预置的 MySQL 数据库迁移到 RDS 实例，请根据此信息进行相关迁移实例参数配置。

c）源库信息（ECS 里预置的 MySQL 数据库信息）：

端口号为 3306；

数据库用户名为 root；

数据库密码为 Wagy@123；

SSL 安全连接为关闭。

d）目标库信息：根据自行创建的 RDS 实例进行填写。

b. 在预检查页面，根据预检查结果，对目标库的参数进行调整，确保通过全部检查项。

c. 在任务确认页面，配置启动时间为“立即启动”。等待迁移任务进入增量迁移阶段，进入该阶段则表示全量迁移已经完成，此时登录 RDS 实例，如果已存在即时聊天平台使用的数据库 im_system，表示迁移成功。

结果保存，截图要求：

a. 保存源库测试连接成功的截图，并把该截图命名为 **2-2-1src-db**，保存目标库测试连接成功的截图，并把该截图命名为 **2-2-2dst-db**；

b. 保存迁移任务的预检查成功页面的截图，并把截图命名为 **2-2-3pre-check**；

c. 迁移任务进入增量迁移阶段后，进入迁移任务详情页面，保存迁移进度页面的截图，并将截图命名为 **2-2-4drs-done**，登录 RDS 实例 rds-IMS01，保存数据库列表的截图，并将截图命名为 **2-2-5check-db**。

【解析】

1. 登录华为云控制台，访问“数据复制服务 DRS”。

2. 创建迁移任务 DRS-IMS01。

a）创建迁移任务，填写任务名称为“DRS-IMS01”。

b）配置源库信息，包括端口、数据库用户名、数据库密码，选择关闭 SSL 安全连接。

c）配置目标库信息，选择【任务 2 考点 1】创建的 RDS 实例 rds-IMS01，在 sg-app 中将 Subnet-DATA

子网网段的 3306 端口放通，如图 4-46、图 4-47 所示。

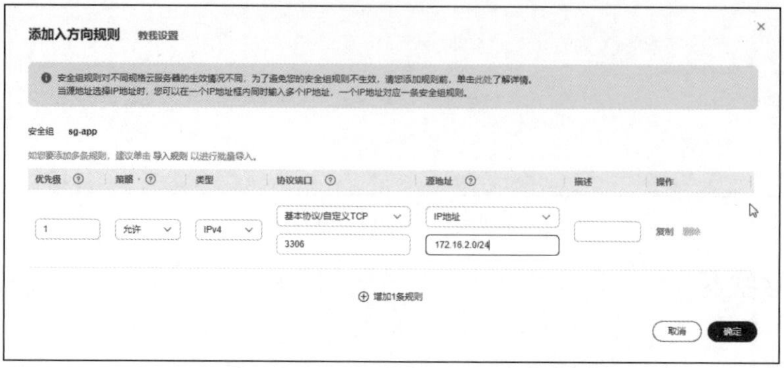

图 4-46　sg-app 添加入方向规则（3306 端口）

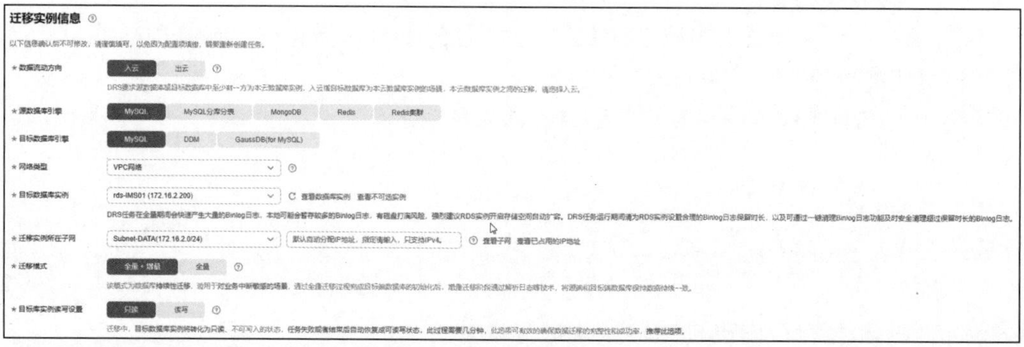

图 4-47　创建并配置迁移服务

3. 测试源库和目标库的连接。

a）分别测试源库和目标库的连接，确保连接成功。源库信息如图 4-48 所示。目标库信息如图 4-49 所示。

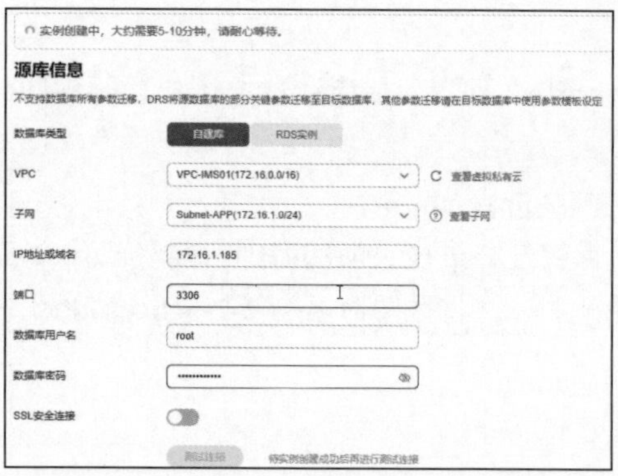

图 4-48　源库信息

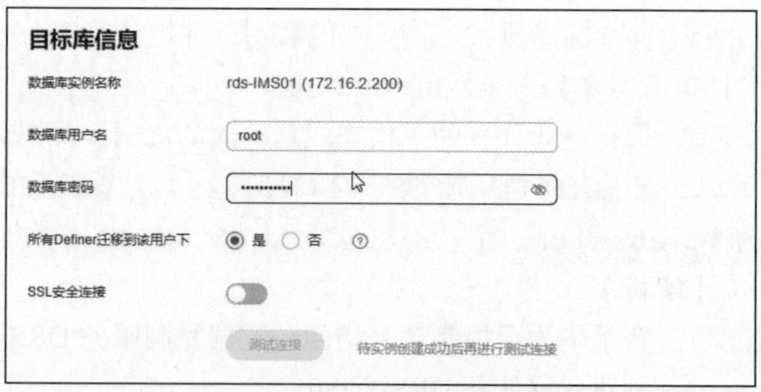

图 4-49　目标库信息

b）保存源库测试连接成功的截图，并将其命名为“2-2-1src-db”，如图 4-50 所示。

c）保存目标库测试连接成功的截图，并将其命名为“2-2-2dst-db”，如图 4-51 所示。

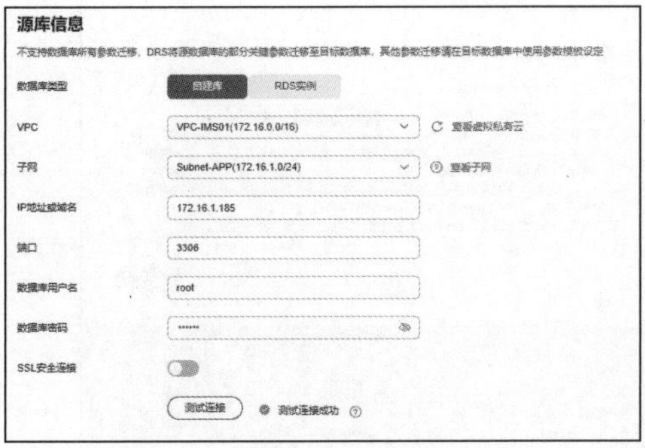

图 4-50 2-2-1src-db

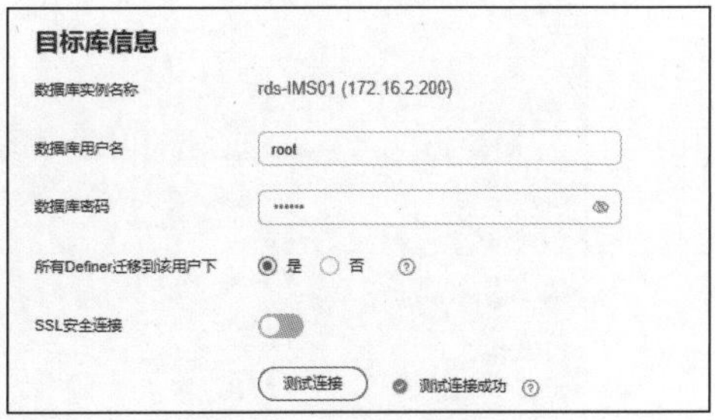

图 4-51 2-2-2dst-db

4. 预检查。

a）开始预检查，根据预检查结果调整目标库参数，直至通过所有检查项，如图 4-52 所示。

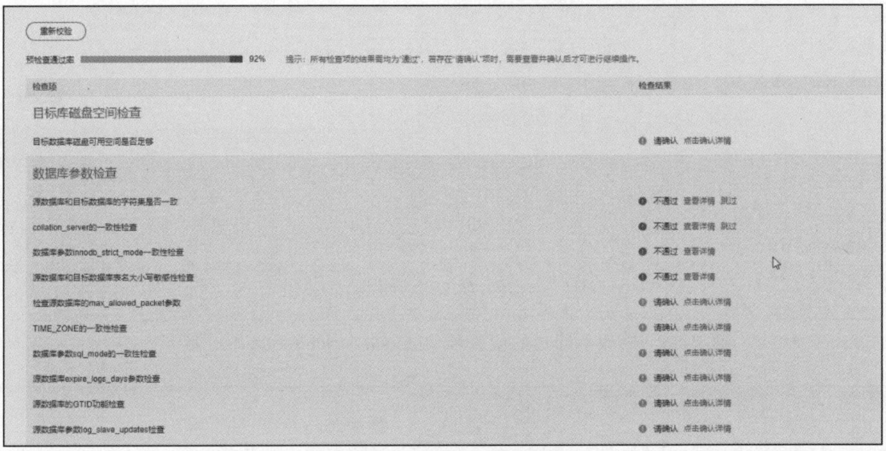

图 4-52 查看预检查结果

b）修改不通过的检查项，如图 4-53、图 4-54、图 4-55 和图 4-56 所示。

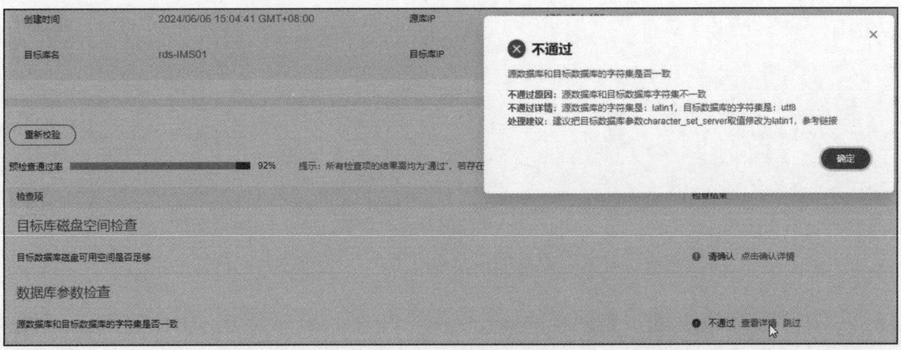

图 4-53 修改不通过的检查项（字符集不一致）

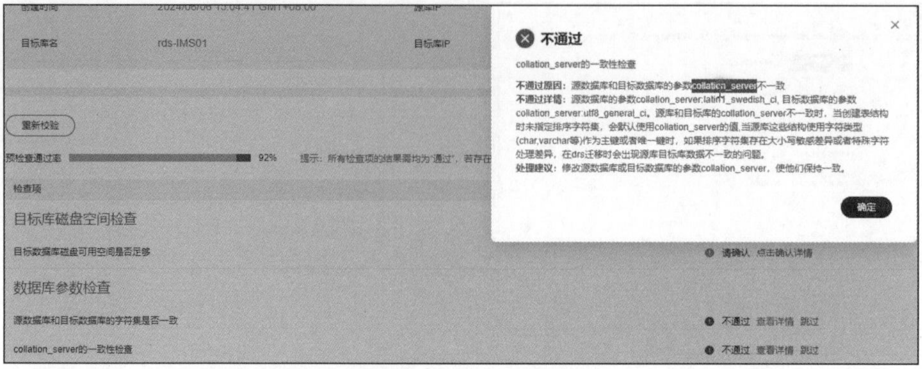

图 4-54　修改不通过的检查项（collation_server 不一致）

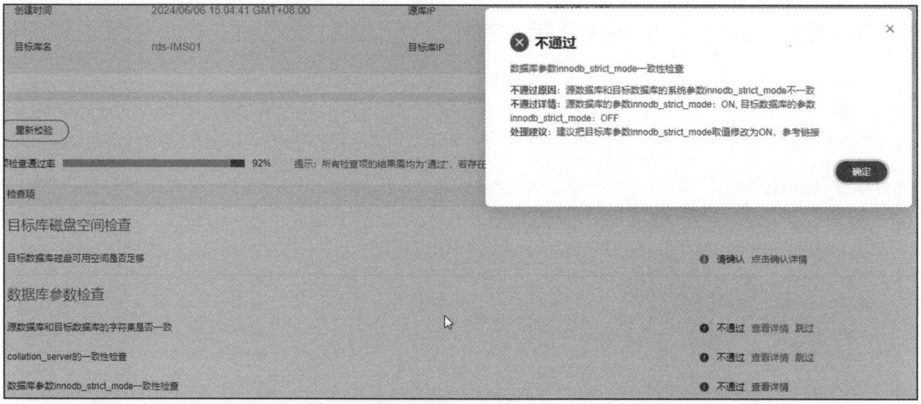

图 4-55　修改不通过的检查项（innodb_strict_mode 不一致）

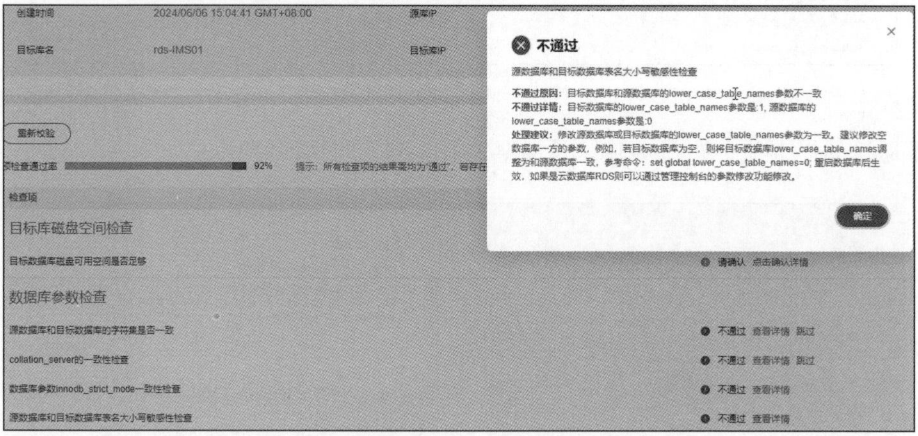

图 4-56　修改不通过的检查项（大小写敏感性不一致）

c）进入 RDS 实例参数修改页面，修改目标库参数并保存，最后重启 RDS 实例，如图 4-57、图 4-58、图 4-59、图 4-60 和图 4-61 所示，再次进行预检查。

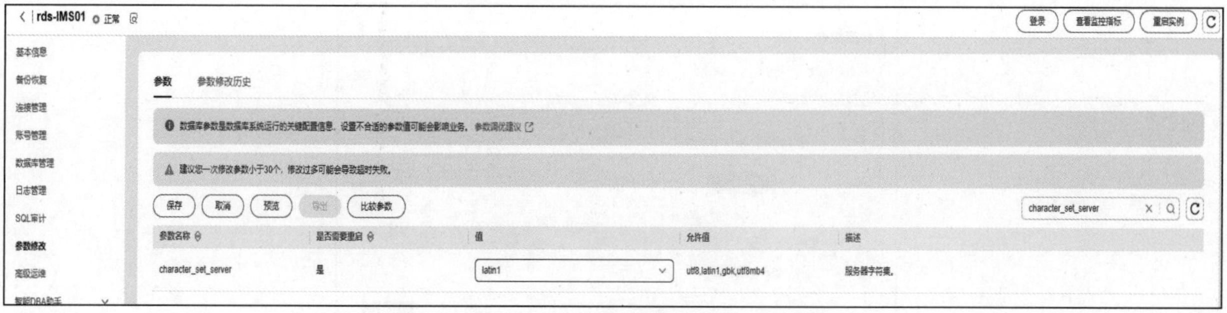

图 4-57　进入 RDS 实例参数修改页面（字符集）

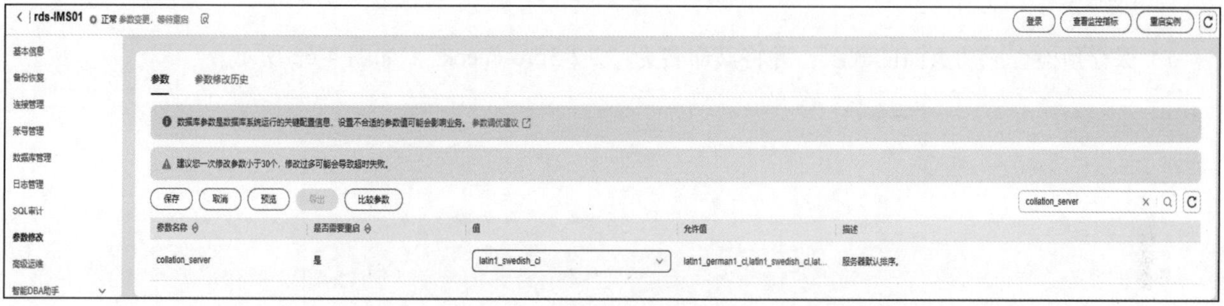

图 4-58　进入 RDS 实例参数修改页面（collation_server）

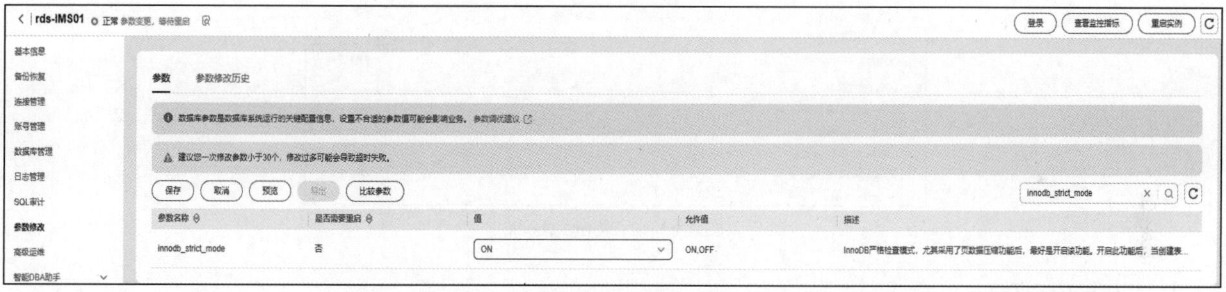

图 4-59　进入 RDS 实例参数修改页面（innodb_strict_mode）

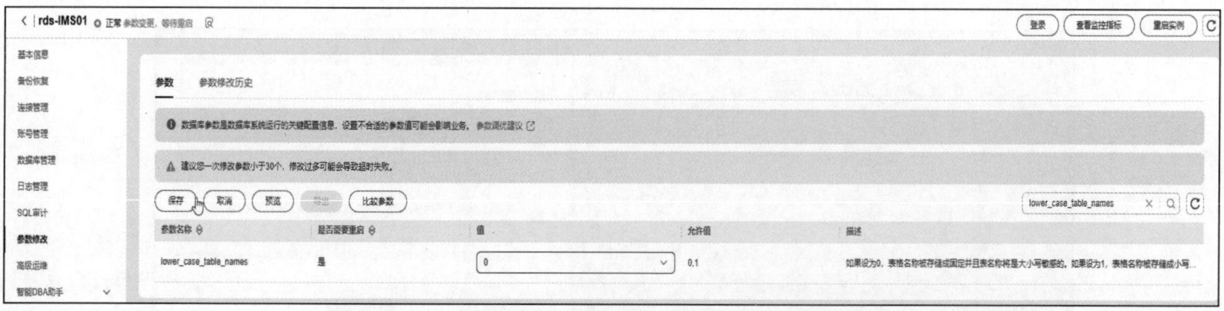

图 4-60　进入 RDS 实例参数修改页面（大小写敏感性）

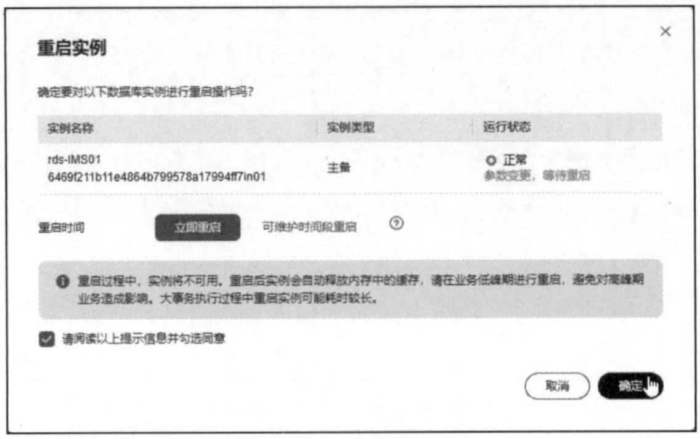

图 4-61 重启 RDS 实例

d）保存预检查成功页面的截图，并将其命名为“2-2-3pre-check”，如图 4-62 所示。

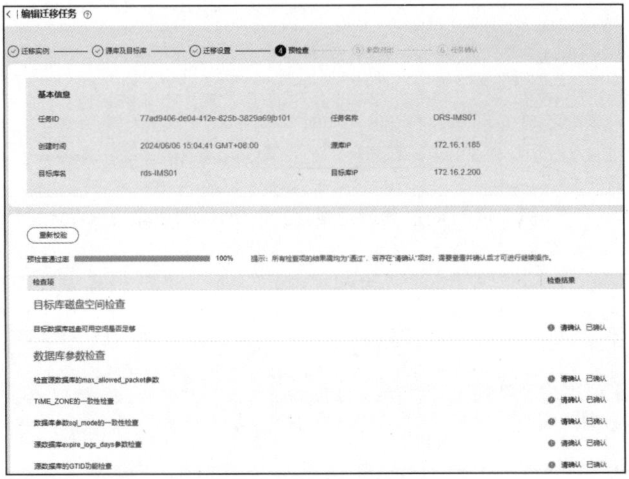

图 4-62 2-2-3pre-check

5. 启动迁移任务。

a）在任务确认页面，配置启动时间为“立即启动”，如图 4-63 所示。

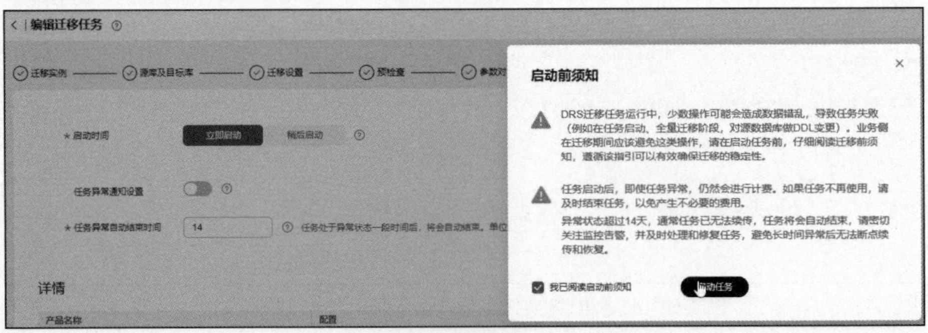

图 4-63 启动迁移任务

b）监控迁移任务状态，直至迁移任务进入增量迁移阶段，如图 4-64 所示。

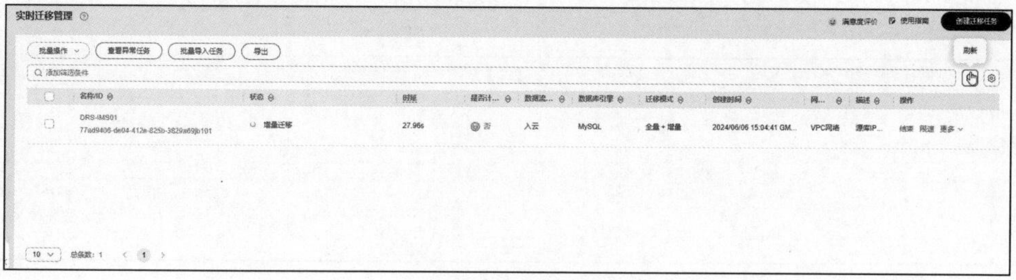

图 4-64　监控迁移任务状态

c）保存迁移进度页面的截图，并将其命名为“2-2-4drs-done”，如图 4-65 所示。

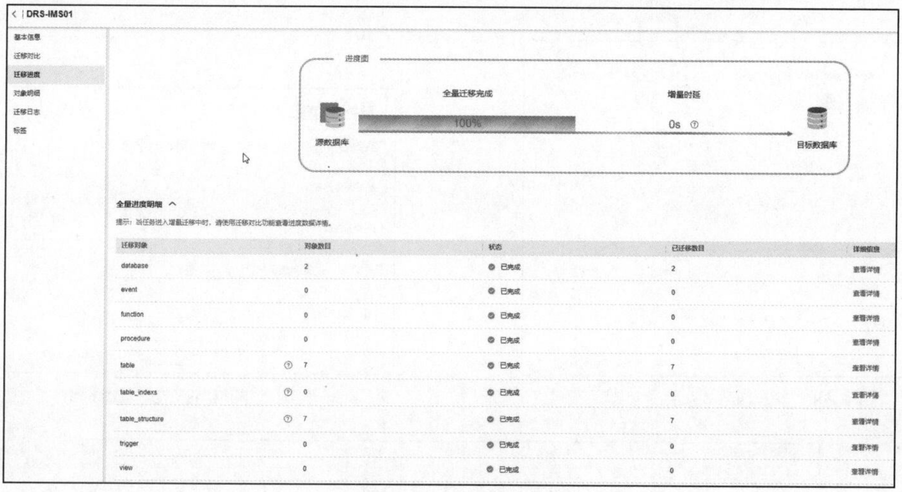

图 4-65　2-2-4drs-done

6. 验证迁移结果。

a）登录 RDS 实例 rds-IMS01，如图 4-66 所示，检查数据库列表。

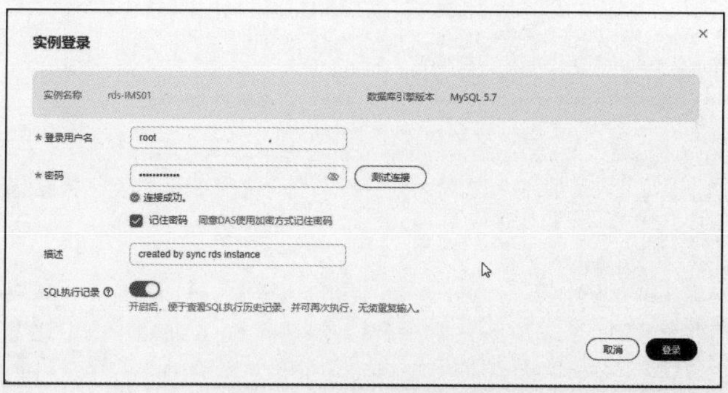

图 4-66　登录 RDS 实例

b）确认数据库 im_system 存在，表明迁移成功。

c）保存数据库列表的截图，并将其命名为“2-2-5check-db”，如图 4-67 所示。

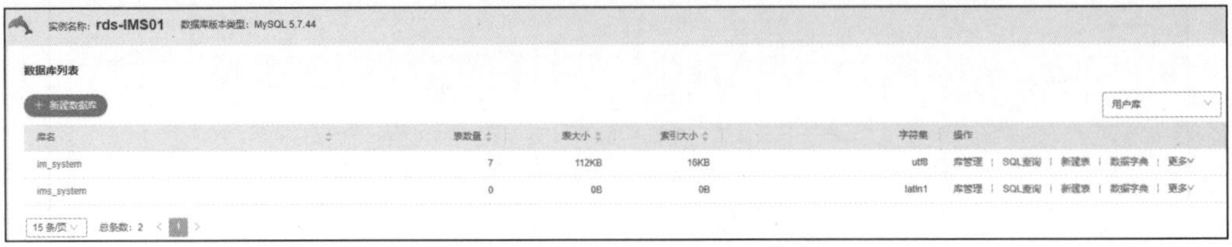

图 4-67　2-2-5check-db

7. 根据本考点要求提交截图。

需提交的截图如图 4-68、图 4-69、图 4-70、图 4-71 和图 4-72 所示。

图 4-68　2-2-1src-db

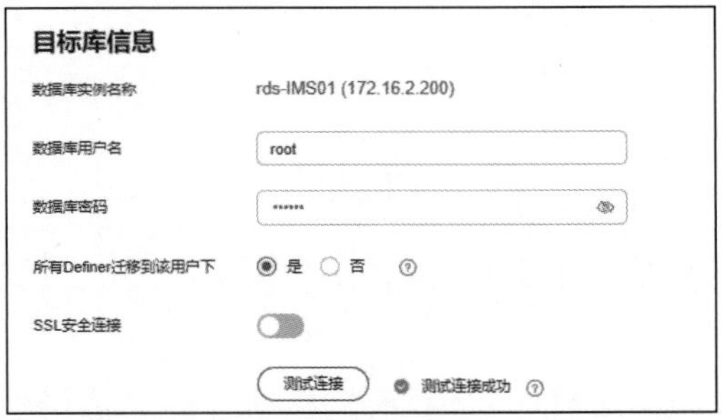

图 4-69　2-2-2dst-db

图 4-70　2-2-3pre-check

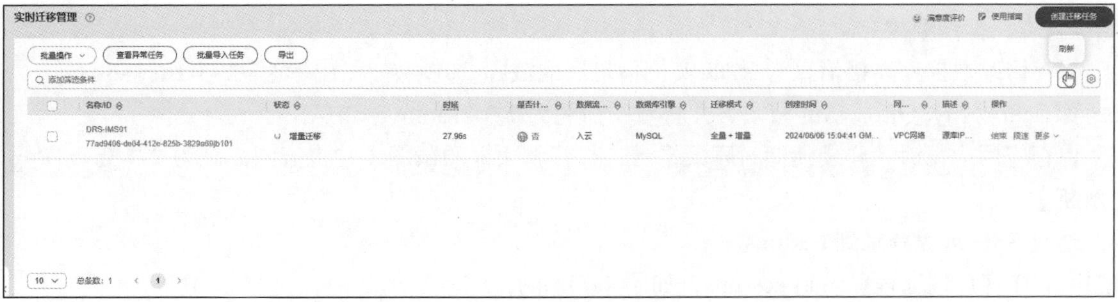

图 4-71　2-2-4drs-done

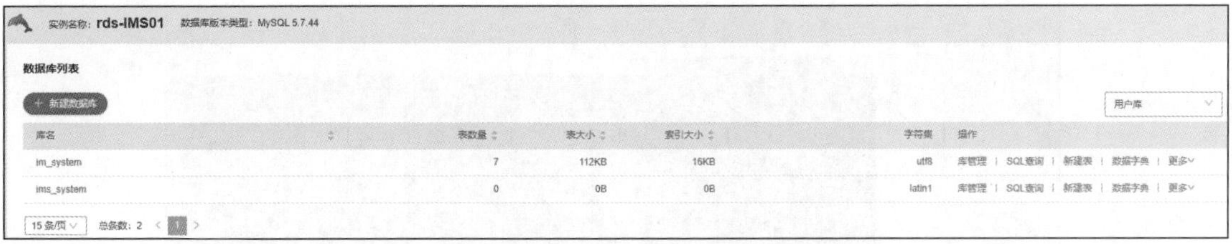

图 4-72　2-2-5check-db

考点 3：配置应用使用 RDS 实例

要求：

a. 通过 SSH 远程登录到 ecs-ims，根据【任务 1 考点 4】对源码进行修改，主要将数据库连接信息修改为 RDS 实例信息，命令如下。

```
cd IMSystem/
vim src/main/resources/application.yml
```

b. 通过如下命令将 ecs-ims 上的 MySQL 进行卸载。

```
yum remove -y mysql-community-server.x86_64
```

c. 重新构建并运行应用包，命令如下。

```
mvn clean package
java -jar target/demo-0.0.1-SNAPSHOT.jar
```

应用包运行后，登录即时聊天平台并验证聊天功能。

a）登录方法：弹性公网 IP:8081/chat-main/login.html。

b）登录使用的用户名和密码如表 4-6 所示。

表 4-6　登录使用的用户名和密码

用户名	密码
Devkit	Dfg4Kb1fLApESqPi
Kunpeng	bbJxOO0ODcBCr9Cm

结果保存，截图要求：

a. 保存修改数据库连接信息为 RDS 实例信息后的截图，并将该截图命名为 **2-3-1new-db**；

b. 保存卸载 MySQL 成功的截图，并将截图命名为 **2-3-2remove-db**；

c. 保存应用运行后，登录到即时聊天平台，打开聊天框的截图，并将截图命名为 **2-3-3new-app**。

【解析】

1. 通过 SSH 远程登录到 ecs-ims。

使用 SSH 客户端远程登录到 ecs-ims，如图 4-73 所示。

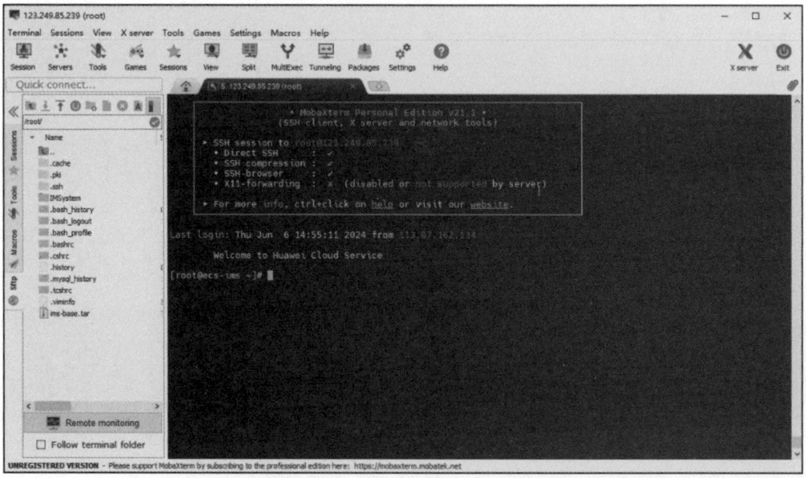

图 4-73　远程登录到 ecs-ims

2. 修改数据库连接信息。

a）切换到源码目录 IMSystem，如图 4-74 所示。

图 4-74　切换目录

b）使用 vim src/main/resources/application.yml 命令编辑源码配置文件，将数据库连接信息修改为 RDS 实例信息。

c）保存修改数据库连接信息为 RDS 实例信息后的截图，并将该截图命名为“2-3-1new-db”，如图 4-75 所示。

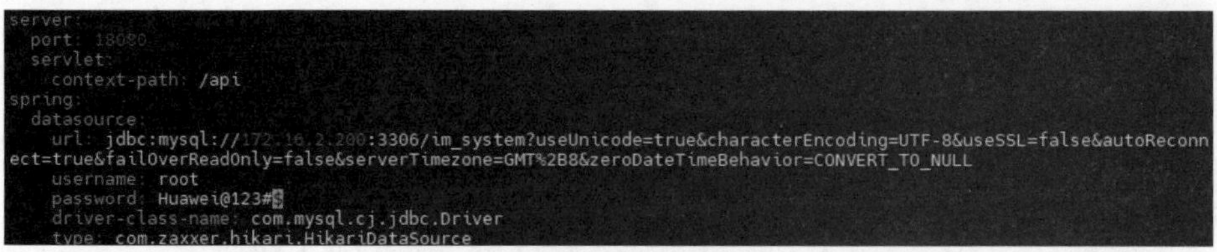

图 4-75　2-3-1new-db

3. 卸载 MySQL。

a）执行 yum remove -y mysql-community-server.x86_64 命令，卸载原有的 MySQL。

b）保存卸载 MySQL 成功的截图，并将该截图命名为“2-3-2remove-db”，如图 4-76 所示。

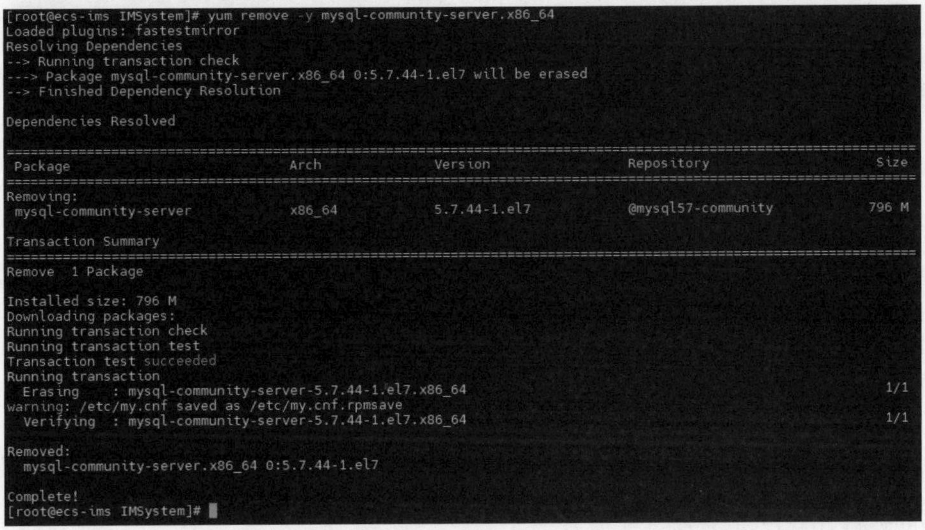

```
[root@ecs-ims IMSystem]# yum remove -y mysql-community-server.x86_64
Loaded plugins: fastestmirror
Resolving Dependencies
--> Running transaction check
---> Package mysql-community-server.x86_64 0:5.7.44-1.el7 will be erased
--> Finished Dependency Resolution

Dependencies Resolved

================================================================================
 Package                   Arch        Version          Repository            Size
================================================================================
Removing:
 mysql-community-server    x86_64      5.7.44-1.el7     @mysql57-community   796 M

Transaction Summary
================================================================================
Remove  1 Package

Installed size: 796 M
Downloading packages:
Running transaction check
Running transaction test
Transaction test succeeded
Running transaction
  Erasing    : mysql-community-server-5.7.44-1.el7.x86_64                    1/1
warning: /etc/my.cnf saved as /etc/my.cnf.rpmsave
  Verifying  : mysql-community-server-5.7.44-1.el7.x86_64                    1/1

Removed:
  mysql-community-server.x86_64 0:5.7.44-1.el7

Complete!
[root@ecs-ims IMSystem]#
```

图 4-76　2-3-2remove-db

4. 重新构建并运行应用包。

a）执行 mvn clean package 命令，重新构建应用包，如图 4-77 和图 4-78 所示。

```
[root@ecs-ims IMSystem]# mvn clean package
[INFO] Scanning for projects...
```

图 4-77　构建应用包命令

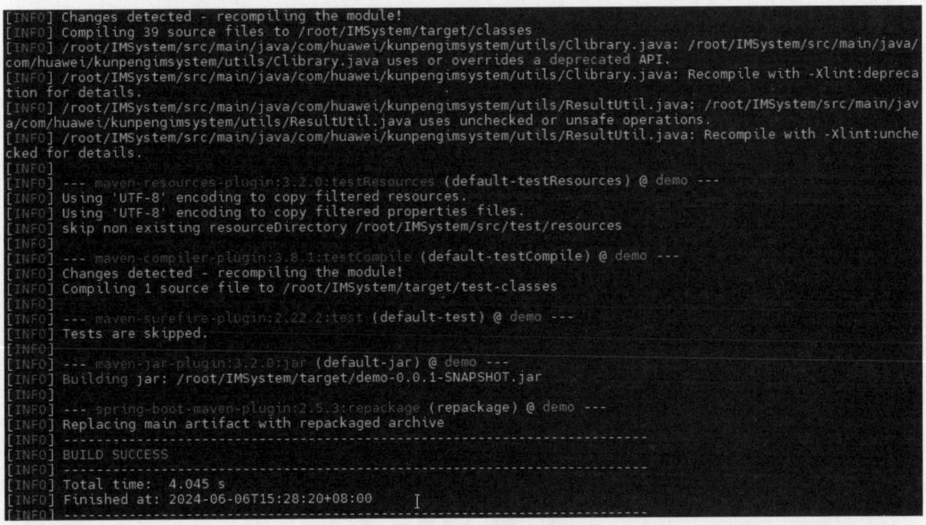

```
[INFO] Changes detected - recompiling the module!
[INFO] Compiling 39 source files to /root/IMSystem/target/classes
[INFO] /root/IMSystem/src/main/java/com/huawei/kunpengimsystem/utils/Clibrary.java: /root/IMSystem/src/main/java/
com/huawei/kunpengimsystem/utils/Clibrary.java uses or overrides a deprecated API.
[INFO] /root/IMSystem/src/main/java/com/huawei/kunpengimsystem/utils/Clibrary.java: Recompile with -Xlint:depreca
tion for details.
[INFO] /root/IMSystem/src/main/java/com/huawei/kunpengimsystem/utils/ResultUtil.java: /root/IMSystem/src/main/jav
a/com/huawei/kunpengimsystem/utils/ResultUtil.java uses unchecked or unsafe operations.
[INFO] /root/IMSystem/src/main/java/com/huawei/kunpengimsystem/utils/ResultUtil.java: Recompile with -Xlint:unche
cked for details.
[INFO]
[INFO] --- maven-resources-plugin:3.2.0:testResources (default-testResources) @ demo ---
[INFO] Using 'UTF-8' encoding to copy filtered resources.
[INFO] Using 'UTF-8' encoding to copy filtered properties files.
[INFO] skip non existing resourceDirectory /root/IMSystem/src/test/resources
[INFO]
[INFO] --- maven-compiler-plugin:3.8.1:testCompile (default-testCompile) @ demo ---
[INFO] Changes detected - recompiling the module!
[INFO] Compiling 1 source file to /root/IMSystem/target/test-classes
[INFO]
[INFO] --- maven-surefire-plugin:2.22.2:test (default-test) @ demo ---
[INFO] Tests are skipped.
[INFO]
[INFO] --- maven-jar-plugin:3.2.0:jar (default-jar) @ demo ---
[INFO] Building jar: /root/IMSystem/target/demo-0.0.1-SNAPSHOT.jar
[INFO]
[INFO] --- spring-boot-maven-plugin:2.5.3:repackage (repackage) @ demo ---
[INFO] Replacing main artifact with repackaged archive
[INFO] ------------------------------------------------------------------------
[INFO] BUILD SUCCESS
[INFO] ------------------------------------------------------------------------
[INFO] Total time:  4.045 s
[INFO] Finished at: 2024-06-06T15:28:20+08:00
[INFO] ------------------------------------------------------------------------
```

图 4-78　重新构建应用包

b）执行 java -jar target/demo-0.0.1-SNAPSHOT.jar 命令，运行应用包，如图 4-79 所示。

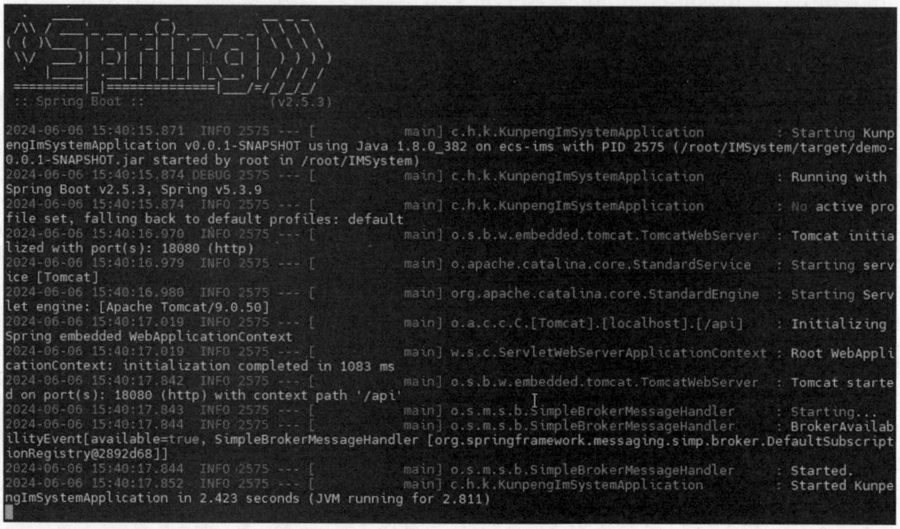

图 4-79 运行应用包

5. 登录即时聊天平台并验证聊天功能。

a）通过 ecs-ims 的弹性公网 IP，访问 8081/chat-main/login.html。

b）使用给定的用户名和密码登录即时聊天平台，验证聊天功能。

c）保存登录后打开聊天框的截图，并将该截图命名为“2-3-3new-app”。

6. 根据本考点要求提交截图。

需提交的截图如图 4-80、图 4-81 和图 4-82 所示。

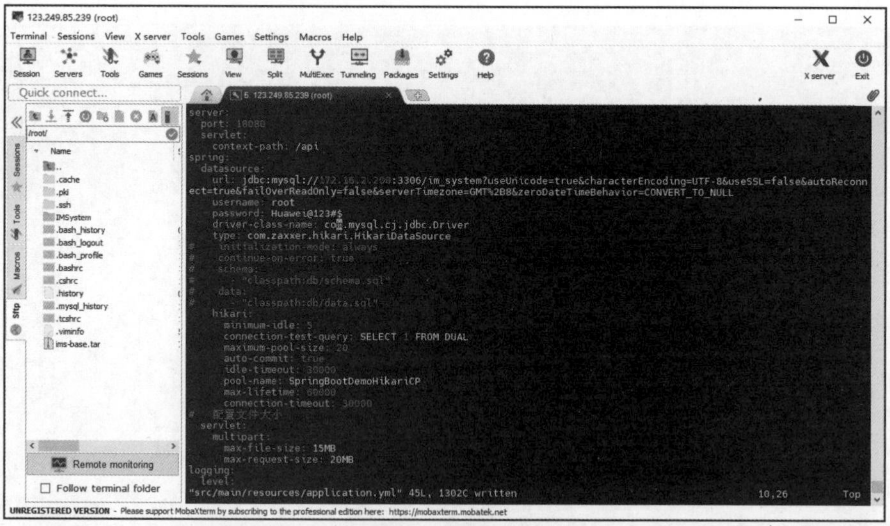

图 4-80 2-3-1new-db

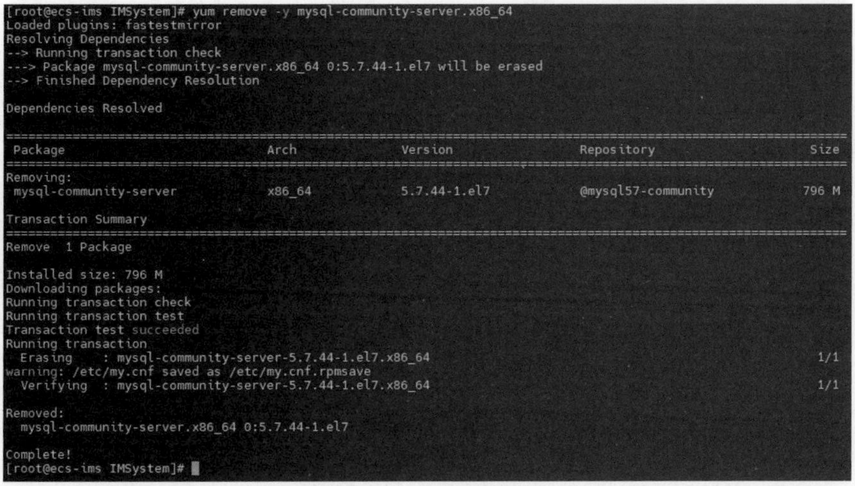

图 4-81　2-3-2remove-db

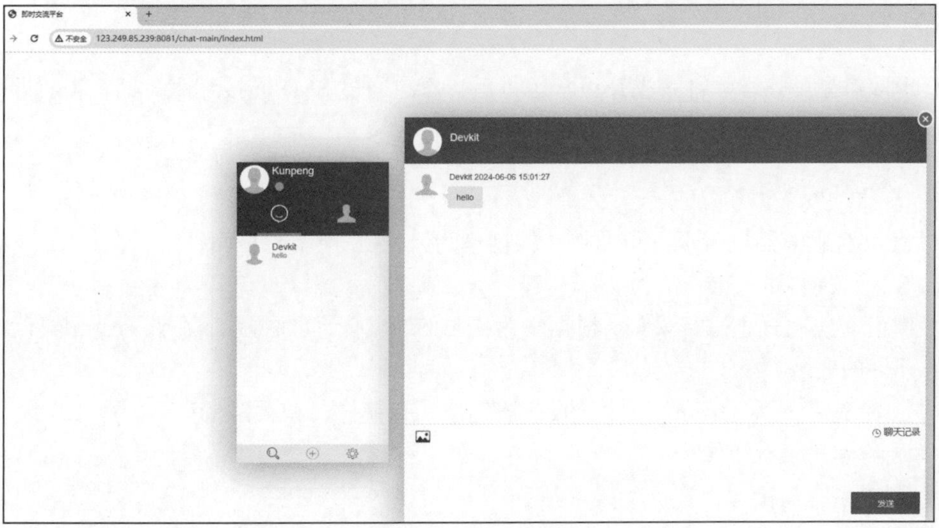

图 4-82　2-3-3new-app

任务 3：应用部署与运维（140 分）

本任务通过弹性伸缩（AS）服务和弹性负载均衡（ELB）服务的组合，将【任务 2 考点 3】中已完成单机部署的应用改造为集群，提升应用的可靠性和性能。

考点 1：虚拟机镜像制作

要求：

a. 配置应用自启动。

a）通过如下命令创建应用启动脚本（启动应用后，将应用日志记录到/var/log/application.log 文件）：

```
vim /etc/init.d/jar_auto.sh
```

脚本内容如下：

```
#!/bin/bash
Export   JAVA_HOME=/usr/lib/jvm/java-1.8.0-openjdk-1.8.0.382.b05-1.el7_9.x86_64/jre/bin
export JRE_HOME=${JAVA_HOME}/jre
export CLASSPATH=.:${JAVA_HOME}/lib:${JRE_HOME}/lib
export PATH=${JAVA_HOME}/bin:$PATH

sleep 10
nohup java -jar /root/IMSystem/target/demo-0.0.1-SNAPSHOT.jar >> /var/log/application.log &
```

b）通过如下命令将应用启动脚本添加到系统 rc 文件并赋予可执行权限：

```
cp /etc/rc.d/rc.local /etc/rc.d/rc.local.bp
echo "/etc/rc.d/init.d/jar_auto.sh" >> /etc/rc.d/rc.local
chmod 755 /etc/rc.d/rc.local
chmod +x /etc/init.d/jar_auto.sh
```

c）通过如下命令重启服务器：

```
reboot
```

从华为云页面查看服务器重启完成并正常运行后，再次通过 SSH 连接到服务器，查看即时聊天平台是否正常拉起：

```
tail -f /var/log/application.log
```

b. 为了后续可对服务器进行全方位监控，根据华为云 CES 控制台页面提示，在该 ecs-ims 弹性云服务器中，完成 CES 监控插件的安装。

c. 为了后续可对应用日志进行采集，根据华为云 LTS 控制台页面提示，在该 ecs-ims 弹性云服务器中，完成 LTS 日志插件的安装。

d. 上述步骤完成后，从 ecs-ims 弹性云服务器创建私有镜像，相关配置如下。

a）创建方式：创建私有镜像。

b）镜像类型：系统盘镜像。

c）选择镜像源：选择 ecs-ims 弹性云服务器。

d）名称：ict-ims-image。

结果保存，截图要求：

a. 保存查看应用日志（执行 tail -f /var/log/application.log 命令）的截图，并将截图命名为 **3-1-1auto-start**；

b. 保存华为云 CES 控制台主机监控页面的截图，并将截图命名为 **3-1-2ces-agent**；

c. 保存华为云 LTS 控制台主机管理页面的截图，并将截图命名为 **3-1-3lts-agent**；

d. 私有镜像创建完成后，保存镜像服务中私有镜像页面的截图，并将截图命名为 **3-1-4ict-ims**。

【解析】

1. 配置应用自启动。

a）使用 vim /etc/init.d/jar_auto.sh 命令创建应用启动脚本，如图 4-83 所示。

图 4-83　创建应用启动脚本

b）编辑脚本，确保将应用日志记录到/var/log/application.log 文件，如图 4-84 所示。

c）将脚本添加到系统 rc 文件，使用 cp 命令备份原 rc.local 文件，然后将备份文件追加到启动脚本路径。

d）赋予 rc.local 文件和 jar_auto.sh 文件可执行权限，如图 4-85 所示。

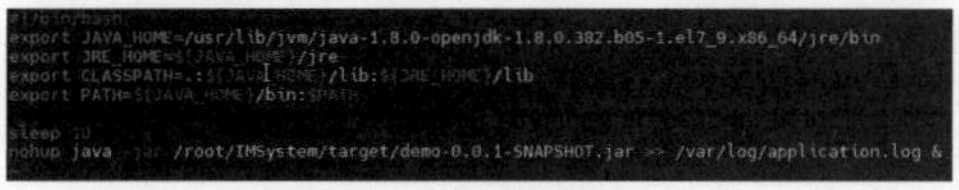

图 4-84　编辑脚本

图 4-85　赋予可执行权限命令

e）重启服务器，如图 4-86 所示，验证应用自启动，使用 tail -f /var/log/application.log 命令查看应用日志，保存查看应用日志的截图，并将该截图命名为“3-1-1auto-start”，如图 4-87 所示。

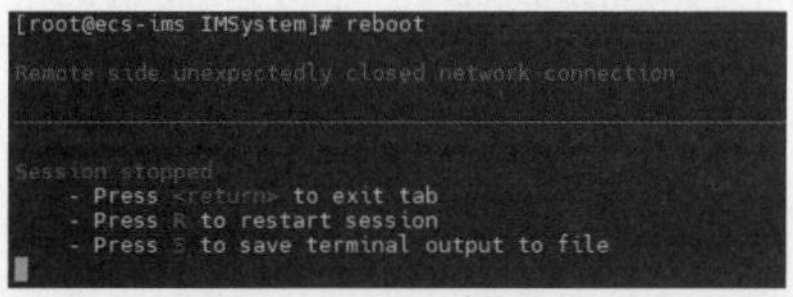

图 4-86　重启服务器命令

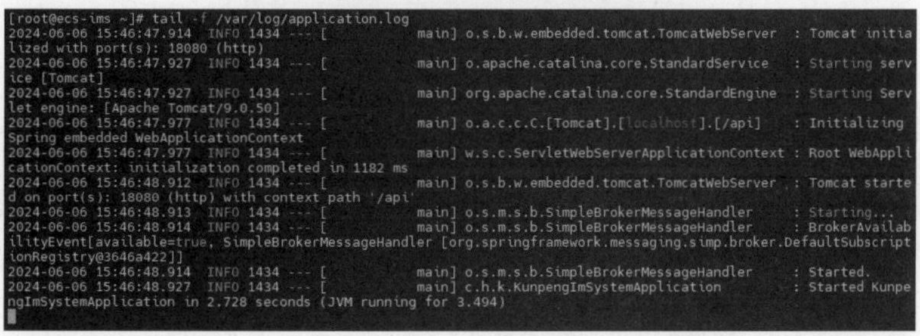

图 4-87　3-1-1auto-start

2. 安装 CES 监控插件。

a）按照华为云 CES 控制台页面提示，如图 4-88 所示，完成 CES 监控插件的安装。

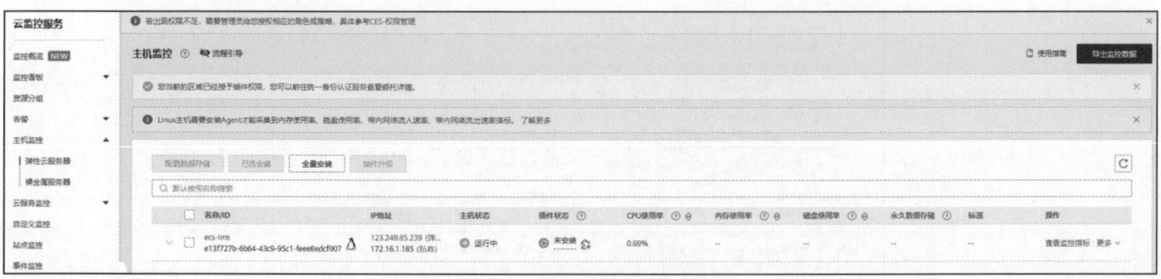

图 4-88　华为云 CES 控制台页面

b）保存华为云 CES 控制台主机监控页面的截图，并将该截图命名为“3-1-2ces-agent”，如图 4-89 所示。

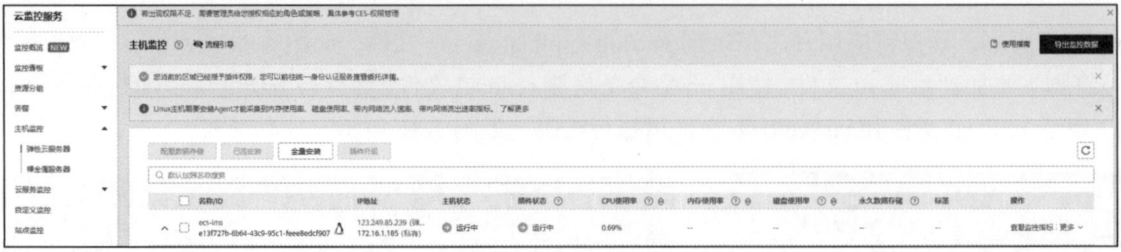

图 4-89　3-1-2ces-agent

3. 安装 LTS 日志插件。

a）按照华为云 LTS 控制台页面提示，完成 LTS 日志插件的安装，如图 4-90、图 4-91、图 4-92 所示。

b）保存华为云 LTS 控制台主机管理页面的截图，并将该截图命名为“3-1-3lts-agent”，如图 4-93 所示。

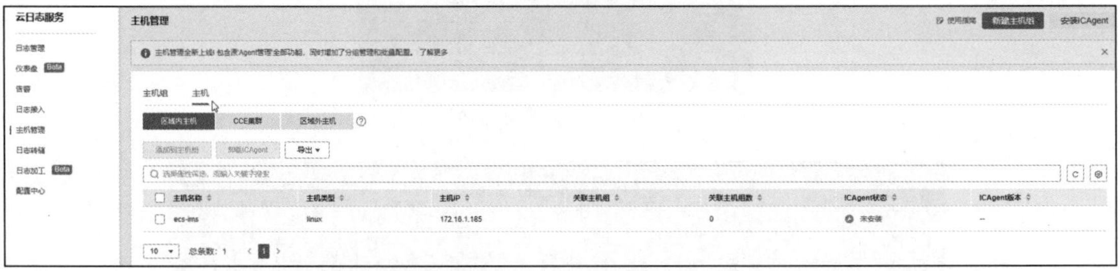

图 4-90　3-1-3lts-agent

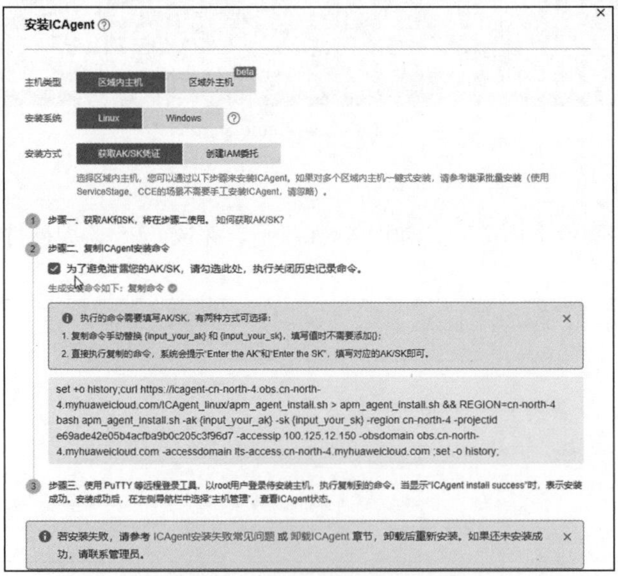

图 4-91　安装 ICAgent 页面

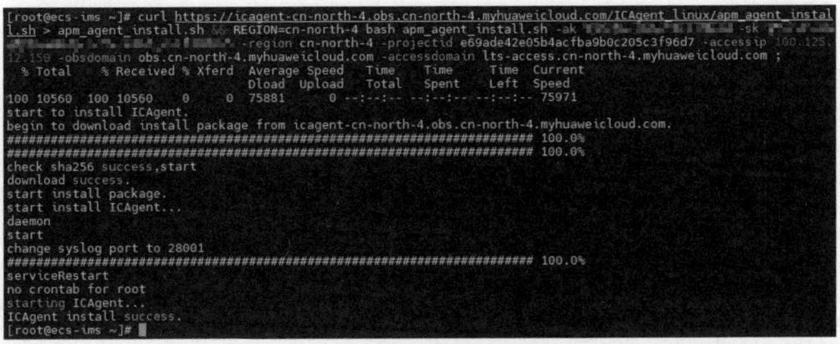

图 4-92 Linux 安装 ICAgent

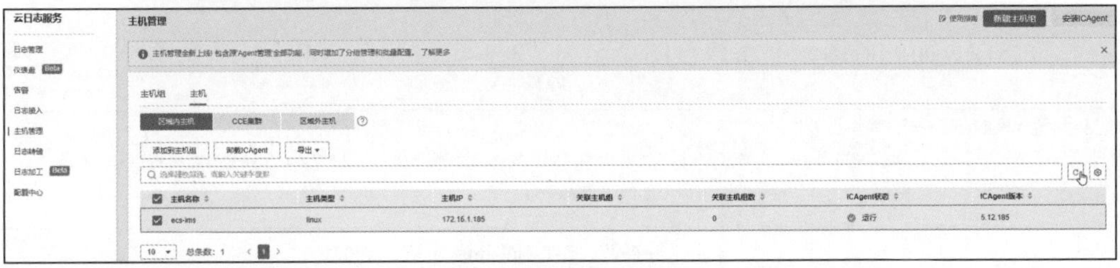

图 4-93 3-1-3lts-agent

4. 创建私有镜像。

a）在华为云控制台，从 ecs-ims 弹性云服务器创建私有镜像，如图 4-94 所示。

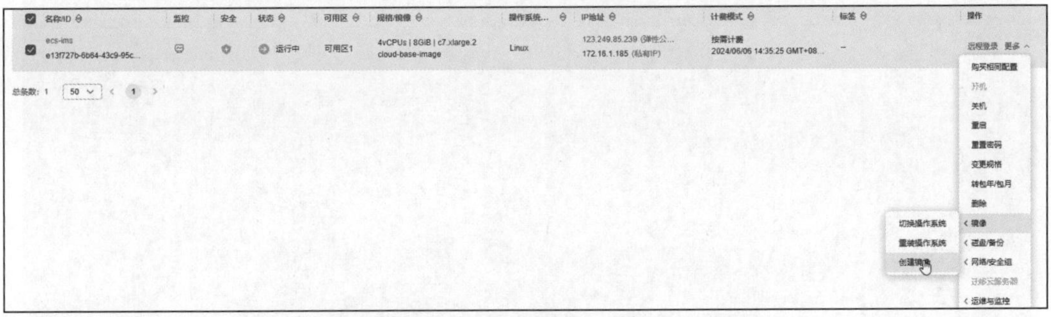

图 4-94 从 ecs-ims 弹性云服务器创建私有镜像

b）配置私有镜像，包括镜像类型、镜像源和镜像名称，如图 4-95 和图 4-96 所示。

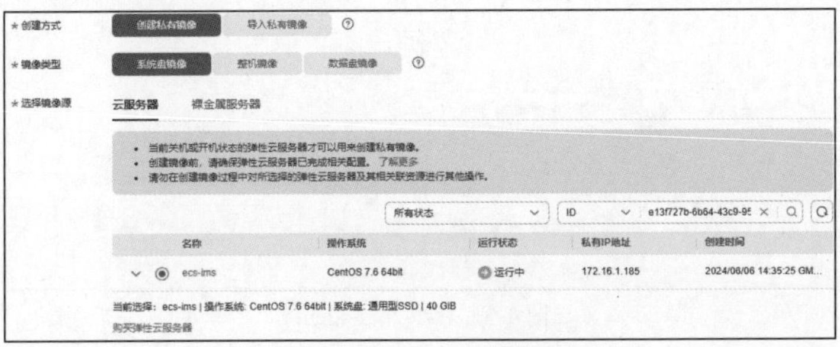

图 4-95 创建私有镜像页面

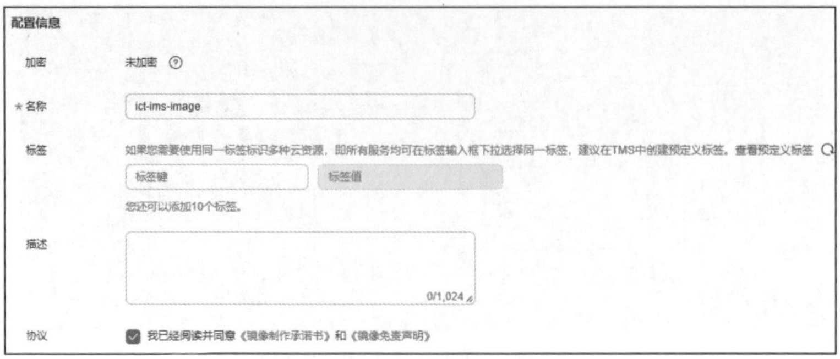

图 4-96　创建私有镜像配置信息

c）保存私有镜像页面的截图，并将该截图命名为“3-1-4ict-ims”，如图 4-97 所示。

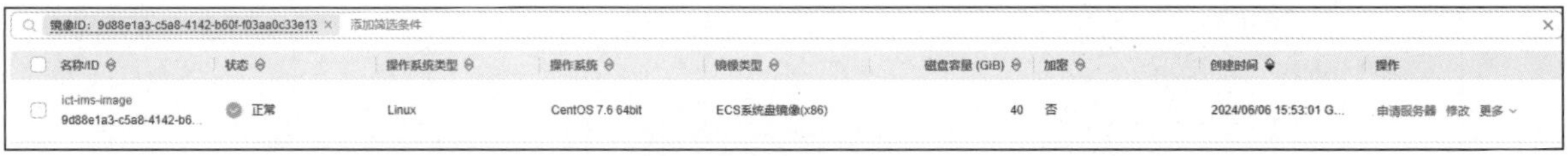

图 4-97　3-1-4ict-ims

5. 根据本考点要求提交截图。

需提交的截图如图 4-98、图 4-99、图 4-100 和图 4-101 所示。

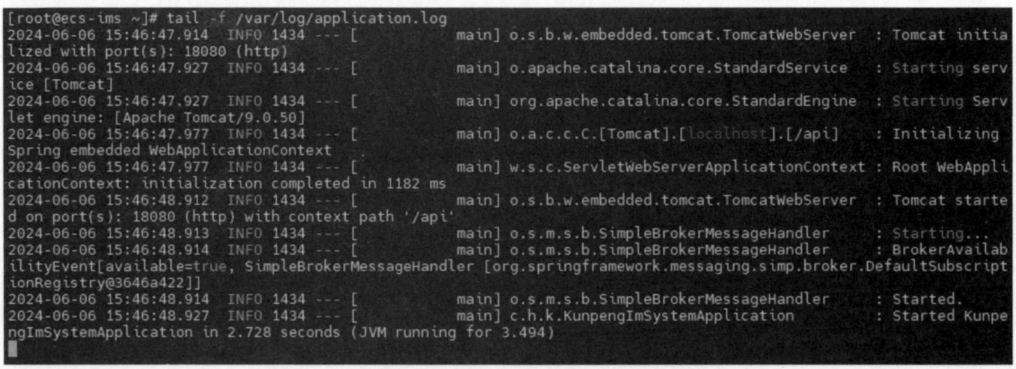

图 4-98　3-1-1auto-start

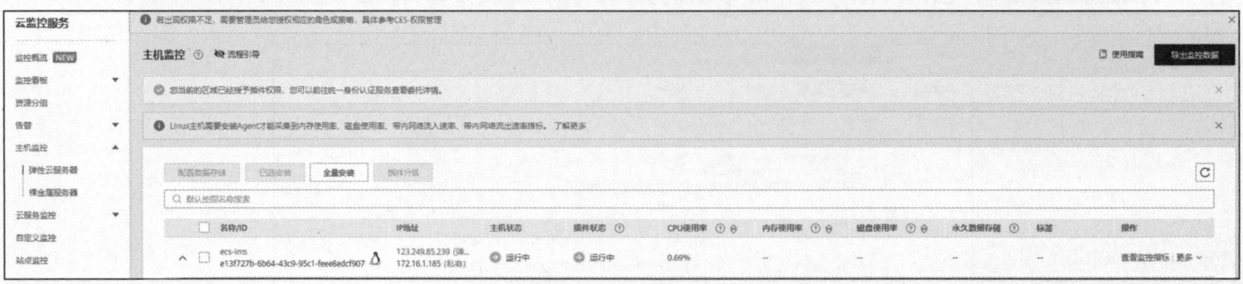

图 4-99　3-1-2ces-agent

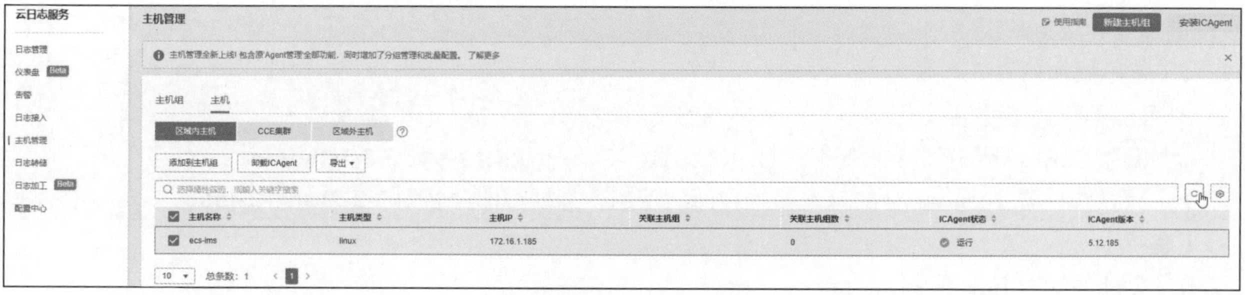

图 4-100　3-1-3lts-agent

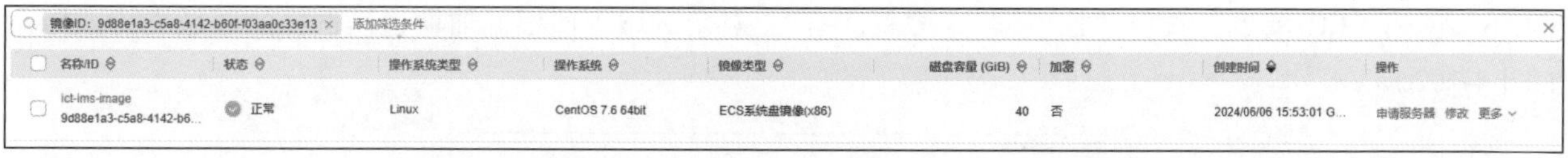

图 4-101　3-1-4ict-ims

考点 2：创建并配置 ELB 实例

要求：

a. 按照如下参数，在××区域创建 ELB 实例。

a）基础配置：

实例类型为独享型；

计费模式为按需计费；

区域需根据前期自己选择的区域进行选择；

规格为固定规格，应用型和网络型均选择小型 I ；

名称为 elb-ims。

b）网络配置：

所属 VPC 为 VPC-IMS01；

前端子网为 Subnet-APP；

弹性公网 IP 为新创建、全动态 BGP、按流量计费、100Mbit/s。

b. 按照如下参数，为 elb-ims 添加监听器。

a）配置监听器：

名称为 listener-ims；

前端协议为 HTTP；

前端端口号为 8081；

其他参数保持默认。

b）配置后端分配策略：

后端服务器组为新创建；

名称为 server_group-ims；

后端协议为 HTTP；

其他参数保持默认。

c）暂不添加后端服务器。

结果保存，截图要求：

a. 保存 ELB 实例 elb-ims 的基本信息页面的截图，并把截图命名为 **3-2-1elb-info**；

b. 保存监听器 listener-ims 的基本信息页面的截图，并把截图命名为 **3-2-2listener-info**。

【解析】

1. 创建并配置 ELB 实例 elb-ims。

a）登录华为云控制台，访问“弹性负载均衡 ELB”服务。

b）创建 ELB 实例，选择“独享型”“按需计费”，对于区域，请根据前期自己选择的区域进行选择，如图 4-102 所示。

图 4-102　选择实例类型、计费模式和区域

c）应用型和网络型选择“小型 I ”，输入名称为“elb-ims”，如图 4-103、图 4-104 和图 4-105 所示。

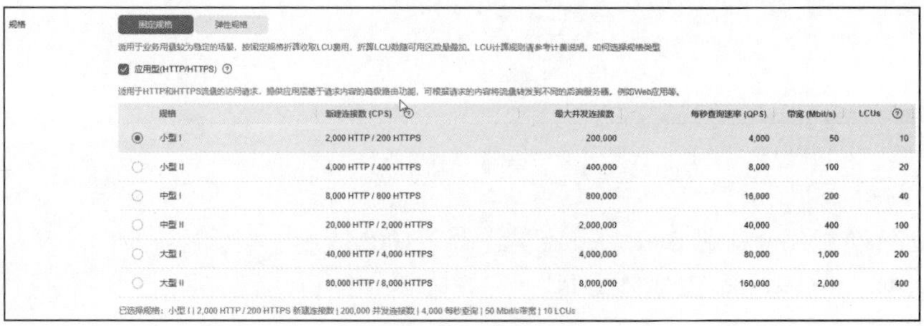

图 4-103　选择应用型

图 4-104　选择网络型

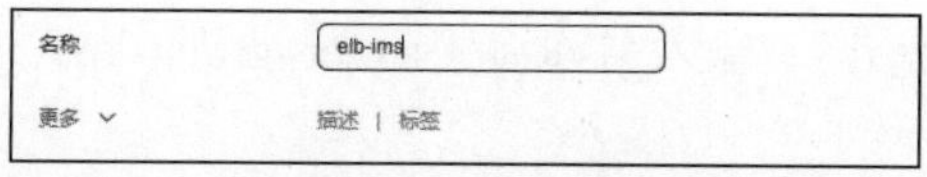

图 4-105　输入名称

d）进行网络配置，选择所属 VPC 为“VPC-IMS01”，前端子网为“Subnet-APP”。

e）配置弹性公网 IP，选择“新创建”“全动态 BGP”“按流量计费”“100” Mbit/s，如图 4-106 所示。

f）完成配置后，立即创建。

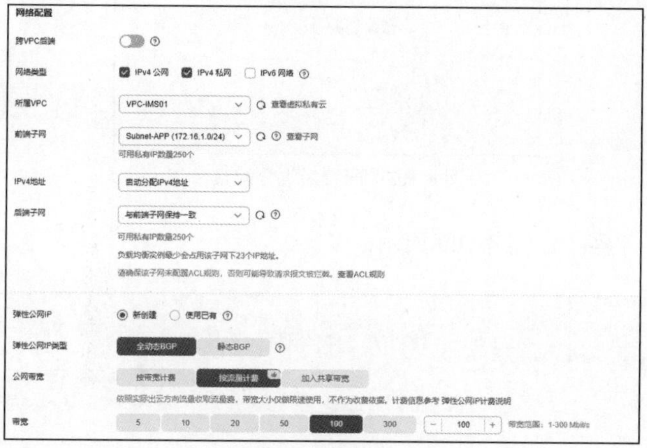

图 4-106　创建 elb-ims

2. 添加监听器 listener-ims。

a）在 ELB 实例 elb-ims 中，单击“添加监听器”。

b）输入名称为“listener-ims”，选择前端协议为“HTTP”，前端端口为“8081”，其他参数保持默认，如图 4-107 所示。

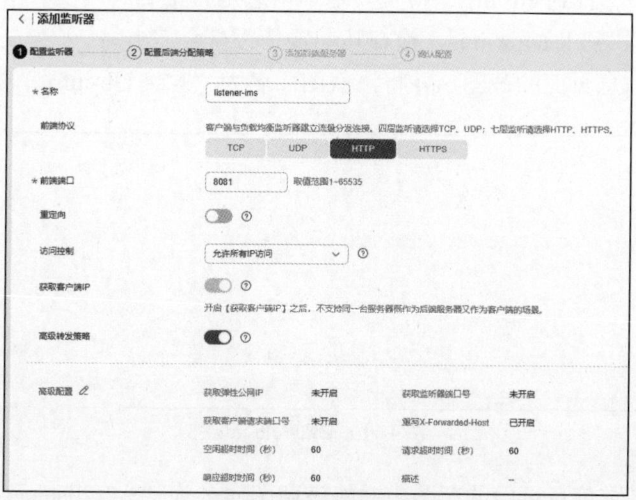

图 4-107　配置监听器

c）选择后端服务器组为“新创建”，输入名称为“server_group-ims”，选择后端协议为“HTTP”，其他参数保持默认，如图 4-108 所示。

图 4-108　配置后端分配策略

d）暂时不添加后端服务器，如图 4-109 所示。

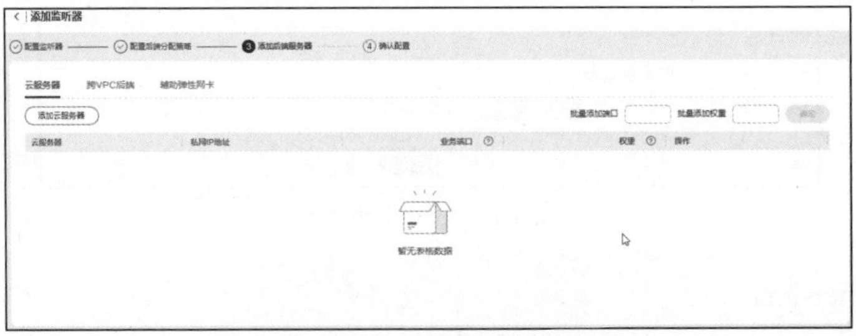

图 4-109　添加后端服务器页面

3. 验证配置。

a）在 ELB 实例列表中，找到 elb-ims，检查其基本信息是否正确。

b）在监听器列表中，找到 listener-ims，检查其配置是否符合需求。

c）保存 elb-ims 基本信息页面的截图，并将该截图命名为“3-2-1elb-info”，如图 4-110 所示。

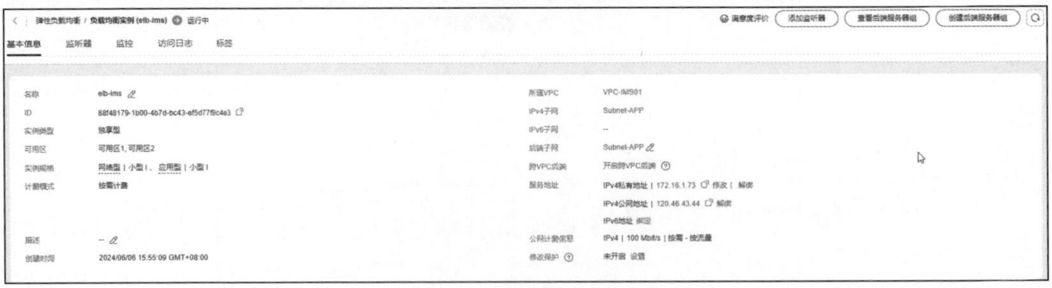

图 4-110　3-2-1elb-info

d）保存 listener-ims 基本信息页面的截图，并将该截图命名为“3-2-2listener-info”，如图 4-111 所示。

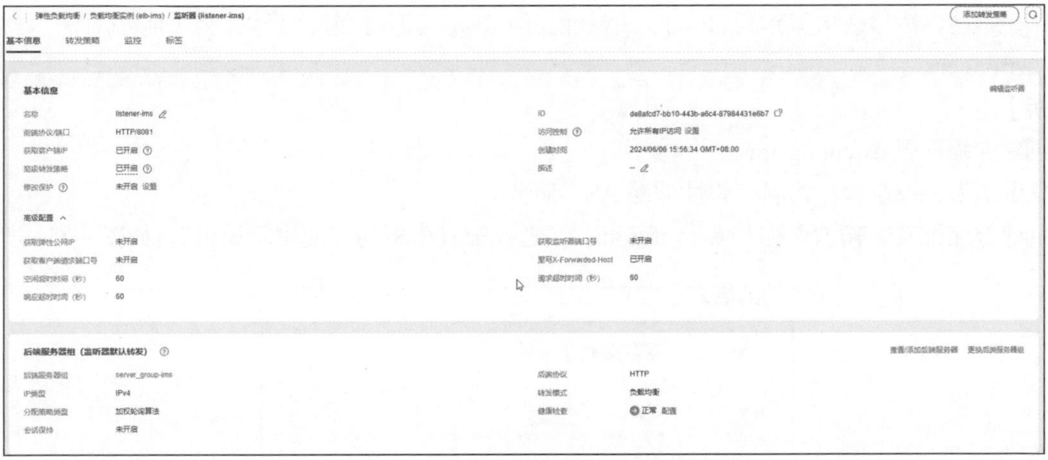

图 4-111　3-2-2listener-info

考点 3：结合弹性伸缩部署应用

要求：

a. 按照如下参数，在××区域创建伸缩配置。

a）名称：as-config-ims。

b）配置模板：使用新模板。

c）规格：通用计算型 | s7.xlarge.2 | 4vCPUs | 8GiB。

d）镜像：私有镜像 ict-ims-image。

e）安全组：sg-app。

f）登录方式：密码（自行设置）。

b. 按照如下参数，在××区域创建弹性伸缩组。

a）名称：as-group-ims。

b）最大实例数：4。

c）期望实例数：2。

d）最小实例数：1。

e）伸缩配置：as-config-ims。

f）虚拟私有云：VPC-IMS01。

g）负载均衡：使用弹性负载均衡（负载均衡器为“elb-ims”，后端云服务器组为“server_group-ims”，后端端口为“8081”，权重为“1”）。

h）其他参数保持默认。

c. 通过弹性负载均衡实例 elb-ims 的弹性公网 IP，访问即时交流平台。

结果保存，截图要求：

a. 在弹性伸缩组创建完成并完成初始化伸缩活动后，保存弹性伸缩组概览页面的截图，并将截图命名为 **3-3-1as-ims**；

b. 保存通过弹性负载均衡实例 elb-ims 的弹性公网 IP 访问即时交流平台登录页面的截图，并将截图命名为 **3-3-2elb-access**。

【解析】

1. 创建伸缩配置 as-config-ims。

a）登录华为云控制台，访问“弹性伸缩 AS”服务。

b）创建伸缩配置，输入名称“as-config-ims”，选择配置模板为“使用新模板”，如图 4-112 所示。

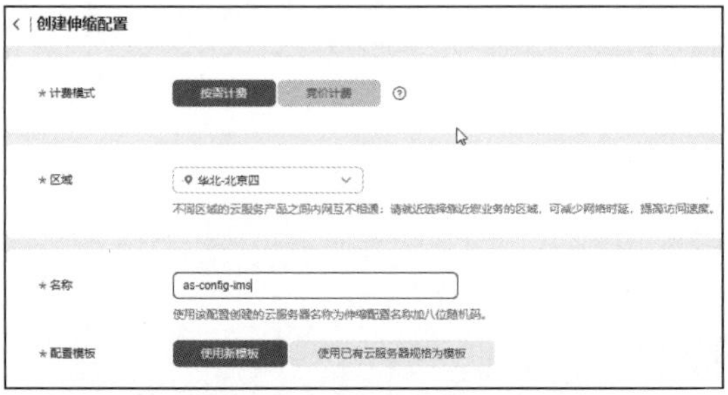

图 4-112　创建伸缩配置

c）配置规格为“通用计算型| s7.xlarge.2 | 4vCPUs | 8GiB”，如图 4-113 所示。

图 4-113　配置规格

d）选择镜像为私有镜像“ict-ims-image”，安全组为“sg-app”，如图 4-114 所示。

e）设置登录方式为“密码”， 自行设置密码，如图 4-115 所示。

f）完成配置后，立即创建伸缩配置。

2. 创建弹性伸缩组 as-group-ims。

a）在“弹性伸缩 AS”服务中，创建弹性伸缩组，输入名称“as-group-ims”。

b）设置最大实例数为“4”，期望实例数为“2”，最小实例数为“1”，如图 4-116 所示。

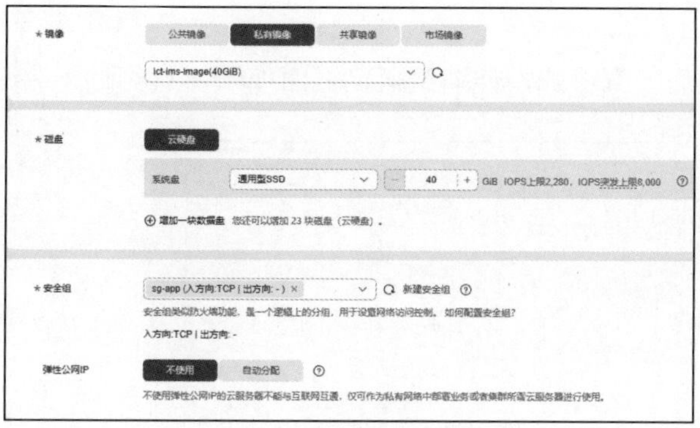

图 4-114 设置镜像和安全组

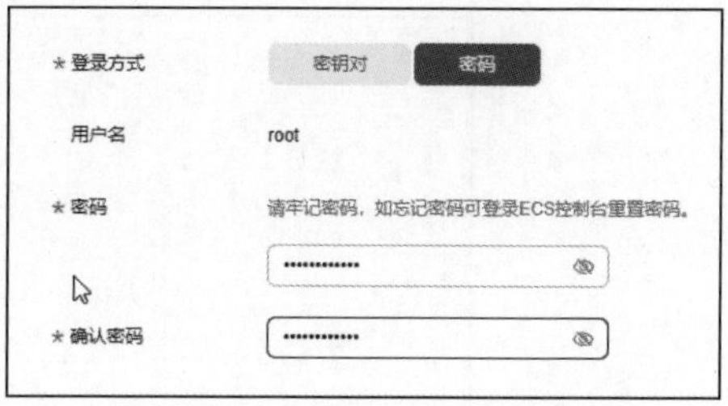

图 4-115 设置登录方式和密码

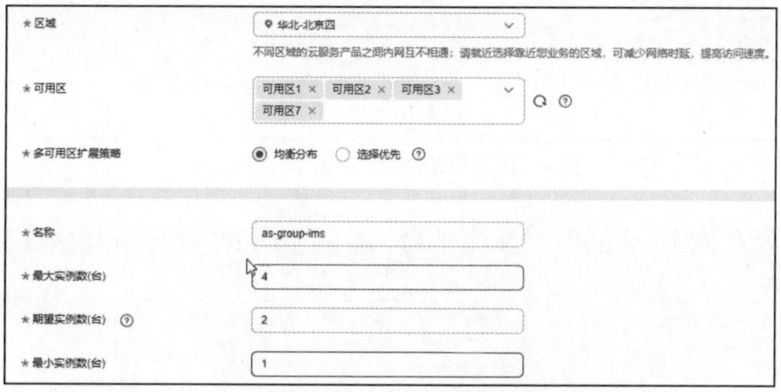

图 4-116 配置最大实例数、期望实例数和最小实例数

c）选择伸缩配置为“as-config-ims”，虚拟私有云为“VPC-IMS01”。

d）配置负载均衡，选择“使用弹性负载均衡”，配置负载均衡器为“elb-ims”，后端云服务器组为“server_group-ims”，后端端口为“8081”，权重为“1”，如图 4-117 所示。

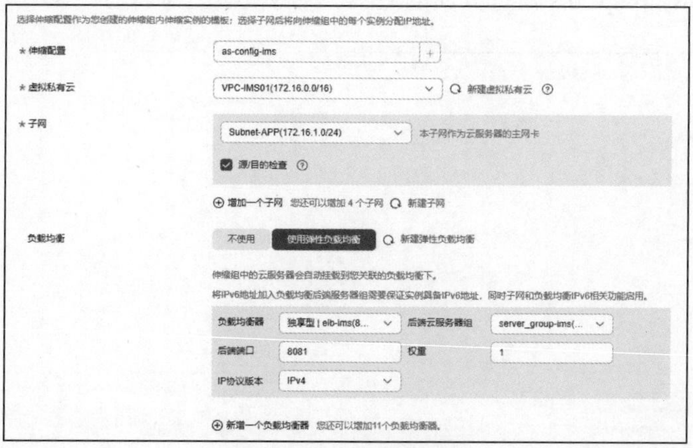

图 4-117 配置负载均衡

e）其他参数保持默认，完成配置后，立即创建弹性伸缩组。

3. 验证应用的可用性和负载均衡效果。

a）在弹性伸缩组创建完成并完成初始化伸缩活动后，查看弹性伸缩组概览页面如图 4-118 所示。

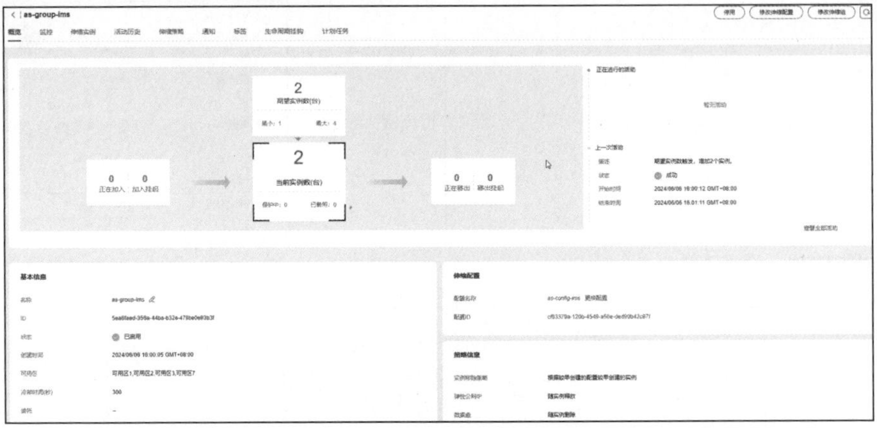

图 4-118　查看弹性伸缩组概览页面

b）使用 elb-ims 的弹性公网 IP 访问即时交流平台，验证应用的可用性和负载均衡效果，如图 4-119 所示。

图 4-119　访问即时聊天平台

c）保存弹性伸缩组 as-group-ims 概览页面的截图，并将该截图命名为“3-3-1as-ims”，如图 4-120 所示。

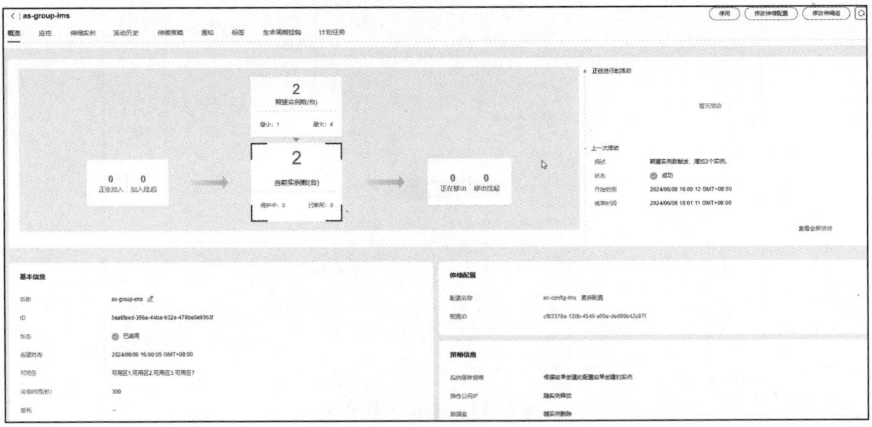

图 4-120　3-3-1as-ims

d）保存通过弹性负载均衡实例 elb-ims 的弹性公网 IP 访问即时交流平台登录页面的截图，并将该截图命名为“3-3-2elb-access”，如图 4-121 所示。

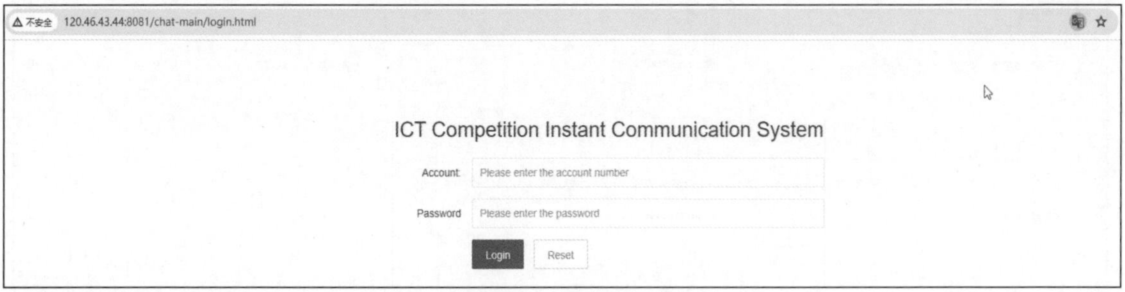

图 4-121　3-3-2elb-access

考点 4：通过 CES（云监控服务）对应用资源进行监控

要求：

打开多个浏览器标签页，通过弹性负载均衡实例 elb-ims 的弹性公网 IP 访问即时交流平台，并多次刷新页面，生成访问记录。

a）通过 CES 控制台查看弹性负载均衡实例 elb-ims 的监控指标。

b）通过 CES 控制台查看主机监控下的弹性云服务器，选择任一台由弹性伸缩自动创建的即时交流平台所使用的弹性云服务器，查看其监控指标，选择进程监控标签页，在 Top 进程列表，开启进程监控，并选择对系统中的 java 进程和 icagent 进程进行监控。

结果保存，截图要求：

a. 保存 CES 控制台查看弹性负载均衡实例 elb-ims 的监控页面的截图，并将截图命名为 **3-4-1ces-elb**；

b. 保存 CES 控制台查看主机监控下的弹性云服务器的监控页面的截图，并将截图命名为 **3-4-2ces-ecs**；

c. 保存在 Top 进程列表选择监控 java 和 icagent 进程的截图，并将截图命名为 **3-4-3ces-ecs**。

【解析】

1. 打开多个浏览器标签页，通过弹性负载均衡实例 elb-ims 的弹性公网 IP 访问即时交流平台，多次刷新页面，生成访问记录。

2. 监控弹性负载均衡实例 elb-ims。

a）登录华为云控制台，访问“云监控服务 CES”，进入 CES 控制台。

b）在 CES 控制台中，选择“服务监控 ”下的“弹性负载均衡 ”选项。

c）查找并选择弹性负载均衡实例“elb-ims”，查看其监控指标，包括流量、请求数、响应时间等指标，如图 4-122 和图 4-123 所示。

3. 监控弹性云服务器实例 elb-ims 上的关键进程。

a）在 CES 控制台中，选择“主机监控”下的“弹性云服务器”选项，如图 4-124 所示。

b）选择一台由弹性伸缩自动创建的即时交流平台所使用的弹性云服务器，查看其监控指标。

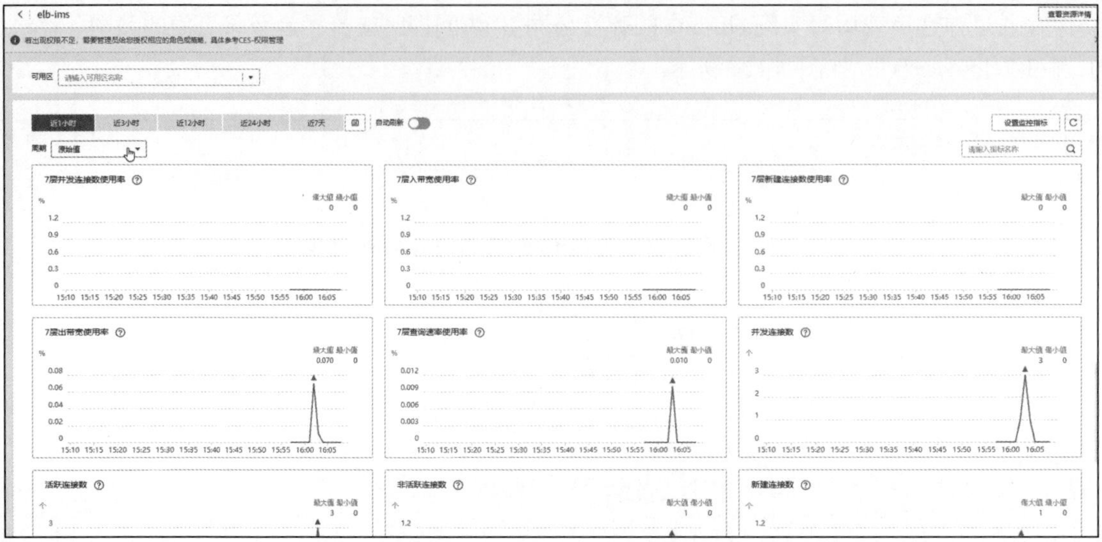

图 4-122　查看 elb-ims 的监控指标-1

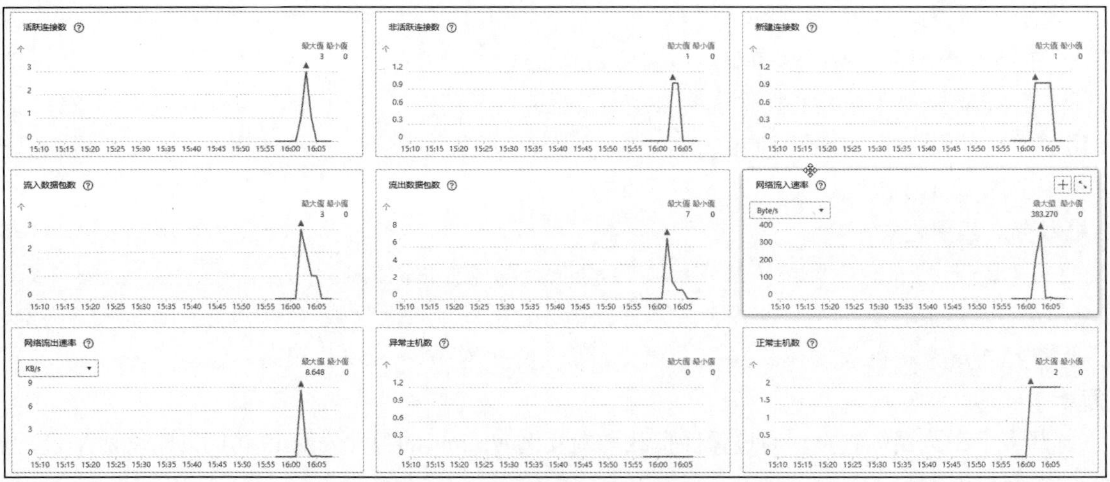

图 4-123　查看 elb-ims 的监控指标-2

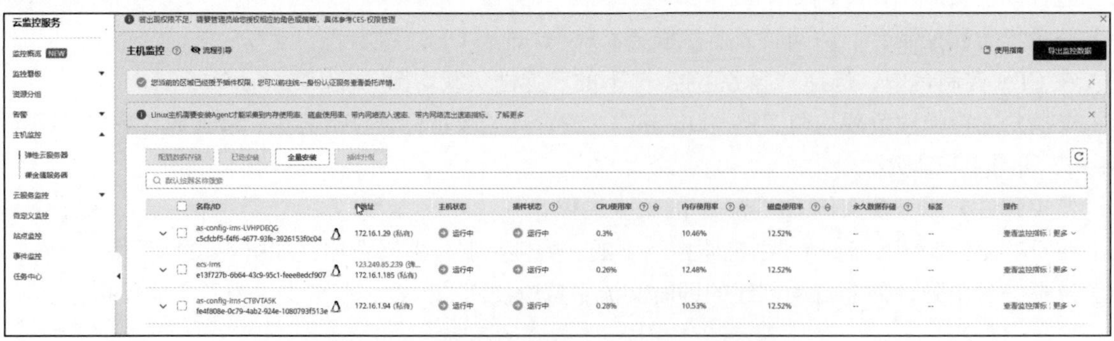

图 4-124　选择“主机监控”下的“弹性云服务器”

c）选择进程监控标签页，在 Top 进程列表中，开启进程监控，选择对系统中的 java 进程和 icagent 进程进行监控，如图 4-125 所示。

图 4-125　查看 TOP 进程列表

d）保存 CES 控制台查看弹性负载均衡实例 elb-ims 的监控页面的截图，并将该截图命名为“3-4-1ces-elb”，如图 4-126 所示。

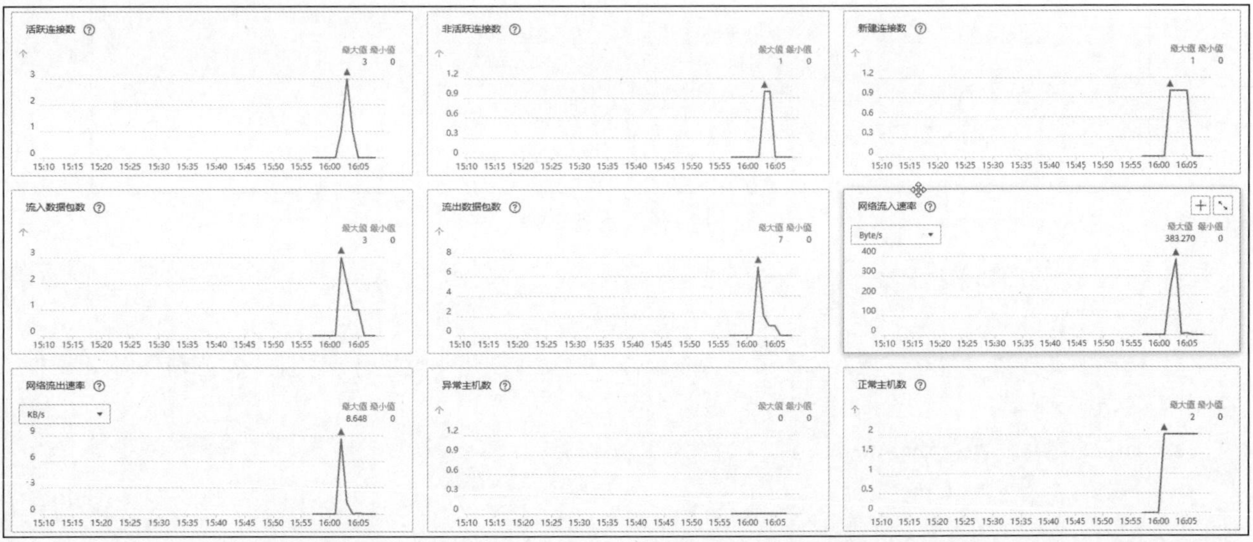

图 4-126　3-4-1ces-elb

e）保存 CES 控制台查看主机监控下的弹性云服务器的监控页面的截图，并将该截图命名为“3-4-2ces-ecs”，如图 4-127 所示。

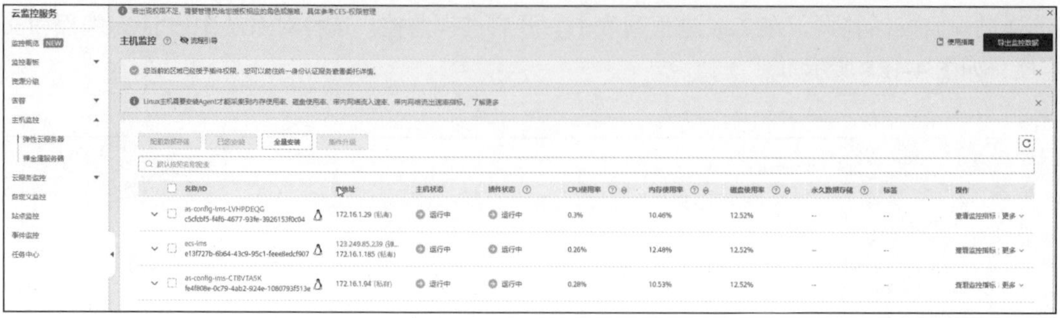

图 4-127　3-4-2ces-ecs

f）保存在 Top 进程列表选择监控 java 和 icagent 进程的截图，并将该截图命名为“3-4-3ces-ecs”，如图 4-128 所示。

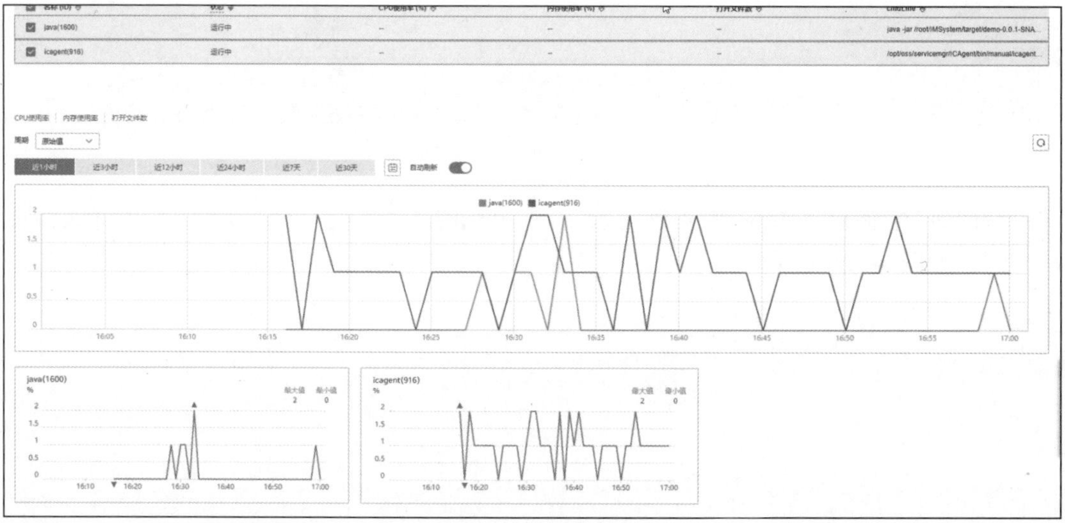

图 4-128　3-4-3ces-ecs

考点 5：使用 LTS 采集日志

要求：

a. 按照如下参数，在××区域的 LTS（云日志服务）控制台创建并配置日志采集，对当前即时交流平台应用的日志进行采集。

a）日志组名称：lts-group-ims。

b）日志流名称：lts-topic-ims。

c）接入方式：云主机 ECS -文本日志。

d）主机组名称：ims-host（并选择当前由 AS 服务伸缩创建的所有 ECS）。

e）采集配置名称：ims_log。

f）路径配置：/var/log/application.log。

b. 配置完成后，访问即时交流平台，并产生聊天数据，通过日志流 lts-topic-ims 查看即时交流平台生成的日志。

结果保存，截图要求：

a. 保存 LTS 日志接入页面的截图，并将截图命名为 **3-5-1lts-access**；

b. 保存 lts-group-ims 日志流页面查看日志的截图，并将截图命名为 **3-5-2lts-log**。

【解析】

1. 登录华为云控制台，访问“云日志服务 LTS”。

2. 创建并配置日志采集。

a）创建日志组，按照给定的参数填写“lts-group-ims”作为日志组名称，如图 4-129 所示。

b）创建日志流，填写日志流名称为“lts-topic-ims”，如图 4-130 所示。

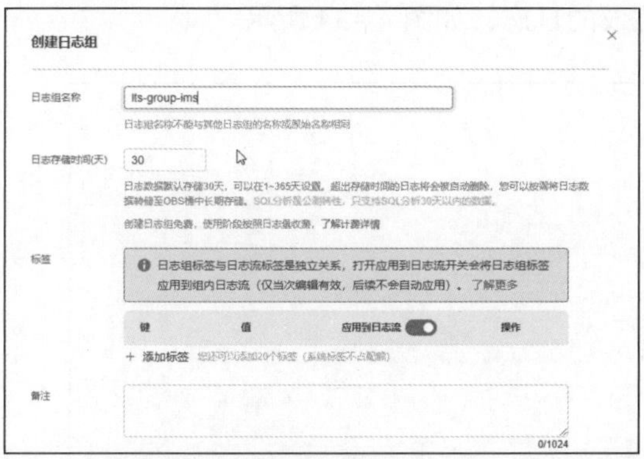

图 4-129　创建日志组 lts-group-ims

图 4-130　创建日志流 lts-topic-ims

c）进入日志采集配置，选择“云主机 ECS-文本日志”，并填写其他必要参数，如图 4-131 所示。

d）设置主机组名称为“ims-host”，并选择所有相关 ECS 实例，如图 4-132 所示。

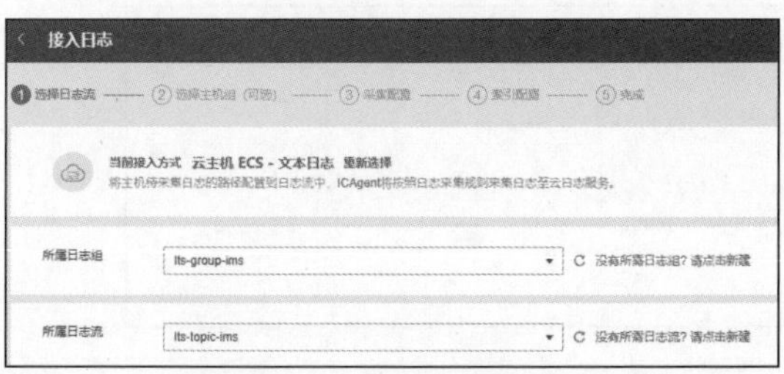

图 4-131　接入日志页面

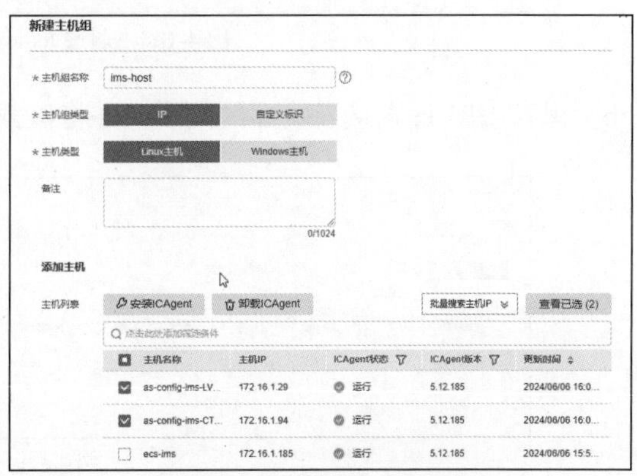

图 4-132　设置主机组名称

e）设置采集配置名称为“ims_log”，路径配置为“/var/log/application.log”，如图 4-133 所示。

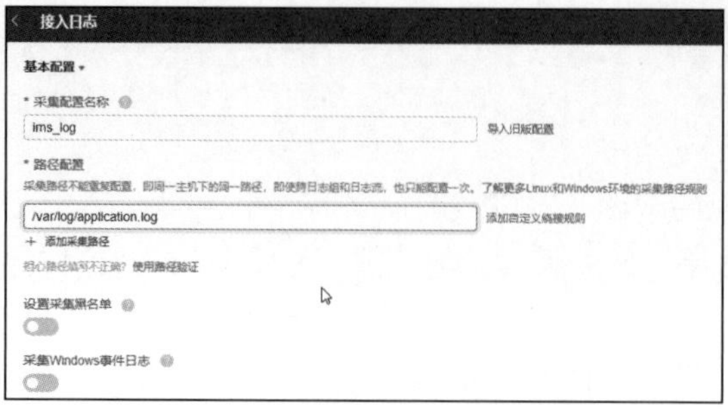

图 4-133　设置采集配置名称和路径配置

3. 访问即时交流平台，进行聊天操作，生成日志。
4. 查看采集到的日志。
a）返回 LTS 控制台，通过 lts-topic-ims 日志流查看生成的日志，如图 4-134 所示。

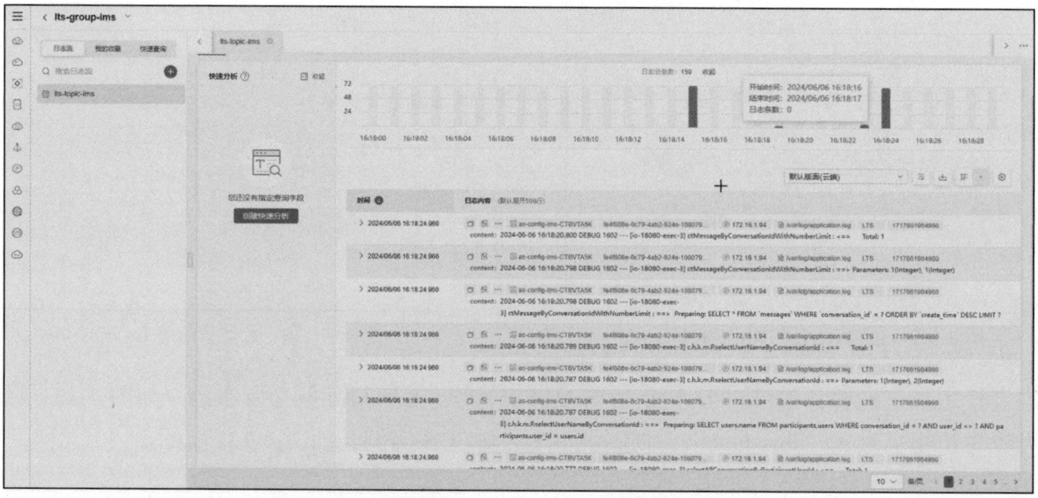

图 4-134　通过 lts-topic-ims 日志流查看生成的日志

b）保存 LTS 日志接入页面的截图，并将该截图命名为“3-5-1lts-access”，如图 4-135 所示。

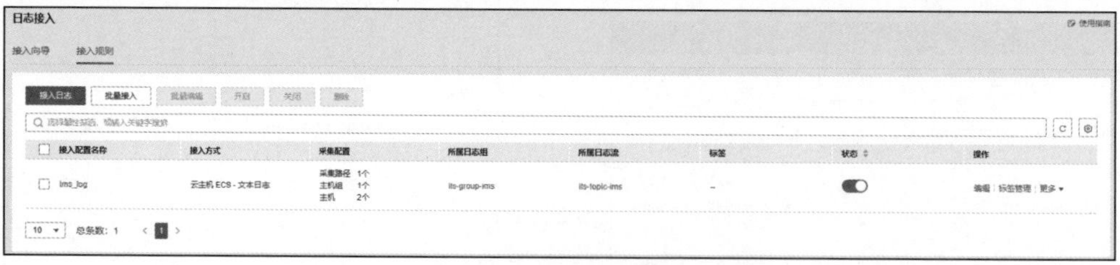

图 4-135　3-5-1lts-access

c）保存 lts-group-ims 日志流页面查看日志的截图，并将该截图命名为“3-5-2lts-log”，如图 4-136 所示。

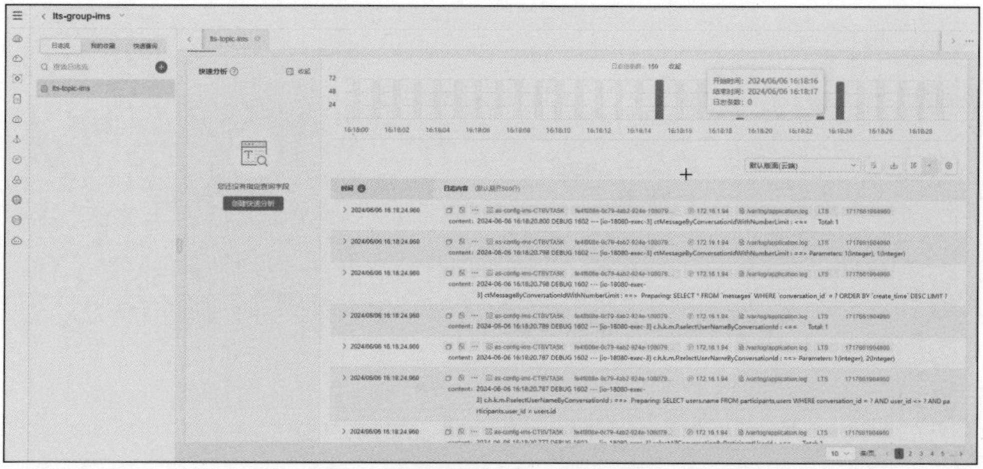

图 4-136 3-5-2lts-log

考点 6：主机安全服务

要求：

为 AS（弹性伸缩）服务自动创建的 ECS 实例开启主机防护功能，并通过页面查看 ECS 实例内部开放的端口号。

结果保存，截图要求：

保存查看 ECS 实例内部所有开放端口号的截图，并将截图命名为 **3-6-1hss-port**。

【解析】

1. 登录华为云控制台，访问“主机安全服务 HSS”，进入 HSS 控制台。
2. 开启主机防护功能。

a）在 HSS 控制台中，找到要保护的 ECS 实例，通常可以通过 ECS 实例 ID 或者名称搜索 ECS 实例。

b）选择要保护的 ECS 实例，单击“开启防护”，按照提示完成主机防护功能的开启，如图 4-137、图 4-138 和图 4-139 所示。

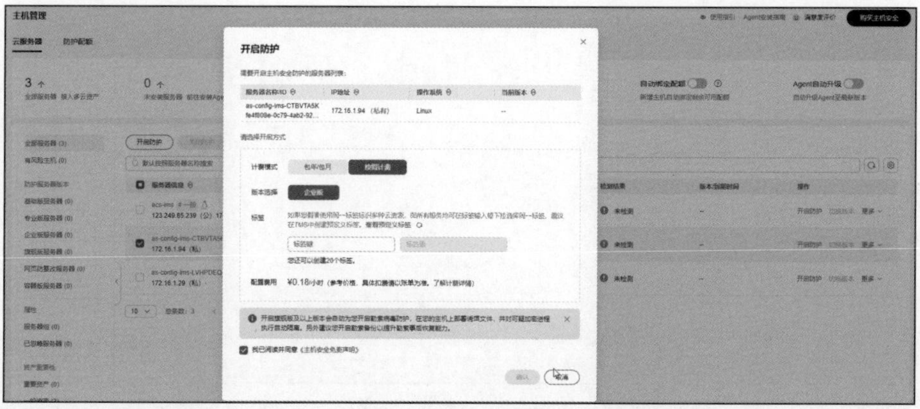

图 4-137 开启主机防护功能（ECS 实例 1）

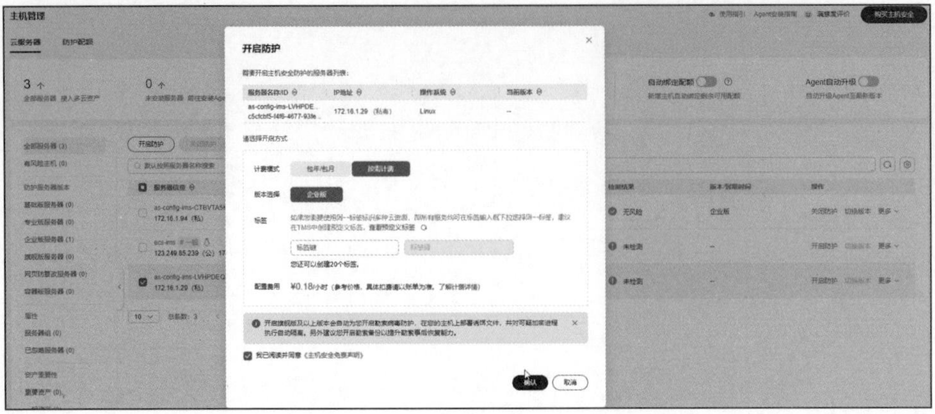

图 4-138　开启主机防护功能（ECS 实例 2）

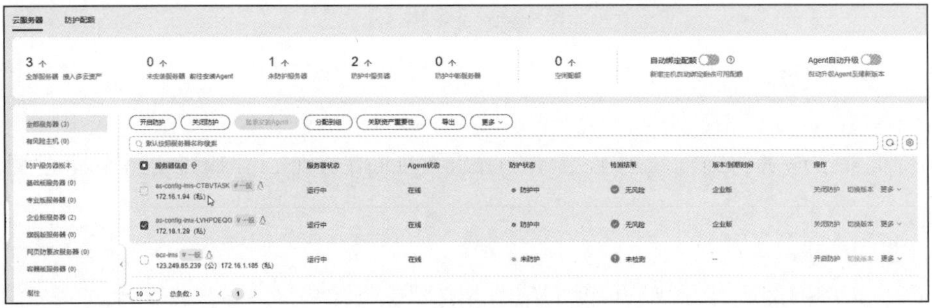

图 4-139　主机管理页面

3. 查看开放的端口号。

a）在已开启主机防护功能的 ECS 实例列表中，选择需要查看的 ECS 实例。

b）单击“主机资产 ”或类似选项，进入对应的页面。

c）在主机资产页面，可以查看到该 ECS 实例内部所有开放的端口号及端口状态，如图 4-140 所示。

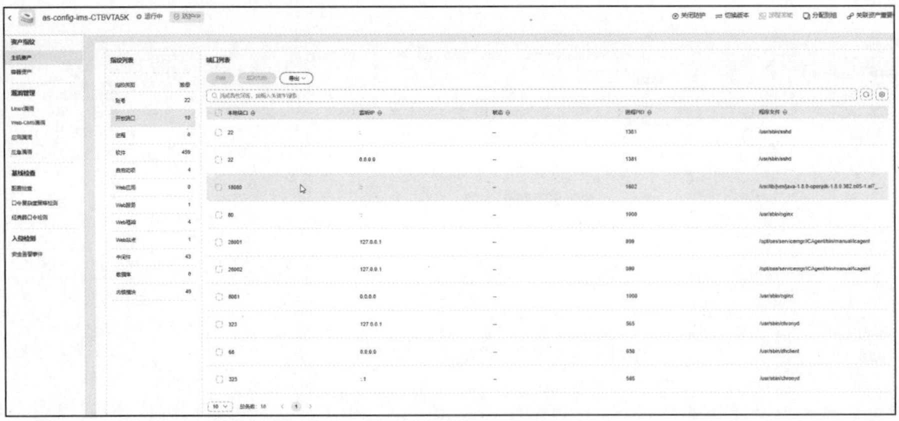

图 4-140　主机资产页面

d）保存查看 ECS 实例内部所有开放端口号的截图，并将该截图命名为 3-6-1hss-port，如图 4-141 所示。

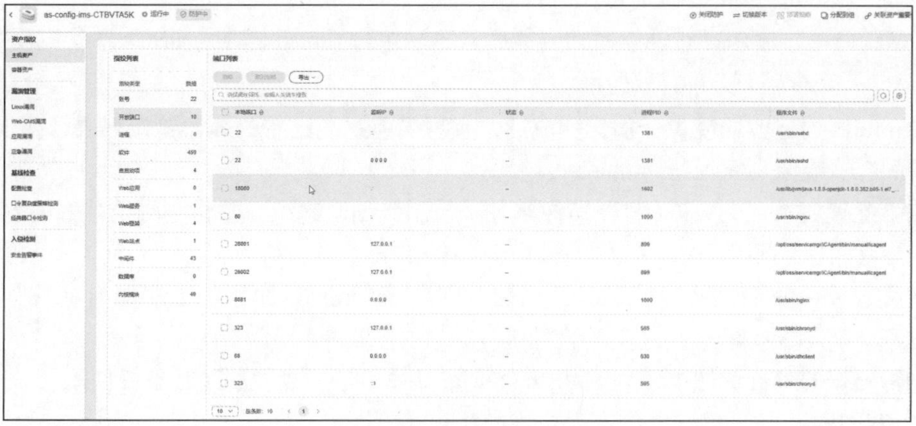

图 4-141　3-6-1hss-port

任务 4：应用容器化改造（110 分）

考点 1：容器镜像构建

要求：

a. 通过 SSH 远程登录到 ecs-ims 弹性云服务器，安装并启动 Docker 容器引擎。在该 ecs-ims 弹性云服务器的/root 路径下已存在基础的容器镜像包 ims-base.tar，将该容器镜像包导入为容器镜像，查看当前系统已有的容器镜像。通过如下命令，创建容器镜像构建目录，并将需要复制到容器镜像的即时聊天平台后端系统应用包复制到当前目录。

```
mkdir ims-build
cd ims-build
cp /root/IMSystem/target/demo-0.0.1-SNAPSHOT.jar ./
```

通过如下命令，在当前路径下编写启动即时聊天平台的脚本。

```
vim run.sh
```

脚本内容如下。

```
#!/bin/bash
/usr/local/nginx/sbin/nginx -c /usr/local/nginx/conf/nginx.conf
nohup java -jar /usr/local/dev/demo-0.0.1-SNAPSHOT.jar >/var/log/application.log 2>& 1 &
while [[ true ]];do
  sleep 1
done
```

通过如下命令，在当前路径下编写 dockerfile 文件。

```
vim dockerfile
```

文件要求如下。

a）基于该考点步骤 b 导入的容器镜像进行构建。

b）将 demo-0.0.1-SNAPSHOT.jar 应用包以及 run.sh 脚本复制到容器的/usr/local/dev/目录。

c）为脚本/usr/local/dev/run.sh 添加可执行权限。

d）通过 CMD 命令，让该容器镜像启动容器后，自动执行 run.sh 脚本，CMD 命令参考如下：

```
CMD ["sh","/usr/local/dev/run.sh"]
```

使用 docker build 构建容器镜像，构建完成后，查看当前系统已有的容器镜像列表，要求如下：

e）构建后的容器镜像及 tag：ims-image:v1。

b. 按照如下配置要求在 SWR（容器镜像服务）控制台创建组织，并将刚刚构建好的容器镜像推送到该组织。

a）组织名称：ict-ims（如果提示组织已存在，则在 ict-ims 后面添加数字组合，比如 ict-ims001、ict-ims002 等）。

b）将刚刚构建好的容器镜像上传到 SWR 的 ict-ims 组织里，供后续 CCE 集群使用。

结果保存，截图要求：

a. 保存容器镜像构建成功后的截图和容器镜像列表查询结果的截图，并把截图分别命名为 **4-1-1docker-build** 和 **4-1-2docker-ims**；

b. 保存将容器镜像推送到 SWR 的截图和 SWR 中 ict-ims 组织里的容器镜像列表的截图，并把截图分别命名为 **4-1-3push-ims** 和 **4-1-4swr-ims**。

【解析】

1. 安装并启动 Docker 容器引擎。

a）通过 SSH 登录到 ecs-ims 弹性云服务器。

b）执行命令 sudo yum install docker-ce -y 安装 Docker 容器引擎，如图 4-142 所示，安装完成页面如图 4-143 所示。

图 4-142　安装 Docker 容器引擎命令

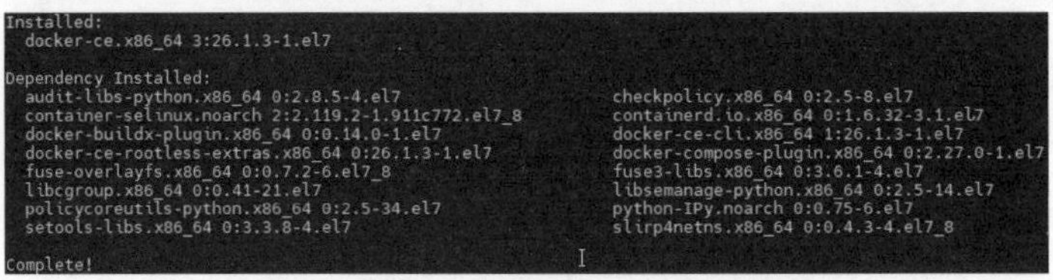

图 4-143　Docker 容器引擎安装完成页面

c）执行命令 sudo systemctl start docker 启动 Docker 容器引擎，如图 4-144 所示。

图 4-144　启动 Docker 容器引擎命令

2. 构建容器镜像。

a）导入基础的容器镜像包 ims-base.tar 的命令为 docker load -i /root/ims-base.tar ，如图 4-145 所示。

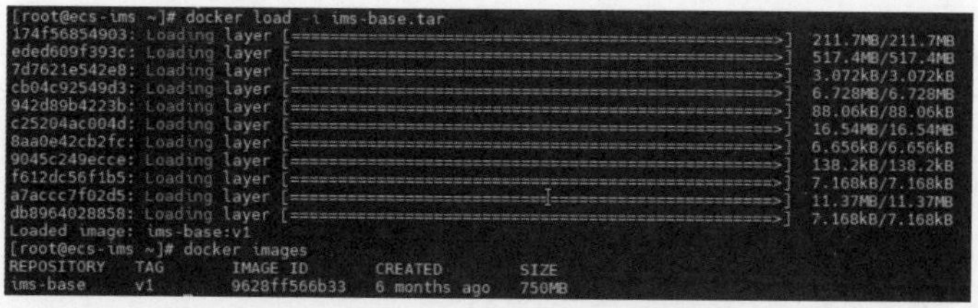

图 4-145　导入基础的容器镜像包

b）创建容器镜像构建目录并复制应用包到该目录下的命令为 mkdir ims-build、cd ims-build/、cp /root/IMSystem/target/demo-0.0.1-SNAPSHOT.jar ./，如图 4-146、图 4-147 和图 4-148 所示。

图 4-146　创建 ims-build 目录命令

图 4-147　切换 ims-build 目录命令

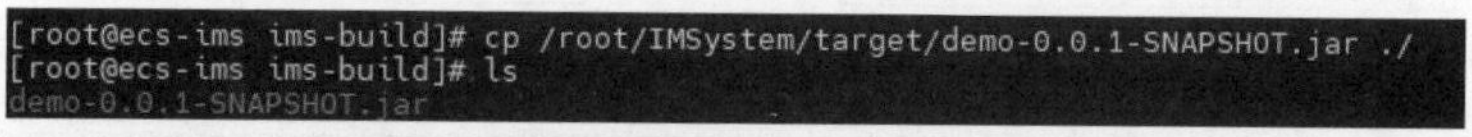

图 4-148　复制应用包到 ims-build 目录下命令

c）编写脚本 run.sh，　内容如图 4-149 所示，赋予该脚本可执行权限的命令为 chmod +x run.sh。

图 4-149　编写脚本 run.sh

d）编写 dockerfile 文件，内容如图 4-150 所示。

图 4-150　编写 dockerfile 文件

e）构建容器镜像的命令为 docker build -t ims-image:v1 .，如图 4-151 所示。

图 4-151　构建容器镜像命令

f）查看系统已有的容器镜像列表的命令为 docker images ，如图 4-152 所示。

```
[root@ecs-ims ims-build]# docker images
REPOSITORY   TAG       IMAGE ID       CREATED            SIZE
ims-image    v1        92b253854740   About a minute ago  781MB
ims-base     v1        9628ff566b33   6 months ago       750MB
```

图 4-152　查看系统已有容器镜像列表

3. 推送容器镜像到 SWR。

a）登录 SWR 控制台，创建组织 ict-ims0001，如图 4-153 所示。

b）获取临时登录指令，如图 4-154 所示。输入临时登录指令，如图 4-155 所示。

图 4-153　创建组织 ict-ims0001

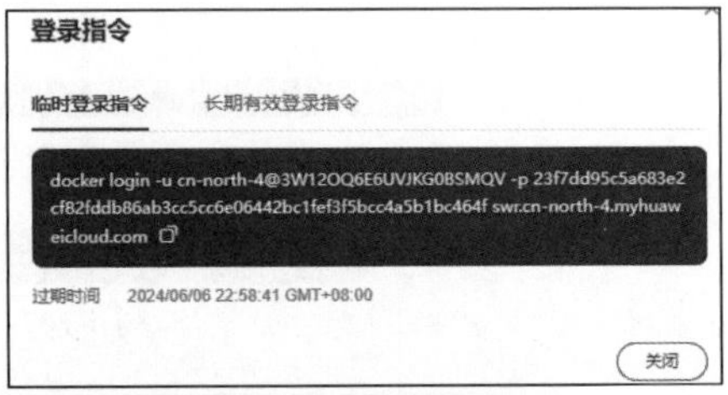

图 4-154　获取临时登录指令

```
[root@ecs-ims ims-build]# docker login -u cn-north-4@3W12OQ6E6UVJKG0BSMQV -p 23f7dd95c5a683e2cf82fddb86ab3cc5cc6e
06442bc1fef3f5bcc4a5b1bc464f swr.cn-north-4.myhuaweicloud.com
WARNING! Using --password via the CLI is insecure. Use --password-stdin.
WARNING! Your password will be stored unencrypted in /root/.docker/config.json.
Configure a credential helper to remove this warning. See
https://docs.docker.com/engine/reference/commandline/login/#credentials-store

Login Succeeded
```

图 4-155　输入临时登录指令

c）推送容器镜像，如图 4-156 所示。

```
[root@ecs-ims ims-build]# sudo docker tag ims-image:v1 swr.cn-north-4.myhuaweicloud.com/ict-ims0001/ims-image:v1
[root@ecs-ims ims-build]# sudo docker push swr.cn-north-4.myhuaweicloud.com/ict-ims0001/ims-image:v1
The push refers to repository [swr.cn-north-4.myhuaweicloud.com/ict-ims0001/ims-image]
916fec23f7e2: Pushed
33fd3ba13c84: Pushed
6cbadef68950: Pushed
db8964028858: Pushed
a7accc7f02d5: Pushed
f612dc56f1b5: Pushed
9045c249ecce: Pushed
8aa0e42cb2fc: Pushed
c25204ac004d: Pushed
942d89b4223b: Pushed
cb04c92549d3: Pushed
7d7621e542e8: Pushed
eded609f393c: Pushed
174f56854903: Pushed
v1: digest: sha256:6ae03a8c7faa1af60bf748b97e8026578f99468dc53c4cd3fd3d35997fa6d6ff size: 3250
[root@ecs-ims ims-build]# 
```

图 4-156　推送容器镜像命令

d）在 SWR 控制台中，检查 ict-ims0001 组织下的容器镜像列表，如图 4-157 所示。

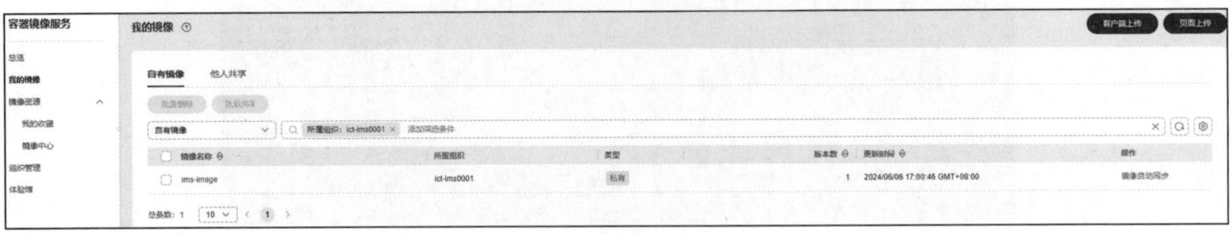

图 4-157　检查容器镜像列表

e）提交截图“4-1-1docker-build”和“4-1-2docker-ims”，展示容器镜像的构建结果和列表查询结果，如图 4-158 和图 4-159 所示。

```
[root@ecs-ims ims-build]# vim dockerfile
[root@ecs-ims ims-build]# docker build -t ims-image:v1 .
[+] Building 0.6s (9/9) FINISHED                                          docker:default
 => [internal] load build definition from dockerfile                                0.0s
 => => transferring dockerfile: 199B                                                0.0s
 => [internal] load metadata for docker.io/library/ims-base:v1                      0.0s
 => [internal] load .dockerignore                                                   0.0s
 => => transferring context: 2B                                                     0.0s
 => [internal] load build context                                                   0.1s
 => => transferring context: 31.57MB                                                0.1s
 => [1/4] FROM docker.io/library/ims-base:v1                                        0.2s
 => [2/4] COPY demo-0.0.1-SNAPSHOT.jar /usr/local/dev/                              0.1s
 => [3/4] COPY run.sh /usr/local/dev/                                               0.0s
 => [4/4] RUN chmod +x /usr/local/dev/run.sh                                        0.2s
 => exporting to image                                                              0.1s
 => => exporting layers                                                             0.1s
 => => writing image sha256:92b253854740ab69a17eb2ce27eac26754ef2691aa9910f0cda48c91ba8988c0   0.0s
 => => naming to docker.io/library/ims-image:v1                                     0.6s
```

图 4-158　4-1-1docker-build

```
[root@ecs-ims ims-build]# docker images
REPOSITORY   TAG    IMAGE ID       CREATED            SIZE
ims-image    v1     92b253854740   About a minute ago 781MB
ims-base     v1     9628ff566b33   6 months ago       750MB
```

图 4-159　4-1-2docker-ims

f）提交截图“4-1-3push-ims”和“4-1-4swr-ims”，展示容器镜像的推送过程和 SWR 中 ict-ims0001 组织里的容器镜像列表，如图 4-160 和图 4-161 所示。

```
[root@ecs-ims ims-build]# sudo docker tag ims-image:v1 swr.cn-north-4.myhuaweicloud.com/ict-ims0001/ims-image:v1
[root@ecs-ims ims-build]# sudo docker push swr.cn-north-4.myhuaweicloud.com/ict-ims0001/ims-image:v1
The push refers to repository [swr.cn-north-4.myhuaweicloud.com/ict-ims0001/ims-image]
916fec23f7e2: Pushed
33fd3ba13c84: Pushed
6cbadef68950: Pushed
db8964028858: Pushed
a7accc7f02d5: Pushed
f612dc56f1b5: Pushed
9045c249ecce: Pushed
8aa0e42cb2fc: Pushed
c25204ac004d: Pushed
942d89b4223b: Pushed
cb04c92549d3: Pushed
7d7621e542e8: Pushed
eded609f393c: Pushed
174f56854903: Pushed
v1: digest: sha256:6ae03a8c7faa1af60bf748b97e8026578f99468dc53c4cd3fd3d35997fa6d6ff size: 3250
[root@ecs-ims ims-build]#
```

图 4-160　4-1-3push-ims

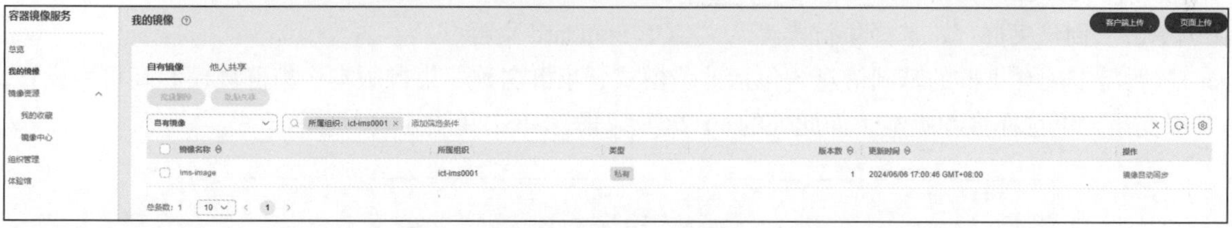

图 4-161　4-1-4swr-ims

考点 2：CCE 集群创建

要求：

a. 根据如下配置要求在××区域创建 CCE 集群。

a）集群类型：CCE Standard 集群。

b）基础信息：

计费模式为按需计费；

集群名称为 ict-cce；

集群版本为 v1.25；

集群规模为 50 节点；

高可用为否。

c）网络配置：

虚拟私有云为 VPC-IMS01；

子网为 Subnet-APP；

容器网络模型为 VPC 网络；

容器网段为自动设置网段。

b. 集群创建完成后，为集群创建一个节点，配置要求如下。

a）计费模式：按需计费。

b）节点类型：弹性云服务器-虚拟机。

c）节点规格：通用计算增强型 | c7.xlarge.2 | 4 vCPUs | 8 GiB | 可用区 1。

d）容器引擎：Docker。

e）操作系统：公共镜像 | Centos 7.6。

f）节点名称：ict-cce-ims。

g）登录方式：密码（自行设置）。

结果保存，截图要求：

a. 保存集群 ict-cce 的总览页面的截图，并把截图命名为 **4-2-1cce-cluster**；

b. 保存集群 ict-cce 的节点管理页面的截图，并把截图命名为 **4-2-2cce-node**。

【解析】

1. 创建 CCE 集群 ict-cce。

a）登录华为云控制台，访问"云容器引擎 CCE"服务。

b）单击"创建集群 "，选择集群类型为"CCE Standard 集群 "。

c）按照需求配置集群的基础信息，包括计费模式、集群名称、集群版本、集群规模和高可用设置，如版本升级变化，可选择推荐版本（如此处的 v1.28），如图 4-162 和图 4-163 所示。

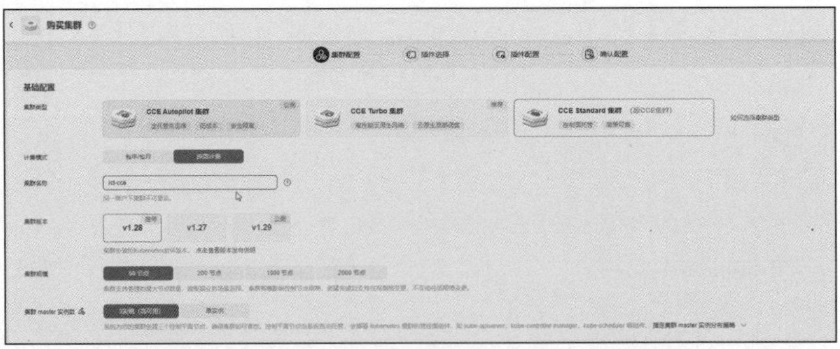

图 4-162　配置计费模式、集群名称、集群版本和集群规模

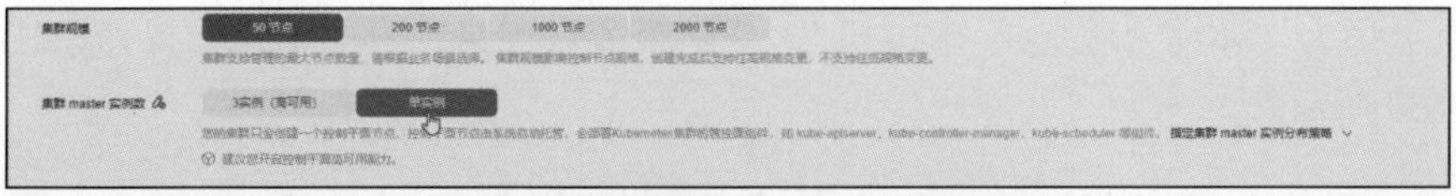

图 4-163 配置集群 master 实例数

d）配置网络，选择虚拟私有云、子网和容器网络模型，确定容器网段，如图 4-164 所示。

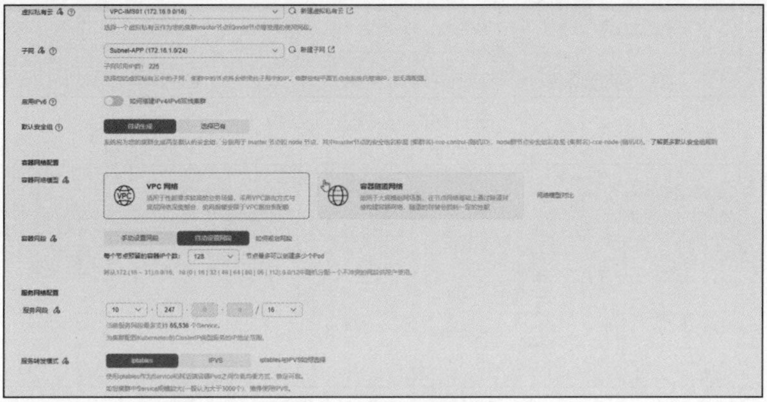

图 4-164 配置网络

e）完成集群创建，CCE 集群管理页面如图 4-165 所示。

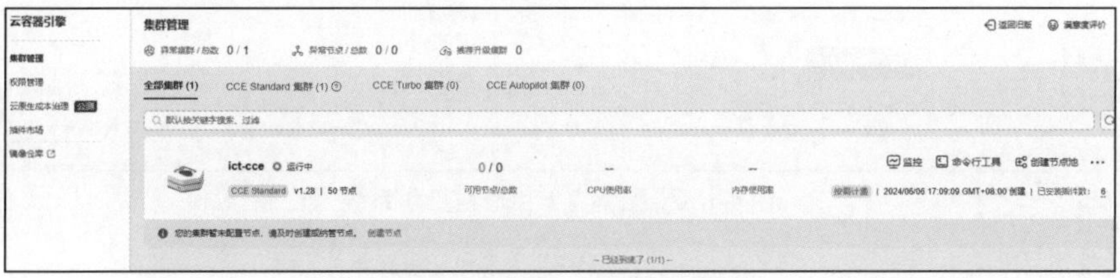

图 4-165 CCE 集群管理页面

2. 创建 CCE 集群节点 ict-cce-ims。

a）在 CCE 集群 ict-cce 的管理页面，单击“创建节点”，如图 4-166 所示。

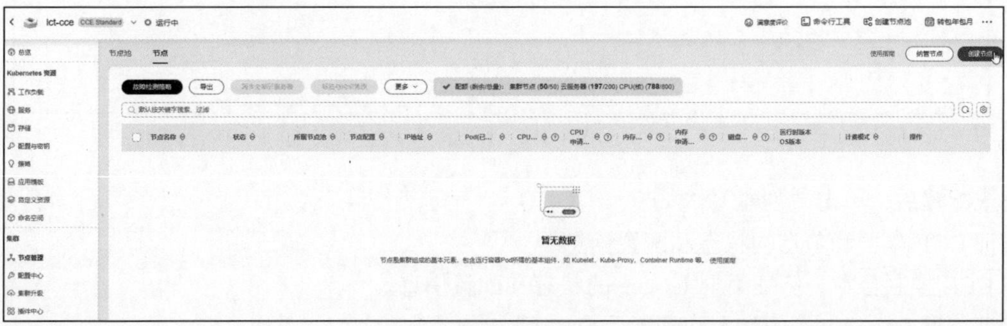

图 4-166 创建节点

b）选择节点类型为“弹性云服务器-虚拟机”，并配置节点规格、容器引擎、操作系统等，如图 4-167、图 4-168 和图 4-169 所示。

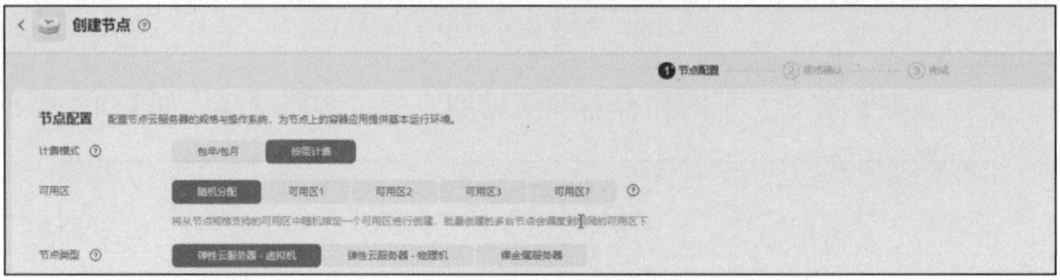

图 4-167　选择节点类型

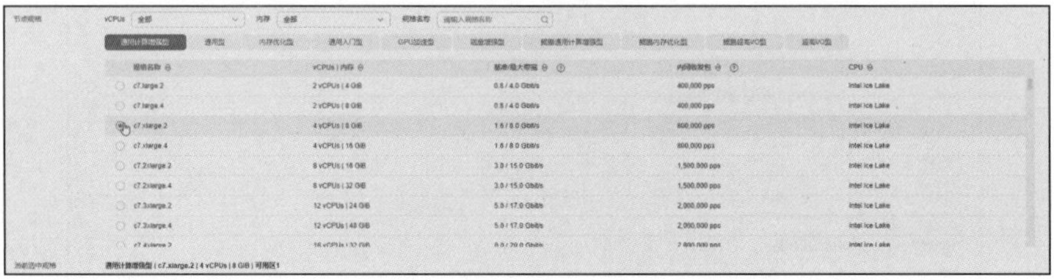

图 4-168　配置节点规格

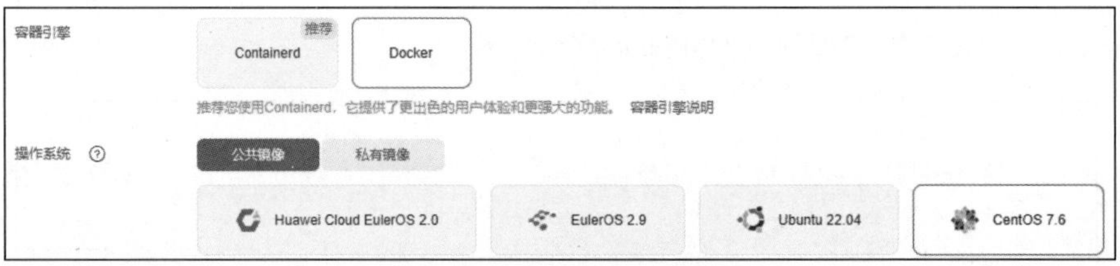

图 4-169　配置容器引擎与操作系统

c）设置节点名称为“ict-cce-ims”，并设置密码，如图 4-170 所示。

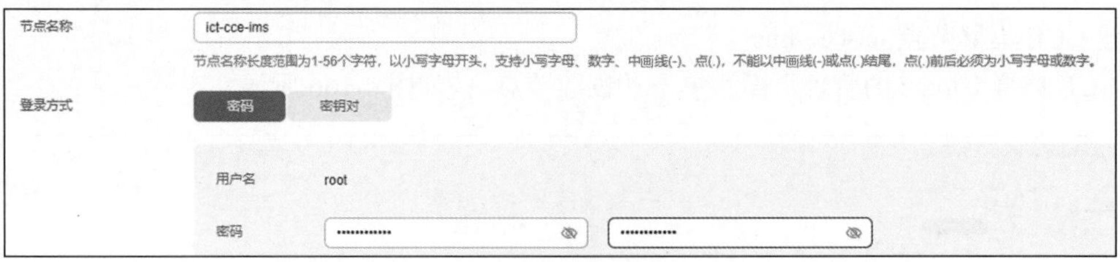

图 4-170　设置密码

d）完成配置后，单击“创建”。

3. 验证 CCE 集群和节点的状态和配置信息。

a）在 CCE 控制台中，验证集群 ict-cce 的状态和配置信息。

b）验证节点 ict-cce-ims 的状态和配置信息。

c）保存集群 ict-cce 的总览页面的截图，并将该截图命名为“4-2-1cce-cluster”，如图 4-171 和图 4-172 所示。

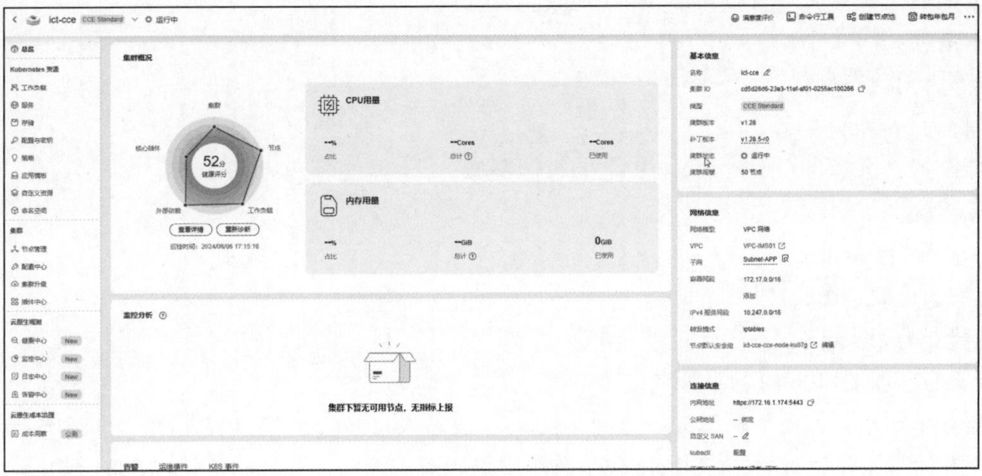

图 4-171　4-2-1cce-cluster-1

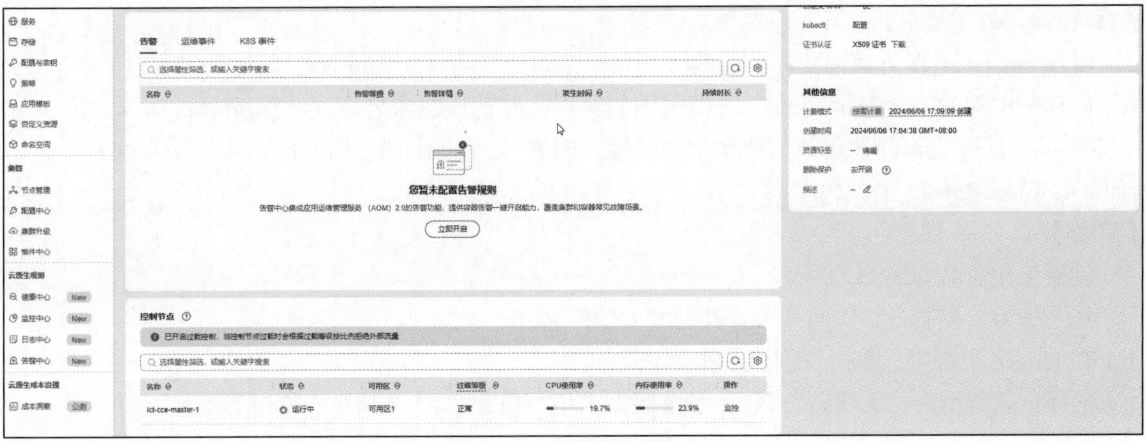

图 4-172　4-2-1cce-cluster-2

d）保存集群 ict-cce 的节点管理页面的截图，并将该截图命名为“4-2-2cce-node”，如图 4-173 所示。

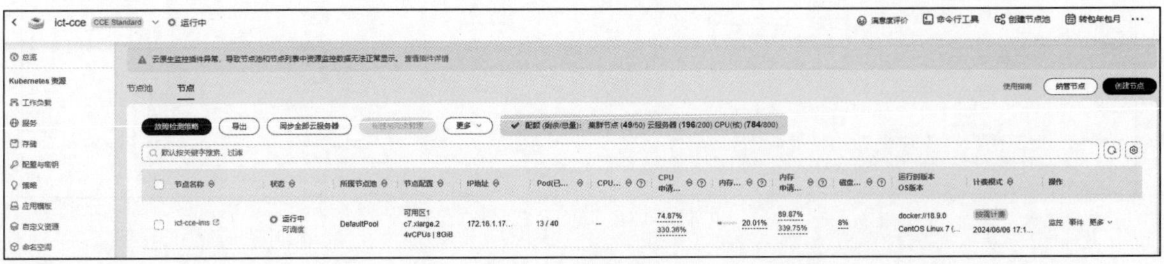

图 4-173　4-2-2cce-node

考点 3：容器化部署即时交流平台应用

要求：

a. 根据如下配置要求，在 ict-cce 集群中创建工作负载。

a）基本信息：

负载类型为无状态负载；

负载名称为 ims-ict。

b）容器配置：选择自行上传到 SWR 上的容器镜像

c）服务配置：

Service 名称为 ims-ict；

访问类型为负载均衡；

负载均衡器为 elb-ims；

端口配置为容器端口 8081、服务端口 18081。

b. 根据如下要求，修改数据库的安全组 sg-data，放通来自 ict-cce 集群容器网段的 3306 端口。

c. 创建并运行工作负载后，使用 elb-ims 弹性负载均衡实例的弹性公网 IP 和 18081 端口访问即时交流平台，进行聊天功能验证。

结果保存，截图要求：

a. 保存 ims-ict 工作负载详情页面的截图，并把截图命名为 **4-3-1ims-ict**；

b. 保存数据库的安全组 sg-data 入方向规则的截图，并把截图命名为 **4-3-2sg-data**；

c. 保存通过 elb-ims 弹性负载均衡实例的弹性公网 IP 和 18081 端口访问即时聊天平台的截图，并把截图命名为 **4-3-3cce-ims**。

【解析】

1. 创建工作负载 ims-ict。

a）登录华为云控制台，访问“云容器引擎 CCE”服务。

b）在 ict-cce 集群中，单击“创建工作负载”。

c）选择负载类型为“无状态负载”，并按照需求填写负载名称，如图 4-174 所示。

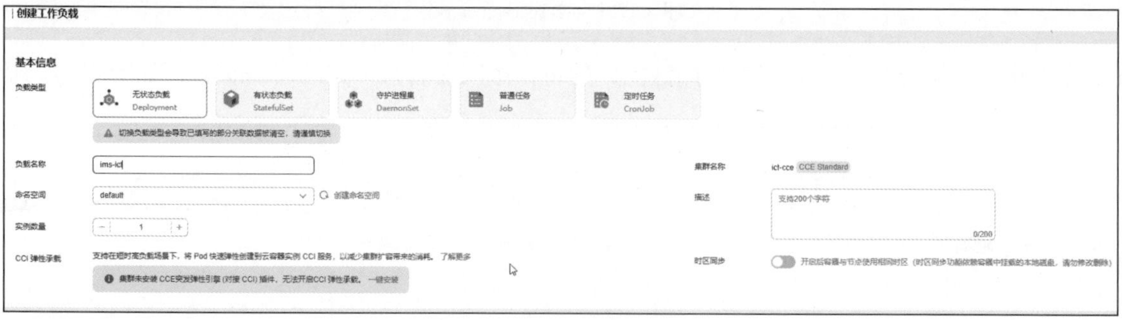

图 4-174　填写负载名称

d）配置容器，选择从 SWR 拉取的容器镜像，如图 4-175 所示。

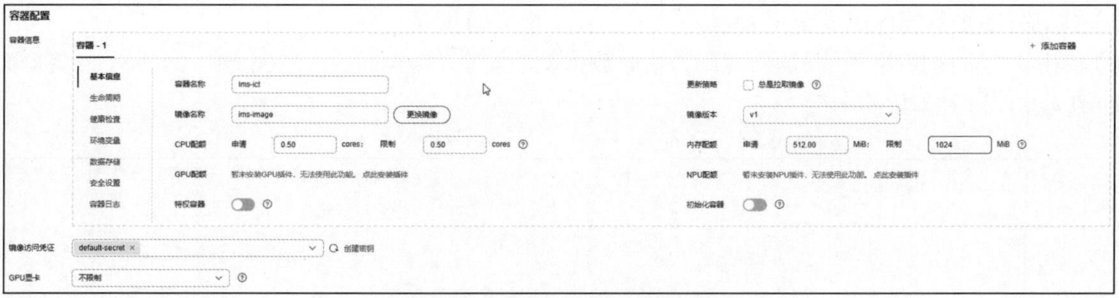

图 4-175 配置工作负载容器信息

e）创建服务，设置 Service 名称、访问类型、负载均衡器和端口配置，如图 4-176 所示。

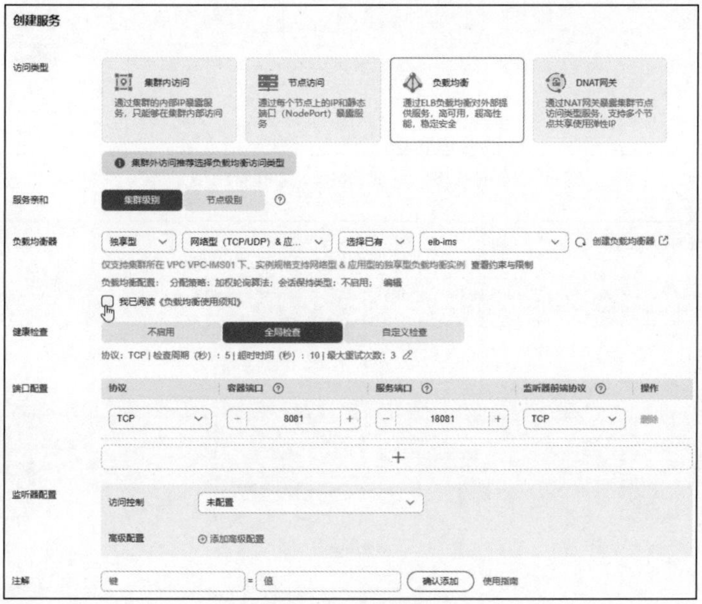

图 4-176 创建服务

f）完成配置后，创建工作负载，创建完成如图 4-177 所示。

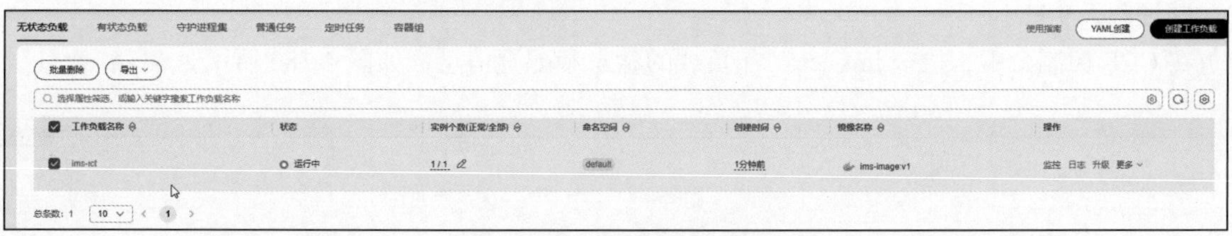

图 4-177 工作负载创建完成

2. 修改数据库的安全组 sg-data。

a）登录华为云控制台，访问“虚拟私有云 VPC”服务。

b）找到并单击数据库的安全组 sg-data，进入安全组详情页面。

c）单击“入方向规则 ”，添加新规则，放通数据库的安全组 sg-data 的 3306 端口给 ice-cce 集群容器网段，如图 4-178 和图 4-179 所示。

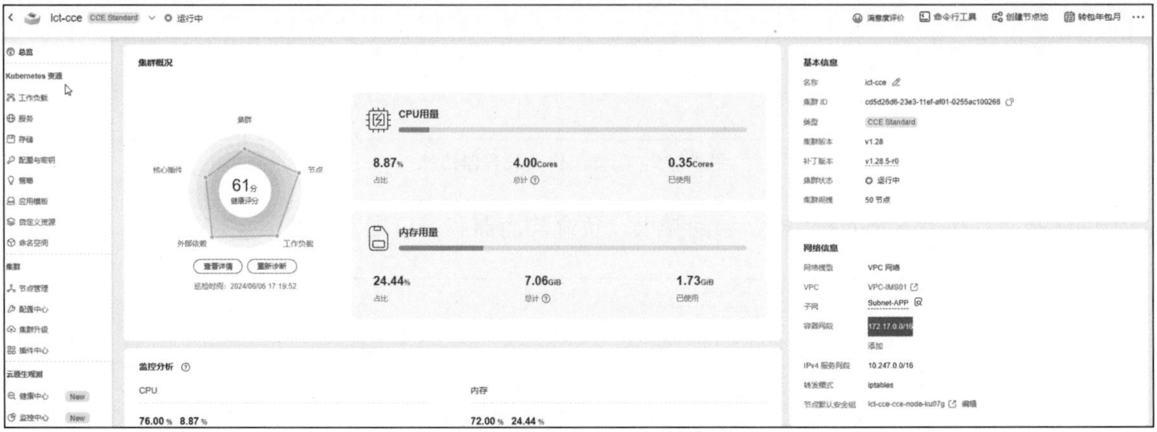

图 4-178　查看 ice-cce 集群安全组

图 4-179　为数据库的安全组 sg-data 添加入方向规则

d）完成配置后，保存更改。

3. 验证聊天功能。

a）在 CCE 控制台中，检查 ims-ict 工作负载的状态和配置信息，如图 4-180 所示。

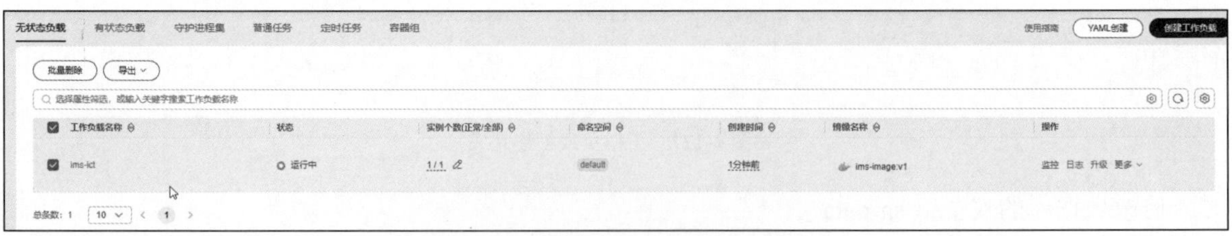

图 4-180　检查 ims-ict 工作负载的状态和配置信息

b）使用 elb-ims 弹性负载均衡实例的弹性公网 IP 和 18081 端口访问即时交流平台，进行聊天功能验证，如图 4-181 所示。

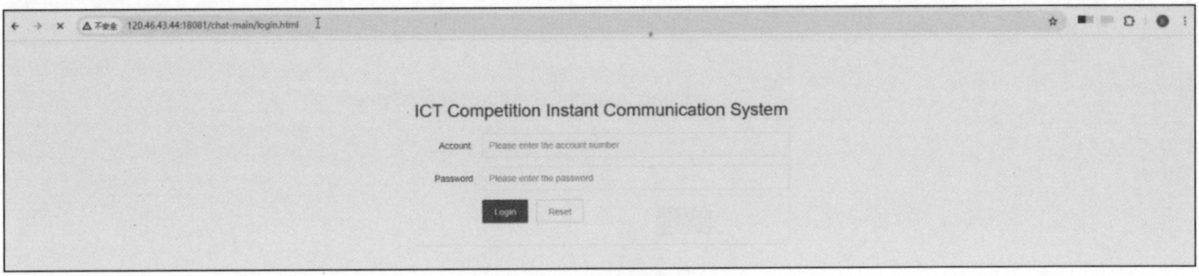

图 4-181　访问即时聊天平台

c）保存 ims-ict 工作负载详情页面的截图，并将该截图命名为“4-3-1ims-ict”，如图 4-182 所示。

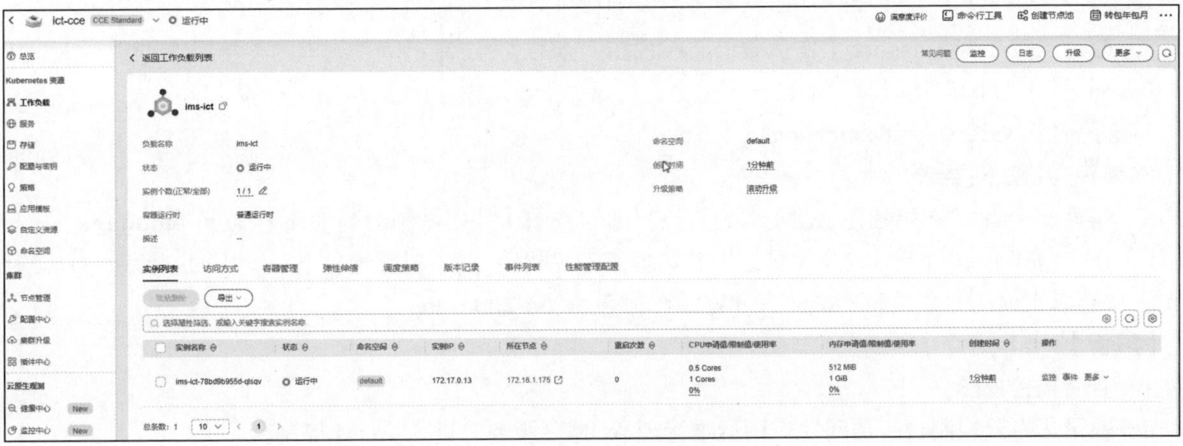

图 4-182　4-3-1ims-ict

d）保存数据库的安全组 sg-data 入方向规则的截图，并将该截图命名为“4-3-2sg-data”，如图 4-183 所示。

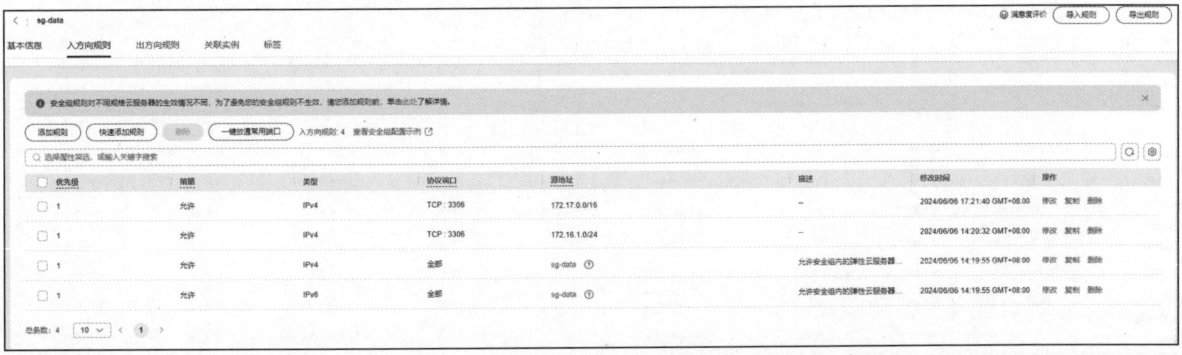

图 4-183　4-3-2sg-data

e）保存通过 elb-ims 弹性负载均衡实例的弹性公网 IP 和 18081 端口访问即时交流平台的截图，并将该截图命名为“4-3-3cce-ims”，如图 4-184 所示。

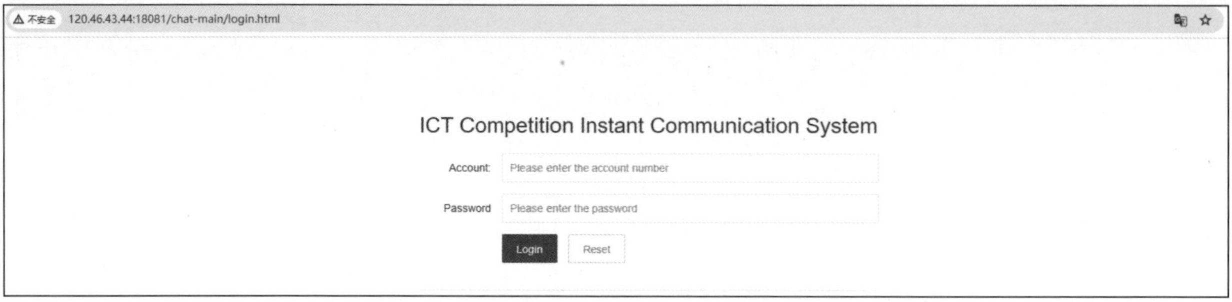

图 4-184　4-3-3cce-ims

考点 4：使用 AOM 对容器应用进行监控运维

要求：

a. 通过 AOM 查看 ims-ict 工作负载的监控视图，查看 CPU 使用率及物理内存使用率。

b. 通过 AOM 配置即时聊天平台日志采集，并通过日志搜索功能对日志进行搜索。

日志路径：/var/log/application.log。

结果保存，截图要求：

a. 保存 ims-ict 工作负载在 AOM 上的监控视图的截图，并把截图命名为 **4-4-1aom-monitor**；

b. 在 AOM 控制台下，选择“日志→日志搜索→主机”，在主机页面任选一个即时交流平台所使用的容器，保存该页面的日志信息的截图，并将截图命名为 **4-4-2aom-log**。

【解析】

1. 查看监控视图。

a）登录华为云控制台，访问“应用运维管理 AOM”服务，进入 AOM 控制台。

b）在 AOM 控制台中，选择“监控”模块，找到并单击 ims-ict 工作负载，如图 4-185 所示。

图 4-185　找到并单击 ims-ict 工作负载

c）查看监控视图，关注 CPU 使用率和物理内存使用率等关键指标，如图 4-186 所示。

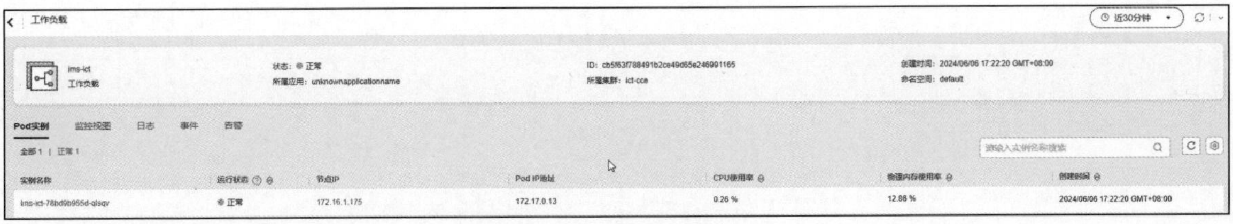

图 4-186　查看监控视图

2. 配置日志采集与搜索。

a）在 AOM 控制台中，选择“日志”模块。

b）配置日志采集，添加采集规则，指定日志路径为/var/log/application.log。

c）完成配置后，如图 4-187 所示。

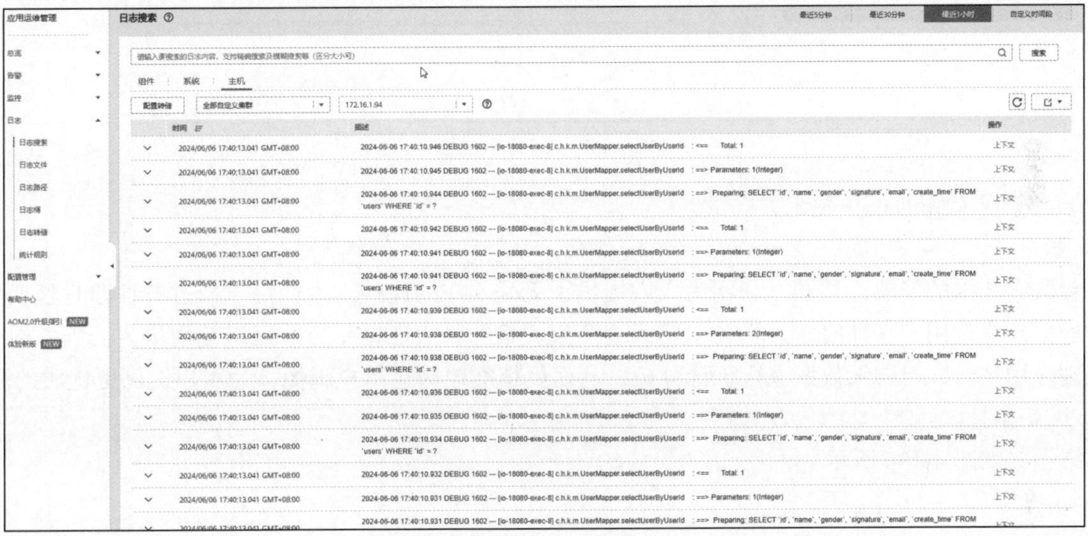

图 4-187　搜索并查看主机日志

d）保存 ims-ict 工作负载在 AOM 上的监控视图的截图，并将该截图命名为“4-4-1aom-monitor”，如图 4-188 所示。

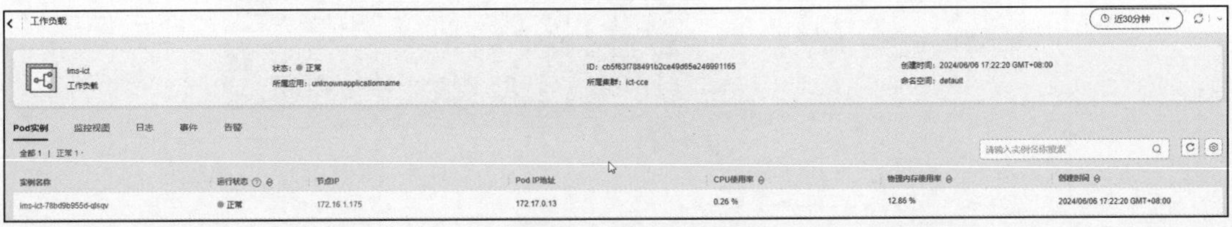

图 4-188　4-4-1aom-monitor

e）在 AOM 控制台下，选择“日志→日志搜索→主机”，在主机页面任选一个即时交流平台所使用的容器，保存该页面的日志信息的截图，并将该截图命名为“4-4-2aom-log”，如图 4-189 所示。

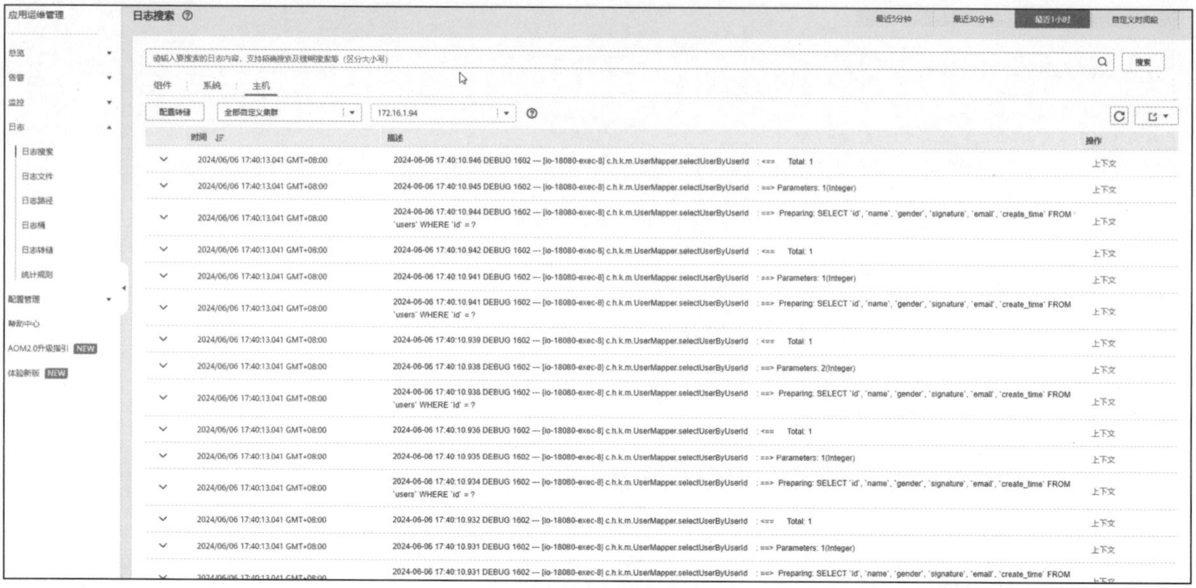

图 4-189　4-4-2aom-log

（2）大数据（BigData）技术方向试题

① 场景。

随着数字技术的发展，移动互联网为人们提供了无处不在的连接。人们可以通过各种即时聊天平台进行即时通信。海量用户在即时聊天平台上聊天会产生大量的聊天数据，企业可以使用华为云服务构建企业数据处理应用平台，对聊天数据进行统计分析，从而更精准地构建用户画像，为用户提供更优质的服务。

② 网络拓扑。

网络拓扑如图 4-190 所示。

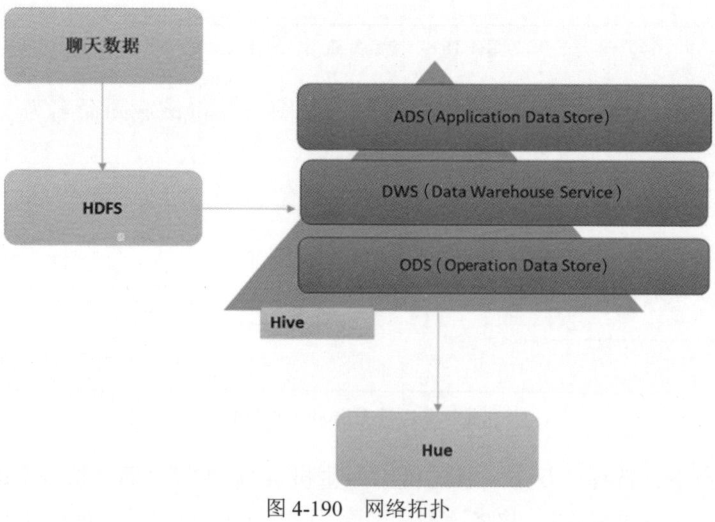

图 4-190　网络拓扑

③ 数据格式说明。

本题采用的数据集为 chat_data.csv。聊天数据包含消息发送时间、发送人昵称、发送人账号、接收人昵称、接收人账号等。

以下是部分聊天数据的日志文件。

```
    2023/1/1 22:17,name,13029397618,male,148.208.93.37,Android 7.0,Apple iPhone 10,5G,100.297355
24.206808,rachel,2.161.227.209,18089497294,Android 6.0,Apple iPhone 12,4G,85.285161
44.766257 ,male,TEXT,84.67KM
    2023/1/1 1:23,daoyu,17610678005,female,148.40.161.120,Android 8.0,Apple iPhone XR,4G,96.912252
36.545032,monica,148.128.229.191,13327625602,Android 6.0,Apple iPhone 8,4G,116.266209
26.148783 ,female,TEXT,56.08KM
    2023/1/1 13:35,vbmeo,17893754185,male,75.77.195.90,IOS 12.0, huawei honor9X,4G,96.912252
36.545032,efluah,248.70.108.228,18362294953,IOS 12.0,Apple iPhone 8,4G,126.274338
47.52752 ,female,TEXT,49.24KM
```

以上一行内容就是一条聊天数据，不同字段以逗号进行分隔。具体来看，以上聊天数据包含的字段，就是 Hive 数仓的 ODS 层中 ods_msg 表的字段，如表 4-7 所示。

表 4-7　聊天数据包含的字段

字段名称	字段含义
msg_time	消息发送时间
sender_name	发送人昵称
sender_account	发送人账号
sender_sex	发送人性别
sender_ip	发送人 IP 地址
sender_os	发送人操作系统
sender_phonetype	发送人手机型号
sender_network	发送人网络类型
sender_gps	发送人的 GPS 定位
receiver_name	接收人昵称
receiver_ip	接收人 IP 地址
receiver_account	接收人账号
receiver_os	接收人操作系统
receiver_phonetype	接收人手机型号
receiver_network	接收人网络类型
receiver_gps	接收人的 GPS 定位
receiver_sex	接收人性别
msg_type	消息类型
distance	双方距离

④ 考试资源。

- 实验环境：实验环境需要考生根据试题要求在华为云自行搭建。推荐选择华北-北京四或华东-上海一区域。
- 云资源：请考生根据表 4-8 进行云资源购买、命名、密码设置。

表 4-8　云资源

云资源	版本	说明
MRS	MRS 3.1.0	Login password：密码自行设置
Elastic IP Address（EIP）and Bandwidth		EIP

- 考试工具如表 4-9 所示。

表 4-9　考试工具

软件包	说明
MobaXterm	远程登录工具

- 实验数据如表 4-10 所示。

表 4-10　实验数据

数据集	说明
chat_data.csv	实验数据

⑤ 试题。

实验任务如下。

实验中所有步骤单独计分，请合理安排考试时间。

任务 1：MRS 购买（30 分）

考点 1：环境搭建

要求：

在华为云官网（推荐使用华为-北京四或华东-上海一区域）购买 MRS。

a. 软件配置。

a）购买类型：自定义购买。

b）计费模式：按需计费。

c）集群名称：自定义。

d）集群类型：自定义。

e）版本类型：普通版。

f）集群版本：MRS 3.1.0。

g）组件选择：勾选 Hadoop 、Hive 、Hue 、ZooKeeper 、Ranger 、Tez。

h）其余默认（均选择默认选项即可）。

b. 硬件配置。

a）虚拟私有云：自行创建。

b）安全组：一键放通出口和入口。

c）弹性公网 IP：按需计费、按带宽计费（5 Mbit/s）。

d）其余默认。

c. 高级配置。

a）关闭 Kerberos 认证。

b）密码：自行设置。

c）开启通信安全授权。

d）其余默认。

结果保存，截图要求：

将软件配置、硬件配置及高级配置页面分别截图并保存，将该截图分别命名为 1-1-1conf-soft、1-1-2conf-hard、1-1-3conf-ad。

【解析】

1. 在购买 MRS 之前先购买弹性公网 IP，如图 4-191 所示。弹性公网 IP 的配置如图 4-192 所示。

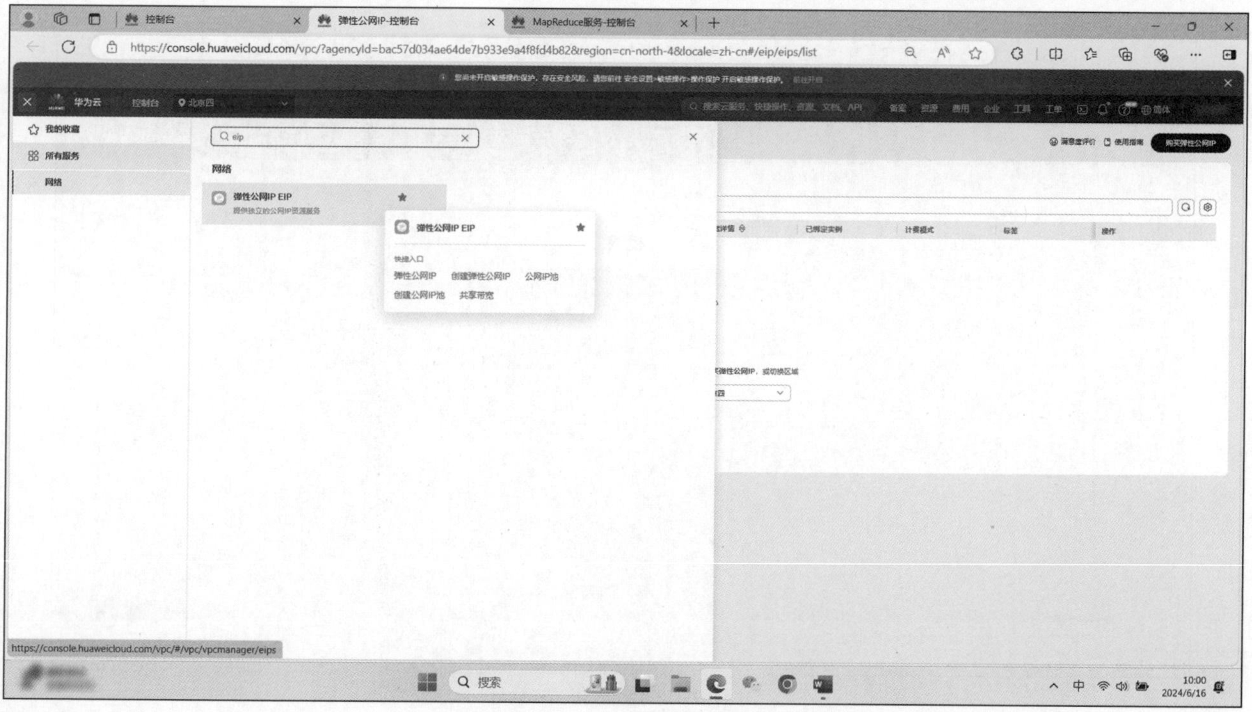

图 4-191 购买弹性公网 IP

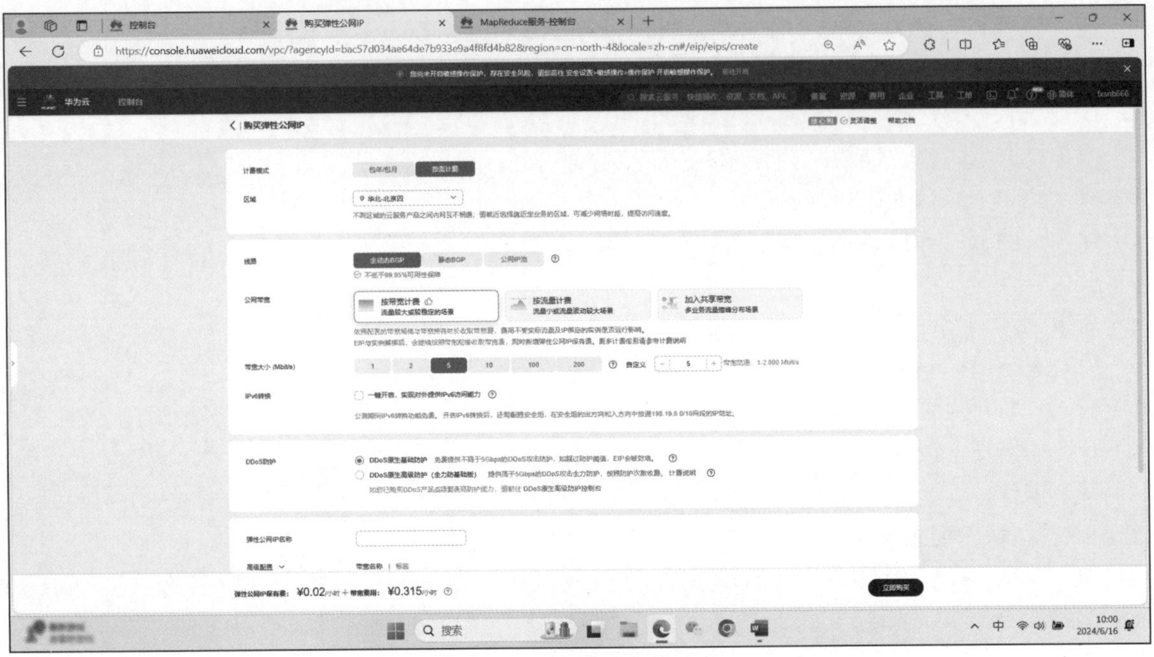

图 4-192　弹性公网 IP 的配置

2. 在填写 MRS 购买的高级配置时需要关闭 Kerberos 认证，如图 4-193 所示。

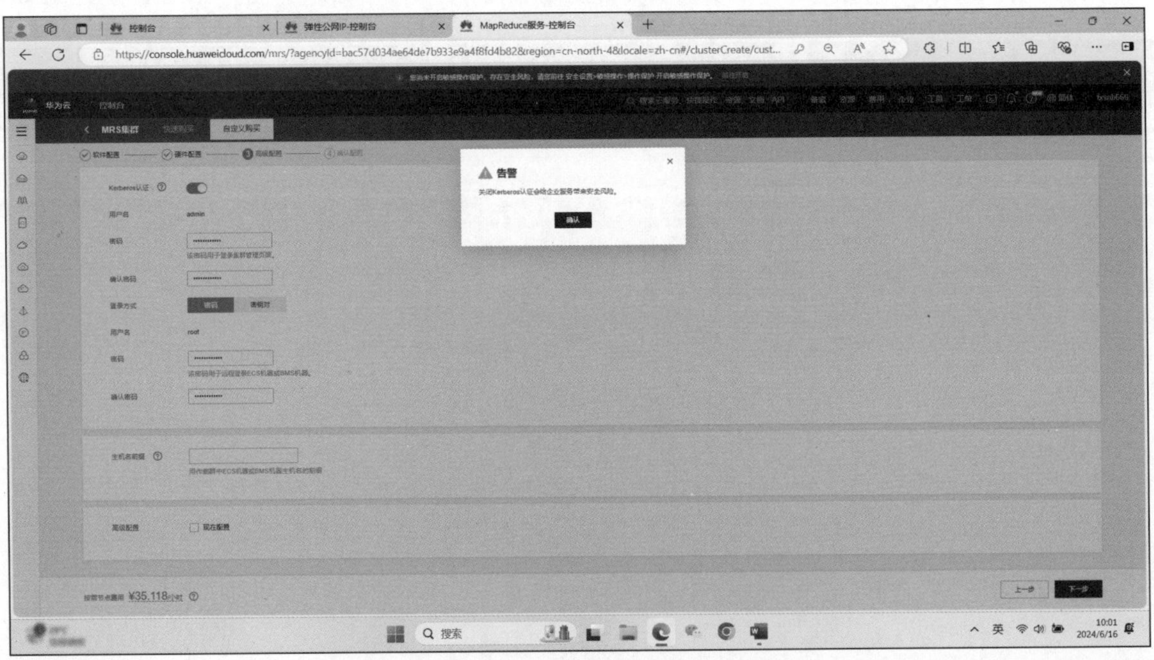

图 4-193　关闭 Kerberos 认证

3. 将软件配置、硬件配置及高级配置页面分别截图并保存，将该截图分别命名为“1-1-1conf-soft”“1-1-2conf-hard”“1-1-3conf-ad”，如图 4-194、图 4-195、图 4-196 所示。

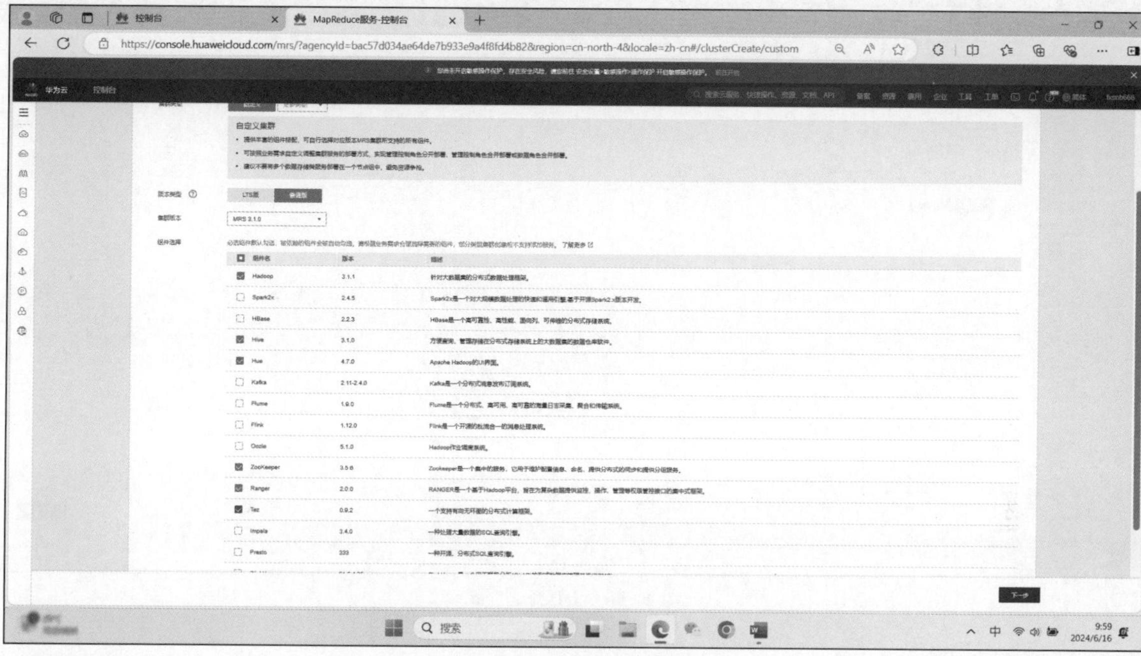

图 4-194　1-1-1conf-soft

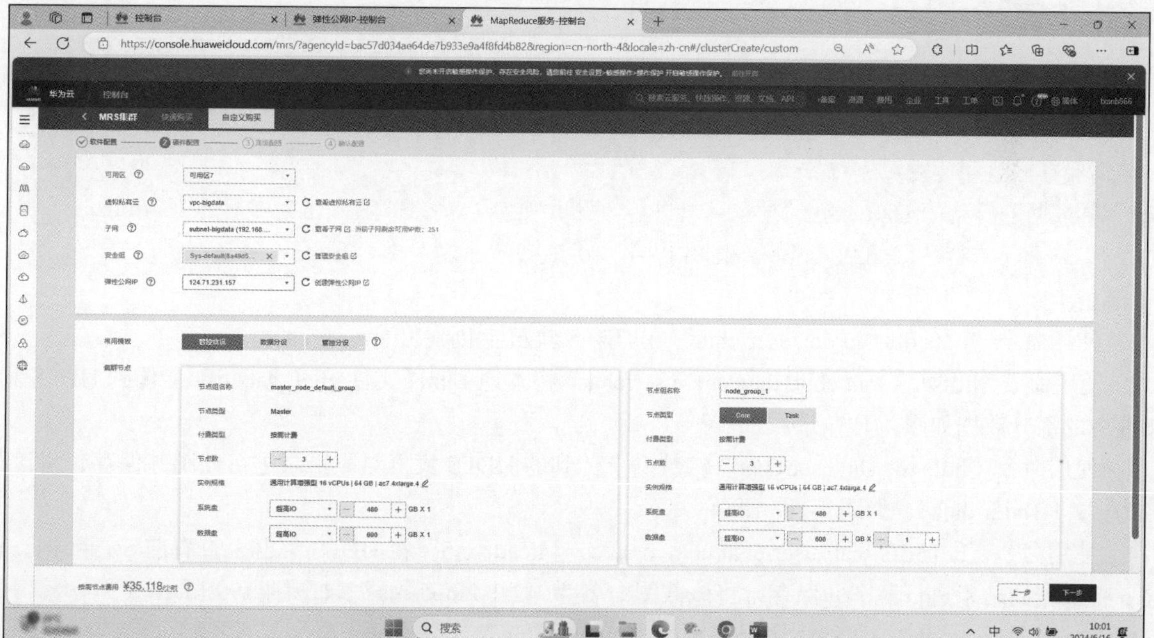

图 4-195　1-1-2conf-hard

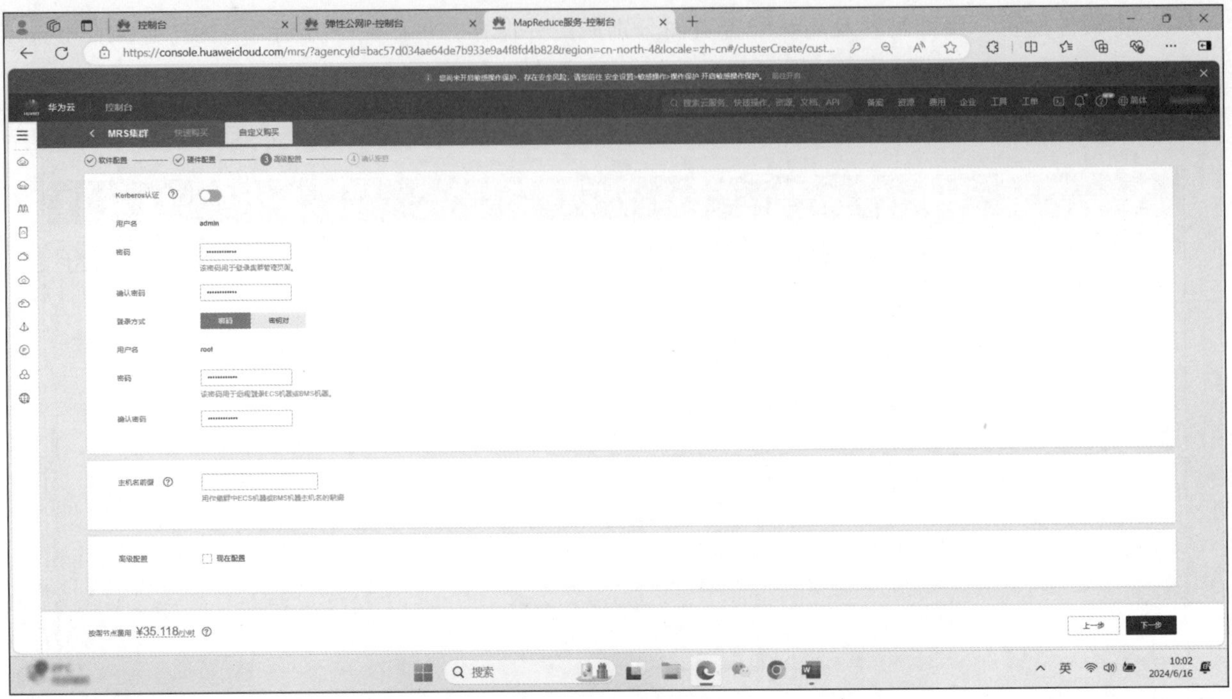

图 4-196　1-1-3conf-ad

任务 2：数据上传（20 分）

考点 1：数据上传

要求：

a. 将 chat_data.csv 上传到 HDFS 集群中的/user/chat 目录下。

b. 上传完成后，查看前 5 行数据。

结果保存，截图要求：

a. 将数据上传到的 HDFS 集群对应目录进行截图并保存，将该截图命名为 **2-1-1hdfs-data**；

b. 将查看前 5 行数据的结果进行截图并保存，将该截图命名为 **2-1-2top5-res**。

【解析】

1. 使用命令“hdfs dfs -mkdir /user/chat”在 HDFS 集群上创建目录/user/chat。

2. 使用命令“hdfs dfs -put chat_data.csv /user/chat”将本地 Linux 文件 chat_data.csv 上传到 HDFS 集群。该文件中的部分数据如图 4-197 所示。

3. 使用命令“hdfs dfs -ls /user/chat”将数据上传到的 HDFS 集群对应目录进行截图并保存，将该截图命名为“2-1-1hdfs-data”，如图 4-198 所示。

4. 使用命令“hdfs dfs -cat /user/chat/chat_data.csv | head -n 5”在 HDFS 集群上查看前 5 行数据，将查看前 5 行数据的结果进行截图并保存，将该截图命名为“2-1-2top5-res”，如图 4-199 所示。

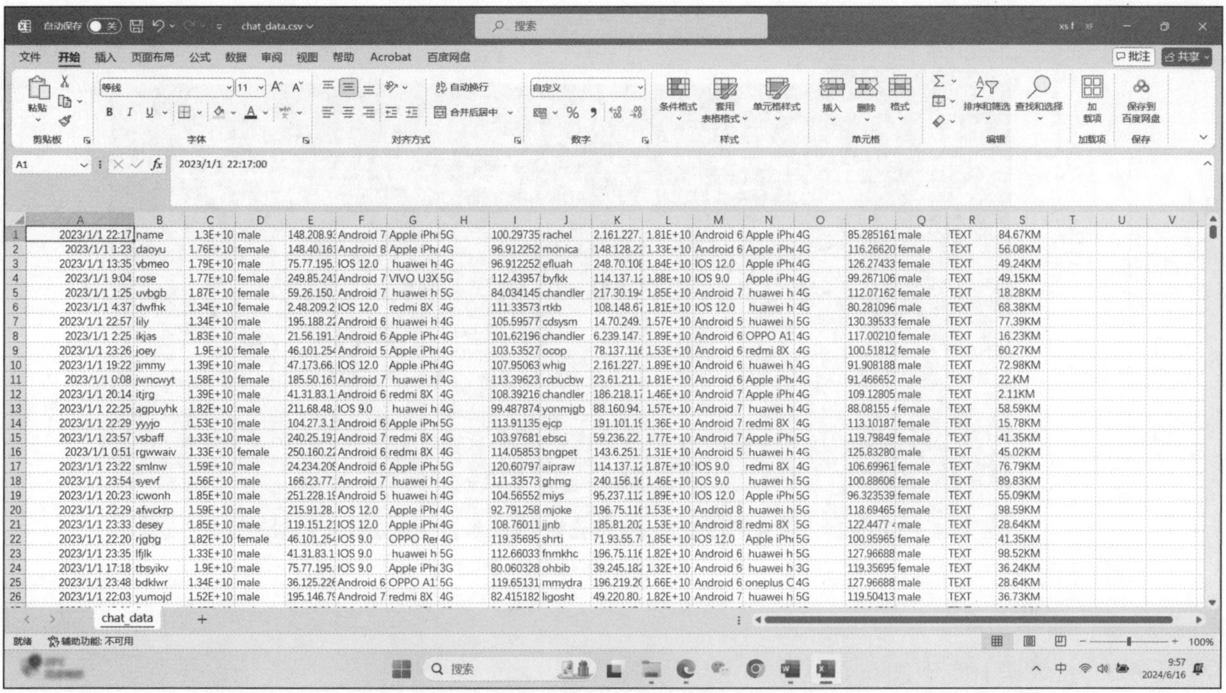

图 4-197　chat_data.csv 中的部分数据

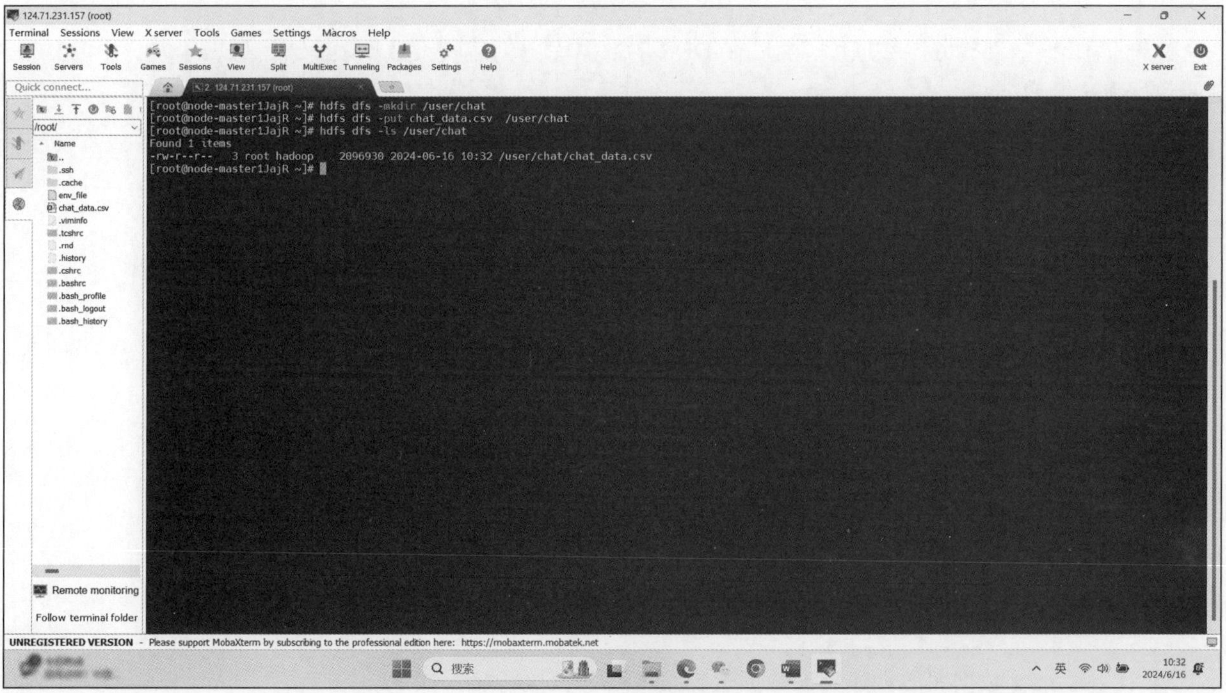

图 4-198　2-1-1hdfs-data

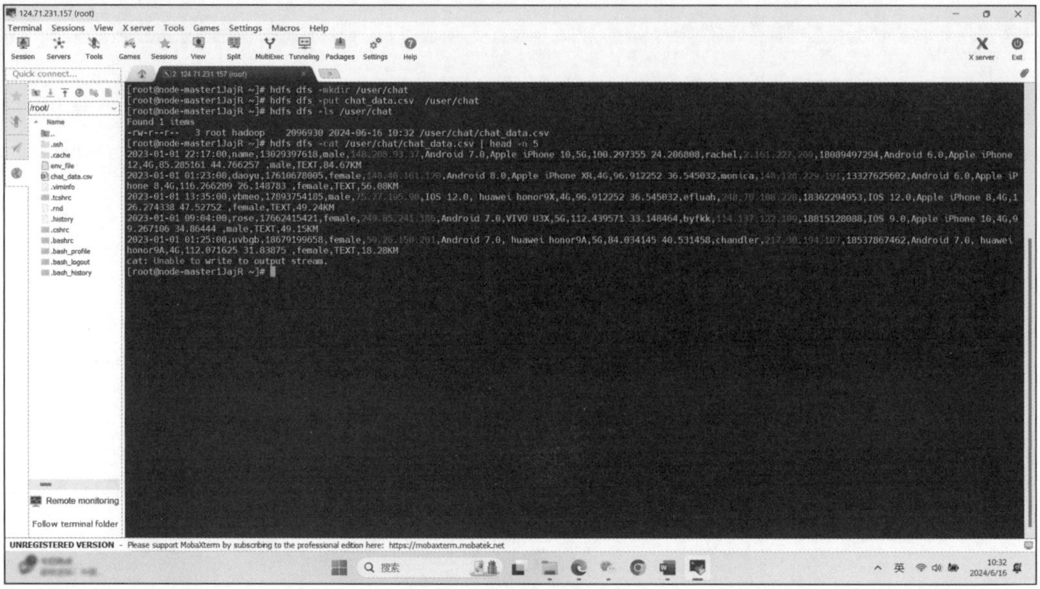

图 4-199　2-1-2top5-res

任务 3：将数据上传至 Hive（30 分）

考点 1：创建数据表

要求：

首先在 Hive 中创建分层数据库，然后在 ODS 层数据库中创建聊天数据表（结构见表 4-7），并将 HDFS 中的数据上传至 Hive。

a）数据库名称：ods_msg、dws_msg、ads_msg。

b）聊天数据表名称：msg_source。

结果保存，截图要求：

a. 查看 HDFS 集群中所有的数据库，将其截图并保存，将该截图命名为 **3-1-1database-all**；

b. 查看创建的聊天数据表的结构，将其截图并保存，将该截图命名为 **3-1-2table-format**；

c. 查看导入的前 5 行数据，将其截图并保存，将该截图命名为 **3-1-3top5-import**。

【解析】

1. 根据题意创建 3 个数据库。

a）在 Linux 系统页面下使用“beeline”命令进入 Hive。

b）在 Hive 内创建 3 个数据库，执行命令如下。

```
create database if not exists ods_msg;
create database if not exists dws_msg;
create database if not exists ads_msg;
```

2. 在 ods_msg 数据库内创建聊天数据表 msg_source，执行命令如下。

```
use ods_msg;
```

```
create table if not exists ods_msg.msg_source(
msg_time string,
sender_name string,
sender_account string,
sender_sex string,
sender_ip string,
sender_os string,
sender_phonetype string,
sender_network string,
sender_gps string,
receiver_name string,
receiver_ip string,
receiver_account string,
receiver_os string,
receiver_phonetype string,
receiver_network string,
receiver_gps string,
receiver_sex string,
msg_type string,
distance string)
row format delimited fields terminated by ',' stored as textfile;
```

3. 按“Ctrl+C”键，退出 Hive。

4. 将数据从 HDFS 传到 Hive 在 HDFS 的映射路径里，执行命令如下。

```
hdfs dfs -cp /user/chat/chat_data.csv /user/hive/warehouse/ods_msg.db/msg_source
```

5. 使用“beeline”命令进入 Hive。

6. 使用命令“show databases;”查看 Hive 中所有的数据库，将其截图并保存，将该截图命名为“3-1-1database-all”，如图 4-200 所示。

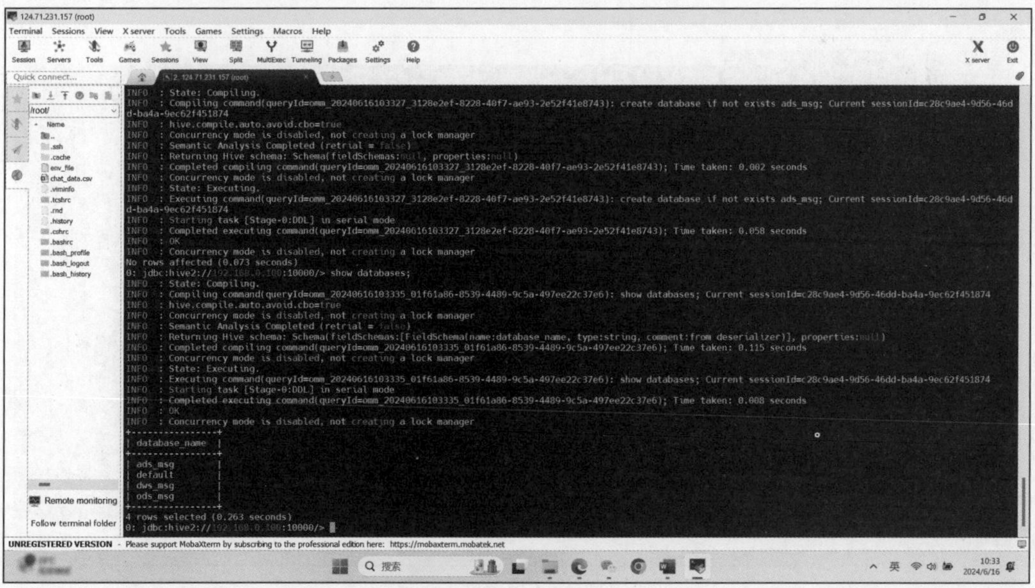

图 4-200 3-1-1database-all

7. 使用命令“desc formatted msg_source;”查看创建的聊天数据表的结构，将其截图并保存，将该截图命名为“3-1-2table-format”，如图 4-201 所示。

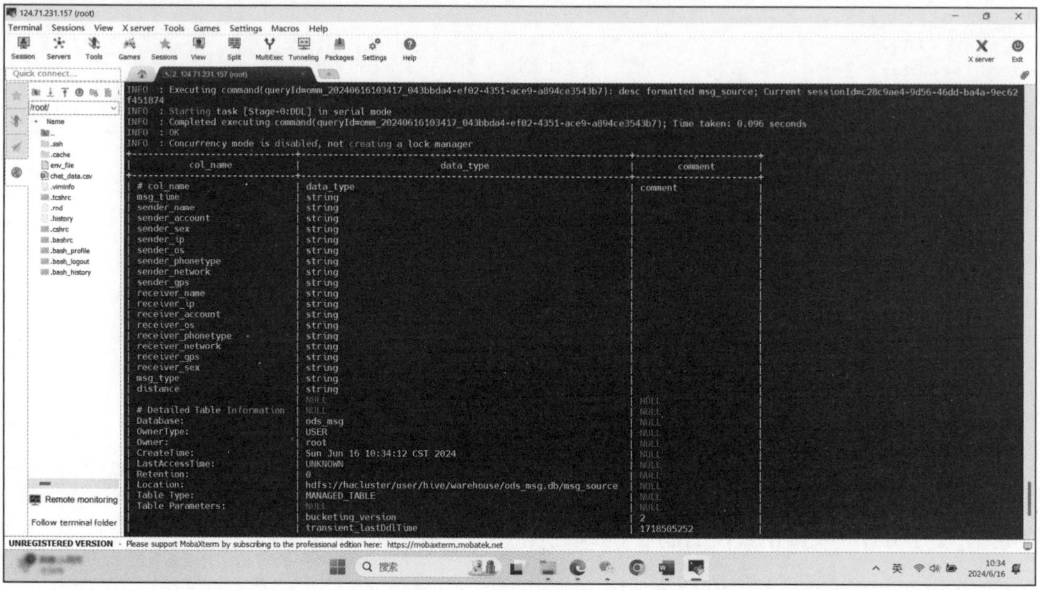

图 4-201　3-1-2table-format

8. 使用命令“select * from ods_msg.msg_source limit 5;”查看导入的前 5 行数据，将其截图并保存，将该截图命名为“3-1-3top5-import”，如图 4-202 所示。

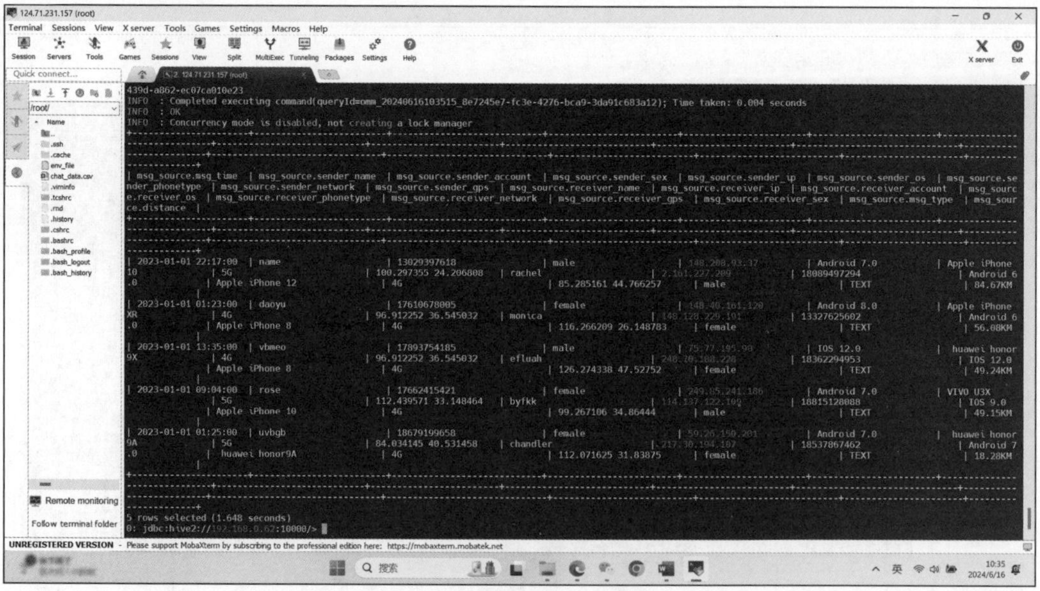

图 4-202　3-1-3top5-import

任务 4：数据 ETL 清洗操作（30 分）

考点 1：数据 ETL 清洗

要求：

首先对发送人和接收人的 GPS 定位字段为空的数据进行过滤，然后通过消息发送时间字段构建天（格式为 yyyy-MM-dd）和小时字段，并从发送人和接收人的 GPS 定位字段的经纬度中提取经度和纬度数据，最后将经过数据 ETL 清洗操作得到的结果保存到 DWS 层中一张新的 Hive 表中。

新的 Hive 表名称：msg_etl。

结果保存，截图要求：

查看新的 Hive 表的前 5 行数据，将其截图并保存，将该截图命名为 **4-1-1msg-etl**。

【解析】

1. 创建新的 Hive 表 msg_etl，执行命令如下。

```
CREATE TABLE IF NOT EXISTS dws_msg.msg_etl(
msg_time string,
sender_name string,
sender_account string,
sender_sex string,
sender_ip string,
sender_os string,
sender_phonetype string,
sender_network string,
sender_longitude string,
sender_latitude string,
receiver_name string,
receiver_ip string,
receiver_account string,
receiver_os string,
receiver_phonetype string,
receiver_network string,
receiver_longitude string,
receiver_latitude string,
receiver_sex string,
msg_type string,
distance string)
ROW FORMAT DELIMITED FIELDS TERMINATED BY ',' STORED AS TEXTFILE;
```

2. 将原始表 msg_source 的数据清洗后得到的结果保存到新的 Hive 表 msg_etl 中，执行命令如下。

```
INSERT INTO dws_msg.msg_etl
SELECT
    msg_time,
    sender_name,
    sender_account,
    sender_sex,
    sender_ip,
    sender_os,
    sender_phonetype,
    sender_network,
    split(sender_gps, ',')[0] AS sender_longitude,
    split(sender_gps, ',')[1] AS sender_latitude,
```

```
        receiver_name,
        receiver_ip,
        receiver_account,
        receiver_os,
        receiver_phonetype,
        receiver_network,
        split(receiver_gps, ',')[0] AS receiver_longitude,
        split(receiver_gps, ',')[1] AS receiver_latitude,
        receiver_sex,
        msg_type,
        distance
    FROM
    ods_msg.msg_source
    WHERE sender_gps != '' AND receiver_gps != '';
```

3. 使用命令“select * from dws_msg.msg_etl limit 5;”查看新的 Hive 表的前 5 行数据，将其截图并保存，将该截图命名为“4-1-1msg-etl”，如图 4-203 所示。

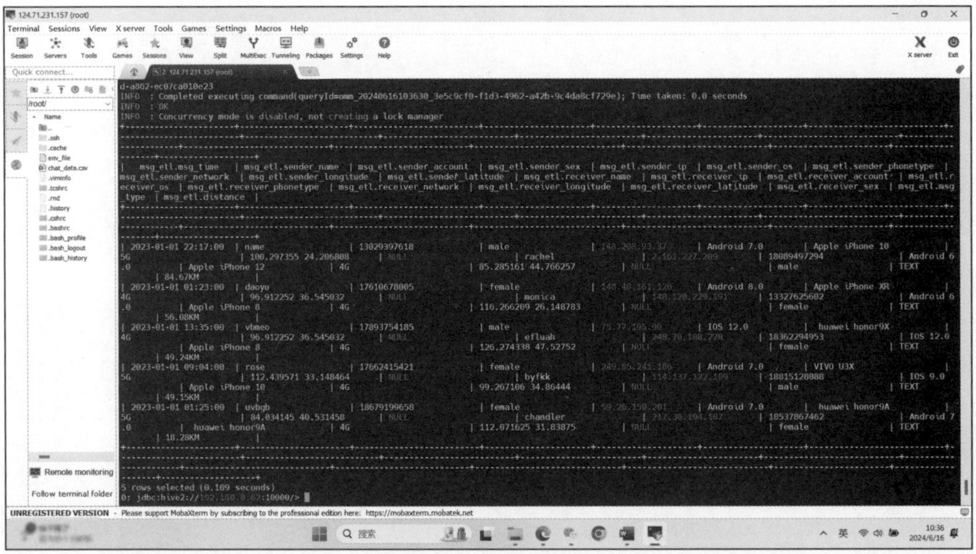

图 4-203　4-1-1msg-etl

任务 5：指标计算（50 分）

考点 1：数据指标计算

要求：

根据新的 Hive 表进行如下指标的统计，并将统计结果汇总到 ADS 层中的新表中。

a. 按日期统计每天的总消息量，表名称：msg_cnt。

b. 每小时的总消息量、发送消息量和接收人数，表名称：msg_hour_cnt。

c. 2023 年 1 月 1 日的发送和接收人数，表名称：msg_usr_cnt。

d. 发送消息量 Top10 的发送人，表名称：msg_usr_top10。

e. 发送人手机型号分布，表名称：msg_sender_phone。

结果保存，截图要求：

a. 查看每天的总消息量，将其截图并保存，将该截图命名为 **5-1-1msg-cnt**；

b. 查看每小时的总消息量、发送消息量和接收人数，将其截图并保存，将该截图命名为 **5-1-2-msg-hour**；

c. 查看 2023 年 1 月 1 日的发送和接收人数，将其截图并保存，将该截图命名为 **5-1-3msg-usr**；

d. 查看发送消息量 Top10 的发送人，将其截图并保存，将该截图命名为 **5-1-4msg-top10**；

e. 查看发送人手机型号分布，将其截图并保存，将该截图命名为 **5-1-5msg-phone**。

【解析】

1. 使用"use ads_msg;"命令进入 ads_msg 数据库。

2. 根据表 msg_etl 的数据，按日期统计每天的总消息量，并将统计结果汇入新表 msg_cnt 中。

a）根据题目要求创建表 msg_cnt，执行命令如下。

```
CREATE TABLE IF NOT EXISTS msg_cnt (
    msg_day STRING,
    total_msg_count INT
)
ROW FORMAT DELIMITED
FIELDS TERMINATED BY '\t'
STORED AS TEXTFILE;
```

b）根据题目要求进行数据统计，执行命令如下。

```
INSERT INTO ads_msg.msg_cnt
SELECT
    from_unixtime(unix_timestamp(msg_time,'yyyy-MM-dd HH:mm:ss'), 'yyyy-MM-dd') AS msg_day,
    COUNT(*) AS total_msg_count
FROM
    dws_msg.msg_etl
GROUP BY
    from_unixtime(unix_timestamp(msg_time,'yyyy-MM-dd HH:mm:ss'), 'yyyy-MM-dd');
```

3. 根据表 msg_etl 的数据，进行对每小时的总消息量、发送消息量和接收人数的统计，并将统计结果汇入新表 msg_hour_cnt 中。

a）根据题目要求创建表 msg_hour_cnt，执行命令如下。

```
CREATE TABLE IF NOT EXISTS ads_msg.msg_hour_cnt (
    etl_date STRING,
    etl_hour STRING,
    msg_count INT,
    send_count INT,
    receiver_count INT
)
ROW FORMAT DELIMITED
FIELDS TERMINATED BY '\t'
STORED AS TEXTFILE;
```

b）根据题目要求进行数据统计。由于 msg_etl 表的 msg_time 格式是 yyyy-MM-dd HH:mm:ss，所以需要对它使用 from_unixtime()和 unix_timestamp()函数进行拆分，执行命令如下。

```
INSERT INTO ads_msg.msg_hour_cnt
```

```
SELECT
    from_unixtime(unix_timestamp(msg_time, 'yyyy-MM-dd HH:mm:ss'), 'yyyy-MM-dd') AS etl_date,
    from_unixtime(unix_timestamp(msg_time, 'yyyy-MM-dd HH:mm:ss'), 'HH') AS etl_hour,
    COUNT(*) AS msg_count,
    COUNT(DISTINCT sender_account) AS send_count,
    COUNT(DISTINCT receiver_account) AS receiver_count
FROM
    dws_msg.msg_etl
GROUP BY
    from_unixtime(unix_timestamp(msg_time, 'yyyy-MM-dd HH:mm:ss'), 'yyyy-MM-dd'),
    from_unixtime(unix_timestamp(msg_time, 'yyyy-MM-dd HH:mm:ss'), 'HH');
```

4. 根据表 msg_etl 的数据，进行对 2023 年 1 月 1 日的发送和接收人数的统计，并将统计结果汇入新表 msg_usr_cnt 中。

a）根据题目要求创建表 msg_usr_cnt，执行命令如下。

```
CREATE TABLE IF NOT EXISTS ads_msg.msg_usr_cnt(
msg_day string,
send_user_count bigint,
receive_user_count bigint)
ROW FORMAT DELIMITED FIELDS TERMINATED BY ',' STORED AS TEXTFILE;
```

b）根据题目要求进行数据统计，执行命令如下。

```
INSERT INTO ads_msg.msg_usr_cnt
SELECT
    '2023-01-01' AS msg_day,
    COUNT(DISTINCT sender_account) AS send_user_count,
    COUNT(DISTINCT receiver_account) AS receive_user_count
FROM
    dws_msg.msg_etl
WHERE
    msg_time >= '2023-01-01 00:00:00' AND msg_time < '2023-01-02 00:00:00';
```

5. 根据表 msg_etl 的数据，进行对发送消息量 Top10 的发送人的统计，并将统计结果汇入新表 msg_usr_top10 中。

a）根据题目要求创建表 msg_usr_top10，执行命令如下。

```
CREATE TABLE IF NOT EXISTS msg_usr_top10 (
    sender_name STRING,
    msg_count INT
)
ROW FORMAT DELIMITED
FIELDS TERMINATED BY '\t'
STORED AS TEXTFILE;
```

b）根据题目要求进行数据统计，执行命令如下。

```
INSERT INTO ads_msg.msg_usr_top10
SELECT
    sender_name,
    COUNT(*) AS msg_count
FROM
```

```
    dws_msg.msg_etl
GROUP BY
    sender_name
ORDER BY
    msg_count DESC
LIMIT 10;
```

6．根据表 msg_etl 的数据，进行对发送人手机型号分布的统计，并将统计结果汇入新表 msg_sender_phone 中。

a）根据题目要求创建表 msg_sender_phone，执行命令如下。

```
CREATE TABLE IF NOT EXISTS msg_sender_phone (
sender_phonetype string,
phonetype_count int
)
ROW FORMAT DELIMITED
FIELDS TERMINATED BY '\t'
STORED AS TEXTFILE;
```

b）根据题目要求进行数据统计，执行命令如下。

```
INSERT INTO TABLE msg_sender_phone
SELECT
    sender_phonetype,
    COUNT(*)
FROM
    dws_msg.msg_etl
GROUP BY
    sender_phonetype;
```

7．使用命令“select * from ads_msg.msg_msg_cnt;” 查看每天的总消息量，将其截图并保存，将该截图命名为“5-1-1msg-cnt”，如图 4-204 所示。

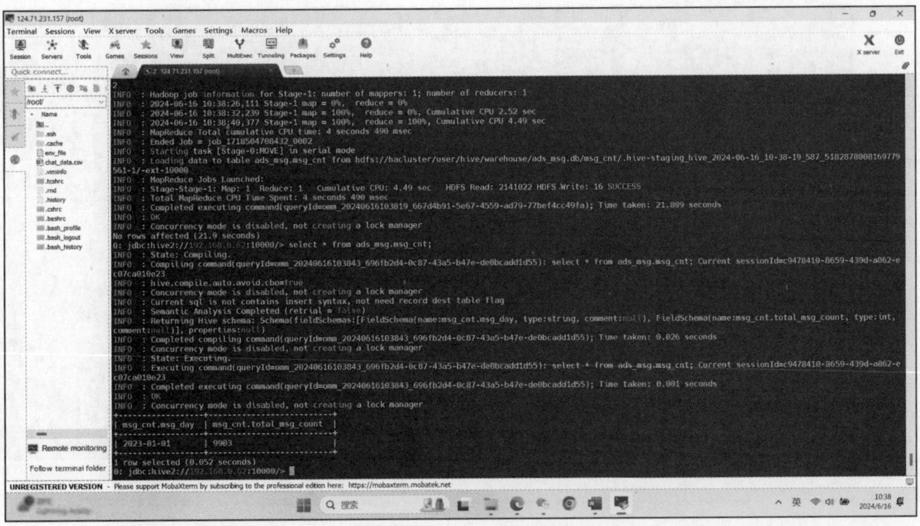

图 4-204　5-1-1msg-cnt

使用命令“select * from ads_msg.msg_hour_cnt;”查看每小时的总消息量、发送消息量和接收人数，将其截图并保存，将该截图命名为“5-1-2-msg-hour”，如图 4-205 所示。

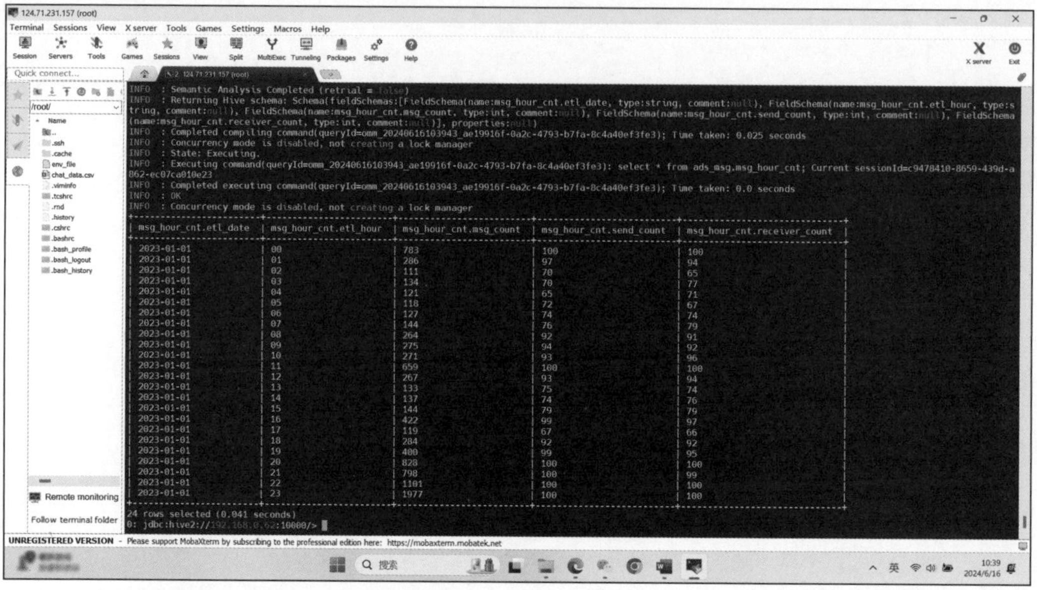

图 4-205　5-1-2-msg-hour

使用命令“select * from ads_msg.msg_usr_cnt;”查看 2023 年 1 月 1 日的发送和接收人数，将其截图并保存，将该截图命名为“5-1-3msg-usr”，如图 4-206 所示。

图 4-206　5-1-3msg-usr

使用命令“select * from ads_msg.msg_usr_top10;”查看发送消息量 Top10 的发送人，将其截图并保存，将该截图命名为“5-1-4msg-top10”，如图 4-207 所示。

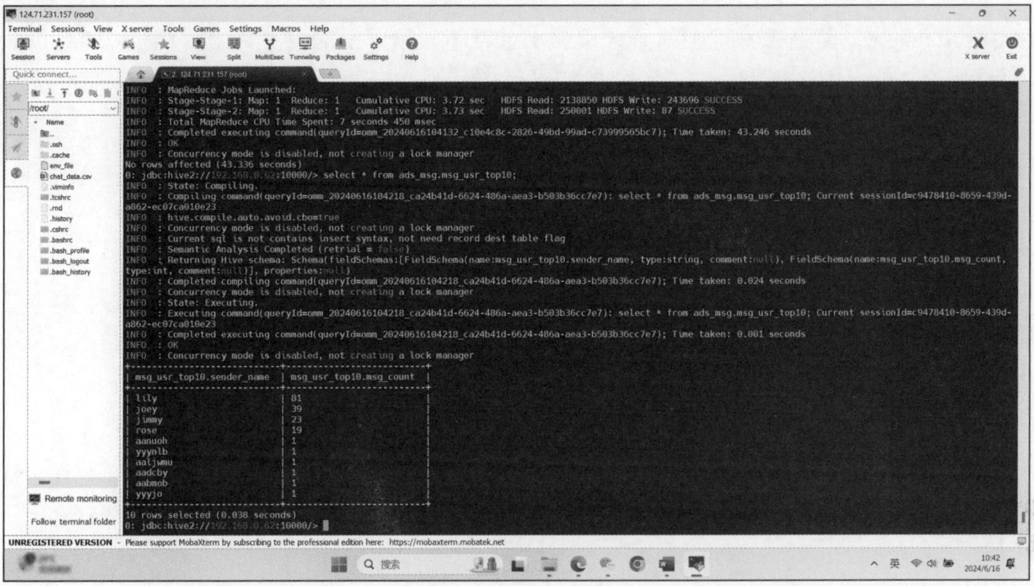

图 4-207　5-1-4msg-top10

使用命令“select * from ads_msg.msg_sender_phone;”查看发送人手机型号分布，将其截图并保存，将该截图命名为“5-1-5msg-phone”，如图 4-208 所示。

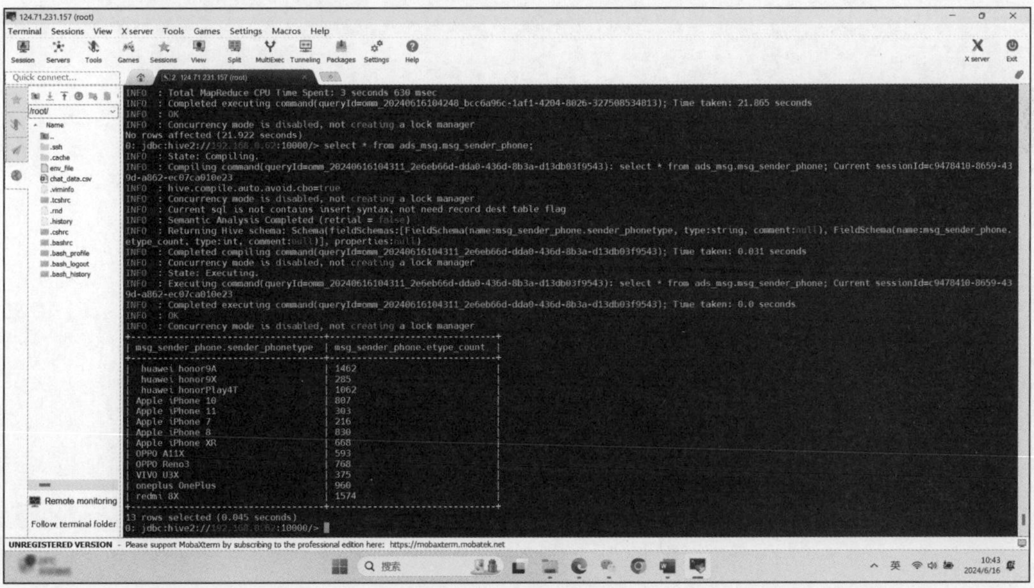

图 4-208　5-1-5msg-phone

任务 6：Hue 可视化展示（40 分）

考点 1：数据可视化

要求：

登录 MRS Manager，在服务管理中找到并单击 Hue，进入后单击 Hue（Master）进入 Hue 页面。在 Hue 页面上方的 Query Editor 中选择 Hive。在空白处编写 HQL 语句，要求查看 ADS 层中各表内容，并将指标数据通过图标进行展示，具体要求如下。

a）msg_hour_cnt：柱状图。

b）msg_usr_cnt：饼状图。

c）msg_usr_top10：柱状图。

d）msg_sender_phone：饼状图。

结果保存，截图要求：

a. 查看 msg_hour_cnt 柱状图，将其截图并保存，将该截图命名为 **6-1-1BI-hour**；

b. 查看 msg_usr_cnt 饼状图，将其截图并保存，将该截图命名为 **6-1-2BI-usr**；

c. 查看 msg_usr_top10 柱状图，将其截图并保存，将该截图命名为 **6-1-3BI-top10**；

d. 查看 msg_sender_phone 饼状图，将其截图并保存，将该截图命名为 **6-1-4BI-phone**。

【解析】

1. 进入 Hue 页面。

a）访问 MRS Manager 页面，如图 4-209 所示。

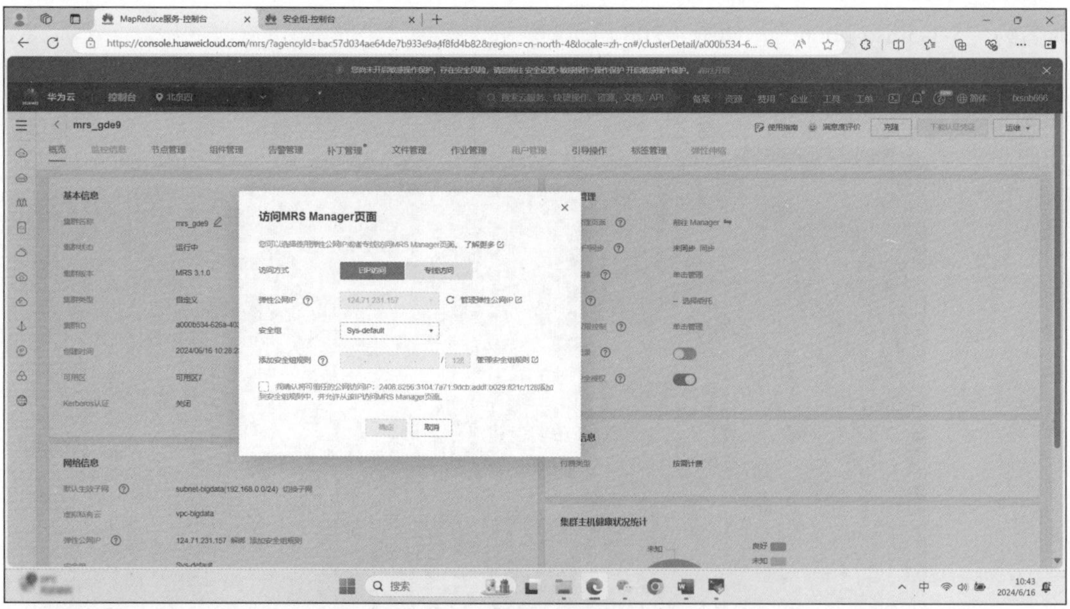

图 4-209　访问 MRS Manager 页面

b）放通安全组 9022 端口，如图 4-210 所示。

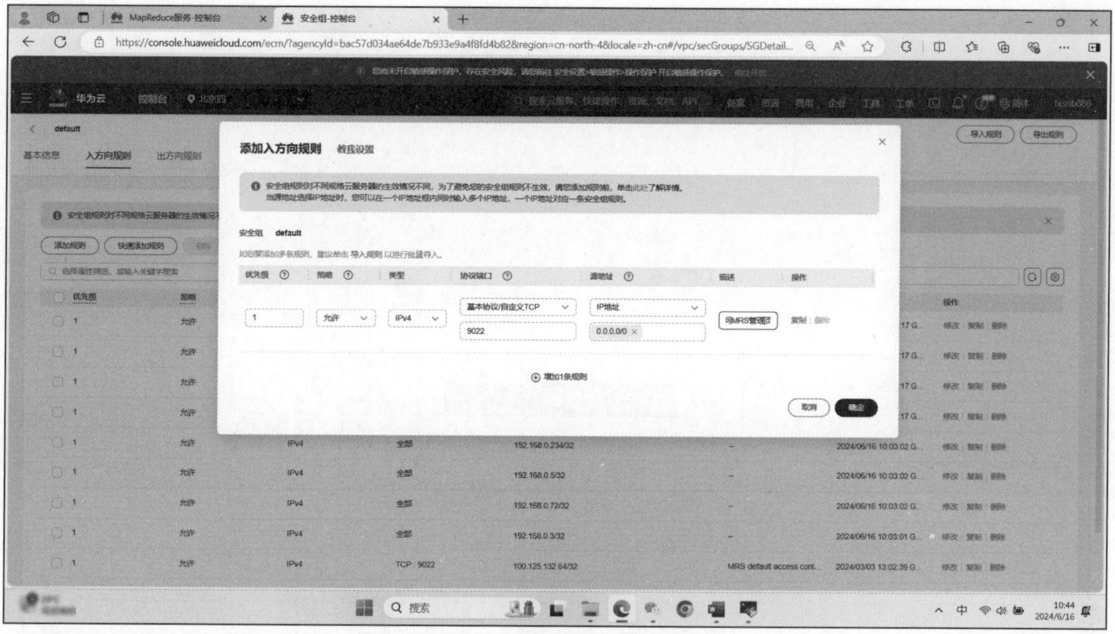

图 4-210　放通安全组 9022 端口

c）选择“高级”，然后单击“继续前往 124.71.231.157（不安全）”，如图 4-211 所示。

图 4-211　继续前往 124.71.231.157（不安全）

d）输入【任务 1】中设置的用户名和密码进入 MRS Manager 页面，如图 4-212 所示。

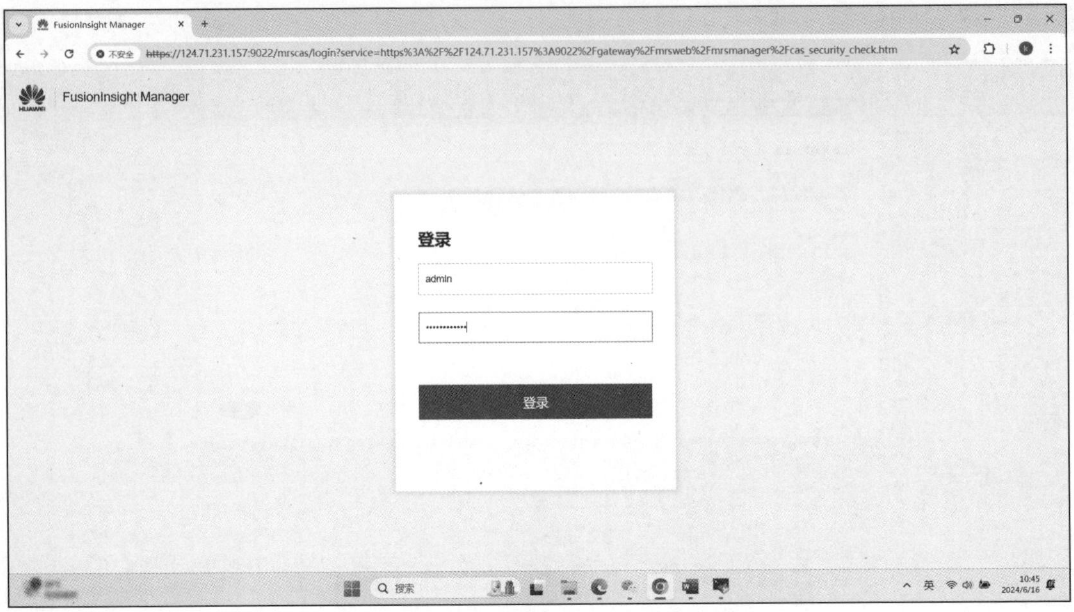

图 4-212　输入用户名和密码

e）在 MRS Manager 页面选择左侧组件列表中的 Hue，如图 4-213 所示。

图 4-213　组件列表

f）在 Hue 组件的基本信息页面选择 Hue 的主服务器，如图 4-214 所示。

g）进入 Hue 内部，如图 4-215 所示。

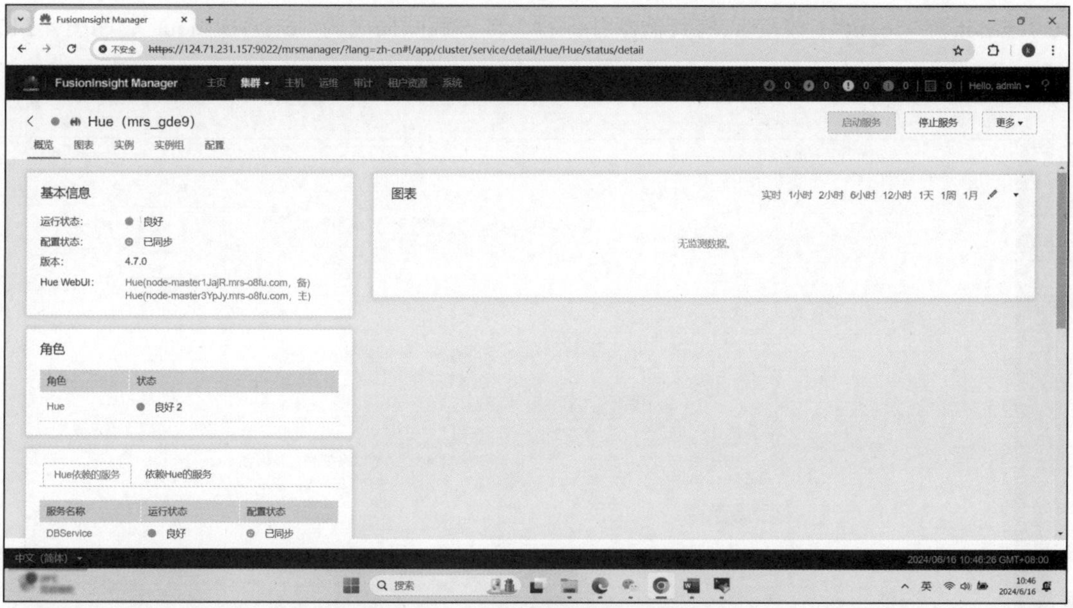

图 4-214　Hue 组件的基本信息页面

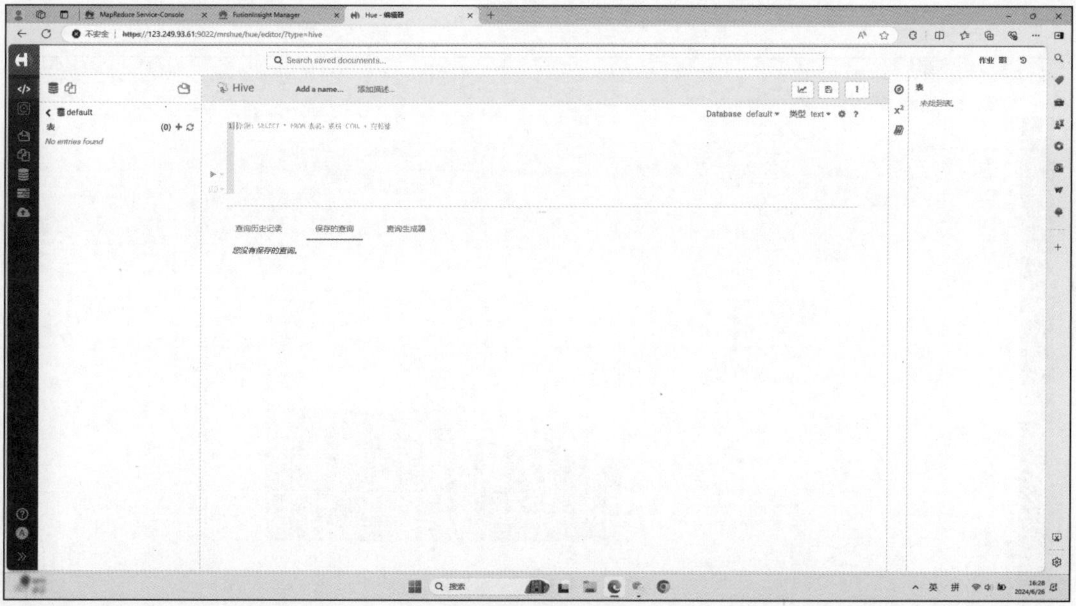

图 4-215　Hue 内部

2. 查看 msg_hour_cnt 柱状图。

a）使用命令“select * from ads_msg.msg_hour_cnt;”查询 msg_hour_cnt 表的数据，查询结果如图 4-216 所示。

b）在选择展示图形时选择“条”，X 轴选择“msg_hour_cnt.etl_hour”（时间），Y 轴选择

“msg_hour_cnt.sender_count”（数量），将其截图并保存，将该截图命名为“6-1-1BI-hour”，如图 4-217 所示。

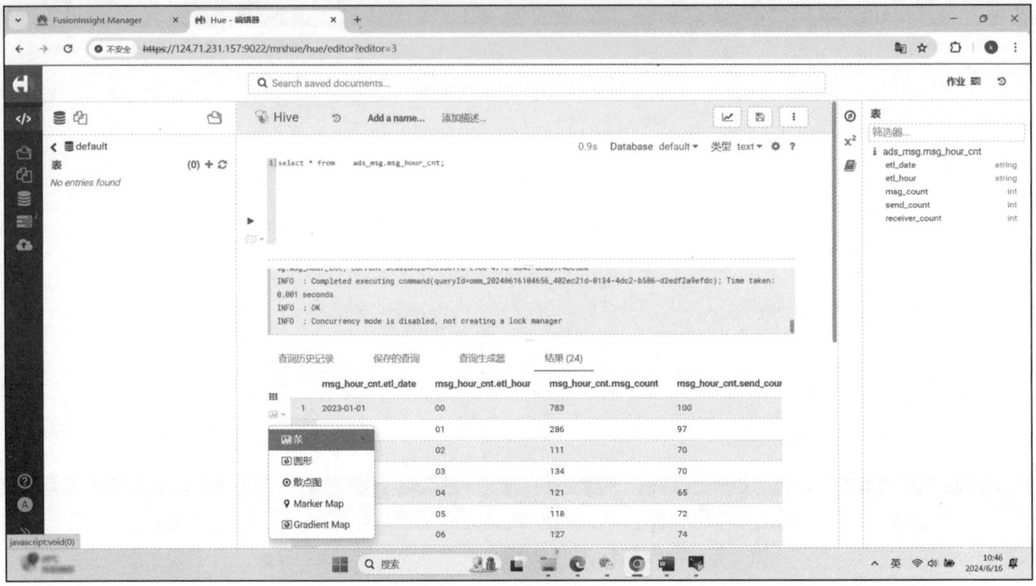

图 4-216　查询数据

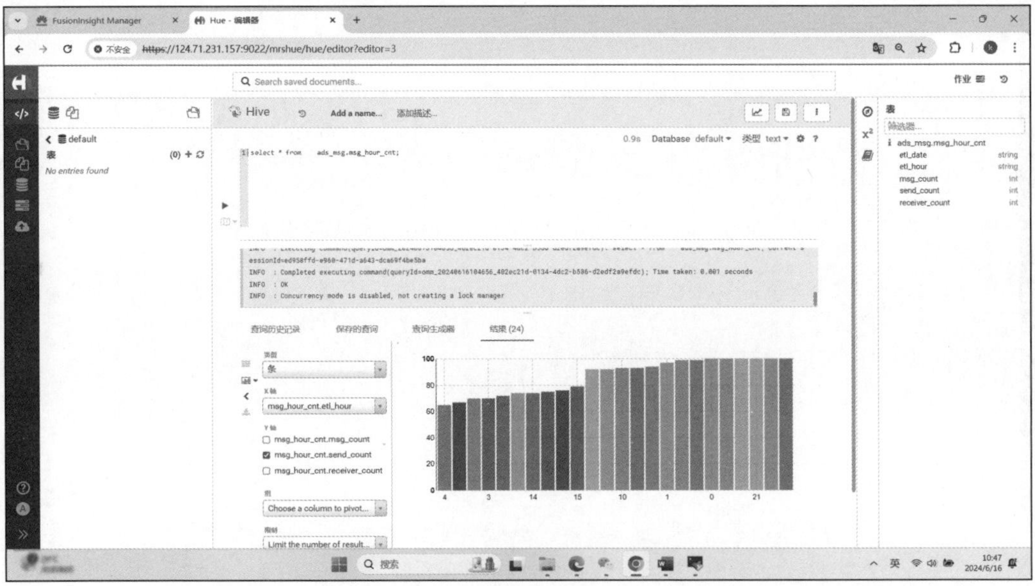

图 4-217　6-1-1BI-hour

3. 查看 msg_usr_cnt 饼状图。

a）使用命令“select * from ads_msg. msg_hour_cnt;”查询 msg_hour_cnt 表的数据。

b）在选择展示图形时选择“圆形”，值选择“msg_usr_cnt.send_user_count”（发送人数量），图例选择

“msg_usr_cnt.receive_user_count”（接收人数量）。当鼠标指针悬停在图例上时会显示两个数值，上面的数值是 receive_user_count，下面的数值是 send_user_count，对其截图并保存，将该截图命名为“6-1-2BI-usr”，如图 4-218 所示。

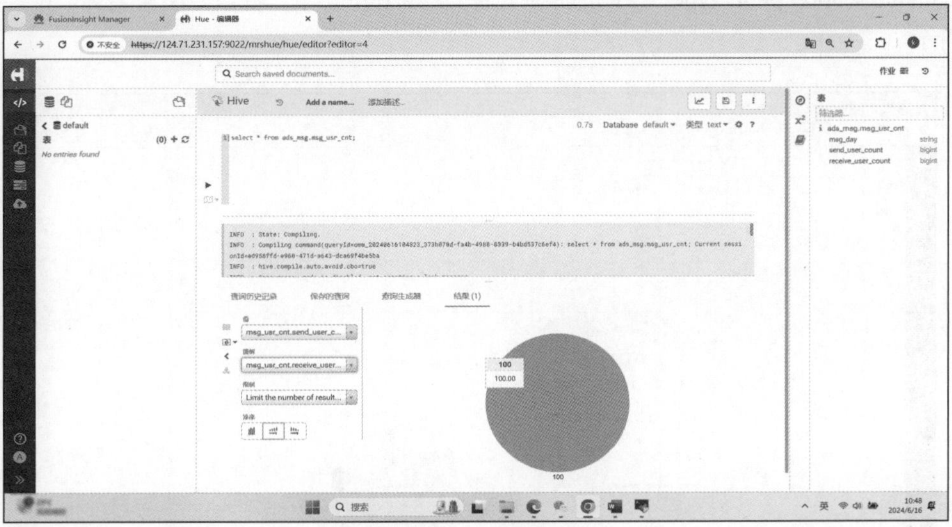

图 4-218　6-1-2BI-usr

4. 查看 msg_usr_top10 柱状图。

a）使用命令“select * from ads_msg.msg_usr_top10;”查询 msg_usr_top10 表的数据。

b）在选择展示图形时选择“条”，将 x 轴选择为“msg_usr_top10.sender_name”，y 轴固定为“msg_usr_top10.msg_count”，将其截图并保存，将该截图命名为“6-1-3BI-top10”，如图 4-219 所示。

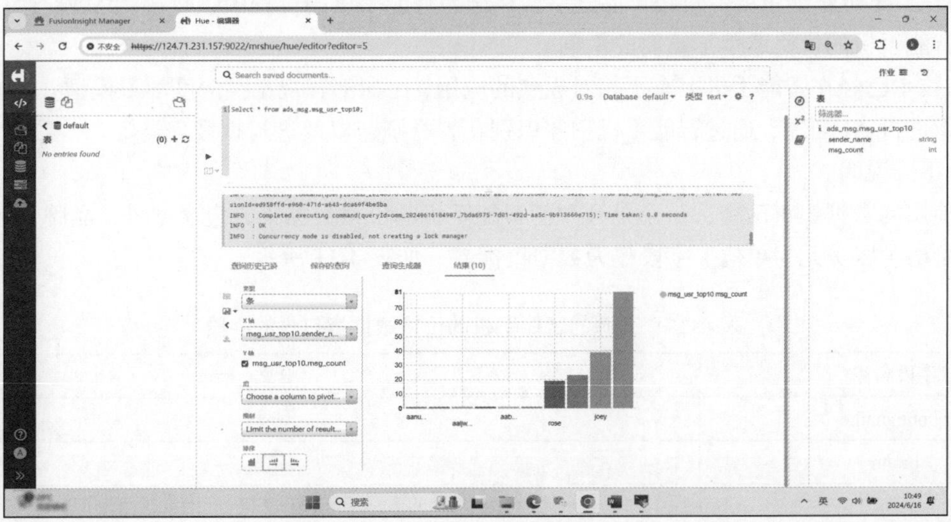

图 4-219　6-1-3BI-top10

5. 查看 msg_sender_phone 饼状图。

a）使用命令“select * from ads_msg.msg_sender_phone;”查询 msg_sender_phone 表的数据。

b）在选择展示图形时选择“圆形”，值选择“msg_sender_phone.etype_count”（手机数量），图例选择“msg_sender_phone.sender_phonetype”（手机品牌），将其截图并保存，将该截图命名为“6-1-4BI-phone”，如图 4-220 所示。

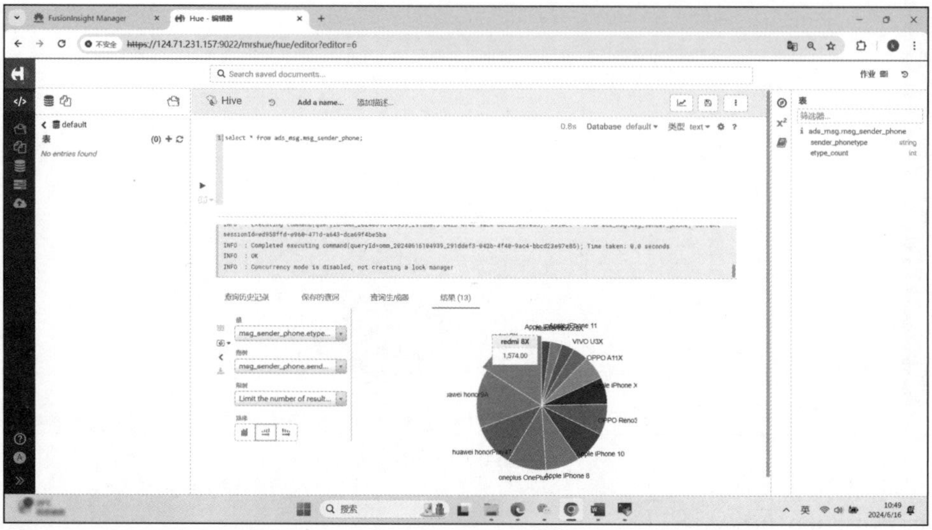

图 4-220　6-1-4BI-phone

（3）AI 技术方向试题

① 场景。

智能手机是 21 世纪最重要的科技产品之一，在选购智能手机的过程中，型号、品牌、运行存储等不同的因素，对智能手机的价格产生了重要的影响。

同时 AI 技术已经在智能手机上有了相对成熟的应用，比如部署视觉类深度学习模型、对智能手机摄像头拍摄的图像进行 AI 推理、通过智能手机拍照识别花卉类别，以及进行垃圾分类等。

② 数据字段说明。

本实验使用的数据集有两个，一个是开源的智能手机的价格数据集，包含型号、品牌、运行存储等字段，并使用价格（以美元为单位）字段作为数据集标签，如表 4-11 所示。

表 4-11　开源的智能手机的价格数据集包含的字段

字段名称	含义
phone_name	型号
brand	品牌
os	操作系统
inches	屏幕尺寸

续表

字段名称	含义
resolution	屏幕分辨率
battery	电池容量
battery_type	电池成分
ram(GB)	运行存储
weight(g)	手机重量
storage(GB)	手机存储
video	视频录制规格
price(USD)	价格（以美元为单位）

另一个是由 5 类图像（每类 100 张图像）组成的垃圾图像数据集，这些图像的内容包括废电池、纸板箱、烟蒂、蛋壳、果皮等，如图 4-221 所示。

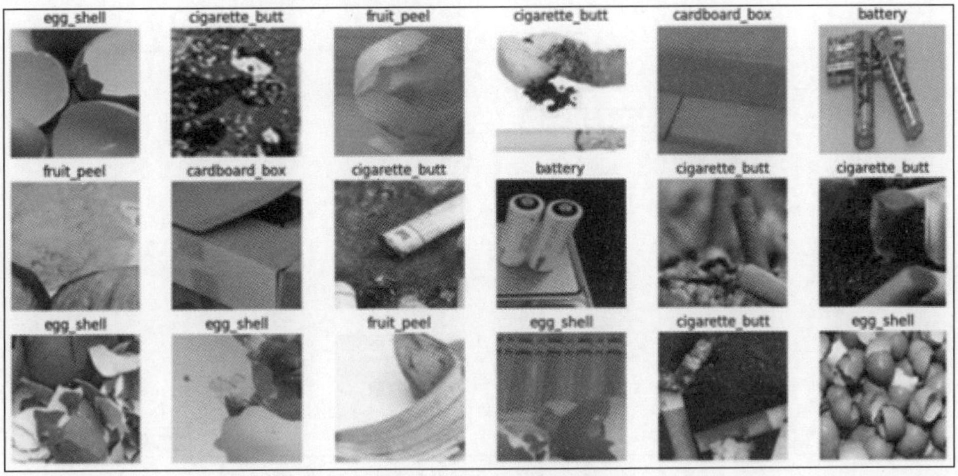

图 4-221 垃圾图像数据集

③ 考试资源。

- 实验环境。

实验环境需要考生根据题目要求在华为云自行搭建。推荐选择华北-北京四区域。

- 云资源。

请考生根据表 4-12 进行云资源购买，并按照图 4-222 至图 4-230 进行镜像选择、代码及数据集导入。

表 4-12 云资源要求

云资源	镜像	规格
Modelarts-Notebook	mindspore1.7.0-cuda10.1-py3.7-ubuntu18.04	GPU: 1*T4(16GB)|CPU: 8 核 32GB

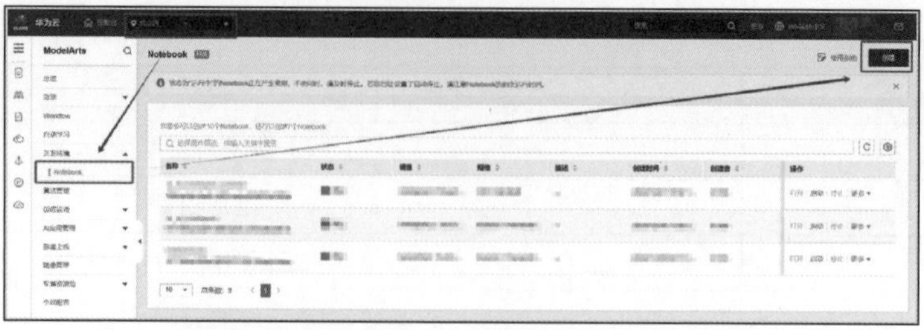

图 4-222　镜像选择、代码及数据集导入步骤 1

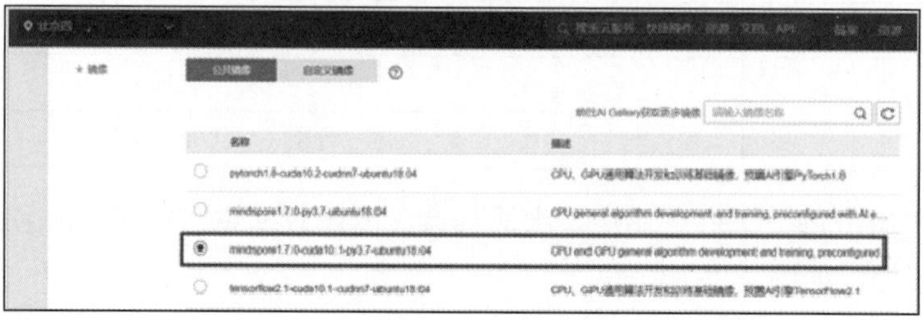

图 4-223　镜像选择、代码及数据集导入步骤 2

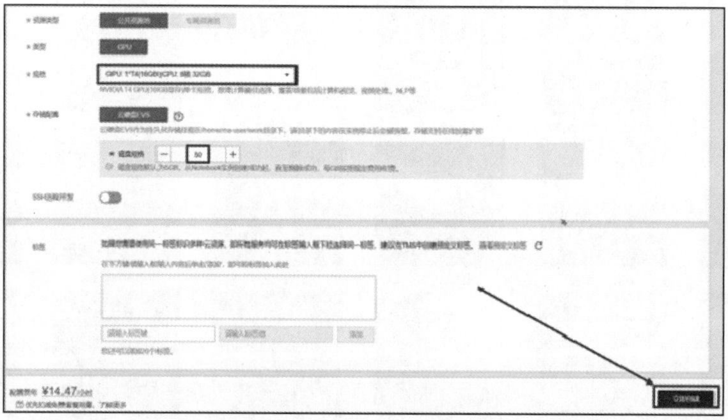

图 4-224　镜像选择、代码及数据集导入步骤 3

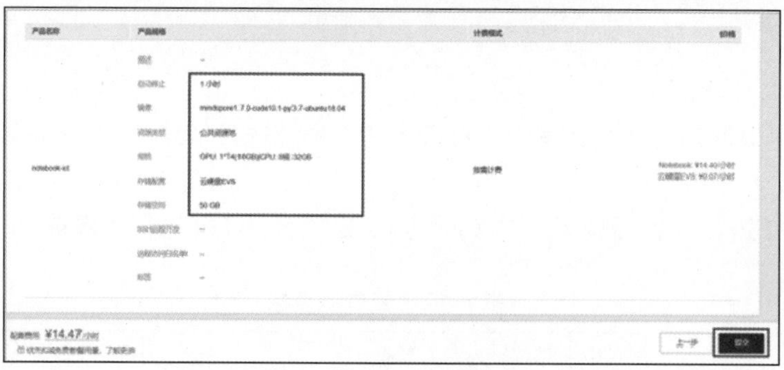

图 4-225　镜像选择、代码及数据集导入步骤 4

图 4-226 镜像选择、代码及数据集导入步骤 5

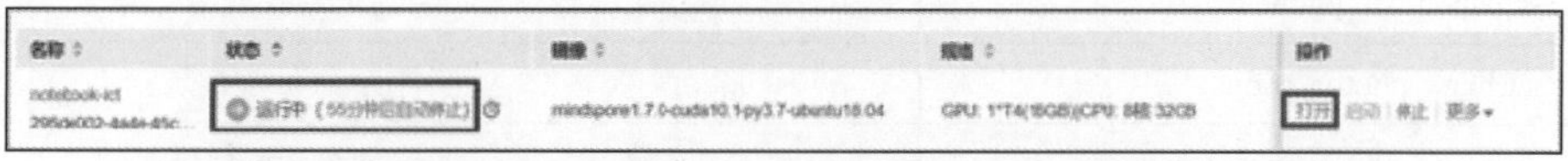

图 4-227 镜像选择、代码及数据集导入步骤 6

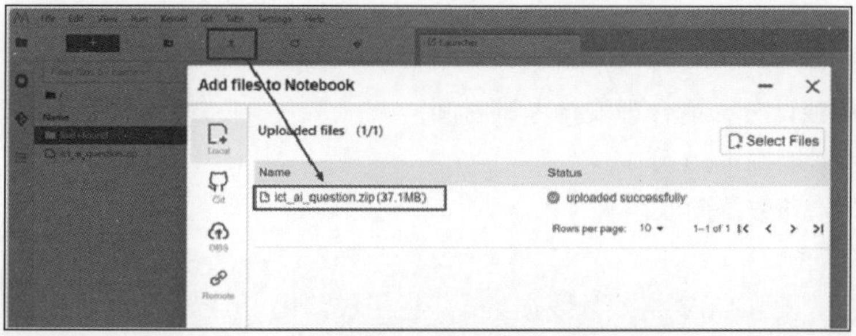

图 4-228 镜像选择、代码及数据集导入步骤 7

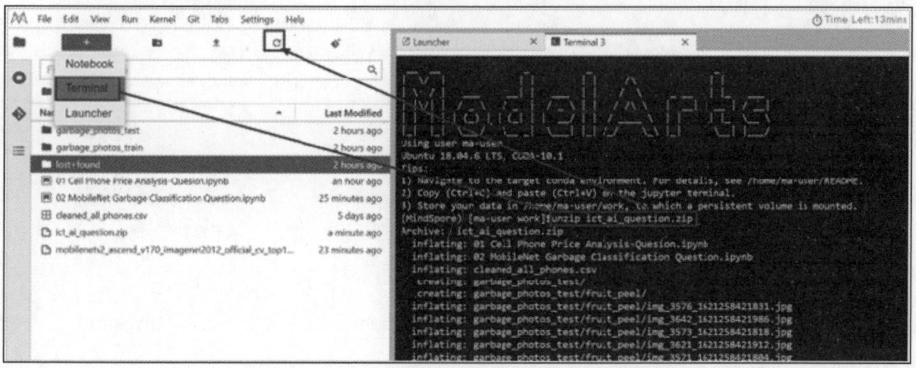

图 4-229 镜像选择、代码及数据集导入步骤 8

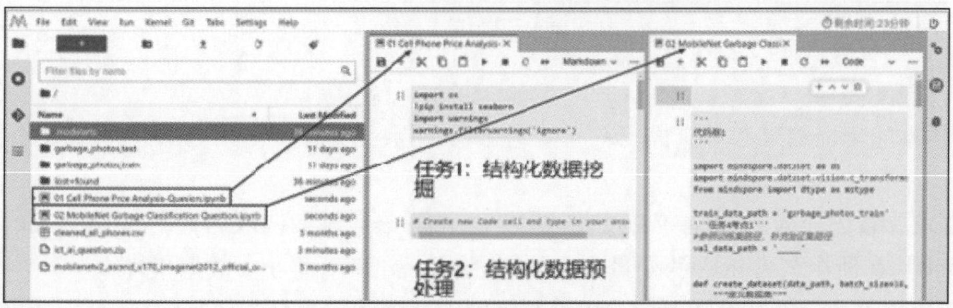

图 4-230 镜像选择、代码及数据集导入步骤 9

- 实验数据。

实验数据如表 4-13 所示。

表 4-13　实验数据

数据包	说明
cleaned_all_phones	结构化实验数据
garbage_photos_train	图像分类训练数据
garbage_photos_test	图像分类测试数据

④ 试题。

实验任务如下。

实验中所有步骤单独计分，请合理安排考试时间。

任务 1：结构化数据挖掘（60 分）

考点 1：依赖库导入和数据读取

要求：

导入必要的依赖库，读取 CSV 格式的数据集，并将格式转化为 DataFrame 格式，将数据集命名为 data，使用 pandas 必要接口，输出前 5 个数据集样本。

参考样例如图 4-231 所示。

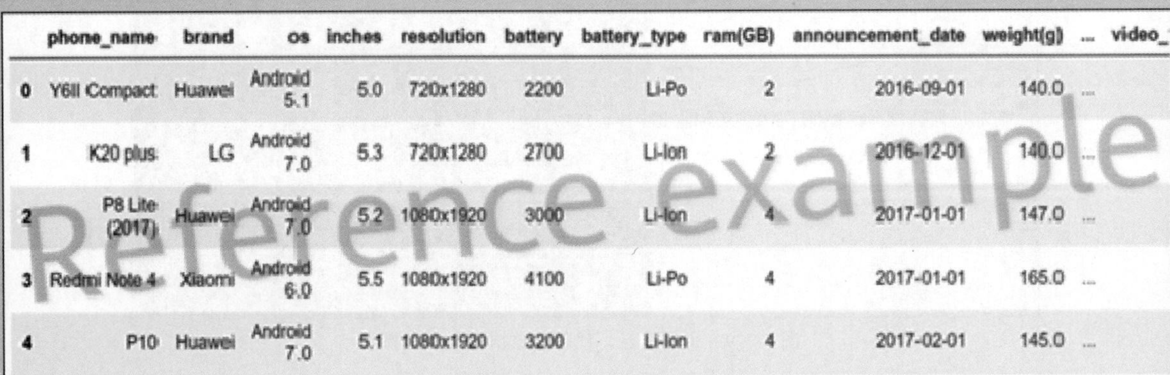

	phone_name	brand	os	inches	resolution	battery	battery_type	ram(GB)	announcement_date	weight(g)	...	video_
0	Y6II Compact	Huawei	Android 5.1	5.0	720x1280	2200	Li-Po	2	2016-09-01	140.0	...	
1	K20 plus	LG	Android 7.0	5.3	720x1280	2700	Li-Ion	2	2016-12-01	140.0	...	
2	P8 Lite (2017)	Huawei	Android 7.0	5.2	1080x1920	3000	Li-Ion	4	2017-01-01	147.0	...	
3	Redmi Note 4	Xiaomi	Android 6.0	5.5	1080x1920	4100	Li-Po	4	2017-01-01	165.0	...	
4	P10	Huawei	Android 7.0	5.1	1080x1920	3200	Li-Ion	4	2017-02-01	145.0	...	

图 4-231　参考样例

结果保存，截图要求：

将数据集样本的输出结果和对应代码一起截图（只截图数据集样本不给分），并将截图命名为 **1-1-1data**。

【解析】

1. 根据要求，首先导入 pandas 库，然后使用 pd.read_csv 函数读取名为“cleaned_all_phones.csv”的 CSV 文件，并将其存储在名为 data 的变量中，使用 data.head 显示前 5 个数据集样本。

2. 将数据集样本的输出结果和对应代码一起截图，并将截图命名为“1-1-1data”，如图 4-232 所示。

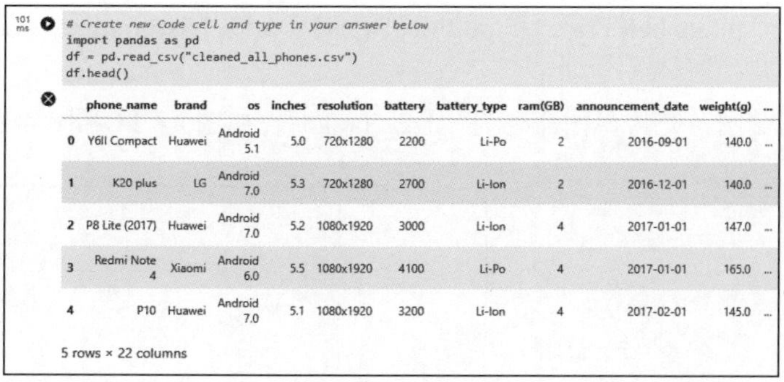

```
# Create new Code cell and type in your answer below
import pandas as pd
df = pd.read_csv("cleaned_all_phones.csv")
df.head()
```

	phone_name	brand	os	inches	resolution	battery	battery_type	ram(GB)	announcement_date	weight(g)	...
0	Y6II Compact	Huawei	Android 5.1	5.0	720x1280	2200	Li-Po	2	2016-09-01	140.0	...
1	K20 plus	LG	Android 7.0	5.3	720x1280	2700	Li-Ion	2	2016-12-01	140.0	...
2	P8 Lite (2017)	Huawei	Android 7.0	5.2	1080x1920	3000	Li-Ion	4	2017-01-01	147.0	...
3	Redmi Note 4	Xiaomi	Android 6.0	5.5	1080x1920	4100	Li-Po	4	2017-01-01	165.0	...
4	P10	Huawei	Android 7.0	5.1	1080x1920	3200	Li-Ion	4	2017-02-01	145.0	...

5 rows × 22 columns

图 4-232　1-1-1data

考点 2：各品牌发布的型号数量及价格均值统计

要求：

统计各品牌发布的型号数量，并绘制型号数量关于品牌的柱形图；统计各品牌发布的型号价格均值，并绘制型号价格均值关于品牌的柱形图。

参考样例如图 4-233 所示。

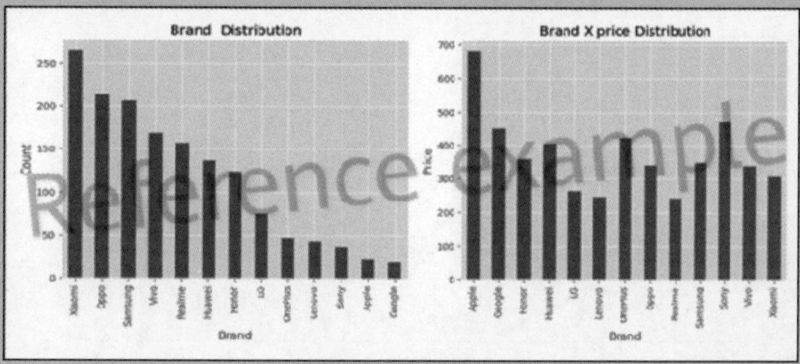

图 4-233　参考样例

结果保存，截图要求：

将处理后的统计输出结果和对应代码一起截图（只截图摘要不给分），并将截图命名为 **1-2-1brand**。

【解析】

1. 统计数据框（DataFrame）中不同品牌的数量，并绘制一个柱形图，解题思路如下。

a）df['brand'].value_counts()：统计数据框中 brand 列中各个品牌出现的次数。

b）plot(kind='bar')：将统计结果以柱形图的形式绘制出来。

c）plt.xlabel('Brand')、plt.ylabel('Count')和 plt.title('Brand Distribution')：分别设置柱形图的 x 轴标签、y 轴标签和标题。

2. 对'price(USD)'列，进行一次与'brand'列进行的操作类似的操作。

a）df.groupby('brand')['price(USD)'].mean()：首先按照 brand 列对数据框进行分组，然后计算每个组中 price(USD)列的平均值。

b）plot(kind='bar')：将计算结果以柱形图的形式绘制出来。

c）plt.xlabel('Brand')、plt.ylabel('Price')和 plt.title('Brand X price Distribution')：分别设置柱形图的 x 轴标签、y 轴标签和标题。

3．将代码和柱形图截图，交将截图命名为“1-2-1brand”，如图 4-234 和图 4-235 所示。

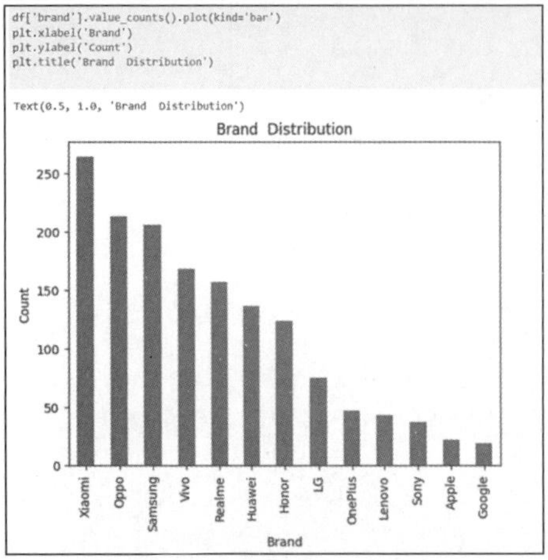

图 4-234　1-2-1brand（1）

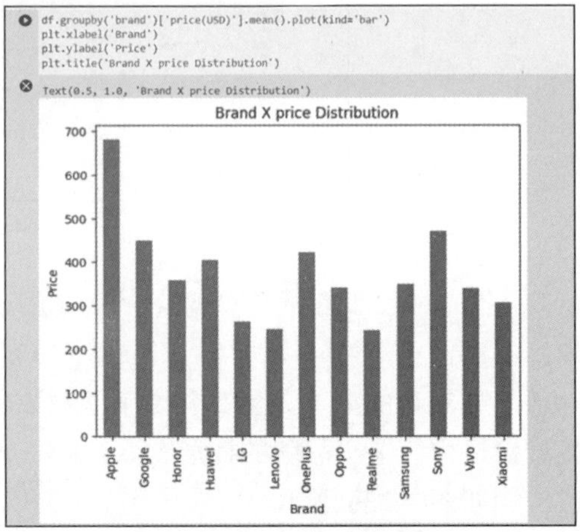

图 4-235　1-2-1brand（2）

考点 3：视频录制规格与价格关联性分析

要求：

以 10 种不同的视频录制规格作为特征，分别绘制价格关于这 10 种特征的 10 张箱线图，将 10 张箱线图输出在同一个画布上。

参考样例如图 4-236 所示。

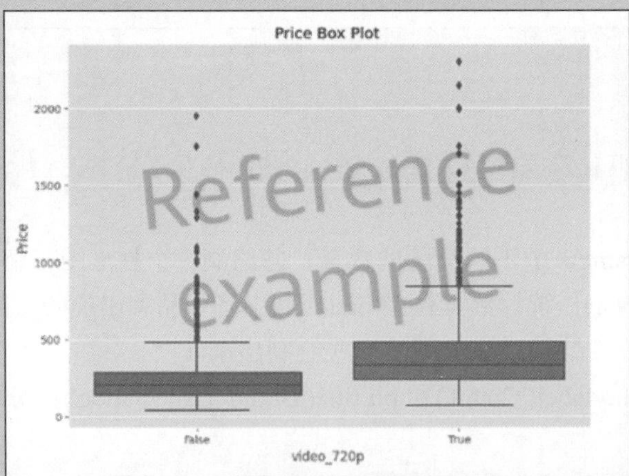

图 4-236　参考样例

结果保存，截图要求：

将处理后的统计输出结果和对应代码一起截图（只截图摘要不给分），并将截图命名为 **1-3-1box**。

【解析】

1. 根据要求来编写代码，绘制一个包含 10 张箱线图的画布，展示不同视频录制规格（特征）（如分辨率、帧率等）与价格之间的关联性，编写思路如下。

a）定义一个名为 features 的列表，包含不同的特征，如 video_720p、video_1080p、video_4K 等。

b）使用 plt.subplots(4,3,figsize=(30,30))创建一个 4 行 3 列的箱线图布局，并设置整个画布的大小为 30 英寸×30 英寸。

c）使用 for 循环遍历 features 列表中的每种特征，同时使用 enumerate()函数获取当前特征的索引（从 1 开始）。

d）在 for 循环内部，使用 plt.subplot(4,3,idx)设置当前箱线图的位置。

e）使用 plt.boxplot 函数绘制箱线图，其中 x 参数设置为当前特征，y 参数设置为'price(USD)'，data 参数设置为数据框 df。

f）使用 plt.xlabel 和 plt.ylabel 分别设置 x 轴和 y 轴标签。

g）使用 plt.title 设置箱线图的标题为'Price Box Plot'。

2. 将处理后的统计输出结果和对应代码一起截图，并将截图命名为“1-3-1box”，如图 4-237 和图 4-238 所示。

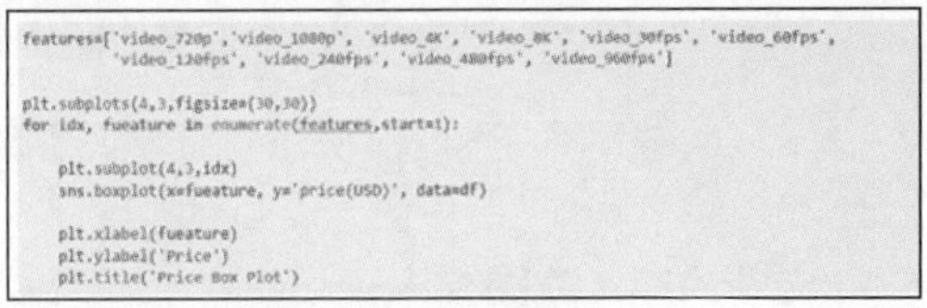

```
features=['video_720p','video_1080p', 'video_4K', 'video_8K', 'video_30fps', 'video_60fps',
        'video_120fps', 'video_240fps', 'video_480fps', 'video_960fps']

plt.subplots(4,3,figsize=(30,30))
for idx, fueature in enumerate(features,start=1):

    plt.subplot(4,3,idx)
    sns.boxplot(x=fueature, y='price(USD)', data=df)

    plt.xlabel(fueature)
    plt.ylabel('Price')
    plt.title('Price Box Plot')
```

图 4-237　1-3-1box（1）

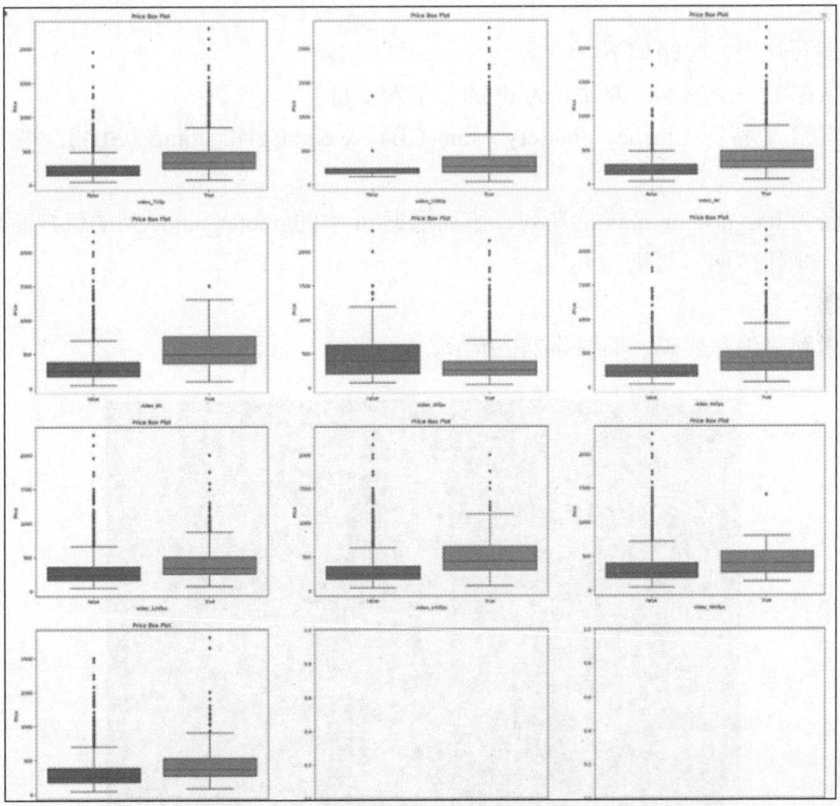

图 4-238　1-3-1box（2）

任务 2：结构化数据预处理（40 分）

考点 1：筛选特征

要求：

使用 pandas 复制一份数据集，并将复制的数据集命名为 df，取'price(USD)'为标签 y，其他为特征集合 X，删除特征集合 X 中的无关特征，只保留'inches'、'battery'、'ram(GB)'、'weight(g)'和'storage(GB)'等特征，统计'name'特征中包含'Pro'或'Max'的样本，新建布尔特征'has_pro_or_max'。

参考特征集合 X，如图 4-239 所示。

inches	ram(GB)	weight(g)	storage(GB)	video_720p	video_4K	video_8K	video_30fps	video_60fps	video_120fps	video_240fps	video_960fps	has_pro_or_max
5.00	2	140.0	16	True	False	False	True	False	False	False	False	0
5.30	2	140.0	16	False	False	False	True	False	False	False	False	0
5.20	4	147.0	16	False	False	False	True	False	False	False	False	0
5.50	4	165.0	32	True	False	False	True	False	True	False	False	0
5.10	4	145.0	32	True	True	False	True	True	False	False	False	0
...	...	...	...	...	...	...	...	...	...	...	...	...

图 4-239　参考特征集合 X

结果保存，截图要求：

将输出的特征集合 X 和对应代码一起截图（只截图摘要不给分），并将截图命名为 **2-1-1data**。

【解析】

1. 根据要求编写代码，思路如下。

a）创建原始数据的一个副本，即命名为 dt 的一个新变量。

b）从 dt 中提取 5 个特征（inches、battery、ram(GB)、weight(g)和 storage(GB)），并将它们存储在名为 X 的新变量中。

c）创建一个名为 has_pro_or_max 的新列，该列根据 dt 中的 phone_name 列的值判断是否包含“Max”或“Pro”，如果包含则值为 1，否则为 0。

d）输出特征集合 X。

2. 按照以上思路来编写代码，如图 4-240 所示。

```
# Create new Code cell and type in your answer below
dt = data.copy()
X = dt[["inches","battery","ram(GB)","weight(g)","storage(GB)"]]
X['has_pro_or_max'] = dt['phone_name'].map(lambda x:1 if "Max" in x or "Pro" in x else 0)
X
```

	inches	ram(GB)	weight(g)	storage(GB)	has_pro_or_max
0	5.00	2	140.0	16	0
1	5.30	2	140.0	16	0
2	5.20	4	147.0	16	0
3	5.50	4	165.0	32	0
4	5.10	4	145.0	32	0
...	...	...	...	...	...
1507	6.64	8	190.0	256	0
1508	6.72	8	190.0	128	0
1509	6.74	16	205.0	256	0
1510	6.74	24	205.0	1	0
1511	6.78	8	175.0	128	1

1512 rows × 5 columns

图 4-240　2-1-1data

考点 2：特征标签归一化及编码

要求：

编写数据预处理函数 preprocessing()，对标签和特征用 sklearn 中的 StandardScaler 进行归一化。并且在该函数中，调用接口划分 80%的数据为训练集，20%的数据为测试集，函数的返回值为训练集和测试集的特征和标签。

调用该函数进行数据预处理和数据集划分，并输出训练集和测试集的数组形状。参考数据集的数组形状如图 4-241 所示。

```
Number transactions x_train dataset:  (1209, 4)
Number transactions y_train dataset:  (1209, 1)
Number transactions x_test dataset:  (303, 4)
Number transactions y_test dataset:  (303, 1)
```

图 4-241 参考数据集的数组形状

结果保存，截图要求：

将处理完成后的代码截图，并将截图命名为 **2-2-1encoder**。

【解析】

1. 根据要求编写代码，思路如下。

a）导入 StandardScaler 和 train_test_split。

b）创建一个名为 stand 的 StandardScaler 对象。

c）从 dt 中提取'price(USD)'列，并将其存储在名为 Y 的新变量中。

d）使用 stand.fit_transform 函数对 X 和 Y 进行标准化处理，并将结果分别存储在 X 和 Y 中。

e）使用 train_test_split 函数将数据集划分为训练集和测试集，其中测试集占总数据的 20%，并设置随机数种子为 47。

f）输出训练集和测试集的数组形状。

2. 将处理完成后的代码截图，并将截图命名为“2-2-1encoder”，如图 4-242 所示。

```
from sklearn.preprocessing import StandardScaler
from sklearn.model_selection import train_test_split
stand = StandardScaler()
Y = dt[['price(USD)']]
x = stand.fit_transform(X.iloc[:,:-1])
y = stand.fit_transform(Y.values.reshape(-1,1))
x_train,x_test,y_train,y_test = train_test_split(x,y,test_size=0.2,random_state=47)
print("Number transactions x_train dataset:",x_train.shape)
print("Number transactions y_train dataset:",y_train.shape)
print("Number transactions x_test dataset:",x_test.shape)
print("Number transactions y_test dataset:",y_test.shape)
```

```
Number transactions x_train dataset: (1209, 5)
Number transactions y_train dataset: (1209, 1)
Number transactions x_test dataset: (303, 5)
Number transactions y_test dataset: (303, 1)
```

图 4-242 2-2-1encoder

任务 3：结构化数据模型训练（80 分）

考点 1：MindSpore 数据集构建

请使用 mindspore.dataset.GeneratorDataset，构建训练集与测试集。题目中已提供生成器的实现代码，请补全后续代码。

要求：

在分别构建训练集和测试集时，填写正确的生成器输入。选择合适的 batch size（建议 batch size 的大小小于 50），对训练集和测试集进行批处理。

结果保存，截图要求：

将补全的代码运行后，将代码进行截图，保留左侧运行时间（只截图代码不给分），并将截图命名为 **3-1-1dataset**。

【解析】

需补全代码如下。

```
import numpy as np
from mindspore.dataset import GeneratorDataset

# ==========代码框 1===========
def generator_multi_column(features, targets):
    """生成器，每次返回一条样本数据的特征与标签"""
    # 样本数据数量
    num_samples = features.shape[0]
    # 遍历样本数据
    for i in range(num_samples):
        feature = np.array(features).astype(np.float32)  # 特征
        target = np.array(targets).astype(np.float32)  # 标签
        yield feature[i], target[i]

# 构建训练集
# ----------------------------
# 题目：
# 1. 填写正确的生成器输入
train_dataset = GeneratorDataset(list(generator_multi_column(___, ___)), column_names=["data",
                                  "label"])
# 2. 选择合适的 batch size，对训练集进行批处理
train_dataset = ___
# ----------------------------

# 构建测试集
# ----------------------------
# 题目：
# 1. 填写正确的生成器输入
test_dataset = GeneratorDataset(list(generator_multi_column(___, ___)), column_names=["data",
                                 "label"])
# 2. 选择合适的 batch size，对测试集进行批处理
test_dataset = ___
# ----------------------------
```

1. 分析以上代码。

以上代码的主要功能为构建训练集和测试集，通过调用 generator_multi_column()函数生成特征和标签的元组列表，使用 GeneratorDataset()将这些元组转换为 MindSpore 的数据集对象。通过设置合适的 batch size

对这些数据集对象进行批处理，以便在训练过程中一次处理多个样本数据。

2. 补全构建训练集的代码。

a）题目代码中的填写正确的生成器输入部分，需要将 x_train 和 y_train 作为输入传递给 generator_multi_column 输出函数，生成特征和标签的元组列表。

b）题目代码需要选择合适的 batch size，并使用 drop_remainder=True 参数，来对训练集进行批处理。这里选择 32 作为 batch size，表示每次处理 32 个样本数据。

3. 补全构建测试集的代码，参照构建训练集的代码即可。

4. 将补全的代码运行后截图，并将截图命名为“3-1-1dataset”，如图 4-243 所示。

```
import numpy as np
from mindspore.dataset import GeneratorDataset

# ==========代码框1===========
def generator_multi_column(features, targets):
    """生成器，每次返回一条样本数据的特征与标签"""
    # 样本数量
    num_samples = features.shape[0]
    # 遍历数据
    for i in range(num_samples):
        feature = np.array(features).astype(np.float32)  # 特征
        target = np.array(targets).astype(np.float32)  # 标签
        yield feature[i], target[i]


# 构建训练数据集
# ---------------------------
# 题目：
# 1. 填写正确的生成器输入
train_dataset = GeneratorDataset(list(generator_multi_column(x_train, y_train)), column_names=["data", "label"])
# 2. 选择合适的batch size，对数据集进行批处理
train_dataset = train_dataset.batch(32,drop_remainder=True)
# ---------------------------

# 构建测试数据集
# ---------------------------
# 题目：
# 1. 填写正确的生成器输入
test_dataset = GeneratorDataset(list(generator_multi_column(x_test, y_test)), column_names=["data", "label"])
# 2. 选择合适的batch size，对数据集进行批处理
test_dataset = test_dataset.batch(32,drop_remainder=True)
# ---------------------------
```

图 4-243 3-1-1dataset

考点 2：模型构建

本模块将基于 MindSpore 构建一个全连接网络，实验脚本中已初步完成模型框架，请按照要求补全代码。

要求：

a. 输出训练集特征的形状，检查格式是否为(batch_size, num_features)，其中 batch_size 为一个 batch 中的样本数量，num_features 为特征数量。

b. 使用 mindspore.Parameter 构建模型参数 weight(w)和 bias(b)，参数 w 和 b 的形状分别是(num_features, 1)和(1,)，请设置正确的 num_features 数值。

c. 补全 construct 函数中缺失的 sigmoid 激活函数计算。

d. 补全模型实例化代码，填写正确的 num_features 数值。

结果保存，截图要求：

将补全的代码运行后，连同输出的模型结构一起截图，保留左侧运行时间（只截图代码不给分），并将截图命名为 **3-2-1model**。

参考样例如图 4-244 所示。

```
Network<
  (sigmoid): Sigmoid<>
  >
Parameter (name=weight, shape=████, dtype=Float32, requires_grad=True)
Parameter (name=bias, shape=███, dtype=Float32, requires_grad=True)
```

图 4-244　参考样例

【解析】

需补全代码如下。

```
import mindspore
from mindspore import nn
from mindspore import ops
from mindspore import Parameter
from mindspore.common.initializer import initializer

# ==========代码框 3===========

class Network(nn.Cell):
    def __init__(self, num_features):
        super().__init__()
        """实例化模型、设置状态等

        Args:
            num_features(int): 特征数量
        """
        # sigmoid 激活函数
        self.sigmoid = nn.Sigmoid()

        # ----------------------------
        # 题目：补全代码中的 shape 入参，完成 w 和 b 的构建
        # 模型参数 weight（w）和 bias（b）
        self.weight = Parameter(initializer(init='normal', shape=___), name='weight')
        self.bias = Parameter(initializer(init='zeros',shape=___), name='bias')
        # ----------------------------


    def construct(self, x):
        """正向计算

        Args:
            x(Tensor): 模型输入
        """
        # output = wx
        x = ops.matmul(x, self.weight)
        # output = wx + b
        x = x + self.bias

        # ----------------------------
        # 题目：补全 sigmoid 激活函数计算
        # output = sigmoid(wx + b)
        x = ___
        # ----------------------------

        return x

# ----------------------------
# 题目：补全模型实例化代码
net = Network(num_features=___)
# ----------------------------

print(net)
for param in net.get_parameters():
    print(param)
```

1. 根据要求编写代码，首先创建一个迭代器 trainshape，用于遍历 train_dataset 数据集中的每个元素。然后通过 next()函数获取迭代器的下一个元素，并输出该元素的'data'字段的形状（shape）。

2. 根据要求补全代码，定义一个神经网络模型，该模型包含一个线性层和一个 sigmoid 激活函数。其中，线性层的权重和偏置是可学习的参数，通过梯度下降等优化算法进行更新。

3. 分析总体代码。

- 在__init__函数中定义模型结构和初始化参数。其中，num_features 表示特征数量，self.weight 和 self.bias 分别表示线性层的权重和偏置，它们都是可学习的参数。self.sigmoid 表示 sigmoid 激活函数。
- 在 construct 函数中，首先，使用矩阵乘法将输入 x 与线性层的权重 self.weight 相乘，得到线性层的输出。然后，将线性层的输出加上线性层的偏置 self.bias，得到中间过程的输出。最后，将中间过程的输出通过 sigmoid 激活函数进行处理，得到最终的输出。
- 补全的代码主要是为了完成模型的实例化和参数的初始化。其中，net = Network(num_features=4) 表示创建一个具有 4 个特征的模型实例。print(net)和 for param in net.get_parameters():print(param)用于输出模型结构和参数信息。

4. 将补全的代码运行后，连同输出的模型结构一起截图，并将截图命名为“3-2-1model”，如图 4-245 所示。

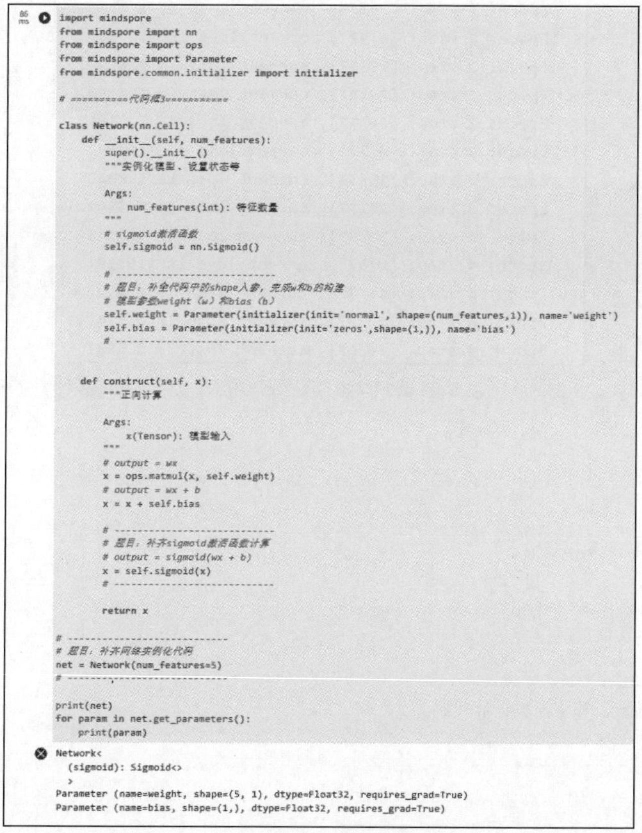

```
import mindspore
from mindspore import nn
from mindspore import ops
from mindspore import Parameter
from mindspore.common.initializer import initializer

# ==========代码框3===========

class Network(nn.Cell):
    def __init__(self, num_features):
        super().__init__()
        """实例化模型、设置状态等

        Args:
            num_features(int): 特征数量
        """
        # sigmoid激活函数
        self.sigmoid = nn.Sigmoid()

        # ---------------------------
        # 题目：补全代码中的shape入参，完成w和b的构建
        # 模型参数weight（w）和bias（b）
        self.weight = Parameter(initializer(init='normal', shape=(num_features,1)), name='weight')
        self.bias = Parameter(initializer(init='zeros',shape=(1,)), name='bias')
        # ---------------------------


    def construct(self, x):
        """正向计算

        Args:
            x(Tensor): 模型输入
        """
        # output = wx
        x = ops.matmul(x, self.weight)
        # output = wx + b
        x = x + self.bias

        # ---------------------------
        # 题目：补齐sigmoid激活函数计算
        # output = sigmoid(wx + b)
        x = self.sigmoid(x)
        # ---------------------------

        return x

# ---------------------------
# 题目：补齐网络实例化代码
net = Network(num_features=5)
# ---------------------------

print(net)
for param in net.get_parameters():
    print(param)

Network<
  (sigmoid): Sigmoid<>
  >
Parameter (name=weight, shape=(5, 1), dtype=Float32, requires_grad=True)
Parameter (name=bias, shape=(1,), dtype=Float32, requires_grad=True)
```

图 4-245 3-2-1model

考点 3：模型训练

要求：

a. 调用损失函数，补全正向计算函数 forward_fn 中的损失计算代码。

b. 调用微分函数，补全模型单步训练函数 train_step 中的梯度获取代码。

c. 每个 epoch 的模型训练中，每 10 个 step 输出 1 次当前 MSE loss。

结果保存，截图要求：

将补全代码运行后，连同输出的 MSE loss 一起截图，保留左侧运行时间（只截图代码不给分），并将截图命名为 **3-3-1train**。

参考样例如图 4-246 所示。

```
Epoch: 0 step: [0/37], current loss is 1.7132.
Epoch: 0 step: [10/37], current loss is 1.0283.
Epoch: 0 step: [20/37], current loss is 2.1002.
Epoch: 0 step: [30/37], current loss is 0.9701.
Epoch: 1 step: [0/37], current loss is 0.7490.
Epoch: 1 step: [10/37], current loss is 1.6717.
Epoch: 1 step: [20/37], current loss is 2.5098.
Epoch: 1 step: [30/37], current loss is 1.0198.
Epoch: 2 step: [0/37], current loss is 0.6790.
Epoch: 2 step: [10/37], current loss is 0.6940.
Epoch: 2 step: [20/37], current loss is 0.7859.
Epoch: 2 step: [30/37], current loss is 1.9105.
Epoch: 3 step: [0/37], current loss is 0.6949.
Epoch: 3 step: [10/37], current loss is 1.0080.
Epoch: 3 step: [20/37], current loss is 0.5599.
Epoch: 3 step: [30/37], current loss is 0.8145.
Epoch: 4 step: [0/37], current loss is 1.5118.
Epoch: 4 step: [10/37], current loss is 0.6124.
Epoch: 4 step: [20/37], current loss is 0.7745.
Epoch: 4 step: [30/37], current loss is 0.5581.
```


图 4-246　参考样例

【解析】

需补全代码如下。

```
# ==========代码框 5===========

def forward_fn(inputs, targets):
    y_pred = net(inputs)

    # ----------------------------
    # 题目：请调用损失函数，补全损失计算代码
    loss = loss_fn(___)
    # ----------------------------

    return loss

# 函数变换，获取微分函数
```

```
grad_fn = ops.value_and_grad(forward_fn, None, optimizer.parameters)

def train_step(inputs, targets):

    # ----------------------------
    # 题目：请调用微分函数，补全梯度获取代码
    loss, grads = grad_fn(___)
    # ----------------------------

    optimizer(grads)
return loss
# ==========代码框 6===========

net.set_train()
for epoch in range(num_epochs):

    for i, (data, label) in enumerate(train_dataset.create_tuple_iterator()):
        loss = train_step(data, label)

        # ----------------------------
        # 题目：请每 10 个 step 输出 1 次当前 MSE loss
        # Write your answer here
        # ----------------------------
```

1. 根据要求补全代码，需要实现一个模型的训练过程，该过程应包括以下部分。

a）定义正向计算函数 forward_fn，该函数接收输入数据和目标标签，首先通过模型 net 计算预测值 y_pred，然后调用损失函数 loss_fn 计算 MSE loss（loss）。

b）使用 MindSpore 框架的 ops.value_and_grad 函数将 forward_fn 转换为一个微分函数 grad_fn，该函数可以同时计算 MSE loss 和梯度。

c）定义单步训练函数 train_step，该函数接收输入数据和目标标签，首先调用 grad_fn 计算 MSE loss 和梯度，然后使用 optimizer（优化器）更新模型参数。

d）设置模型 net 为训练模式，然后进行多个 epoch 的训练。在每个 epoch 中，遍历训练集 train_dataset，对每个数据样本调用 train_step 进行训练，并每 10 个 step 输出 1 次当前 MSE loss。

2. 补全代码部分的主要功能可以参考以下几个步骤。

a）在 forward_fn 中，调用损失函数 loss_fn 来计算 MSE loss，传入的参数是预测值 y_pred 和目标标签 targets。

b）在 train_step 中，调用微分函数 grad_fn 来计算 MSE loss 和梯度，传入的参数是输入数据 inputs 和目标标签 targets。

c）在输出 MSE loss 的部分，判断当前的 step 是不是 10 的倍数，如果是则输出 MSE loss。

d）在 forward_fn 中，调用损失函数 loss_fn 来计算 MSE loss，传入的参数是预测值 y_pred 和目标标签 targets。

e）在 train_step 中，调用微分函数 grad_fn 来计算 MSE loss 和梯度，传入的参数是输入数据 inputs 和目标标签 targets。

f）在输出 MSE loss 的部分，判断当前的 step 是不是 10 的倍数，如果是则输出 MSE loss。

3. 将补全代码运行后，连同输出的 MSE loss 一起截图，并将截图命名为“3-3-1train”，如图 4-247 和图 4-248 所示。

```
[21]
# ==========代码框4===========

learning_rate = 5e-2  # 学习率
num_epochs = 17  # epoch数
loss_fn = nn.MAELoss()  # 损失函数
optimizer = nn.Momentum(net.trainable_params(), learning_rate=learning_rate, momentum=0.9)  # 优化器
```

```
# ==========代码框5===========

def forward_fn(inputs, targets):
    y_pred = net(inputs)

    # ----------------------------
    # 题目：请调用损失函数，补全损失计算
    loss = loss_fn(y_pred,targets)
    # ----------------------------

    return loss

# 函数变换，获取微分函数
grad_fn = ops.value_and_grad(forward_fn, None, optimizer.parameters)

def train_step(inputs, targets):
    inputs=mindspore.Tensor(input_data=inputs)
    targets=mindspore.Tensor(input_data=targets)
    # ----------------------------
    # 题目：请调用微分函数，完成梯度计算
    loss, grads = grad_fn(inputs,targets)
    # ----------------------------

    optimizer(grads)
    return loss
```

图 4-247　3-3-1train（1）

```
# ==========代码框6===========

net.set_train()
for epoch in range(num_epochs):

    for i, (data, label) in enumerate(train_dataset.create_tuple_iterator()):
        loss = train_step(data, label)

        # ----------------------------
        # 题目：请每10个step打印当前MSELoss
        # Write your answer here
        if i%10 == 0:
            print(loss)
        # ----------------------------
```

```
0.89717877
0.929649
0.80192864
0.7142594
0.8251114
0.6827813
0.7881522
0.6437109
0.6756182
0.73466974
0.6395199
0.76706564
0.7531016
0.6533135
0.7900251
0.66710377
0.65305865
0.73864424
0.7400737
0.6567077
0.6829648
0.60472196
0.72135186
0.58055764
```

图 4-248　3-3-1train（2）

考点 4：模型评估

要求：

基于测试集，补全 MAE 评价指标代码，输出训练后的模型在训练集上的 MAE 评价指标。

结果保存，截图要求：

将输出的 MAE 评价指标和代码截图，保留左侧运行时间（只截图代码不给分），并将截图命名为**3-4-1eval**。

参考样例如图 4-249 所示。

图 4-249　参考样例

【解析】

需补全的代码如下。

```
# ==========代码框 7===========

net.set_train(False)

abs_error_sum = 0  # 误差和
num_samples = 0    # 累计样本数量

for data, label in test_dataset.create_tuple_iterator():
    # ----------------------------
    # 题目：请补全代码，完成模型正向计算
    # 模型预测
    pred = ___
    # ----------------------------

    pred = pred.asnumpy()
    target = label.asnumpy()

    # ----------------------------
    # 题目：请补全代码，完成 MAE 评价指标计算
    # 计算预测值和真实值之间的误差
    abs_error = ___
    # ----------------------------

    # 更新误差和
    abs_error_sum += abs_error.sum()
    # 更新累计样本数量
    num_samples += data.shape[0]

print(f'MAE is {abs_error_sum / num_samples}')
```

1. 分析以上代码，这些代码的作用是计算模型在测试集上的 MAE（Mean Absolute Error，平均绝对误差）指标。首先需要将模型设置为评估模式，然后遍历测试集中的每个样本，对每个样本进行正向计算得到预测值，接着计算预测值和真实值之间的误差，最后将所有样本的误差求和并除以样本数量，得到 MAE 指标。

2. 根据要求补全代码，补全思路包括以下两步。

a）在模型正向计算的部分，需要调用模型 net 对输入数据 data 进行预测，得到预测值 pred。

b）在 MAE 评价指标计算的部分，需要计算预测值 pred 和真实值 target 之间的误差，即预测值减去真实值的绝对值。这里使用了 numpy 库的 np.abs 函数来计算绝对值。

3. 将输出的 MAE 评价指标和代码截图，并将截图命名为“3-4-1eval”，如图 4-250 所示。

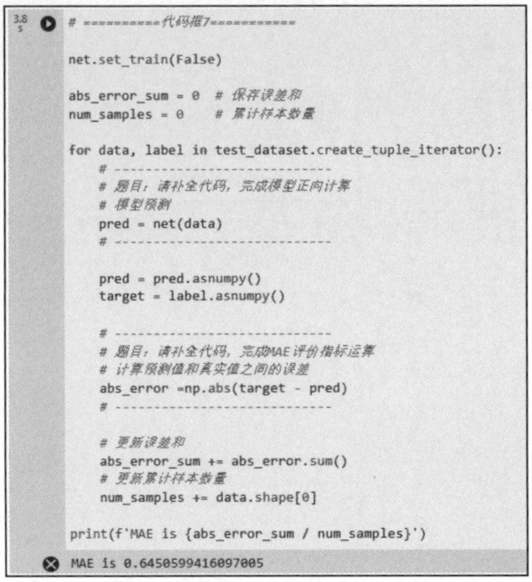

图 4-250　3-4-1eval

考点 5：模型调优

要求：

修改超参数进行调优，要求调优后模型的 MAE 指标相较调优前模型的 MAE 指标有 5%的提升。

结果保存，截图要求：

将调优的代码以及模型的 MAE 指标进行截图和保存，并将截图命名为 **3-5-1tuning**。

【解析】

调优可以通过更改学习率、更改 epoch 数实现，也可以通过调整优化器实现。对以上相关参数进行适当更改，以获得调优后的模型。

由于 AI 模型训练的特点，更改相关参数进行调优没有一定的规则，更改后的参数的效果也未必能够复现。因此在训练过程中对相关参数进行任意的更改时，需要根据经验来判断参数是否贴合该模型，更改后的参数可以使模型满足题目要求即为正确。

随后将调优的代码以及模型的 MAE 指标进行截图和保存，并将截图命名为“3-5-1tuning”。

考点 6：模型保存

要求：

使用 mindspore.save_checkpoint 接口，将调优好的模型权重保存为.ckpt 文件。

结果保存，截图要求：

将代码运行后截图，保留左侧运行时间（只截图代码不给分），并将截图命名为 **3-6-1checkpoint**。

【解析】

需补全的代码如下：

```
# ==========代码框 8===========
# ----------------------------
```

```
# 题目：补全模型保存代码
mindspore.save_checkpoint(___)
# ----------------------------
```

1. 分析以上代码，得知需要补全 mindspore.save_checkpoint 函数，该函数用于保存模型的参数和优化器状态，这个函数有两个参数，具体如下。

- net：需要保存的模型。
- "save_checkpoint.ckpt"：保存模型的文件名，可以自定义。

2. 按照要求补全代码，将代码运行后截图，并将截图命名为“3-6-1checkpoint”，如图 4-251 所示。

图 4-251　3-6-1checkpoint

任务 4：图像分类数据准备（80 分）

考点 1：代码及数据准备

要求：

在 exam.ipynb 的代码框 1 中，参照训练集路径的写法，补充验证集路径。参照训练集的创建方式，创建验证集，运行代码至“数据预处理”代码框，输出数据预处理结果。

结果保存，截图要求：

将填充的代码以该代码框 1 运行时间截图，并将截图命名为 **4-1-1data**。

【解析】

需补全的代码如下：

```
'''
代码框 1
'''

import mindspore.dataset as ds
import mindspore.dataset.vision.c_transforms as CV
from mindspore import dtype as mstype

train_data_path = 'garbage_photos_train'
'''任务 4 考点 1'''
#参照训练集路径的写法，补充验证集路径
val_data_path = '_____'

def create_dataset(data_path, batch_size=18, training=True):
    """创建验证集"""

    data_set = ds.ImageFolderDataset(data_path, num_parallel_workers=8, shuffle=True,
                                     class_indexing={'battery': 0, 'cardboard_box': 1,
                                     'cigarette_butt': 2, 'egg_shell': 3,
                                     'fruit_peel': 4})
    # 对数据进行增强操作
    image_size = 224
```

```
    mean = [0.485 * 255, 0.456 * 255, 0.406 * 255]
    std = [0.229 * 255, 0.224 * 255, 0.225 * 255]
    if training:
        trans = [
            CV.RandomCropDecodeResize(image_size, scale=(0.08, 1.0), ratio=(0.75, 1.333)),
            CV.RandomHorizontalFlip(prob=0.5),
            CV.Normalize(mean=mean, std=std),
            CV.HWC2CHW()
        ]
    else:
        trans = [
            CV.Decode(),
            CV.Resize(256),
            CV.CenterCrop(image_size),
            CV.HWC2CHW()
        ]

    # 实现数据的 map 映射、批量处理和数据重复的操作
    data_set = data_set.map(operations=trans, input_columns="image", num_parallel_workers=8)
    # 设置 batch_size 的大小，若最后一次抓取的样本数小于 batch_size，则丢弃
    data_set = data_set.batch(batch_size, drop_remainder=True)

    return data_set

dataset_train = create_dataset(train_data_path)

'''任务 4 考点 1'''
#根据验证集路径创建 MindSpore 数据对象
#将 path 参数替换为验证集路径
dataset_val = create_dataset(_____)
```

1. 分析以上代码，得知验证集应和文件在同一文件夹下，那么在第一个需要填充代码的位置填上文件名即可，在第二个需要填充代码的位置填上存储验证集路径的变量名即可。

2. 将填充的代码以该代码框 1 运行时间截图，并将截图命名为“4-1-1data”，如图 4-252 和图 4-253 所示。

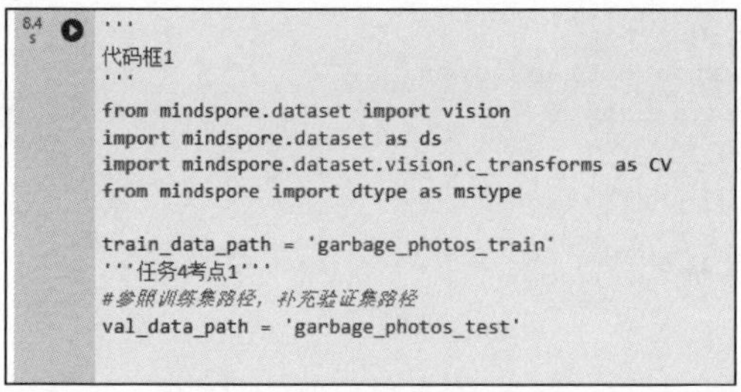

图 4-252　4-1-1data（1）

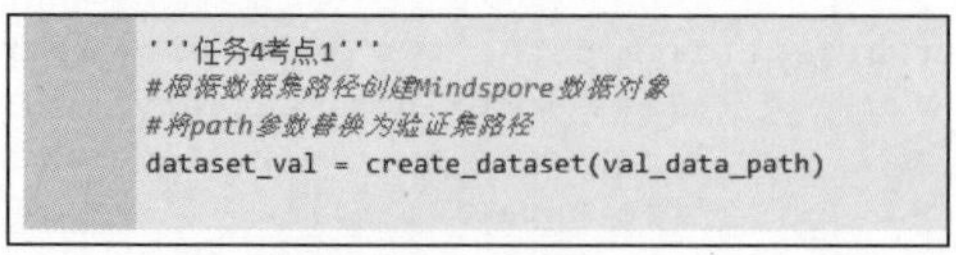

图 4-253　4-1-1data（2）

考点 2：数据可视化

要求：

a. 在代码框 2 中，对数据集中的样本，选择合适的接口输出图像形状和标签。

b. 在代码框 2 中，按照文件夹字符串从小到大的顺序，创建字典 class_name，标记 label。

参考样例如图 4-254 所示。

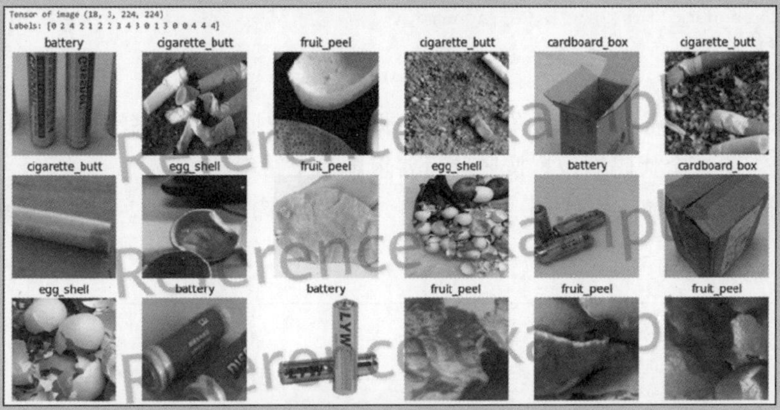

图 4-254 参考样例

结果保存，截图要求：

将输出的可视化数据和对应代码一起截图（只截图描述不给分），并将截图命名为 **4-2-1visualization**。

【解析】

需补全的代码如下：

```
'''
代码框 2
'''

import matplotlib.pyplot as plt
import numpy as np

data = next(dataset_train.create_dict_iterator())
images = data["image"]
labels = data["label"]
'''任务 4 考点 2'''
#输出图像形状和标签
print("Tensor of image"__)
print("Labels:", ___)
'''考点 2'''
# class_name 对应 label，按文件夹字符串从小到大的顺序标记 label
class_name = {0:'___',1:'___',2:'___',3:'___',4:'___'}
plt.figure(figsize=(15, 7))
for i in range(len(labels)):
    # 获取图像及其对应的 label
    data_image = images[i].asnumpy()
    data_label = labels[i]
```

```
        # 处理图像供展示使用
        data_image = np.transpose(data_image, (1, 2, 0))
        mean = np.array([0.485, 0.456, 0.406])
        std = np.array([0.229, 0.224, 0.225])
        data_image = std * data_image + mean
        data_image = np.clip(data_image, 0, 1)
        # 显示图像
        plt.subplot(3, 6, i + 1)
        plt.imshow(data_image)
        plt.title(class_name[int(labels[i].asnumpy())])
        plt.axis("off")
    plt.show()
```

1. 根据题目要求，第一组需要补全代码的位置要求输出图像形状和标签，我们调用 shape()函数和 labels 变量来实现，第二组需要补全代码的位置按照题目要求填写字符串即可。

2. 将输出的可视化数据和对应代码一起截图，并将截图命名为“4-2-1visualization”，如图 4-255、图 4-256 所示。

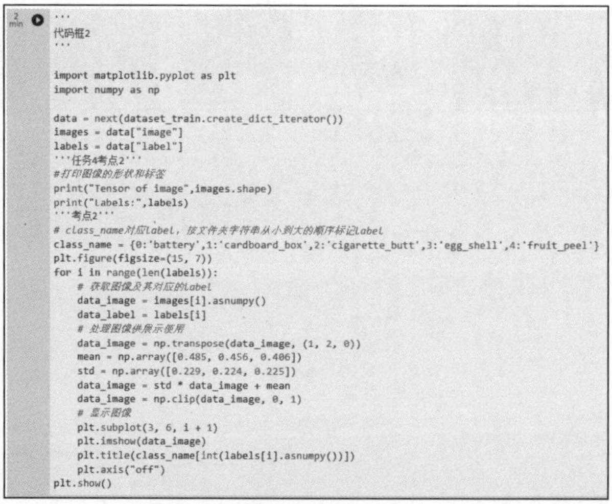

```
'''
代码框2
'''

import matplotlib.pyplot as plt
import numpy as np

data = next(dataset_train.create_dict_iterator())
images = data["image"]
labels = data["label"]
'''任务4考点2'''
#打印图像的形状和标签
print("Tensor of image",images.shape)
print("Labels:",labels)
'''考点2'''
# class_name对应label，按文件夹字符串从小到大的顺序标记label
class_name = {0:'battery',1:'cardboard_box',2:'cigarette_butt',3:'egg_shell',4:'fruit_peel'}
plt.figure(figsize=(15, 7))
for i in range(len(labels)):
    # 获取图像及其对应的label
    data_image = images[i].asnumpy()
    data_label = labels[i]
    # 处理图像供展示使用
    data_image = np.transpose(data_image, (1, 2, 0))
    mean = np.array([0.485, 0.456, 0.406])
    std = np.array([0.229, 0.224, 0.225])
    data_image = std * data_image + mean
    data_image = np.clip(data_image, 0, 1)
    # 显示图像
    plt.subplot(3, 6, i + 1)
    plt.imshow(data_image)
    plt.title(class_name[int(labels[i].asnumpy())])
    plt.axis("off")
plt.show()
```

图 4-255　4-2-1visualization（1）

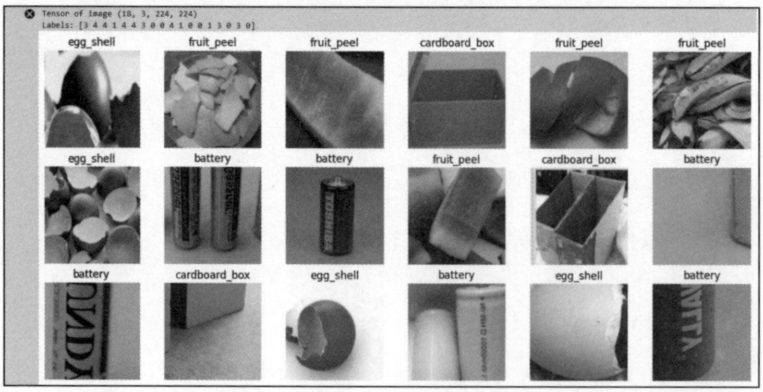

图 4-256　4-2-1visualization（2）

任务 5：图像分类模型训练（70 分）

考点 1：导入神经网络单元和算子

要求：

在代码框 3 中，从 mindspore 中导入神经网络单元 nn，命名为 nn，从 mindspore 中导入算子 ops，命名为 ops。

结果保存，截图要求：

将补全代码运行后截图，保留左侧运行时间（只截图代码不给分），并将截图命名为 **5-1-1model**。

【解析】

1. 按题目要求导入神经网络单元和算子并取别名即可。
2. 将补全代码运行后截图，并将截图命名为“5-1-1model”，如图 4-257 所示。

```
112 ms
'''
代码框1
'''


import numpy as np
import mindspore as ms
'''任务5考点1'''
#从mindspore中导入神经网络单元nn,命名为nn
#从mindspore中导入算子ops,命名为ops
import mindspore.nn as nn
import mindspore.ops as ops

import mindspore.nn as nn
import mindspore.ops as ops

def _make_divisible(v, divisor, min_value=None):
    if min_value is None:
        min_value = divisor
    new_v = max(min_value, int(v + divisor / 2) // divisor * divisor)
    # Make sure that round down does not go down by more than 10%.
    if new_v < 0.9 * v:
        new_v += divisor
    return new_v
```

图 4-257　5-1-1model

考点 2：模型训练

要求：

a. 在代码框 4 中，实例化 mobilenet_v2，设置分类数为 5，实例化后名称为 network。

b. 补全加载预训练权重 load_checkpoint 函数中的参数路径，可以参考左侧.ckpt 文件名。

c. 将 model.train 函数中的训练轮次设置为 5，并补充训练集。

d. 运行模型训练代码，输出模型训练结果。

结果保存，截图要求：

将输出的模型训练结果和对应代码一起截图（只截图摘要不给分），并将截图命名为 5-2-1train。参考样例如图 4-258 所示。

```
============== Starting Training ==============
epoch: 1 step: 22, loss is 0.3744142949581146
epoch: 2 step: 22, loss is 0.48748570680618286
epoch: 3 step: 22, loss is 0.10450094938278198
epoch: 4 step: 22, loss is 0.48520544171333313
epoch: 5 step: 22, loss is 0.1576351821422577
{'Accuracy': 0.8111111111111111}
```


图 4-258　参考样例

【解析】

需补全的代码如下：

```
'''
代码框 4
'''
import mindspore
import mindspore.nn as nn
from mindspore.train import Model
from mindspore import Tensor, save_checkpoint
from mindspore.train.callback import ModelCheckpoint, CheckpointConfig, LossMonitor
from mindspore.train.serialization import load_checkpoint, load_param_into_net
'''任务 5 考点 2'''
#实例化 mobilenet_v2，设置分类数为 5，实例化后名称为 network
network = _____
# 加载预训练权重
param_dict = load_checkpoint("_____")

# 根据修改的模型结构修改相应的权重参数
param_dict["dense.weight"] = mindspore.Parameter(Tensor(param_dict["dense.weight"][:5, :],
                             mindspore.float32), name="dense.weight", requires_grad=True)
param_dict["dense.bias"] = mindspore.Parameter(Tensor(param_dict["dense.bias"][:5, ],
                           mindspore.float32), name="dense.bias", requires_grad=True)

# 将修改后的权重参数加载到模型中
load_param_into_net(network, param_dict)

train_step_size = dataset_train.get_dataset_size()
epoch_size = 20
lr = nn.cosine_decay_lr(min_lr=0.0, max_lr=0.1,total_step=epoch_size *
     train_step_size,step_per_epoch=train_step_size,decay_epoch=200)
#定义优化器
network_opt = nn.Momentum(params=network.trainable_params(), learning_rate=0.01, momentum=0.9)

# 定义损失函数
network_loss = loss = nn.SoftmaxCrossEntropyWithLogits(sparse=True, reduction="mean")

# 定义评价指标
metrics = {"Accuracy": nn.Accuracy()}

# 初始化模型
model = Model(network, loss_fn=network_loss, optimizer=network_opt, metrics=metrics)

# 监控损失值
loss_cb = LossMonitor(per_print_times=train_step_size)

# 模型保存参数，设置每隔多少步保存一次模型、最多保存几个模型
ckpt_config = CheckpointConfig(save_checkpoint_steps=100, keep_checkpoint_max=10)

# 模型保存，设置模型保存的名称、路径，以及模型保存参数
ckpoint_cb = ModelCheckpoint(prefix="mobilenet_v2", directory='./ckpt', config=ckpt_config)

print("============== Starting Training ==============")
''''任务 5 考点 2'''
# 训练模型，设置训练轮次（为 5）、训练集、回调函数
```

```
model.train(___, _____, callbacks=[loss_cb,ckpoint_cb], dataset_sink_mode=True)
# 使用测试集进行模型评估，输出测试集的准确率
metric = model.eval(dataset_val)
print(metric)
```

1. 根据以上需要补全的代码可以得到以下推断。

a）第一个需要补全代码的位置需要实例化模型，填入数字 5 作为分类数，并且填入预训练权重（其在文件夹下）。

b）在 train 函数内需要填入训练轮次、训练集等参数，按照函数要求填入即可。

2. 将输出的模型训练结果和对应代码一起截图，并将截图命名为“5-2-1train”，如图 4-259 所示。

```
print("============== Starting Training ==============")
'''Task 5 Subtask 2'''
# Set the number of training epochs in the model.train function to 5, and use training set to do model training
model.train(5, dataset_train, callbacks=[loss_cb,ckpoint_cb], dataset_sink_mode=True)

metric = model.eval(dataset_val)
print(metric)

============== Starting Training ==============
epoch: 1 step: 22, loss is 0.35387566685676575
epoch: 2 step: 22, loss is 0.5362986922264099
epoch: 3 step: 22, loss is 0.27222728729248047
epoch: 4 step: 22, loss is 0.678293764591217
epoch: 5 step: 22, loss is 0.6984529495239258
{'Accuracy': 0.7555555555555555}
```

图 4-259　5-2-1train

任务 6：图像分类模型推理（120 分）

考点 1：加载最佳训练参数

要求：

a. 在代码框 5 中，加载训练后的最佳训练参数到参数字典 param_dict 中。

b. 加载参数字典 param_dict 到模型 net 中。

结果保存，截图要求：

将填充的代码截图，并将截图命名为 **6-1-1load**。

【解析】

需补全的代码如下：

```
'''
代码框 5
'''
import matplotlib.pyplot as plt
import mindspore as ms

def visualize_model(best_ckpt_path, val_ds):
    num_class = 5  # 对狼和狗图像进行二分类
    net = mobilenet_v2(num_class)
    ''''任务 6 考点 1'''
    # 加载训练后的最佳训练参数到参数字典中
```

```
    param_dict = ms.load_checkpoint(_____)

    #加载参数字典到模型中
    ms.load_param_into_net(___, ___)

    model = ms.Model(net)
    # 加载验证集的数据进行验证
    data = next(val_ds.create_dict_iterator())
    images = data["image"].asnumpy()
    labels = data["label"].asnumpy()
    class_name = {0:'battery',1:'cardboard_box',2:'cigarette_butt',3:'egg_shell',4:'fruit_peel'}
```

1. 根据以上代码进行分析。

a）ms.load_checkpoint()函数用于从指定的文件路径加载模型参数和优化器状态。这个函数接收一个参数，即保存模型的文件路径。它会返回一个包含模型参数的参数字典。

b）ms.load_param_into_net()函数用于将参数字典加载到指定的模型中。这个函数接收两个参数，第一个参数是模型对象，第二个参数是参数字典。按照函数要求填入相应参数即可。

2. 将填充的代码截图，并将截图命名为“6-1-1load”，如图 4-260 所示。

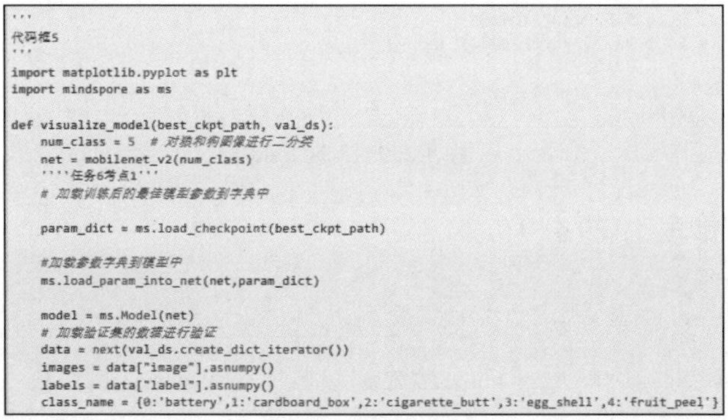

```
'''
代码框5
'''
import matplotlib.pyplot as plt
import mindspore as ms

def visualize_model(best_ckpt_path, val_ds):
    num_class = 5  # 对狼和狗图像进行二分类
    net = mobilenet_v2(num_class)
    ''''任务6考点1'''
    # 加载训练后的最佳模型参数到字典中

    param_dict = ms.load_checkpoint(best_ckpt_path)

    #加载参数字典到模型中
    ms.load_param_into_net(net,param_dict)

    model = ms.Model(net)
    # 加载验证集的数据进行验证
    data = next(val_ds.create_dict_iterator())
    images = data["image"].asnumpy()
    labels = data["label"].asnumpy()
    class_name = {0:'battery',1:'cardboard_box',2:'cigarette_butt',3:'egg_shell',4:'fruit_peel'}
```

图 4-260　6-1-1load

考点 2：预测图像及后处理

要求：

a. 在 model.predict 接口中，将数据样本的图像特征格式转化为 Tensor 格式。

b. 从 np.argmax 和 np.argmin 两个函数中选择一个函数进行推理的后处理。

结果保存，截图要求：

将填充的代码截图，并将截图命名为 **6-2-1postprocessing**。

【解析】

需补全的代码如下:

```
    ''''任务 6 考点 2'''
    # 预测图像类别
    #在 model.predict 接口中，将数据样本的图像特征格式转化为 Tensor 格式
    output = model.predict(____(data['image']))
```

```
#从np.argmax和np.argmin两个函数中选择一个函数进行推理的后处理
pred = np._____(output.asnumpy(), axis=1)

# 显示图像及图像的预测值
plt.figure(figsize=(15, 7))
for i in range(len(labels)):
    plt.subplot(3, 6, i + 1)
    # 若预测正确，显示为蓝色；若预测错误，显示为红色
    color = 'blue' if pred[i] == labels[i] else 'red'
    plt.title('predict:{}'.format(class_name[pred[i]]), color=color)
    picture_show = np.transpose(images[i], (1, 2, 0))
    mean = np.array([0.485, 0.456, 0.406])
    std = np.array([0.229, 0.224, 0.225])
    picture_show = std * picture_show + mean
    picture_show = np.clip(picture_show, 0, 1)
    plt.imshow(picture_show)
    plt.axis('off')

plt.show()
```

1. 根据以上代码进行分析。

a）model.predict 是一个模型预测的接口，用于对输入的数据进行推理。在这里，输入的数据是一个图像特征，需要将其格式转化为 Tensor 格式。

b）ms.tensor 是一个将数据格式转化为 MindSpore 中的 Tensor 格式的函数。在这里，它将图像特征格式转化为 Tensor 格式，以便将图像特征输入模型中进行预测。

c）output.asnumpy 是一个将数据从 Tensor 格式转化为 NumPy 数组格式的函数。在这里，它将模型输出数据从 Tensor 格式转化为 NumPy 数组格式，以便进行后续的处理。

d）np.argmax 是一个在 NumPy 数组中找到最大值所在位置的函数。在这里，它用于找到模型输出中概率最大的类别索引。

2. 将填充的代码截图，并将截图命名为“6-2-1postprocessing”，如图 4-261 所示。

```
#In the model.predict API, convert the image features of the data samples into the Tensor format.
output = model.predict(ms.Tensor(data['image']))

#Use either np.argmax or np.argmin to perform post-processing on the inference result.
pred = np.argmax(output.asnumpy(), axis=1)
```

图 4-261　6-2-1postprocessing

考点 3：模型推理

要求：

在代码框 2 中，参考左侧文件，替换参数 ckpt_path 为实际.ckpt 文件的路径，运行模型推理代码，输出模型推理结果。

结果保存，截图要求：

将输出的模型推理结果和对应代码一起截图（只截图摘要不给分），并将截图命名为 **6-3-3inference**。参考样例如图 4-262 所示。

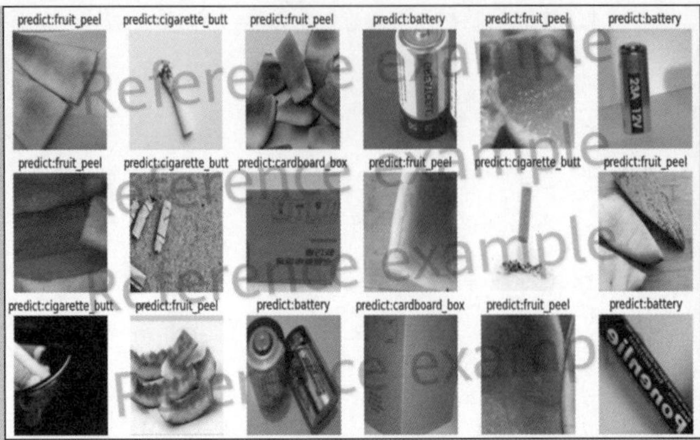

图 4-262　参考样例

【解析】

须补全的代码如下：

```
''''任务 6 考点 3'''
visualize_model('________',dataset_val)
```

1. visualize_model 函数的作用是可视化模型在验证集上的表现。它接收两个参数，具体如下。

- 'ckpt\mobilenet_v2-5_22.ckpt'：是一个字符串，表示模型的权重文件路径。在这里，模型的权重文件名为 mobilenet_v2-5_22.ckpt，该文件位于 ckpt 文件夹下。
- dataset_val：是一个数据集对象，用于加载验证集数据。在这里，dataset_val 是一个已经定义好的验证集对象。

2. 按照以上思路来补全代码，将输出的模型推理结果和对应代码一起截图，并将截图命名为“6-3-3inference”，如图 4-263 所示。

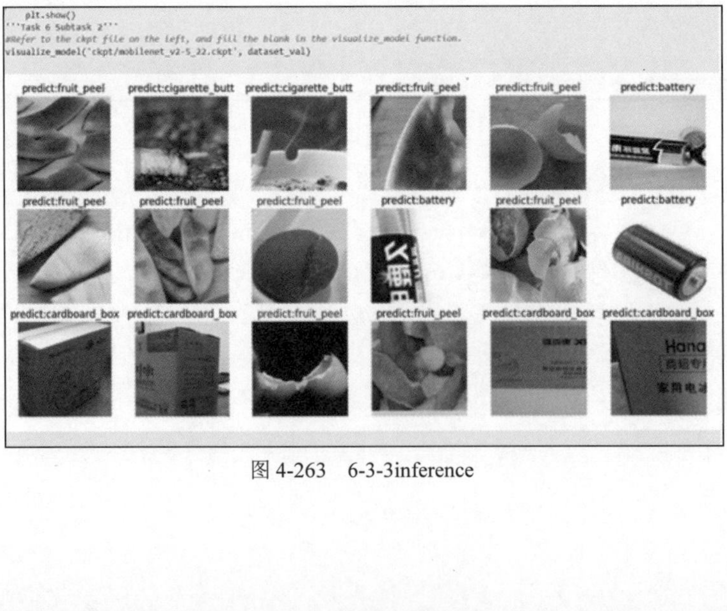

图 4-263　6-3-3inference

第 5 章

2023—2024 全球总决赛真题解析

5.1 Background of Task Design

Enterprise cloud migration has become a trending topic in recent years. Many companies consider cloud migration an essential step towards digital transformation. The cloud is a delivery and usage model for IT infrastructure, allowing you to obtain required resources (hardware, platform, and software) through the network in an on-demand and scalable manner.

Against this backdrop, a large shopping mall is planning to migrate its office automation (OA) system to Huawei Cloud. Before the migration, the OA system needs to be tested in various scenarios, including those that target on the standalone mode, cluster, container, and point-to-point communication across Virtual Private Clouds (VPCs) or communication among all VPCs.

In-person shopping has been bouncing back, and Internet companies are opening physical stores. These companies use big data and AI tools to analyze store data and improve the shopping experience for customers. This helps the companies make more money and grow faster. Companies can use Huawei Cloud services to build platforms for data processing applications.

Smart shopping malls use named entity recognition to quickly identify the names and categories of commodities by analyzing customers' shopping lists and purchase histories. This data enables shopping malls to accurately recommend related products, thereby improving the sales conversion rate and customer satisfaction. Additionally, named entity recognition facilitates personalized marketing and customized services, resulting in a tailored shopping experience.

5.2　Exam Description

5.2.1　Weighting

The exam consists of three parts:　cloud, big data, and AI.　There are 1,000 points possible in this exam, as shown in Table 5-1.

Table 5-1（表 5-1）　Weighting

Domain	Weight	Points
Cloud	40%	400
Big data	15%	150
AI	45%	450

5.2.2　Exam Requirements

a. Read the ***Exam Guide*** and exam tasks carefully before taking the exam.

b. If multiple solutions are available for a task, select the best one.

c. You can set passwords for resources needed in the exam. Ensure that you remember those passwords. Forgetting them could prevent you from logining to complete the exam.

5.2.3　Exam Platform

The lab exam environment is Huawei Cloud official website: https://www.huaweicloud.com/.

Recommended regions: Select the **CN North-Beijing4** or **CN East-Shanghai1** region.

Read the ***Exam Guide*** carefully before taking the exam.

The coupon covers all cloud resources used in the exam.　When purchasing resources, select the **pay-per-use** billing mode as required by the exam question.　If you purchase a yearly/monthly resource and the fee exceeds the coupon quota, you shall pay the excess.

If resources of required specifications are sold out, **purchase resources of similar specifications**.

5.2.4 Saving Tasks

Take full **screenshots** of task results. For details, see the **Exam Guide**.

5.3 Cloud

5.3.1 Scenarios

A large shopping mall is planning to migrate its office automation (OA) system to Huawei Cloud. Before the migration, the OA system needs to be tested in various scenarios, including those that target on the standalone mode, cluster, container, and point-to-point communication across VPCs or communication among all VPCs.

5.3.2 Network Topology

As shown in Fig.5-1.This exercise simulates the deployment of the OA system of a large shopping mall on the cloud. Two VPCs (**VPC-1** and **VPC-2**) are deployed. The system test is performed in **VPC-1**, and the test of VPC endpoints and VPC peering connections is performed in **VPC-2**. In **VPC-1**, the standalone, cluster, and container environments need to be deployed, and Log Tank Service (LTS) is used to summarize and analyze logs of the clustered OA system.

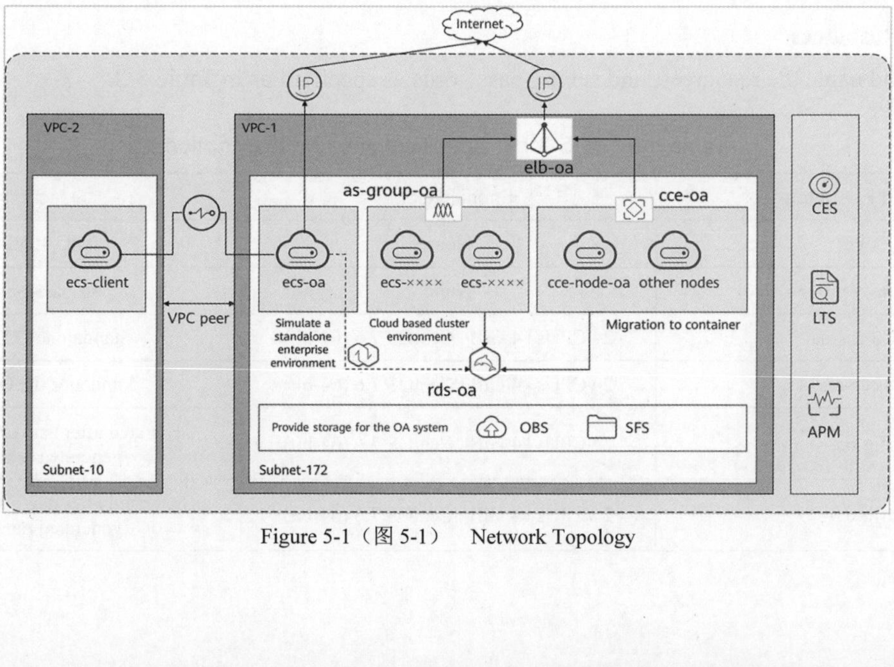

Figure 5-1（图 5-1） Network Topology

Table 5-2（表 5-2）　Cloud Resources

Cloud Resource	Description
ecs-oa	Simulates a standalone OA system environment
ecs-××××	Application host 1 of Auto Scaling (AS)
ecs-××××	Application host 2 of AS
cce-node-oa	Cloud Container Engine (CCE) cluster node host
as-group-oa	AS group used by the OA system
cce-oa	CCE cluster
elb-oa	Elastic Load Balance (ELB), which is used for interworking with AS and external access for CCE cluster applications
rds-oa	Relational Database Service (RDS) instance, which is used as the OA system database
Object Storage Service (OBS)	Stores files uploaded from the OA system
Scalable File Service (SFS)	Stores files uploaded from the OA system
Application Performance Management (APM)	Monitors and manages the OA system

5.3.3 Exam Resources

1. Exam Environment

You need to set up the environment on Huawei Cloud. Select the **CN North-Beijing4** or **CN East-Shanghai1** region.

2. Cloud Resources

Purchase and name the resources, and set the passwords as specified as in Table 5-3.

Table 5-3（表 5-3）　Specifications and Description

Cloud Resource	Specifications	Description
VPC	None	VPC-1, VPC-2
Security group	None	sg-oa, sg-client
ECS ecs-oa	2 vCPUs | 4 GiB | CentOS 7.6 (64-bit)	Standalone OA system
ECS ecs-client	2 vCPUs | 4 GiB | CentOS 7.6 (64-bit)	Simulates the OA client
ECS as-config-oa-××××××××	2 vCPUs | 4 GiB | CentOS 7.6 (64-bit)	Generated after using AS (the name is generated randomly)
ECS as-config-oa-××××××××	2 vCPUs | 4 GiB | CentOS 7.6 (64-bit)	Generated after using AS (the name is generated randomly)

续表

Cloud Resource	Specifications	Description
ECS cce-node-oa	4 vCPUs | 8 GiB | CentOS 7.6 (64-bit)	
Elastic IP (EIP)	Set it as required by the tasks	EIP
RDS	Single | MySQL 5.7 | Existing minimum specifications	rds-oa
AS	None	
SoftWare Repository for Container (SWR)	None	
CCE	50 nodes, no HA	cce-oa
ELB elb-oa	Dedicated and small	
Data Replication Service (DRS)		
SFS		
OBS		

3. Tools

For this exam, you will need the tool described in the Table 5-4 below. (Other SSH terminal tools can also be used.)

Table 5-4（表 5-4） Tools

Software Package	Description
MobaXterm	Remote login tool

5.3.4 Exam Tasks

Lab Tasks.

Each step in a task is scored separately. Please arrange your exam time properly.

Task 1: Preparing the basic environment (60 points)

Subtask 1: Create two VPCs.

Procedure:

a. Create a VPC in the ×× region, using the settings described here. Select a region as required. CN North-Beijing4 or CN East-Shanghai1 is recommended.

a）Name: VPC-1

b）IPv4 CIDR Block: 172.16.0.0/16

c）Default Subnet:

Name: Subnet-172

IPv4 CIDR Block: 172.16.1.0/24

b. Create another VPC in the ×× region. Use the following settings.

a）Name: VPC-2

b）IPv4 CIDR Block: 10.10.0.0/16

c）Default Subnet:

Name: Subnet-10

IPv4 CIDR Block: 10.10.10.0/24

Screenshot requirements:

a. Take a screenshot of the VPC-1 topology page and name it 1-1-1vpc-1.

b. Take a screenshot of the VPC-2 topology page and name it 1-1-2vpc-2.

【解析】

1. 创建 VPC-1。

a）使用华为云账户登录华为云控制台。

b）在华为云控制台中，进入“Virtual Private Cloud”服务。

c）创建 VPC，填写其名称 VPC-1 和网段信息。

d）创建默认子网，填写其名称 Subnet-172 和子网网段信息。创建的 VPC-1 和 Subnet-172 如图 5-2 所示。

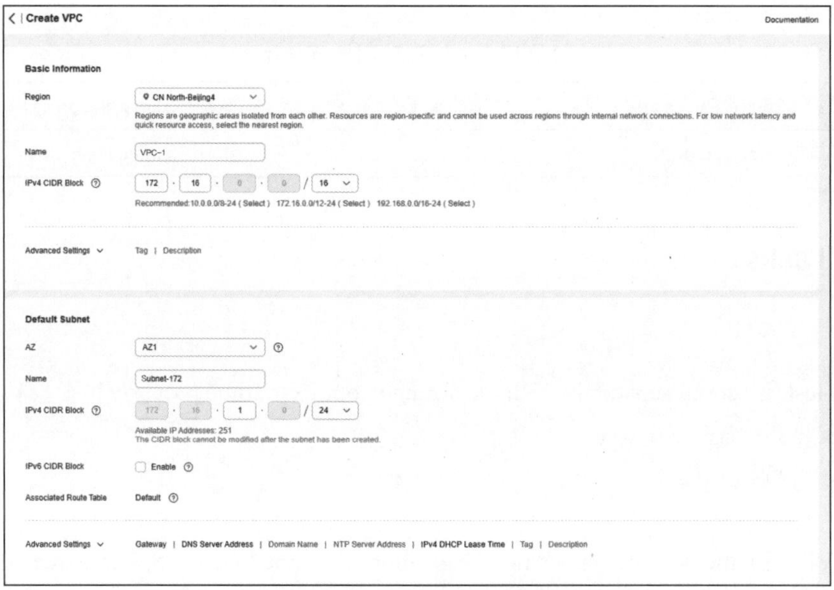

图 5-2　创建的 VPC-1 和 Subnet-172

2. 创建 VPC-2。

创建 VPC-2 的步骤与创建 VPC-1 的步骤相似，需要注意的是，创建 VPC-2 的默认子网时，其子网名称为 Subnet-10。最终创建的 VPC-2 和 Subnet-10 如图 5-3 所示。

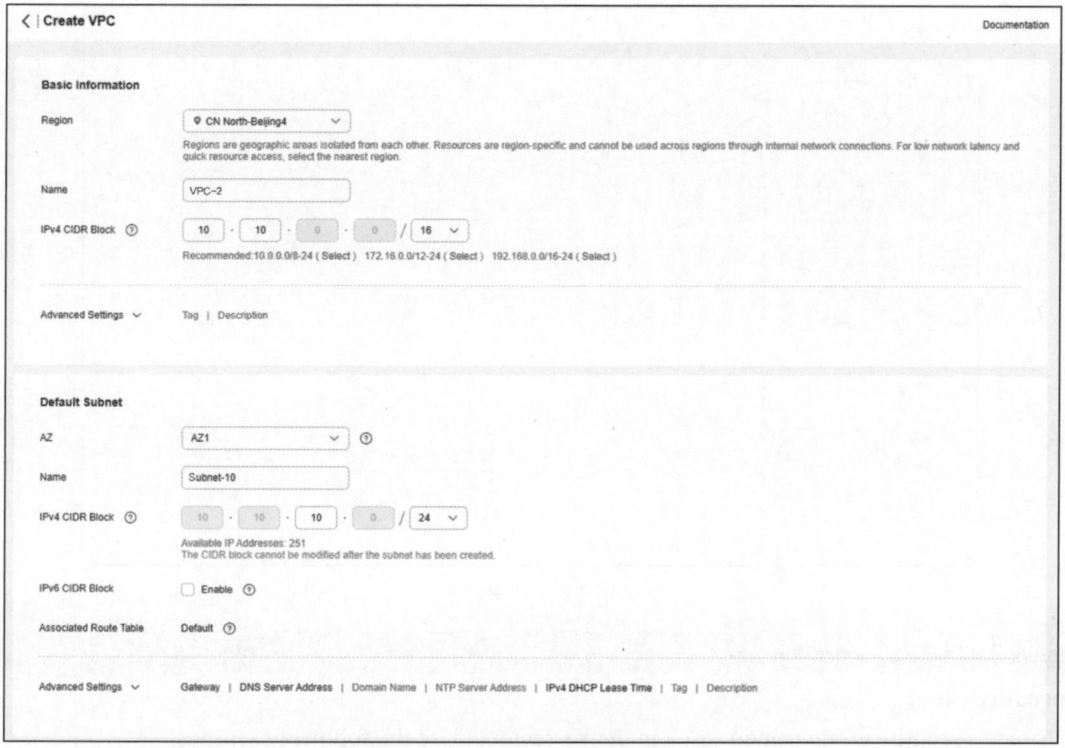

图 5-3　创建的 VPC-2 和 Subnet-10

3. 保存截图。

保存 VPC-1 拓扑页面的截图，并将该截图命名为“1-1-1vpc-1”，如图 5-4 所示。保存 VPC-2 拓扑页面的截图，并将该截图命名为“1-1-2vpc-2”，如图 5-5 所示。

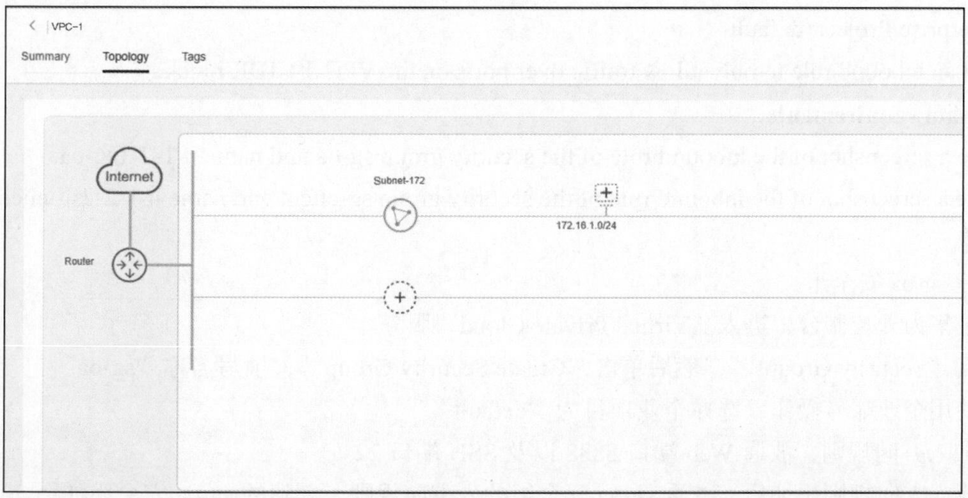

图 5-4　1-1-1vpc-1

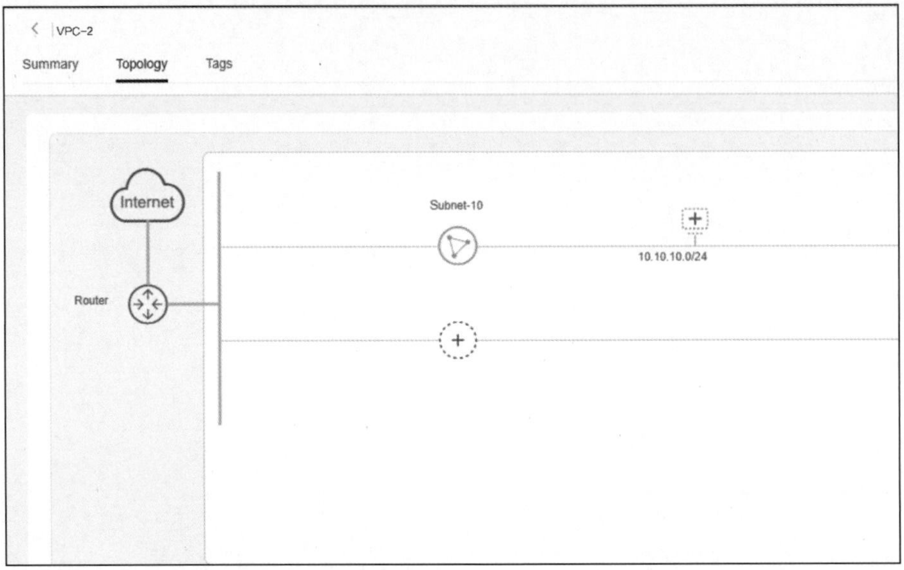

图 5-5　1-1-2vpc-2

Subtask 2: Create a security group.

Procedure:

a. Create a security group named sg-oa in the ×× region. Use the following settings.

a）Name: sg-oa

b）Enterprise Project: default

c）Add an inbound rule to allow traffic over web port 8888 and other required ports as needed.

b. Create a security group named sg-client in the ×× region. Use the following settings.

a）Name: sg-client

b）Enterprise Project: default

c）Add an inbound rule to only allow traffic over ports on the VPC-1 CIDR block.

Screenshot requirements:

a. Take a screenshot of the inbound rule of the security group sg-oa and name it 1-2-1sg-oa.

b. Take a screenshot of the inbound rule of the security group sg-client and name it 1-2-2sg-client.

【解析】

1. 创建 sg-oa 安全组。

a）登录华为云控制台，进入“Virtual Private Cloud”服务。

b）访问“Security Groups ”，然后单击“Create Security Group ”，填写名称“sg-oa”。

c）如使用企业账号操作，选择企业项目为“default”。

d）添加入方向规则，放通 Web 端口 8888 以及 SSH 端口 22。

e）完成入方向规则添加后，查看 sg-oa 安全组的入方向规则。创建的 sg-oa 安全组如图 5-6 所示。

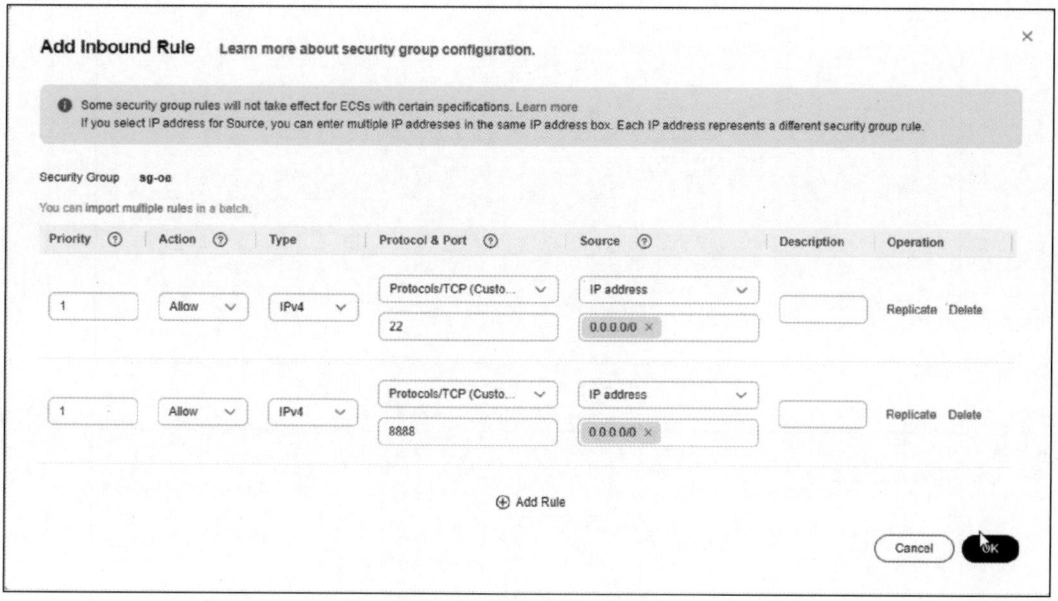

图 5-6 创建的 sg-oa 安全组

2. 创建 sg-client 安全组。

a）重复上述步骤，创建名称为“sg-client”的安全组。

b）添加入方向规则，仅放通 VPC-1 网段的所有端口。创建的 sg-client 安全组如图 5-7 所示。

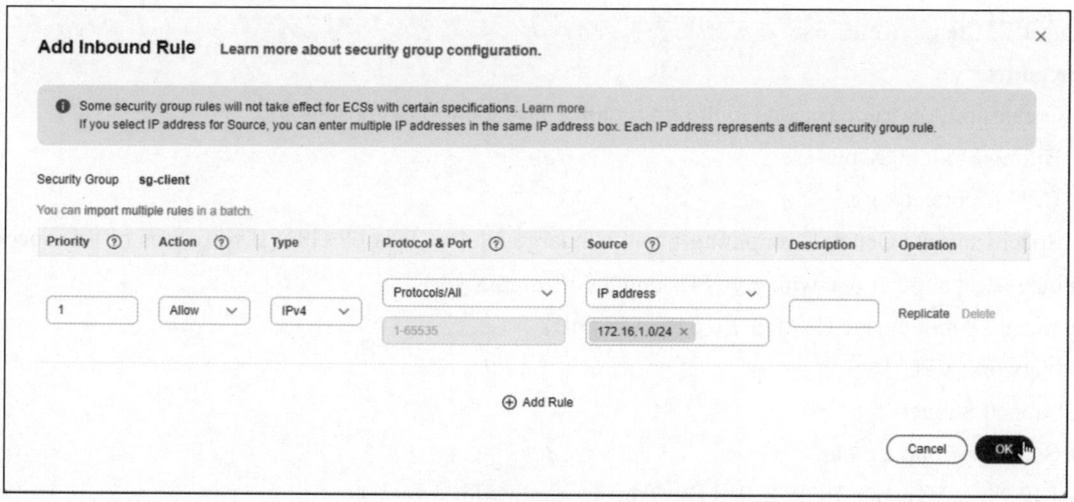

图 5-7 创建的 sg-client 安全组

3. 保存截图。

保存 sg-oa 安全组的入方向规则的截图，并将该截图命名为“1-2-1sg-oa”，如图 5-8 所示。保存 sg-client 安全组的入方向规则的截图，并将该截图命名为“1-2-2sg-client”，如图 5-9 所示。

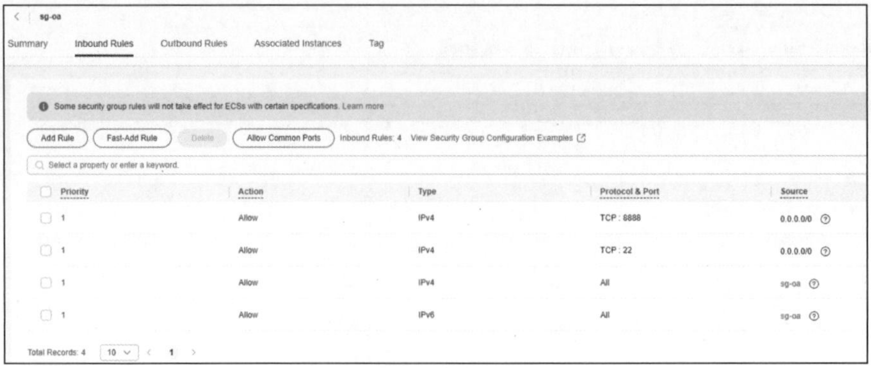

图 5-8　1-2-1sg-oa

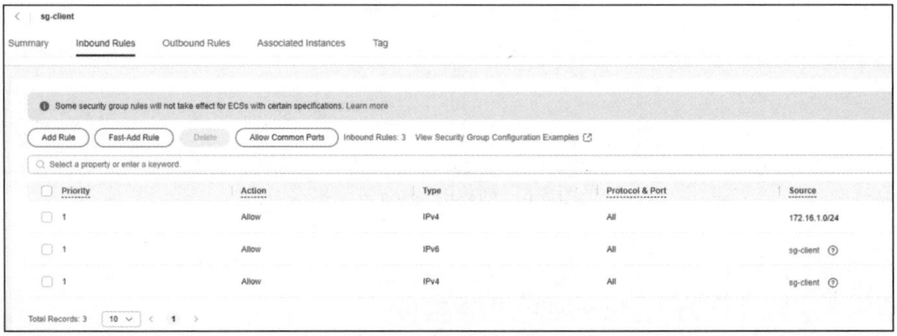

图 5-9　1-2-2sg-client

Subtask 3: Create two ECSs.

Procedure:

a. Create an ECS named ecs-oa in the ×× region. Use the following settings.

a）Billing Mode: Pay-per-use

b）CPU Architecture: x86

c）Specifications: General computing-plus | c7.xlarge.2 | 4 vCPUs | 8 GiB (If resources of this specification are sold out, select another one with 4 vCPUs and 8 GiB memory.)

d）Image: Public image CentOS 7.6 64bit (40 GiB)

e）Network: VPC-1

f）Subnet: Subnet-172

g）Security group: sg-oa

h）EIP Type: Dynamic BGP; Billed By: Traffic; Bandwidth Size: 100

i）ECS Name: ecs-oa

j）Login Mode: Password (Set a password.)

b. Create an ECS named ecs-client in the ×× region. Use the following settings.

a）Billing Mode: Pay-per-use

b) CPU Architecture: x86

c) Specifications: General computing-plus | c7.xlarge.2 | 4 vCPUs | 8 GiB (If resources of this specification are sold out, select another one with 4 vCPUs and 8 GiB memory.)

d) Image: Public image CentOS 7.6 64bit (40 GiB)

e) Network: VPC-2

f) Subnet: Subnet-10

g) Security Group: sg-client

h) EIP Type: Dynamic BGP; Billed By: Traffic; Bandwidth Size: 100

i) ECS Name: ecs-client

j) Login Mode: Password (Set a password.)

Screenshot requirements:

a. Take a screenshot of the summary page of ecs-oa and name it 1-3-1ecs-oa.

b. Take a screenshot of the summary page of ecs-client and name it 1-3-2ecs-client.

【解析】

1. 创建 ecs-oa 弹性云服务器。

a) 登录华为云控制台，进入“Elastic Cloud Server”服务。

b) 创建弹性云服务器，按照要求填写各项配置信息，如图 5-10～图 5-13 所示。

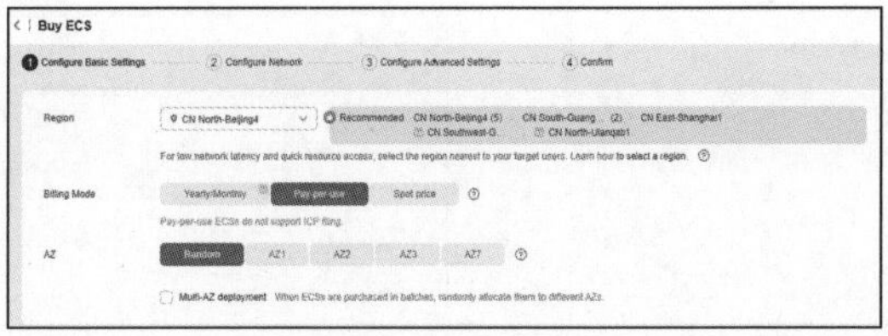

图 5-10　创建 ecs-oa 弹性云服务器（区域及计费模式）

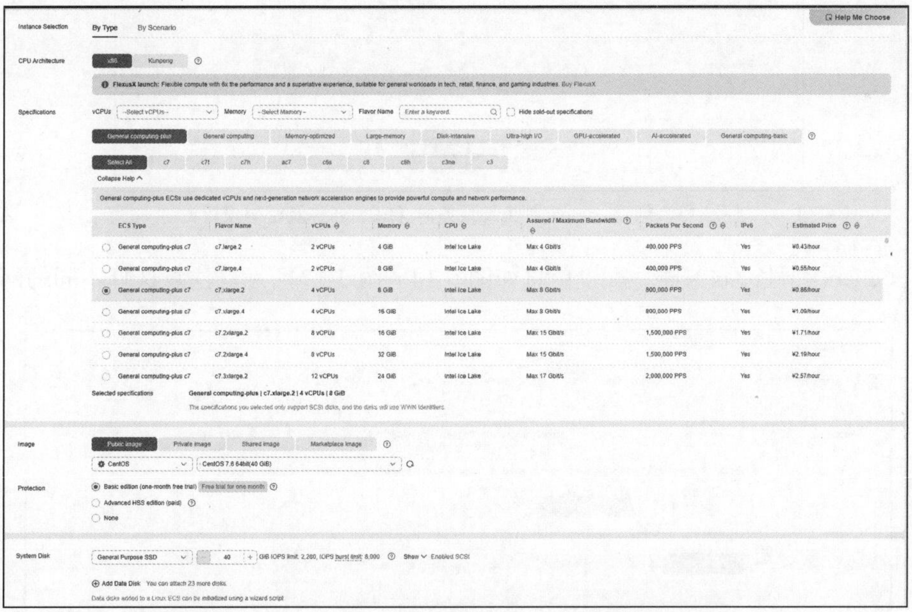

图 5-11　创建 ecs-oa 弹性云服务器（实例规格及系统镜像）

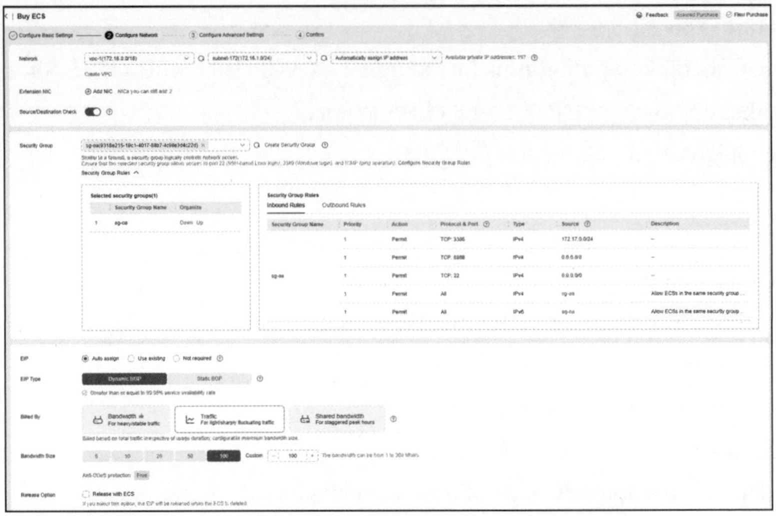

图 5-12　创建 ecs-oa 弹性云服务器（VPC、安全组及带宽选择）

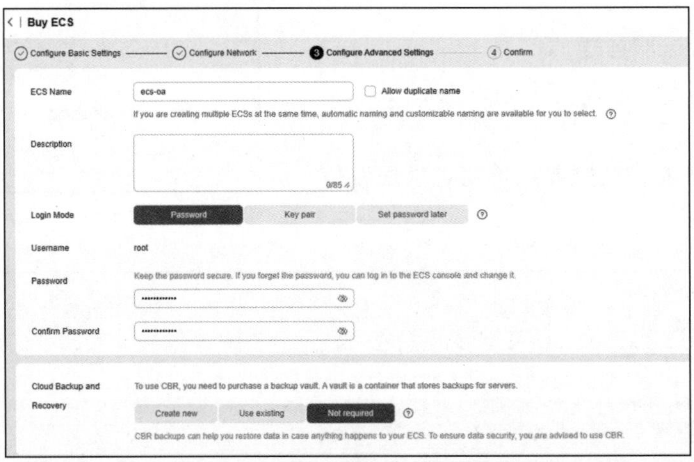

图 5-13　创建 ecs-oa 弹性云服务器（ECS 名称及密码设置）

2. 创建 ecs-client 弹性云服务器，配置信息如图 5-14～图 5-17 所示。注意选择不同的网络和安全组。

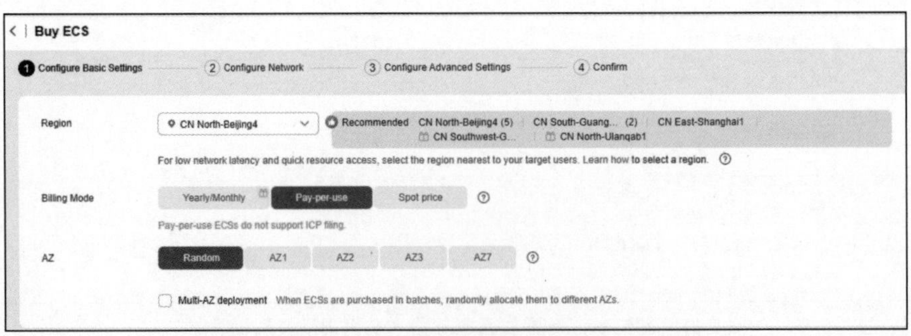

图 5-14　创建 ecs-client 弹性云服务器（区域及计费模式）

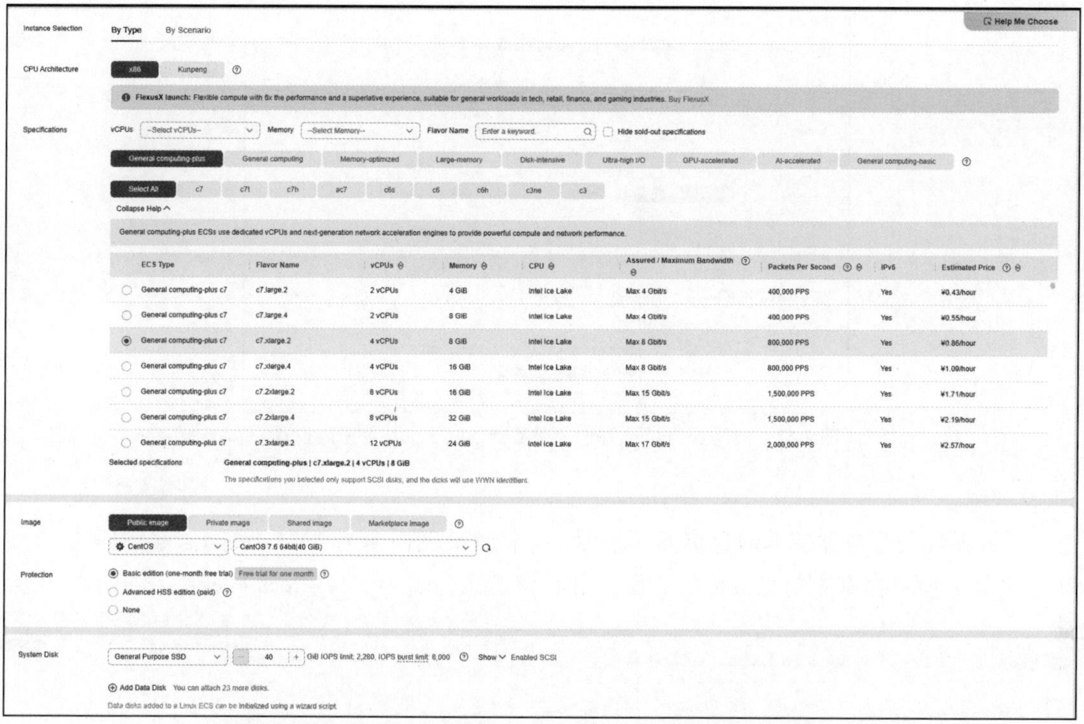

图 5-15　创建 ecs-client 弹性云服务器（实例规格及系统镜像）

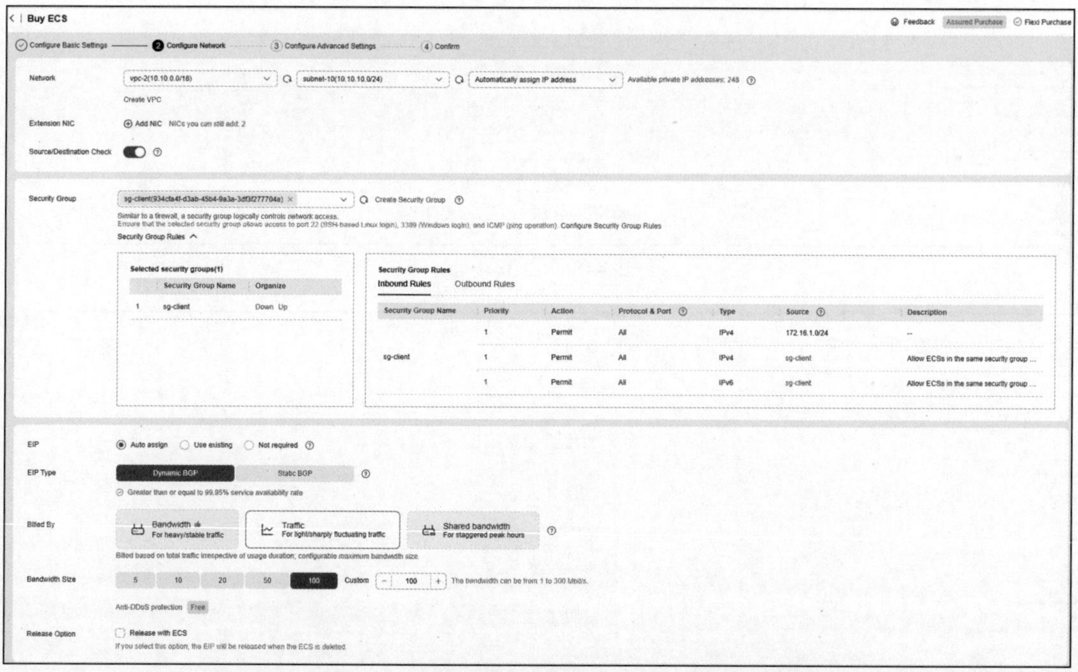

图 5-16　创建 ecs-client 弹性云服务器（VPC、安全组及带宽选择）

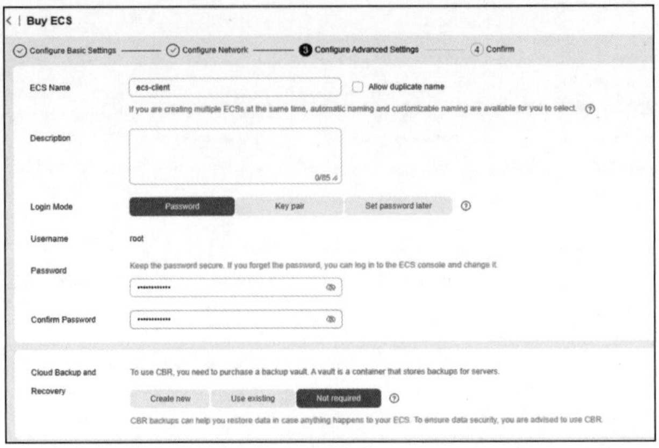

图 5-17 创建 ecs-client 弹性云服务器（ECS 名称及密码设置）

3. 保存截图。

保存 ecs-oa 弹性云服务器基本信息页面的截图，并将该截图命名为“1-3-1ecs-oa”，如图 5-18 所示。保存 ecs-client 弹性云服务器基本信息页面的截图，并将该截图命名为“1-3-2ecs-client”，如图 5-19 所示。

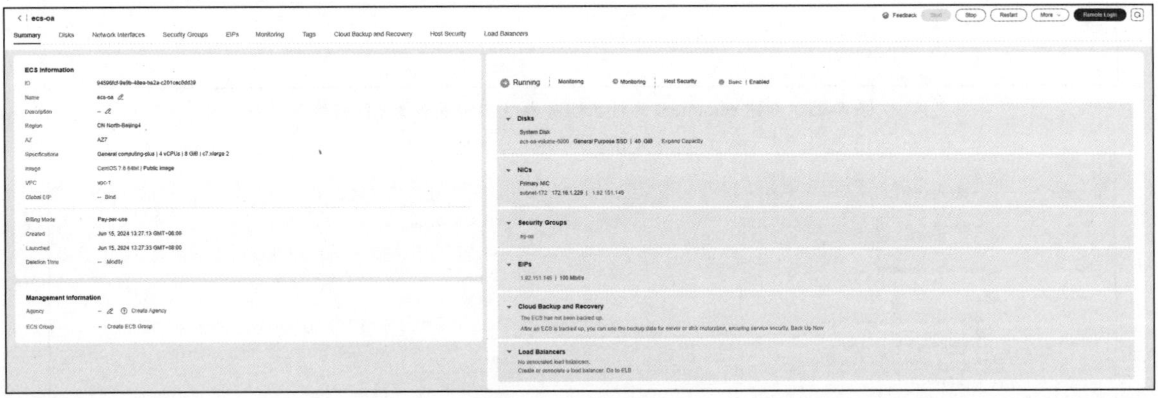

图 5-18 1-3-1ecs-oa

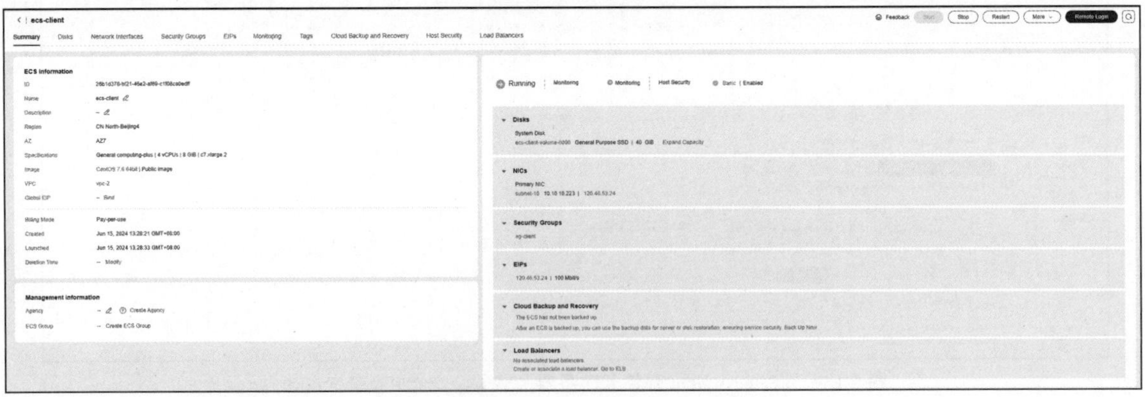

图 5-19 1-3-2ecs-client

Subtask 4: Configure the OA environment.

Procedure:

a. Use the EIP of ecs-oa to remotely log in to ecs-oa from a local computer.

b. Use yum to install Java.

a) Installation package: java-1.8.0-openjdk.x86_64 and java-1.8.0-openjdk-devel.x86_64 -y

b) After the installation is complete, check the Java version.

c. To install and configure Maven, perform the following steps.

a) Create and go to the /usr/local/maven directory.

b) Use wget to download Maven to the local host. Link:

https://ligj008.obs.cn-southwest-2.myhuaweicloud.com/apache-maven-3.6.3-bin.tar.gz.

c) Decompress the Maven software package.

d) Add the following Maven environment variables to the /etc/profile configuration file:

```
MAVEN_HOME=/usr/local/maven/apache-maven-3.6.3
export PATH=$PATH:$MAVEN_HOME/bin
export MAVEN_HOME
```

e) Run source /etc/profile to reload environment variables.

f) Run mvn -v to query the Maven version and check whether the configuration is applied.

d. To install and configure MySQL 5.7, perform the following steps.

a) Run rpm -e --nodeps mariadb-libs-5.5.68-1.el7.x86_64 to uninstall the built-in MariaDB.

b) Run rpm -ivh http://dev.mysql.com/get/mysql57-community-release-el7-11.noarch.rpm to install the yum source.

c) Run yum -y install mysql-server --nogpgcheck to install MySQL.

d) Run systemctl to manage system services and start the MySQL service.

e) Run cat /var/log/mysqld.log | grep password to obtain the temporary password for logging in to the MySQL database, as shown in Fig.5-20.

Figure 5-20（图 5-20） Obtain the temporary password

f) Log in to the database using the temporary password obtained in the previous step.

g) Run ALTER USER 'root'@'localhost' IDENTIFIED BY 'User-defined password' to change the database password.

h) Run grant all privileges on *.* to 'root'@' %' identified by 'user-defined password' with grant option to allow remote access.

i) Run flush privileges to refresh permissions.

j) Run create database oasys to create a database for the OA application.

k）Run show databases to query the list of all databases of the current instance.

l）Log out of the database.

Screenshot requirements:

a. Take a screenshot of remotely logging in to ecs-oa and name it 1-4-1login-ecs.

b. Take a screenshot of the Java version query result and name it 1-4-2java-version.

c. Take a screenshot of the Maven version query result and name it 1-4-3mvn-cfg.

d. Take a screenshot of the database list and name it 1-4-4db-info.

【解析】

1. 远程连接 ecs-oa。

a）使用 SSH 工具（如 PuTTY、MobaXterm 等）通过 ecs-oa 的弹性公网 IP 对 ecs-oa 进行远程连接，如图 5-21 所示。

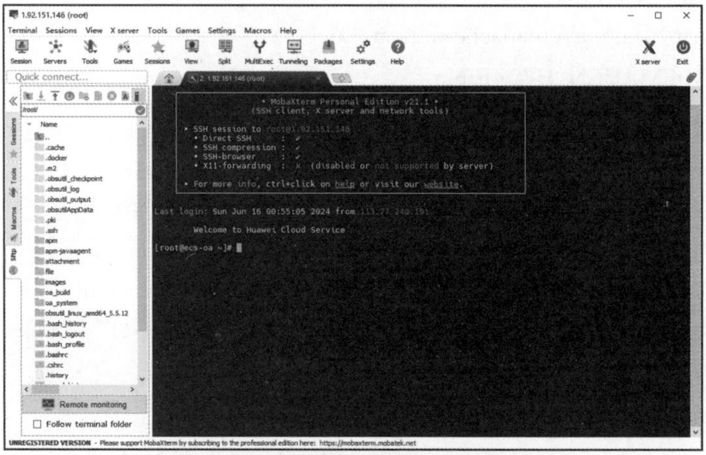

图 5-21　SSH 远程连接 ecs-oa

2. 安装 Java。

a）执行命令 yum install java-1.8.0-openjdk.x86-64 java-1.8.0-openjdk-devel.x86_64 –y，如图 5-22 所示。

```
[root@ecs-oa ~]# yum install java-1.8.0-openjdk.x86_64 java-1.8.0-openjdk-devel.x86_64 -y
```

图 5-22　安装 Java

b）执行 Java 版本检查命令 java -version，如图 5-23 所示。

```
[root@ecs-oa ~]# java -version
openjdk version "1.8.0_412"
OpenJDK Runtime Environment (build 1.8.0_412-b08)
OpenJDK 64-Bit Server VM (build 25.412-b08, mixed mode)
[root@ecs-oa ~]#
```

图 5-23　Java 版本检查

3. 安装和配置 Maven。

a）创建并进入/usr/local/maven 目录，执行命令 mkdir /usr/local/maven 和 cd /usr/local/maven，如图 5-24 所示。

b）下载 Maven 软件包，执行命令 wget https://ligj008.obs.cn-southwest-2.myhuaweicloud.com/apache-maven-3.6.3-bin.tar.gz，如图 5-25 所示。

c）解压缩 Maven 软件包，执行命令 tar -zxvf apache-maven-3.6.3-bin.tar.gz，如图 5-26 所示。

图 5-24　创建/usr/local maven 目录

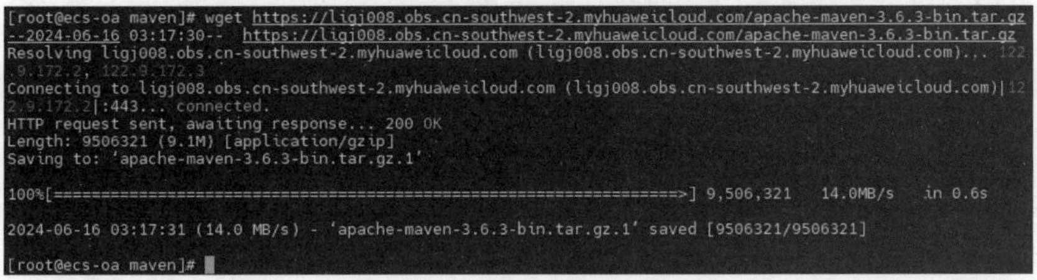

图 5-25　下载 Maven 软件包

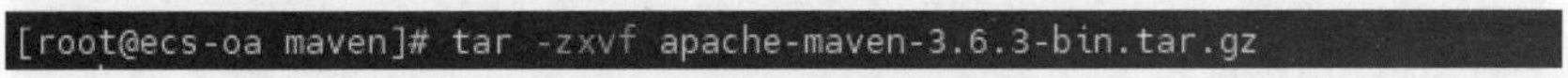

图 5-26　解压缩 Maven 软件包

d）编辑/etc/profile 文件追加 Maven 环境变量，执行命令 vi /etc/profile 并追加指定内容，如图 5-27 和图 5-28 所示。

图 5-27 编辑/etc/profile 文件

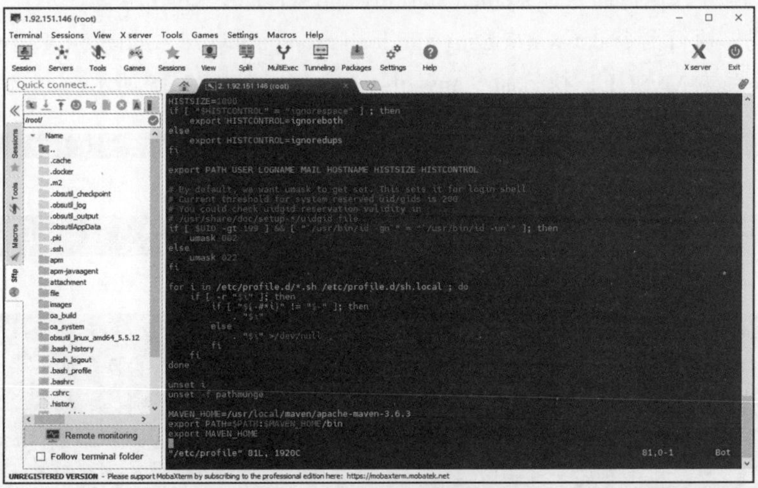

图 5-28　追加 Maven 环境变量

e）重新加载/etc/profile 文件，执行命令 source /etc/profile。

f）查询 Maven 版本，执行命令 mvn –v，如图 5-29 所示。

```
[root@ecs-oa maven]# source /etc/profile
[root@ecs-oa maven]# mvn -v
Apache Maven 3.6.3 (cecedd343002696d0abb50b32b541b8a6ba2883f)
Maven home: /usr/local/maven/apache-maven-3.6.3
Java version: 1.8.0_412, vendor: Red Hat, Inc., runtime: /usr/lib/jvm/java-1.8.0-openjdk-1.8.0.412.b08-1.el7
_9.x86_64/jre
Default locale: en_US, platform encoding: UTF-8
OS name: "linux", version: "3.10.0-1160.108.1.el7.x86_64", arch: "amd64", family: "unix"
[root@ecs-oa maven]# 
```

图 5-29　查询 Maven 版本

4. 安装和配置 MySQL 5.7。

a）卸载 MariaDB，执行命令 rpm -e --nodeps mariadb-libs-5.5.68-1.el7.x86_64，如图 5-30 所示。

```
[root@ecs-oa maven]# rpm -e --nodeps mariadb-libs-5.5.68-1.el7.x86_64
```

图 5-30　卸载 MariaDB

b）安装 MySQL Yum 源，执行命令 rpm -ivh http://dev.mysql.com/get/mysql57-community-release-el7-11.noarch.rpm，如图 5-31 所示。

```
[root@ecs-oa maven]# rpm -ivh http://dev.mysql.com/get/mysql57-community-release-el7-11.noarch.rpm
Retrieving http://dev.mysql.com/get/mysql57-community-release-el7-11.noarch.rpm
warning: /var/tmp/rpm-tmp.aabHVU: Header V3 DSA/SHA1 Signature, key ID 5072e1f5: NOKEY
Preparing...                          ################################# [100%]
        package mysql57-community-release-el7-11.noarch is already installed
[root@ecs-oa maven]# 
```

图 5-31　安装 MySQL Yum 源

c）安装 MySQL 服务，执行命令 yum -y install mysql-server --nogpgcheck，如图 5-32 所示。

```
[root@ecs-oa maven]# yum -y install mysql-server --nogpgcheck
```

图 5-32　安装 MySQL 服务

d）启动 MySQL 服务，执行命令 systemctl start mysqld.service，如图 5-33 所示。

e）获取临时密码，执行命令 cat /var/log/mysqld.log | grep password，如图 5-34 所示。

f）使用临时密码登录 MySQL，执行命令 mysql -u root -p，如图 5-35 所示。

```
[root@ecs-oa maven]# systemctl start mysqld.service
```

图 5-33　启动 MySQL 服务

```
[root@ecs-oa maven]# cat /var/log/mysqld.log | grep password
2024-06-15T05:37:27.733091Z 1 [Note] A temporary password is generated for root@localhost: K:BeR>P?<7td
```

图 5-34　获取临时密码

```
[root@ecs-oa maven]# mysql -u root -p
Enter password:
Welcome to the MySQL monitor.  Commands end with ; or \g.
Your MySQL connection id is 184
Server version: 5.7.44-log MySQL Community Server (GPL)

Copyright (c) 2000, 2023, Oracle and/or its affiliates.

Oracle is a registered trademark of Oracle Corporation and/or its
affiliates. Other names may be trademarks of their respective
owners.

Type 'help;' or '\h' for help. Type '\c' to clear the current input statement.

mysql> 
```

图 5-35　使用临时密码登录 MySQL

g）修改数据库密码，执行命令 ALTER USER 'root'@'localhost' IDENTIFIED BY '自定义密码';。

h）配置远程访问，执行命令 grant all privileges on *.* to 'root'@'%' identified by'自定义密码'with grant option;。

i）刷新权限，执行命令 flush privileges;，如图 5-36 所示。

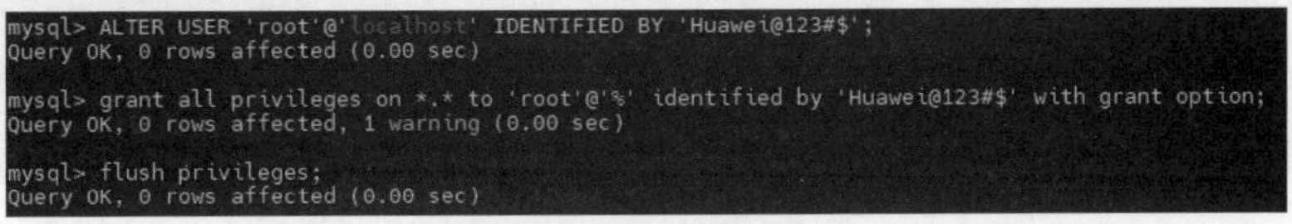

图 5-36　数据库配置

j）创建 OA 应用数据库，执行命令 create database oasys;。

k）查询数据库列表，执行命令 show databases;，如图 5-37 所示。

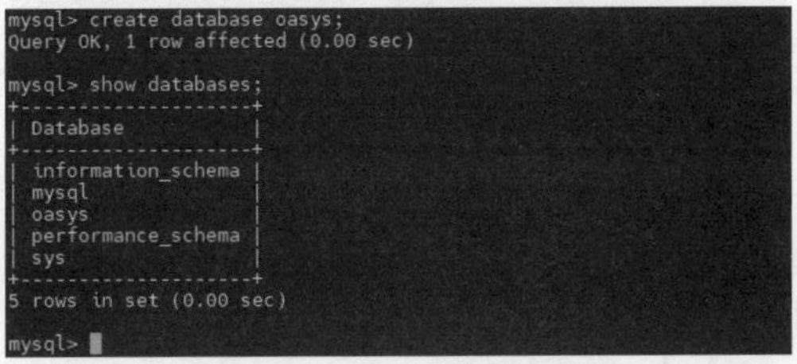

图 5-37　查询数据库列表

5. 保存截图。

保存 ecs-oa 登录页面的截图，并将该截图命名为“1-4-1login-ecs”，如图 5-38 所示。保存 Java 版本查询结果的截图，并将该截图命名为“1-4-2java-version”，如图 5-39 所示。保存 Maven 版本查询结果的截图，并将该截图命名为“1-4-3mvn-cfg”，如图 5-40 所示。保存数据库列表信息的截图，并将该截图命名为“1-4-4db-info”，如图 5-41 所示。

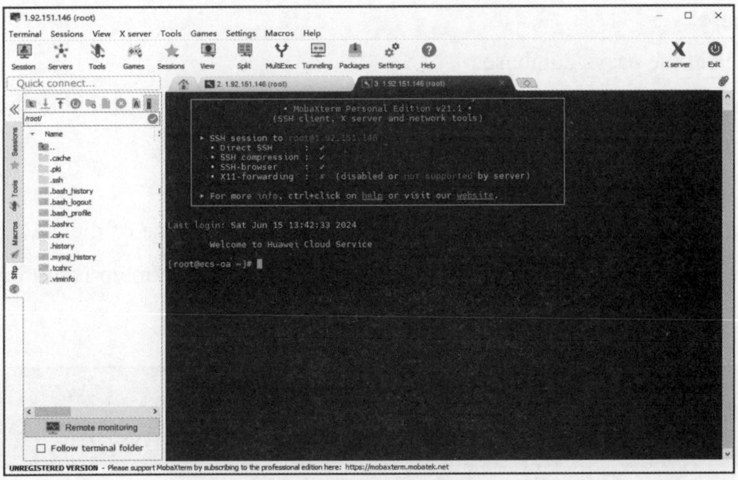

图 5-38　1-4-1login-ecs

图 5-39　1-4-2java-version

图 5-40　1-4-3mvn-cfg

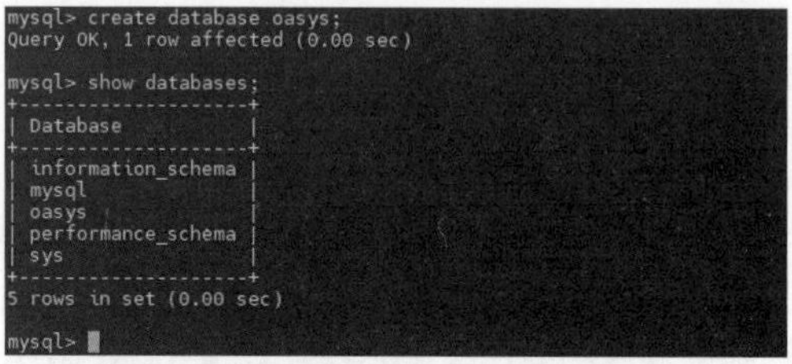

图 5-41　1-4-4db-info

Task 2: Deploying the OA application on the cloud (100 points)

Subtask 1: Obtain and modify the OA source code.

Procedure:

a. To install the OA application package on ecs-oa, perform the following steps.

a）Use yum to install git.

b）Run git clone https://gitee.com/nanchengfeinan/oa_system.git to obtain the OA source code.

c）Import the preset OA data to the oasys database in the local database of the ecs-oa. The data file is the oasys.sql file in the OA source code path.

Log in to the database.

Run use oasys to select the oasys database.

Run source /root/oa_system/oasys.sql to import data. (The oasys.sql file is stored in the root path of the source code. Modify the command based on the actual operation path.)

Run show table to query tables.

d）Modify the application database link to connect to the local database of the VM, change the password to the customized database login password, and modify the /root/oa_system/src/main/resources/application.properties file.as shown in Fig. 5-42.

Figure 5-42（图 5-42）　Application.properties

b. Prepare the OA running environment.

a) To create a path for uploading OA application files and images, run the following commands:

```
mkdir /root/file
mkdir /root/images
mkdir /root/attachment
```

b) Copy the default login user avatar from the source code to the following directory for saving the image during OA running:

```
cp /root/oa_system/static/image/oasys.jpg /root/images/
```

c) Run ll -r /root to perform checks.

Screenshot requirements:

a. Take a screenshot of the table query after data is imported and name it 2-1-1tbl-check.

b. Take a screenshot of the ll /root command output and name it 2-1-2file-check.

【解析】

1. 获取并修改 OA 应用源码。

a) 使用 Yum 安装 Git，执行命令 sudo yum install git -y，如图 5-43 所示。

b) 复制 OA 应用源码，执行命令 git clone https://gitee.com/nanchengfeinan/oa_system.git，如图 5-44 所示。

c) 登录数据库并切换到 oasys 库，执行命令 mysql -u root -p，输入密码后，执行命令 use oasys;，如图 5-45 所示。

d) 导入预置数据，执行命令 source /root/oa system/oasys.sql，如图 5-46 所示。

e) 执行表查询操作，执行命令 show tables;，如图 5-47、图 5-48 所示。

f) 修改数据库连接配置（修改/root/oa_system/src/main/resources/application.properties 文件），将数据库密码修改为自定义的密码，如图 5-49 所示。

图 5-43 使用 Yum 安装 Git

图 5-44 复制 OA 应用源码

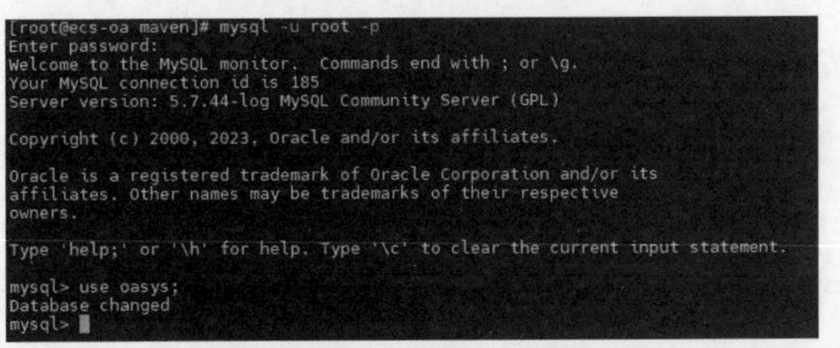

图 5-45 登录数据库并切换到 oasys 库

图 5-46 导入预置数据

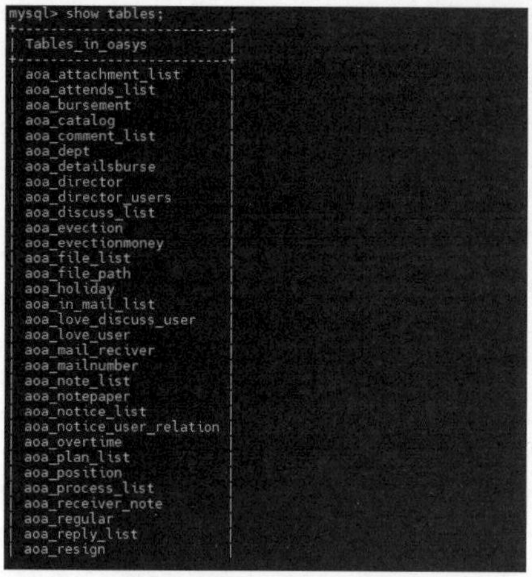

图 5-47　执行表查询操作——结果第一部分

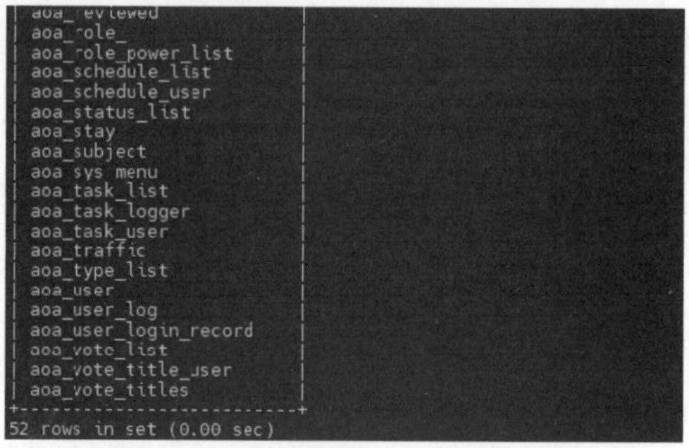

图 5-48　执行表查询操作——结果第二部分

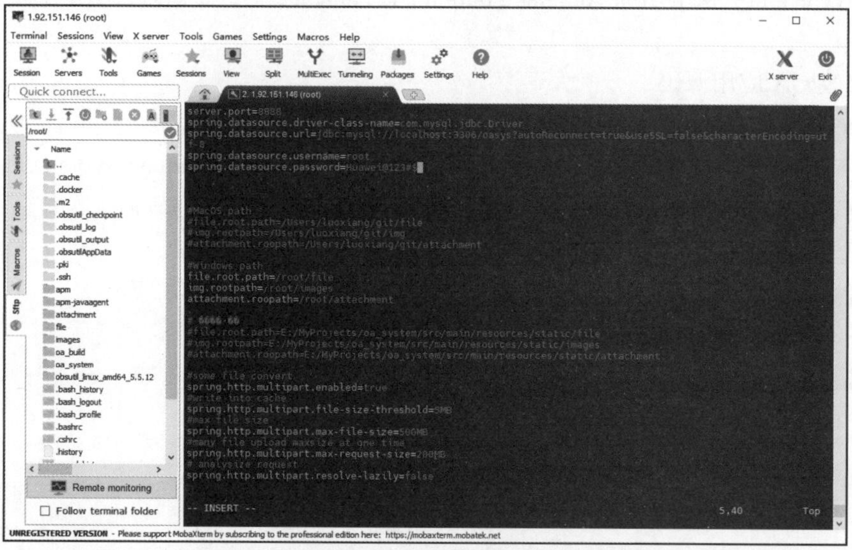
图 5-49　修改数据库连接配置

2. 准备 OA 运行环境。

a）创建文件及图片上传路径，执行命令 mkdir –p /root/{file, images, attachment}，如图 5-50 所示。

```
[root@ecs-oa maven]# mkdir -p /root/{file,images,attachment}
```

图 5-50　创建文件及图片上传路径

b）复制默认用户头像，执行命令 cp /root/oa_system/static/image/oasys.jpg /root/images/，如图 5-51 所示。

```
[root@ecs-oa ~]# cp /root/oa_system/static/image/oasys.jpg /root/images
```

图 5-51　复制默认用户头像

3. 执行检查操作，查看目录，执行命令 ll -r /root，如图 5-52 所示。

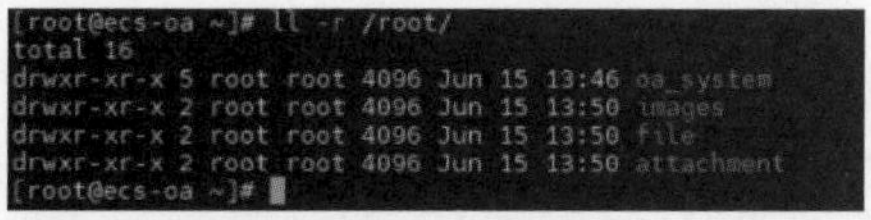

图 5-52 查看目录

4. 保存截图。

保存预置数据导入后表查询的结果的截图，并将该截图命名为“2-1-1tbl-check”，如图 5-53 所示。保存执行命令 ll -r /root 后显示的文件和目录信息的截图，并将该截图命名为“2-1-2file-check”，如图 5-54 所示。

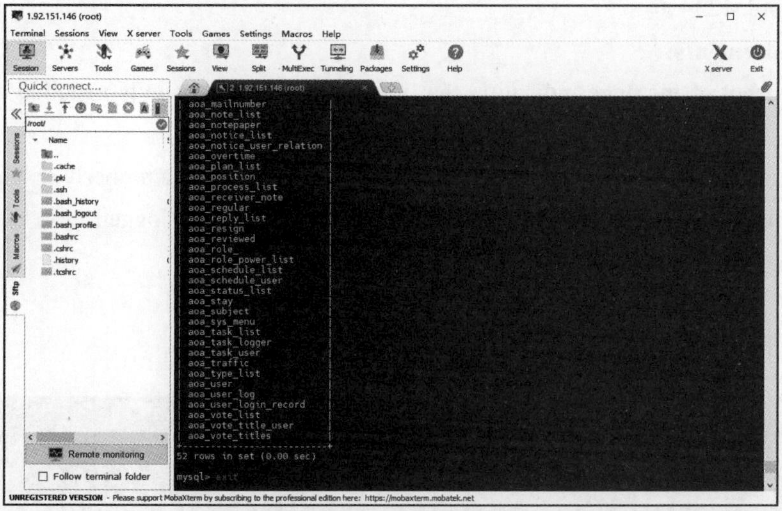

图 5-53 2-1-1tbl-check

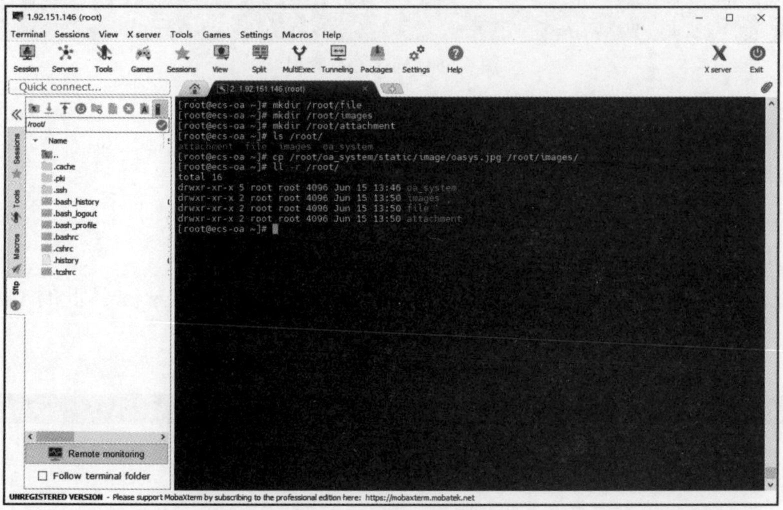

图 5-54 2-1-2file-check

Subtask 2: Deploy and run an OA application.

Procedure:

a. Deploy the OA application.

a）Run cd /root/oa_system to navigate to the source code directory.

b）Run mvn install to deploy the application package.

b. Run java -jar target/oasys.jar to run the OA application.

c. Use the following address and password to log in to ecs-oa.

a）Login address: *{EIP address* of the ecs-oa}:8888

b）Login account: soli

c）Login password: 123456

Screenshot requirements:

a. Take a screenshot of the page indicating that the application package is installed and name it 2-2-1oa-build.

b. Take a screenshot of the page indicating that the application is running properly and name it 2-2-2oa- run.

c. Take a screenshot of the page indicating that you have successfully logged in to the OA application and name it 2-2-3os-login.

【解析】

1. 构建 OA 应用，如图 5-55 所示。

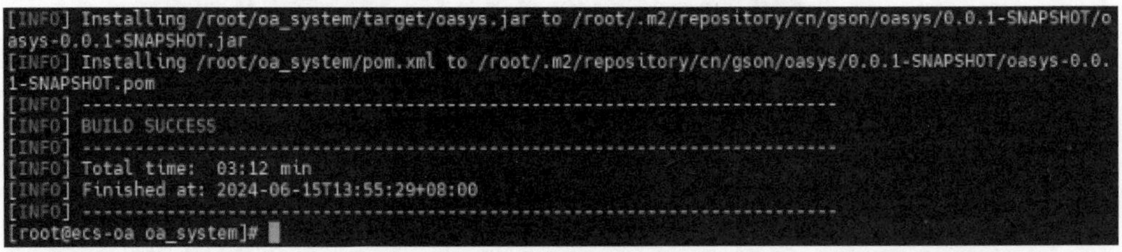

```
[INFO] Installing /root/oa_system/target/oasys.jar to /root/.m2/repository/cn/gson/oasys/0.0.1-SNAPSHOT/oasys-0.0.1-SNAPSHOT.jar
[INFO] Installing /root/oa_system/pom.xml to /root/.m2/repository/cn/gson/oasys/0.0.1-SNAPSHOT/oasys-0.0.1-SNAPSHOT.pom
[INFO] ------------------------------------------------------------------------
[INFO] BUILD SUCCESS
[INFO] ------------------------------------------------------------------------
[INFO] Total time:  03:12 min
[INFO] Finished at: 2024-06-15T13:55:29+08:00
[INFO] ------------------------------------------------------------------------
[root@ecs-oa oa_system]#
```

图 5-55　构建 OA 应用

a）使用 SSH 工具远程登录 ecs-oa 弹性云服务器。

b）进入 OA 应用的源码目录，执行命令 cd /root/oa_system。

c）构建 Maven，执行命令 mvn install，构建完成后，会在 target 目录下生成一个可执行的.jar 文件。

2. 运行 OA 应用，如图 5-56 和图 5-57 所示。

运行可执行的.jar 文件以运行 OA 应用，执行命令 java -jar target/oasys.jar，此时 OA 应用应该在 ecs-oa 弹性云服务器上运行并监听指定端口 8888。

```
[root@ecs-oa oa_system]# java -jar target/oasys.jar
```

图 5-56　运行可执行的.jar 文件

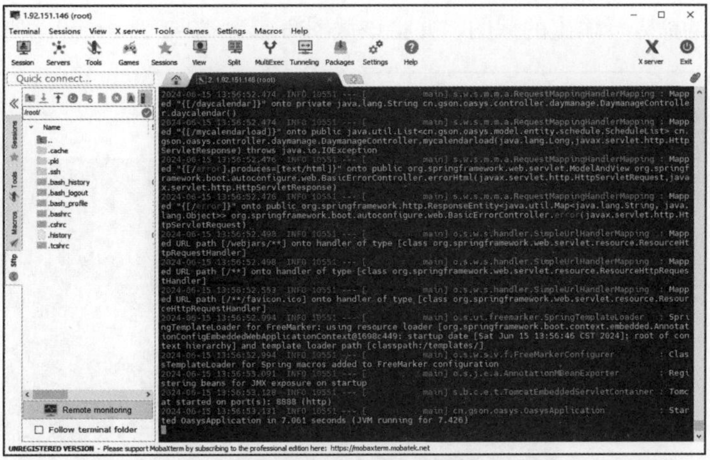

图 5-57　运行 OA 应用

3. Web 登录检查。

a）打开 Web 浏览器，在地址栏中输入 ecs-oa 弹性云服务器的弹性公网 IP 和端口号 8888，并按 Enter 键。

b）使用提供的登录账号和密码进行登录，验证是否能成功访问 OA 应用的 Web 页面，结果如图 5-58 所示。

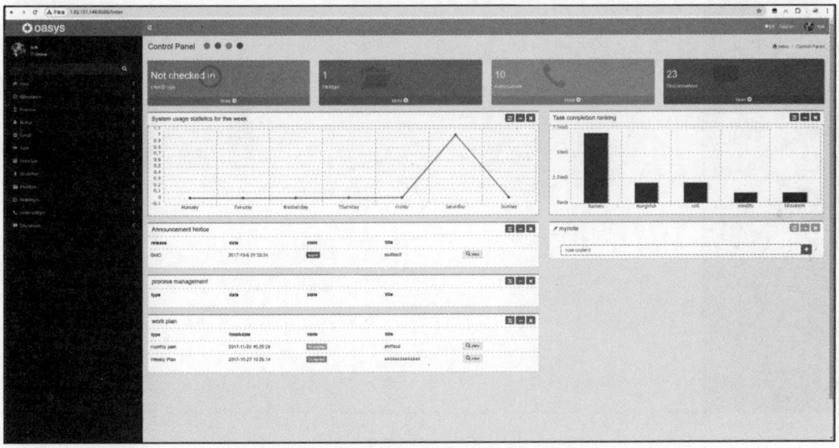

图 5-58　成功访问 OA 应用的 Web 页面

4. 保存截图。

保存 Maven 构建成功的输出信息的截图，并将该截图命名为“2-2-1oa-build”，如图 5-59 所示。

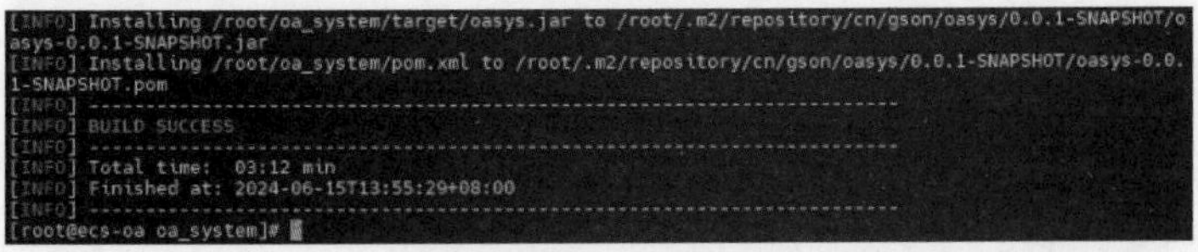

图 5-59　2-2-1oa-build

保存运行 OA 应用的命令行输出的截图，并将该截图命名为“2-2-2oa-run”，如图 5-60 所示。

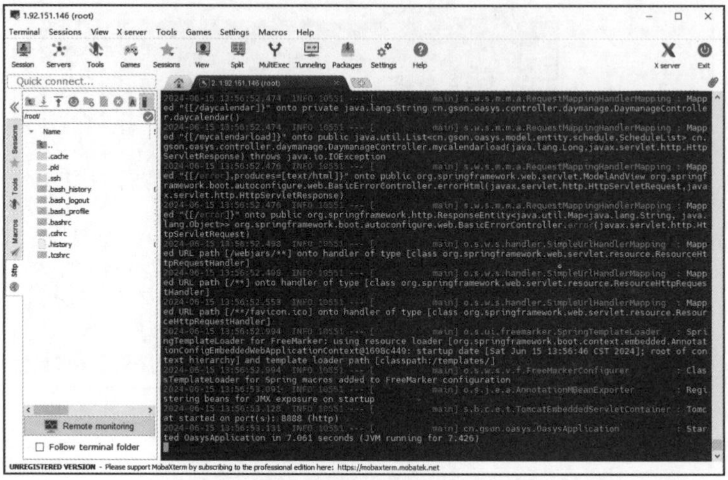

图 5-60　2-2-2oa-run

保存成功访问 OA 应用的 Web 页面截图，并将该截图命名为“2-2-3os-login”，如图 5-61 所示。

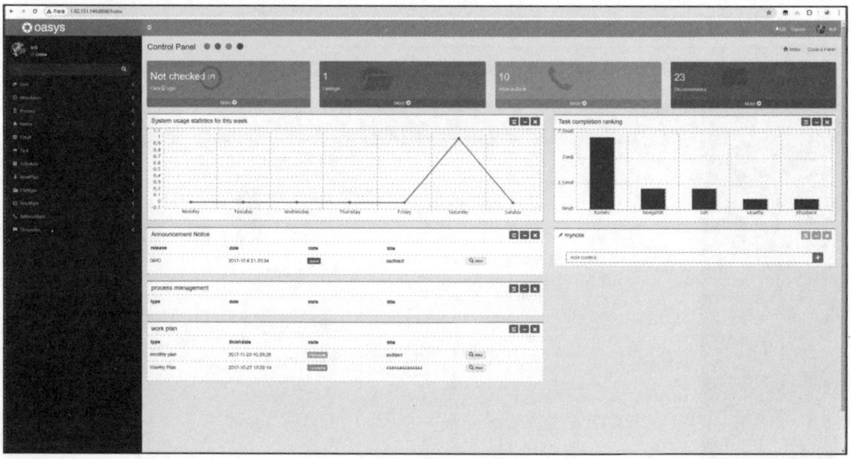

图 5-61　2-2-3os-login

Subtask 3: Configure a VPC endpoint.

Procedure:

a. Create a VPC endpoint service. Use the following settings.

a）Create VPC endpoint service ecs-oa-end to allow ecs-client in VPC-2 to access the OA application in ecs-oa in VPC-1.

b）Name: ecs-oa-end

c）Terminal Port: 9999

d）Backend Resource Type: ECS

e）ECS List: ecs-oa

f）Configure other parameters as needed.

b. Create a VPC endpoint. Use the following settings.

a）VPC Endpoint Service Name: Enter the VPC endpoint service created in the previous step

b）VPC: VPC-2

c）IPv4 Address: Manually specify 10.10.10.250 (If this address is in use, specify another address in Subnet-10.)

c. Access the OA application through the VPC endpoint service.

a）Log in to ecs-client using SSH.

b）Use cURL to access the OA application over port 9999 (the host name of the current server ecs-client must be displayed）:

curl 10.10.10.250:9999/logins

Screenshot requirements:

a. Take a screenshot of the basic information page of the VPC endpoint service ecs-oa-end and name it 2-3-1end-service.

b. Take a screenshot of the VPC endpoint list page and name it 2-3-2end-point.

c. Take a screenshot of the cURL output page and name it 2-3-3oa-access.

【解析】

1. 创建终端节点服务。

a）名称：ecs-oa-end。

b）终端端口：9999。

c）后端资源类型：ECS，如图 5-62 所示。

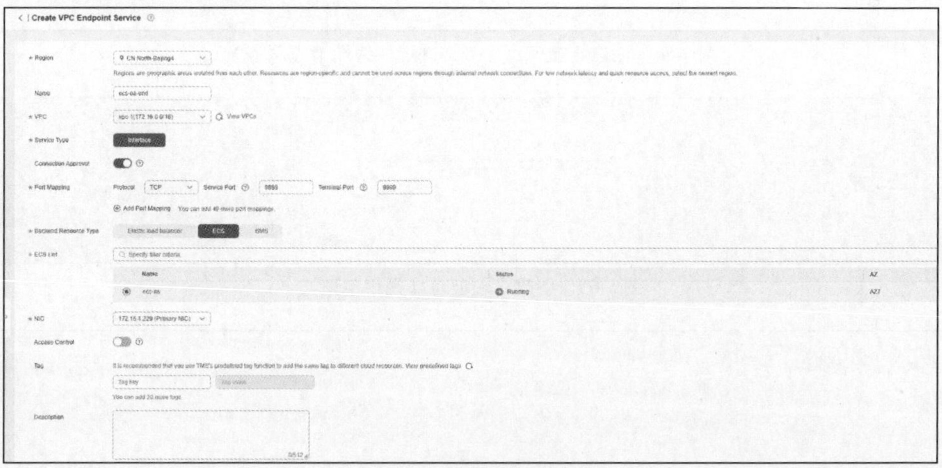

图 5-62 创建终端节点服务

2. 创建终端节点。

a）Name：使用上一步创建的终端节点服务名称

b）VPC：VPC-2。

c）子网：Subnet-10。

d）IPv4 地址：手动指定为 10.10.10.250，若已被占用则选择子网内其他可用地址，如图 5-63、图 5-64、图 5-65 和图 5-66 所示。

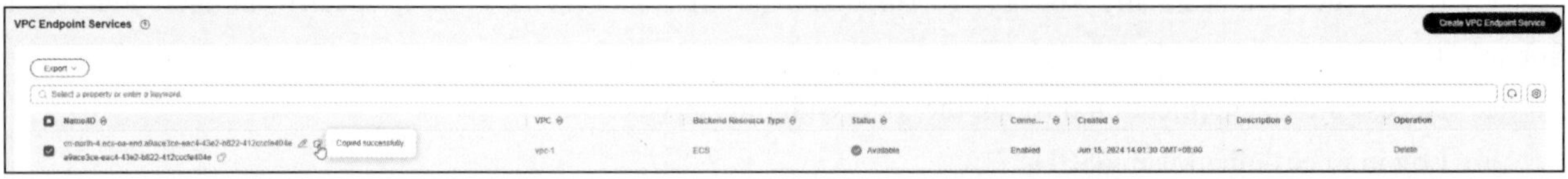

图 5-63　创建终端节点（复制终端节点服务 ID）

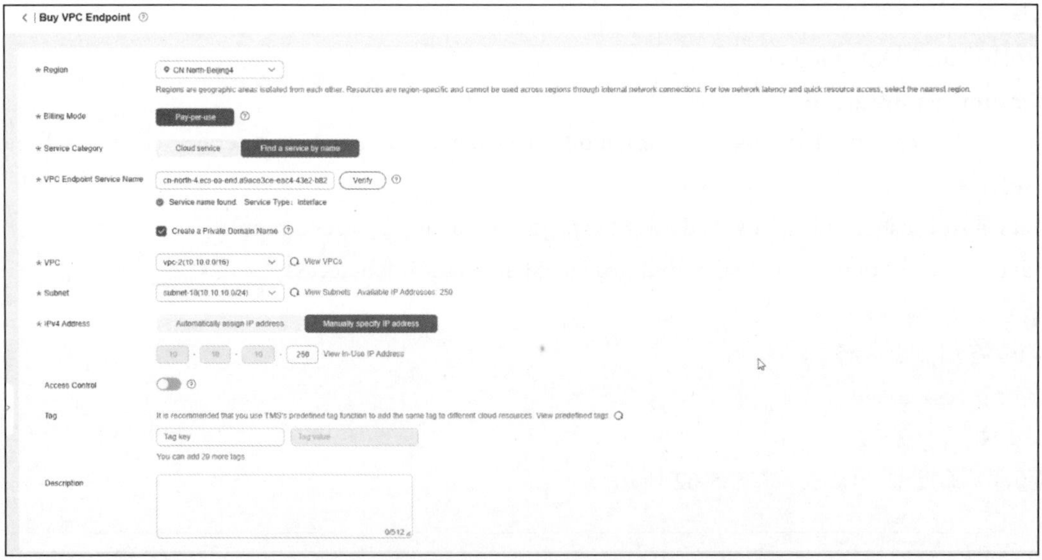

图 5-64　创建终端节点（查询并选取终端节点服务）

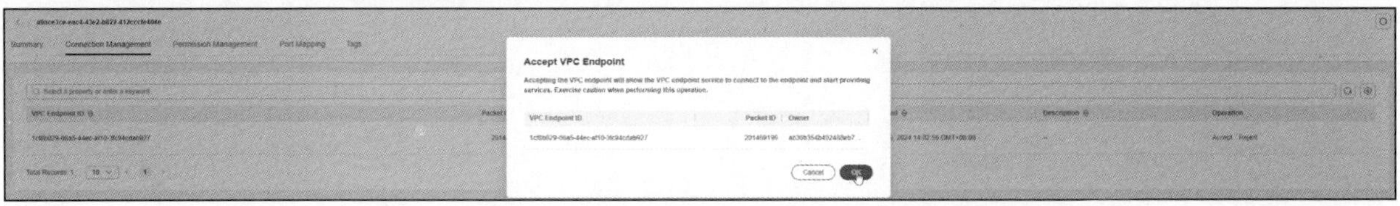

图 5-65　创建终端节点（授权申请）

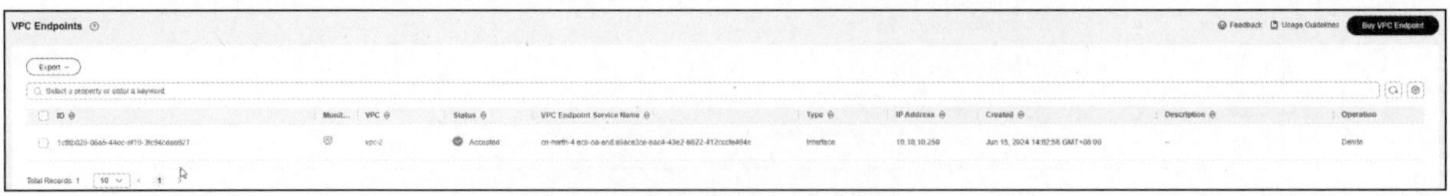

图 5-66　创建终端节点（查看状态）

3. 通过终端节点服务访问 OA 应用。

a）设置 sg-client 安全组规则，放通 9999 端口，如图 5-67 所示。通过 SSH 登录 ecs-client 虚拟机，如图 5-68 所示。

b）在 ecs-client 虚拟机中使用 curl 命令并通过 9999 端口访问 OA 应用，执行命令 curl 10.10.10.250:9999/logins，如图 5-69 所示。

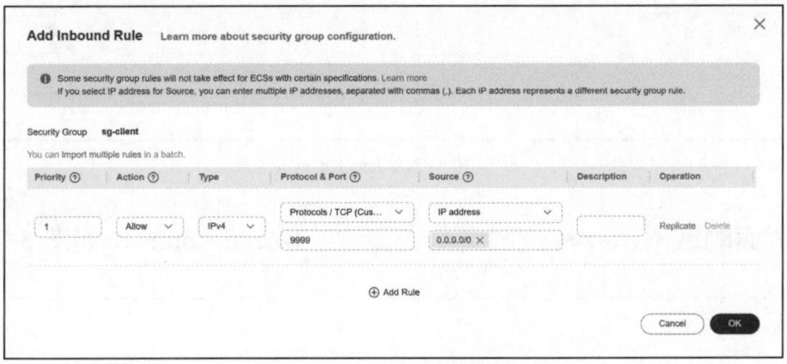

图 5-67 安全组放通端口

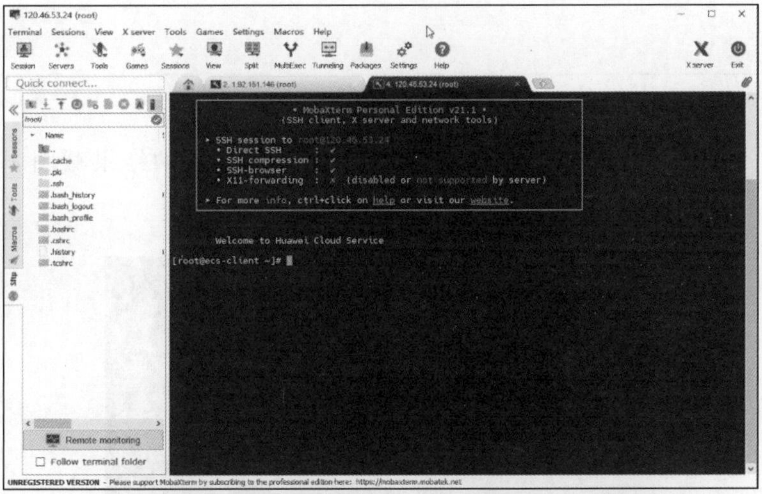

图 5-68 登录 ecs-client 虚拟机

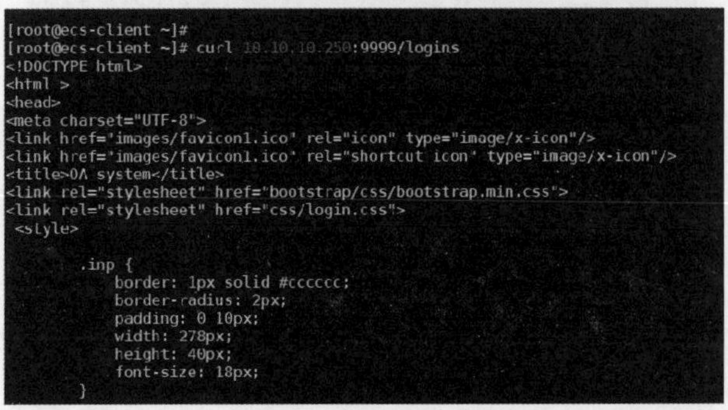

图 5-69 访问 OA 应用

4. 保存截图。

保存终端节点服务 ecs-oa-end 的基本信息页面的截图，并将该截图命名为“2-3-1end-service”，如图 5-70 所示。

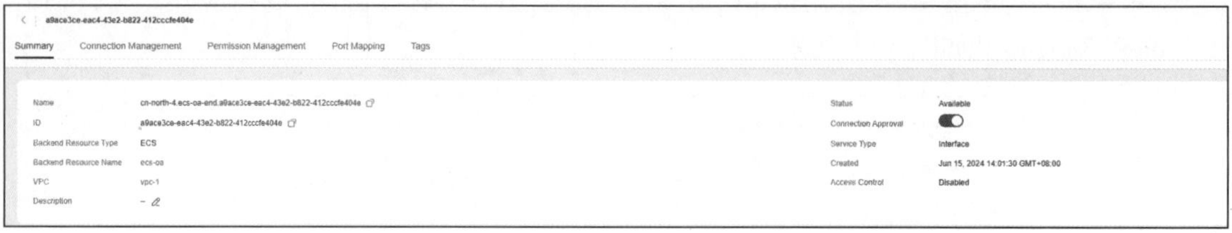

图 5-70　2-3-1end-service

保存终端节点列表页面的截图，并将该截图命名为“2-3-2end-point”，如图 5-71 所示。

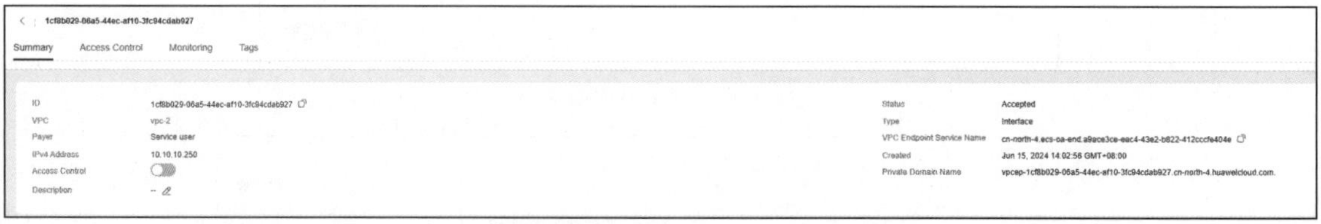

图 5-71　2-3-2end-point

保存使用 curl 命令并通过 9999 端口访问 OA 应用后显示的结果截图，并将该截图命名为“2-3-3oa-access”，如图 5-72 所示。

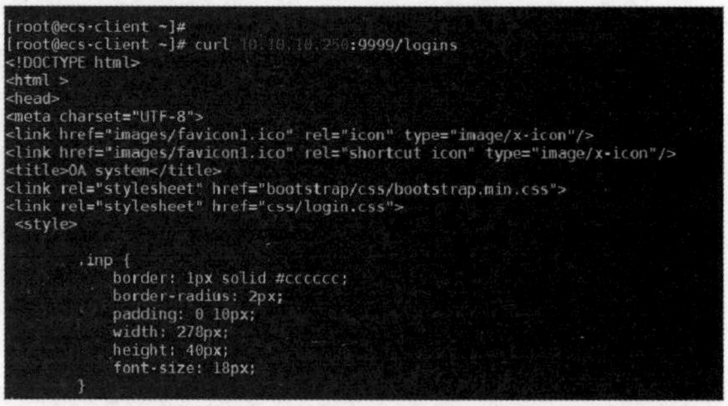

图 5-72　2-3-3oa-access

Subtask 4: Configure a VPC peering connection.

Procedure:

a. Create a VPC peering connection.

a）VPC Peering Connection Name: peering-oa

b）Ensure that VPC-1 and VPC-2 can communicate with each other through a VPC peering connection.

b. Access the OA application through the VPC peering connection.

a）Log in to the ecs-client using SSH.

b）Use cURL to access the OA application over port 8888 (the host name of the current server ecs-client must be displayed）:

curl {*private address of* ecs-oa}:8888/logins

Screenshot requirements:

a. Take a screenshot of the details page of the VPC peering connection peering-oa and name it 2-4-1peering-info.

b. Take a screenshot of the command output when you used cURL to access the OA application over port 8888. Name the image 2-4-2oa-access.

【解析】

1. 创建对等连接。

a）登录华为云控制台，进入“Virtual Private Cloud”服务。

b）访问“VPC Peering Connections”菜单，然后单击“Create VPC Peering Connection”。

c）输入对等连接名称：peering-oa。

d）选择 VPC-1 作为本端 VPC，VPC-2 作为对端 VPC。

e）单击“Create Now”创建对等连接，如图 5-73 所示。

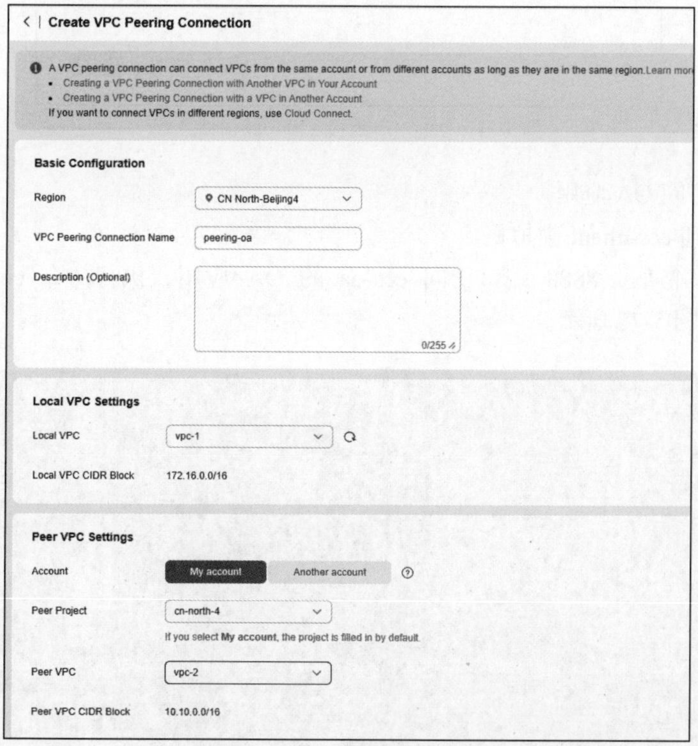

图 5-73 创建对等连接

f）添加路由信息，使 ecs-oa 与 ecs-client 内网互通，如图 5-74 所示。

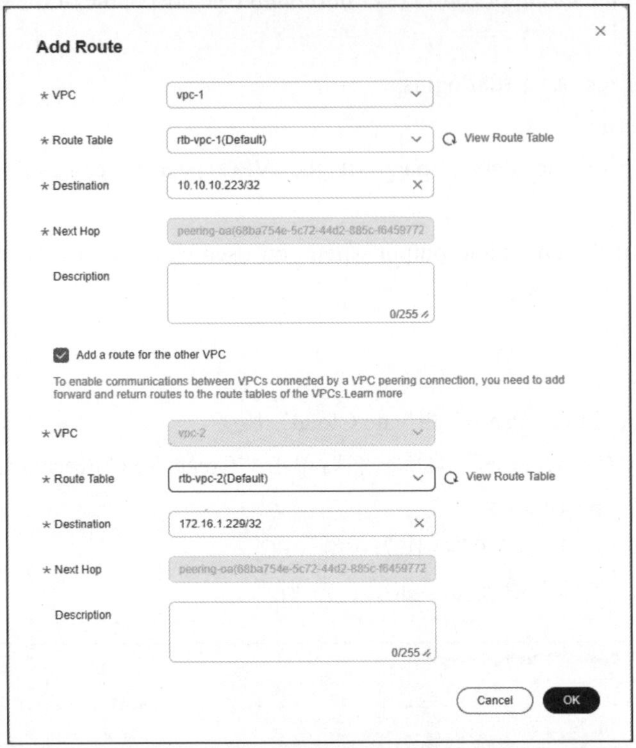

图 5-74　创建对等连接（添加路由信息）

2. 通过对等连接访问 OA 应用。

a）通过 SSH 登录到 ecs-client 虚拟机。

b）使用 curl 命令并通过 8888 端口访问 ecs-oa 的 OA 应用，执行命令 curl ecs-oa 的私有 IP 地址:8888/logins，结果如图 5-75 所示。

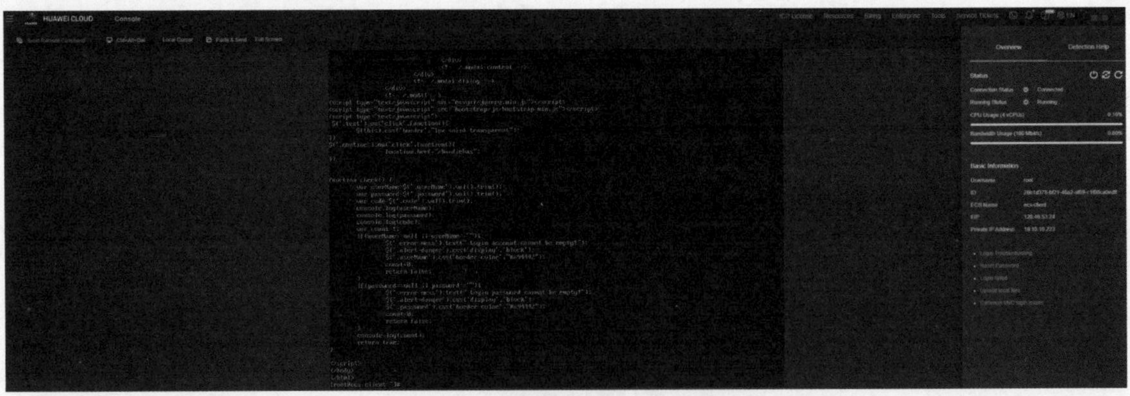

图 5-75　通过对等连接访问 OA 应用

3. 保存截图。

保存对等连接 peering-oa 的详情页面的截图，并将该截图命名为“2-4-1peering-info”，如图 5-76 所示。保存使用 curl 命令访问 OA 应用的回显结果的截图，并将该截图命名为“2-4-2oa-access”，如图 5-77 所示。

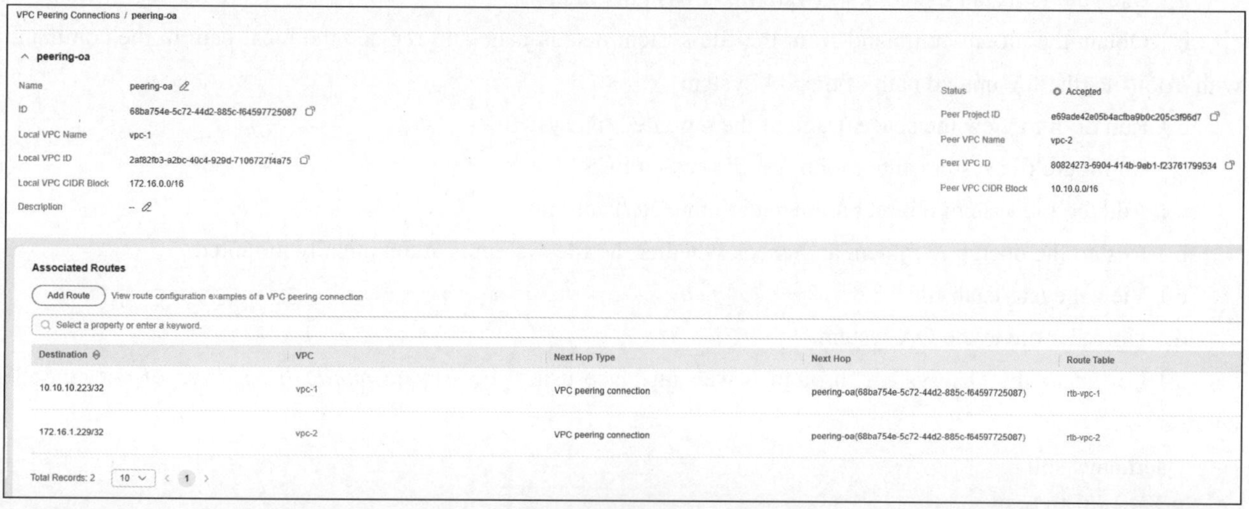

图 5-76 2-4-1peering-info

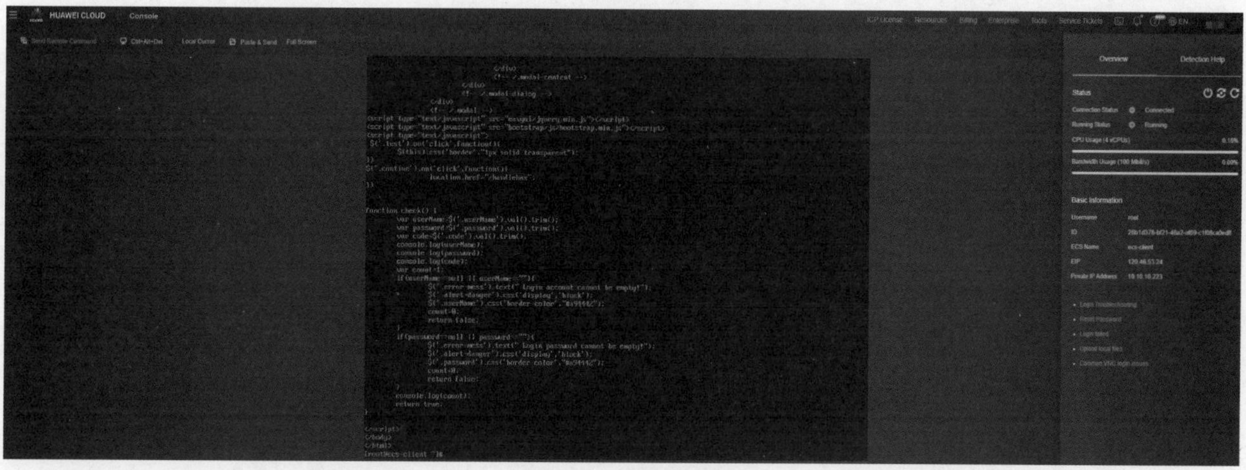

图 5-77 2-4-2oa-access

Task 3: Interconnecting with the cloud storage (60 points)

Subtask 1: Interconnect with SFS.

Procedure:

a. Create an SFS Turbo file system in the ×× region based on the following requirements.

a）Name: sfs-turbo-oa (If the name already exists, create a custom one.)

b）VPC: VPC-1

c）Security Group: sg-oa

d）Retain the default settings for other parameters.

b. Mount the file system to the ecs-oa ECS.

a）Use yum to install the NFS software(*nfs-utils*) utils first.

b）Obtain the mount command from the file system details page and replace the local path in the command with /root/file (the file upload path of the OA system).

c）Run df -h to view the space usage of the mounted file system.

c. Configure file system auto mount for the ecs-oa ECS.

a）Add the file system mount parameters to the /etc/fstab file.

b）Restart the operating system and check whether the file system is automatically mounted.

c）View the /etc/fstab file.

d. Upload a file to the OA system.

a）Log in to the OA system through a web interface using the *Elastic public IP address of ecs-oa*:8888 address.

Username: soli

Password: 123456

b）Choose FileMgm > FileMgm from the navigation pane on the left. Then click Upload and select a local test file (any local file whose size is greater than 0) to upload.

c）After the file is uploaded, log in to the SFS console, locate the sfs-turbo-oa file system, and click Monitor in the Operation column. View monitoring information such as the number of client connections and write bandwidth.

Screenshot requirements:

a. Take a screenshot of the basic information page of the sfs-turbo-oa file system and name it 3-1-1sfs-info.

b. After querying the space usage using the df -h command, take a screenshot and name it 3-1-2sfs-mount.

c. Take a screenshot of the /etc/fstab file opened and name it 3-1-3auto-mount.

d. Take a screenshot of the monitoring page of sfs-turbo-oa and name it 3-1-4sfs-mon.

【解析】

1. 创建 SFS Turbo 文件系统。

a）登录华为云控制台，进入“Scalable File System”服务，通过“Create File System”创建文件系统时，选择 SFS Turbo 类型。

b）按照需求填写 VPC、安全组等信息，如图 5-78 和图 5-79 所示。

2. 挂载 SFS Turbo 文件系统到 ecs-oa 虚拟机。

a）通过 SSH 登录到 ecs-oa 虚拟机。

b）安装 nfs-utils，执行命令 yum install –y nfs-utils，如图 5-80 和图 5-81 所示。

c）按照 SFS Turbo 文件系统的挂载指南，执行挂载命令，将挂载路径修改为/root/file。

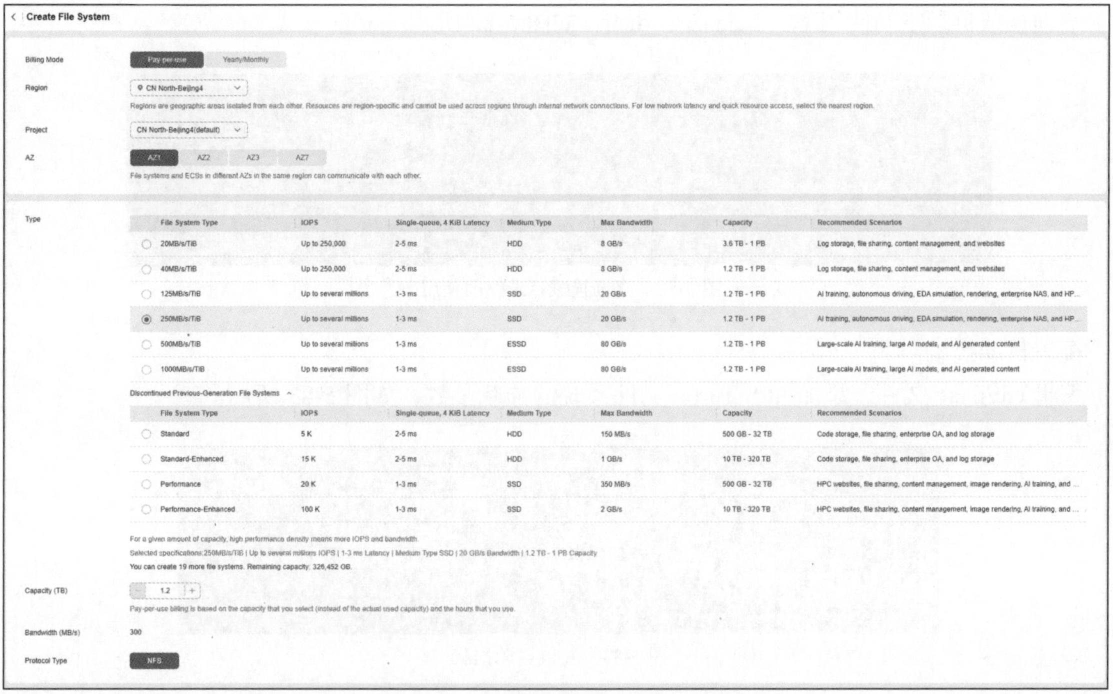

图 5-78 创建 SFS Turbo 文件系统

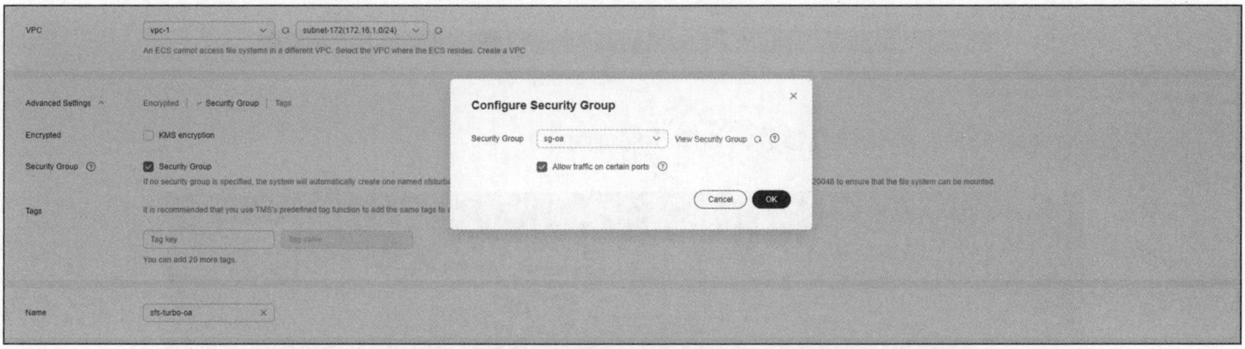

图 5-79 创建 SFS Turbo 文件系统（VPC 和安全组）

图 5-80 安装 nfs-utils（命令）

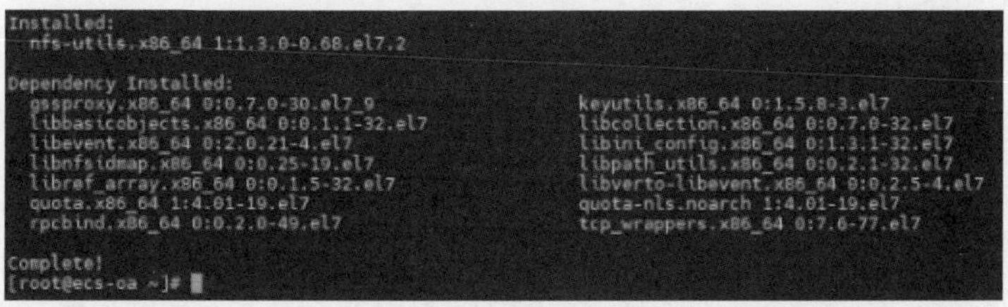

图 5-81 安装 nfs-utils

d）查询挂载目录空间使用率，执行命令 df-h，如图 5-82 所示。

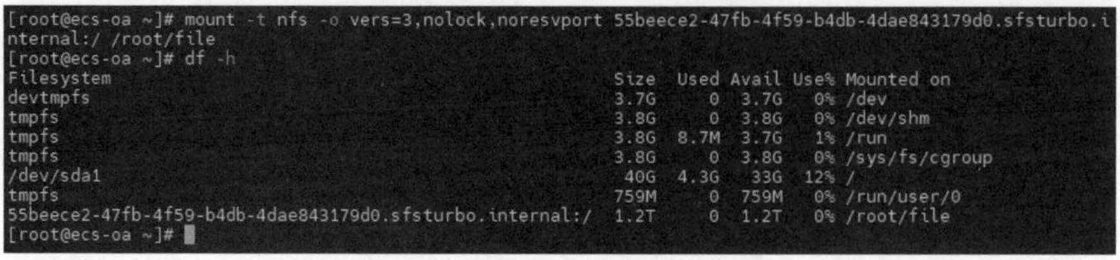

图 5-82　查询挂载目录空间使用率

3. 配置自动挂载。

a）编辑/etc/fstab 文件，添加 SFS Turbo 文件系统的挂载参数，如图 5-83 所示。

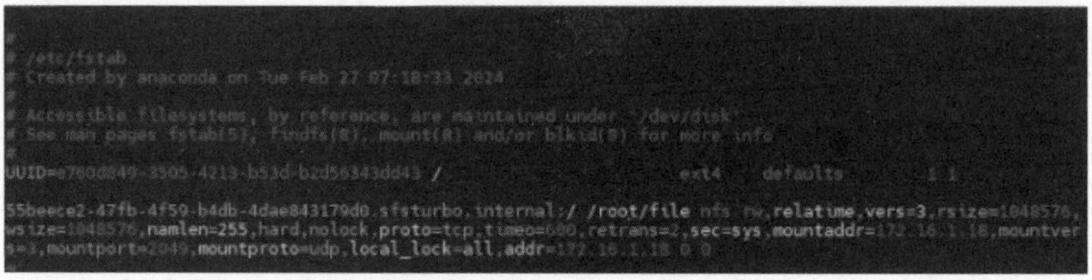

图 5-83　配置自动挂载

b）重启 ecs-oa 虚拟机，检查 SFS Turbo 文件系统是否自动挂载，如图 5-84 所示。

图 5-84　重启 ecs-oa 虚拟机

c）查看/etc/fstab 文件，确认挂载参数，如图 5-85 所示。

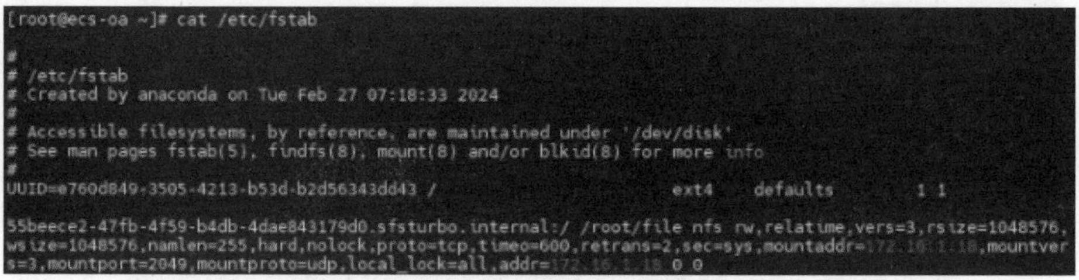

图 5-85　查看/etc/fstab 文件

4. 上传文件到 OA 系统。

a）在 Web 浏览器中访问 ecs-oa 的弹性公网 IP:8888，登录 OA 系统。

b）进入“FileMgm”页面，上传本地测试文件。

c）登录华为云控制台，进入 SFS Turbo 文件系统详情页面，查看监控信息。

5. 保存截图。

a）保存 sfs-turbo-oa 基本信息页面的截图，并将该截图命名为“3-1-1sfs-info”，如图 5-86 所示。

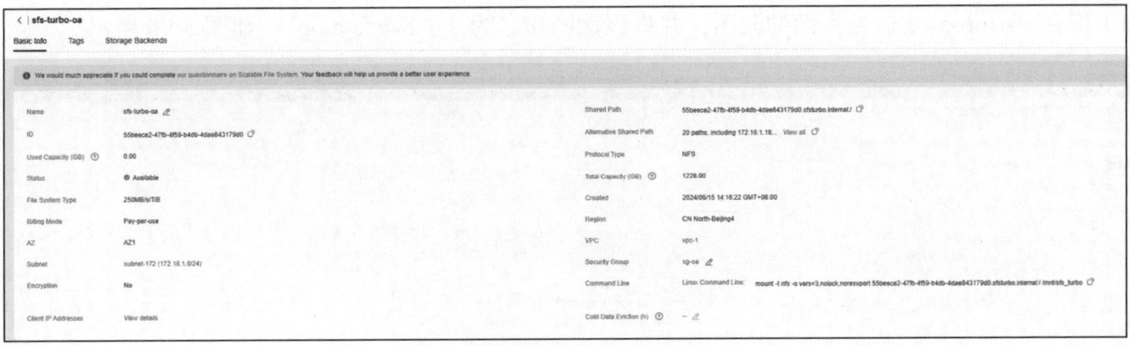

图 5-86　3-1-1sfs-info

b）保存使用 df-h 命令查询挂载目录空间使用率页面的截图，并将该截图命名为“3-1-2sfs-mount”，如图 5-87 所示。

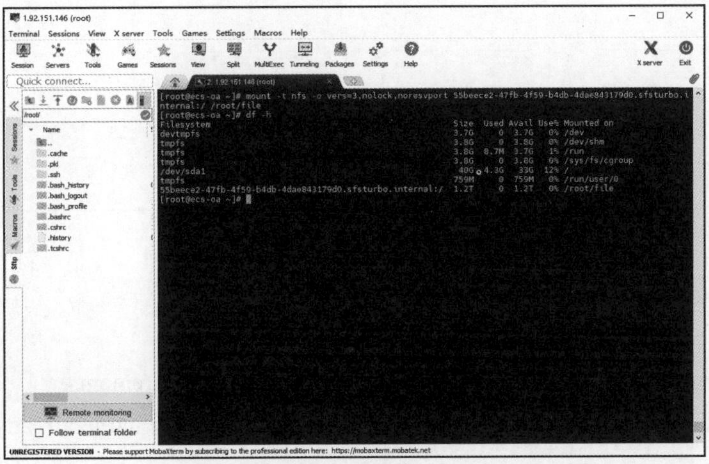

图 5-87　3-1-2sfs-mount

c）保存打开的/etc/fstab 文件的截图，并将该截图命名为“3-1-3auto-mount”，如图 5-88 和图 5-89 所示。

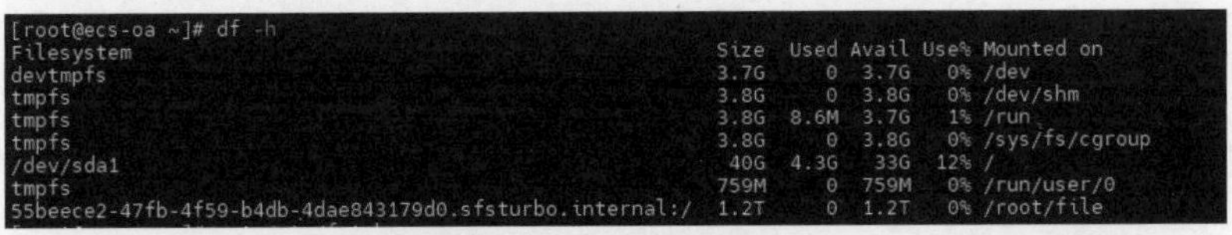

图 5-88　3-1-3auto-mount（1）

图 5-89　3-1-3auto-mount（2）

d）保存 sfs-turbo-oa 监控页面的截图，并将该截图命名为“3-1-4sfs-mon”，如图 5-90 所示。

图 5-90　3-1-4sfs-mon

Subtask 2: Interconnect with OBS.

Procedure:

a.　Create an OBS bucket in the ×× region based on the following requirements.

a）Bucket Name: ict-×××× (You can change the ××××. If the bucket name already exists, just change the ×××× suffix.)

b）Data Redundancy Policy: Single-AZ storage.

c）Retain the default settings for other parameters.

b.　Install and initialize obsutil on the ecs-oa VM.

a）Obtain the AK/SK of the current Huawei Cloud account.

b）Obtain the endpoint of the newly created bucket from Domain Name Details on the bucket's Overview page.

c）Obtain the download link of the obsutil installation package from OBS Console in the current region and run wget *https://obs-community-intl.obs.ap-southeast-1.myhuaweicloud.com/obsutil/current/obsutil_linux_ amd64. tar.gz* to download the installation package. (The download link in the CN-Hong Kong region is used as an example.)

d）Decompress the installation package and go to the directory where the software package is stored.

e）Run ./obsutil config –*i* = AK –*k* = SK –*e* = Endpoint to initialize obsutil. (Replace the AK, SK, and

Endpoint with those of the current account.)

c. Copy files to the OBS bucket.

a）Run the following command to copy the files in the /root/file directory on the ecs-oa VM to the ict-×××× bucket (replace ict-×××× with the actual bucket name）:

./obsutil cp /root/file obs://ict-×××× -f -r

b）Go to the ict-×××× bucket on Huawei Cloud and view its objects to check whether the files have been successfully copied.

Screenshot requirements:

a. Take a screenshot of bucket ict-××××'s overview page and name it 3-2-1obs-info.

b. Take a screenshot of the initial configuration result of obsutil and name it 3-2-2obs-init.

c. Take a screenshot of the bucket's object list page and name it 3-2-3obs-list.

【解析】

1. 创建桶。

a）登录华为云控制台，进入“Object Storage Service”服务。

b）创建桶，填写桶名称和数据存储策略等信息，如图 5-91 所示。

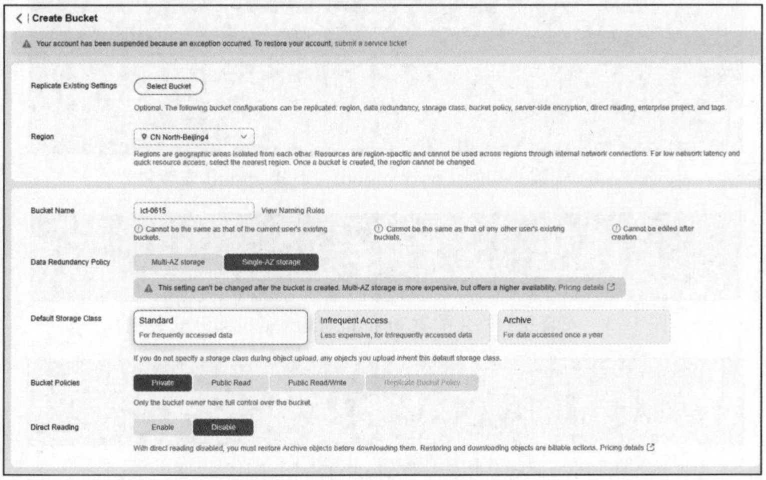

图 5-91 创建桶

2. 安装并初始化配置 obsutil。

a）获取当前华为云账号的 AK/SK，如图 5-92 所示。

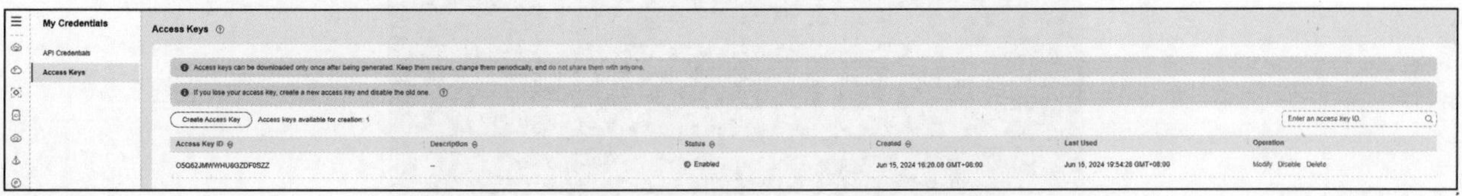

图 5-92 安装并初始化配置 obsutil（获取 AK/SK）

b）从桶的概览页面获取终端节点，如图 5-93 所示。

c）使用 wget 命令下载 obsutil 安装包，如图 5-94 所示。

d）解压缩 obsutil 安装包，如图 5-95 所示，进入解压后的 Obsutil 安装包目录。

e）使用 config 命令初始化 obsutil，输入 AK/SK 和终端节点，如图 5-96 所示。

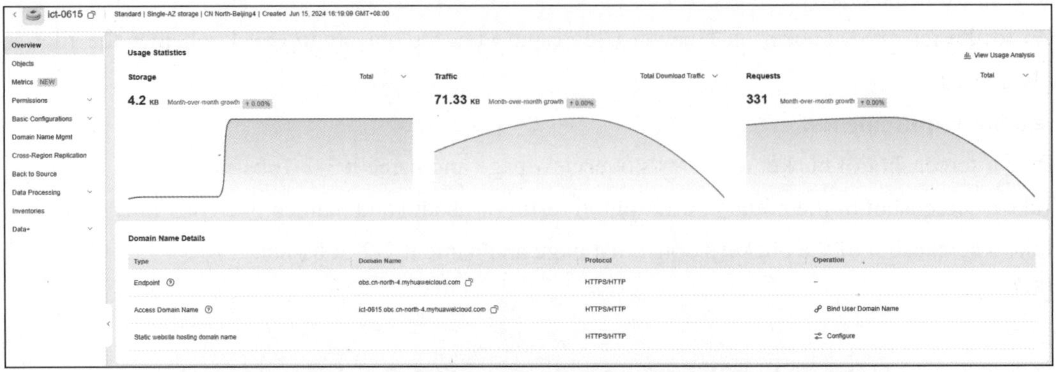

图 5-93　安装并初始化配置 obsutil（获取终端节点）

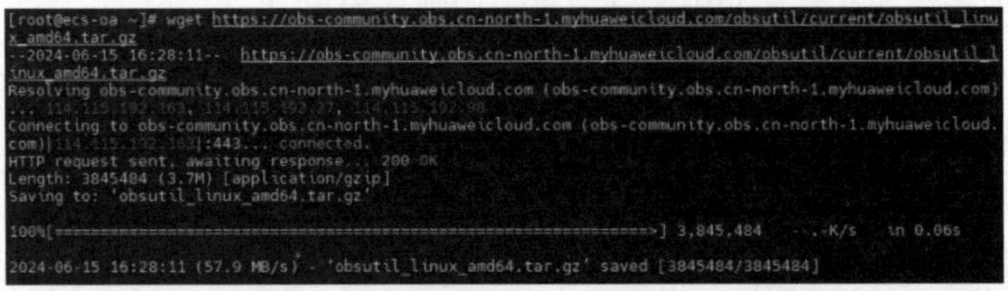

图 5-94　安装并初始化配置 obsutil（下载 obsutil 安装包）

图 5-95　安装并初始化配置 obsutil（解压缩 obsutil 安装包）

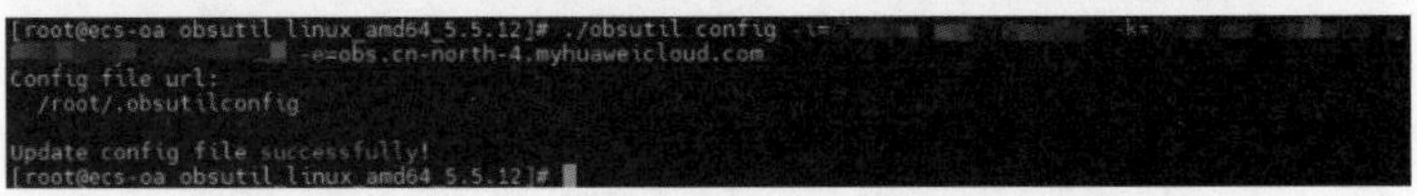

图 5-96　安装并初始化配置 obsutil（初始化 obsutil）

3. 复制并上传文件至桶。

a）使用 obsutil 的 cp 命令将 ecs-oa 虚拟机上的文件复制并上传至桶，如图 5-97 所示。

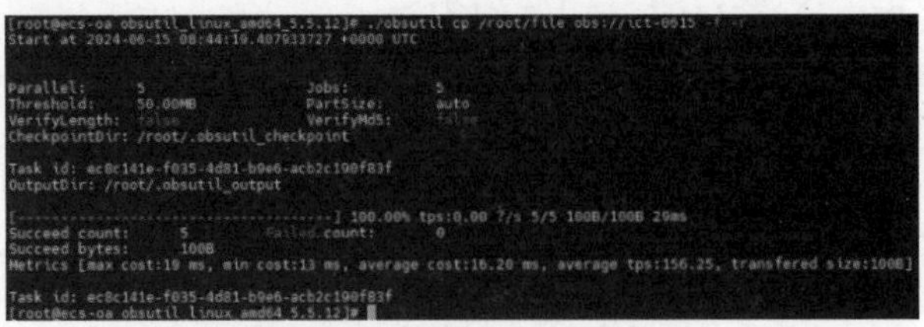

图 5-97　复制并上传文件至桶

b）登录华为云控制台，进入桶，检查文件是否成功上传，如图 5-98 所示。

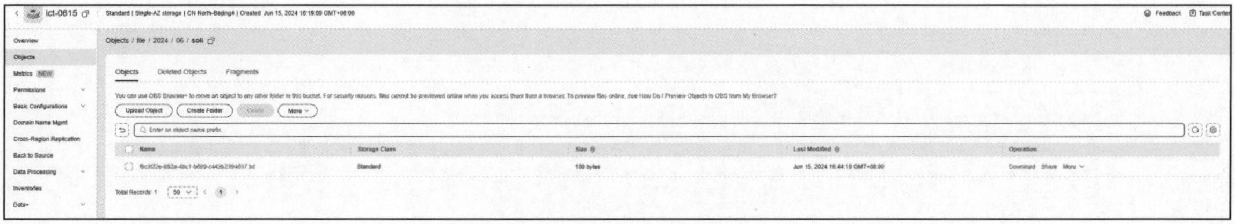

图 5-98　检查文件是否成功上传

4. 保存截图。

a）保存桶 ict-××××的概览页面的截图，并将该截图命名为“3-2-1obs-info”，如图 5-99 所示。

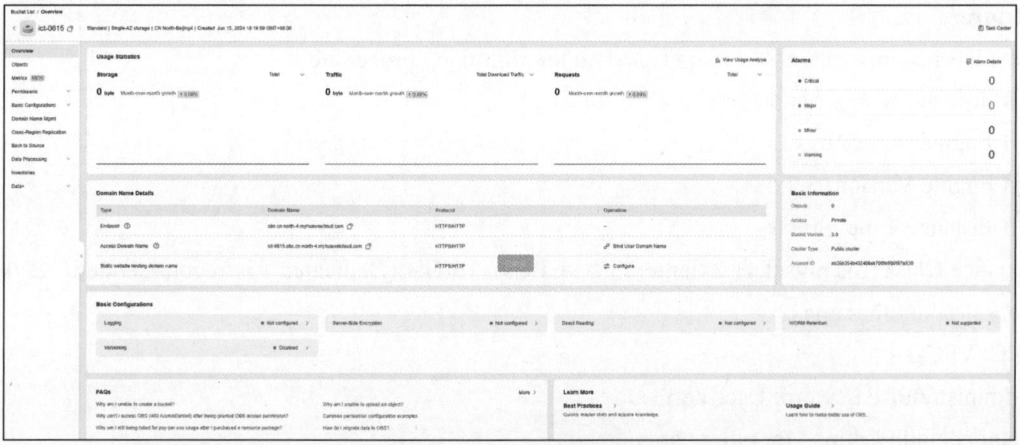

图 5-99　3-2-1obs-info

b）保存 obsutil 初始化配置结果的截图，并将该截图命名为“3-2-2obs-init”，如图 5-100 所示。

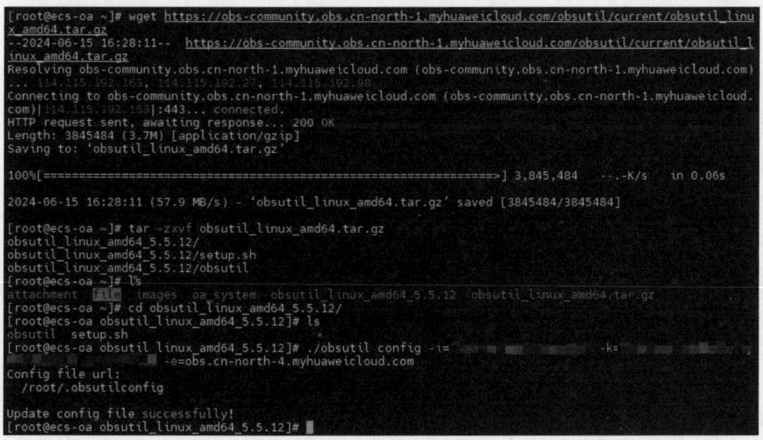

图 5-100　3-2-2obs-init

c）保存桶内对象列表页面的截图，并将该截图命名为“3-2-3obs-list”，如图 5-101 所示。

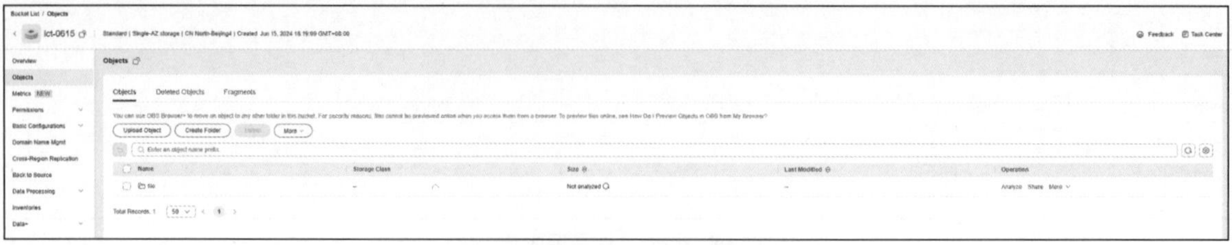

图 5-101　3-2-3obs-list

Task 4: Creating, migrating, and using DB instances on the cloud (40 points)

Subtask 1: Create a DB instance.

Procedure:

Create a DB instance in the ×× region based on the following procedure.

a）DB Instance Name: rds-oa

b）DB Engine: MySQL

c）DB Engine Version: 5.7

d）DB Instance Type: Single

e）Instance Class: rds.mysql.x1.2xlarge.2 | 8 vCPUs | 16 GB (Dedicated）is recommended. If this class is unavailable, select another one.

f）VPC: VPC-1

g）Administrator Password: User-defined

h）Retain default settings for other parameters.

Screenshot requirements:

Take a screenshot of the Basic Information page of the rds-oa DB instance and name it 4-1-1rds-info.

【解析】

1. 创建数据库实例。

a）使用华为云账户登录华为云控制台。

b）在华为云控制台中，进入“Relational Database Service”服务。

c）创建数据库实例，填写实例名称为“rds-oa”。

d）选择数据库引擎为“MySQL”，版本为“5.7”。

e）选择实例类型为“Single”，如图 5-102 所示。

f）选择性能规格为“rds.mysql.x1.2xlarge.2 | 8 vCPUs | 16 GB”（若无此规格，选择其他相似规格），如图 5-103 所示。

g）选择 VPC 为“VPC-1”。

h）设置管理员密码，确保密码强度符合安全要求，如图 5-104 所示。

i）其他参数保持默认，进入下一步配置直至完成创建。

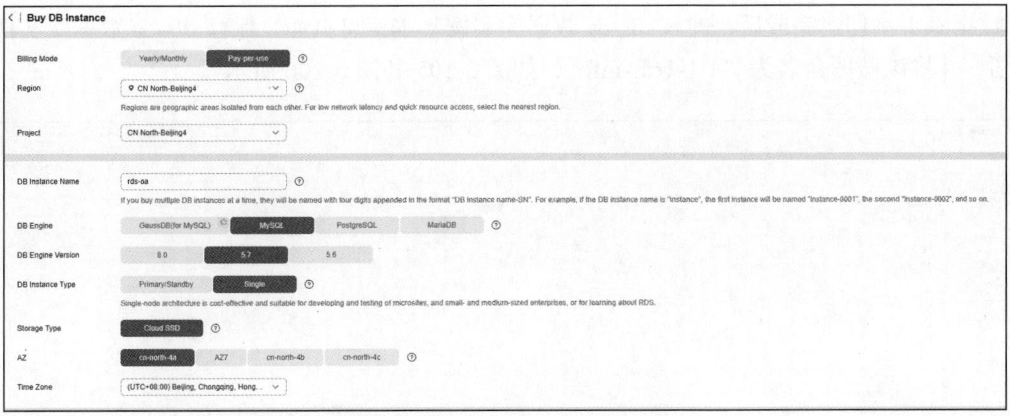

图 5-102　创建数据库实例（实例类型）

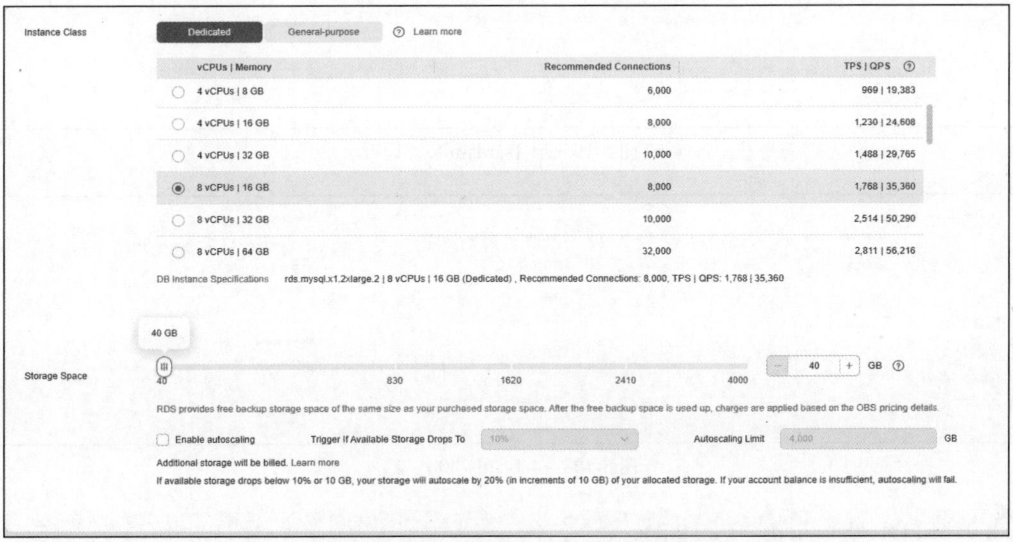

图 5-103　创建数据库实例（实例规格）

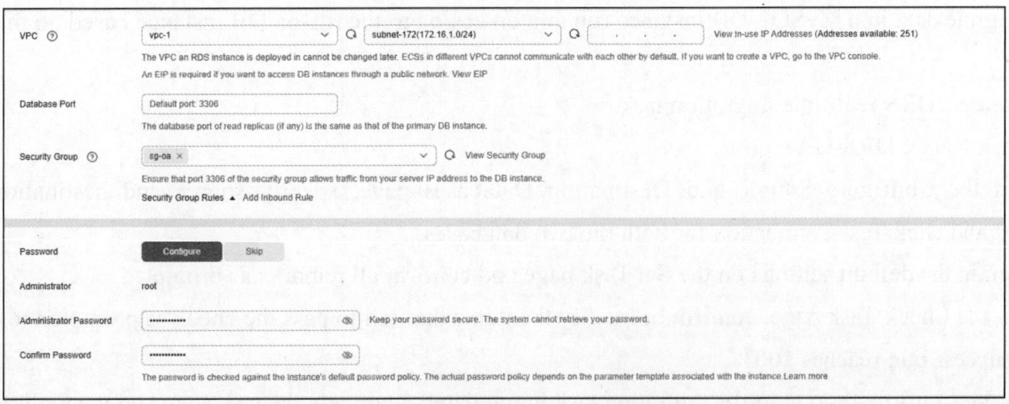

图 5-104　创建数据库实例（设置密码）

2. 在数据库实例创建完成后，进入 rds-oa 数据库实例基本信息页面。保存 rds-oa 数据库实例基本信息页面的截图，并将该截图命名为“4-1-1rds-info”，如图 5-105 和图 5-106 所示。

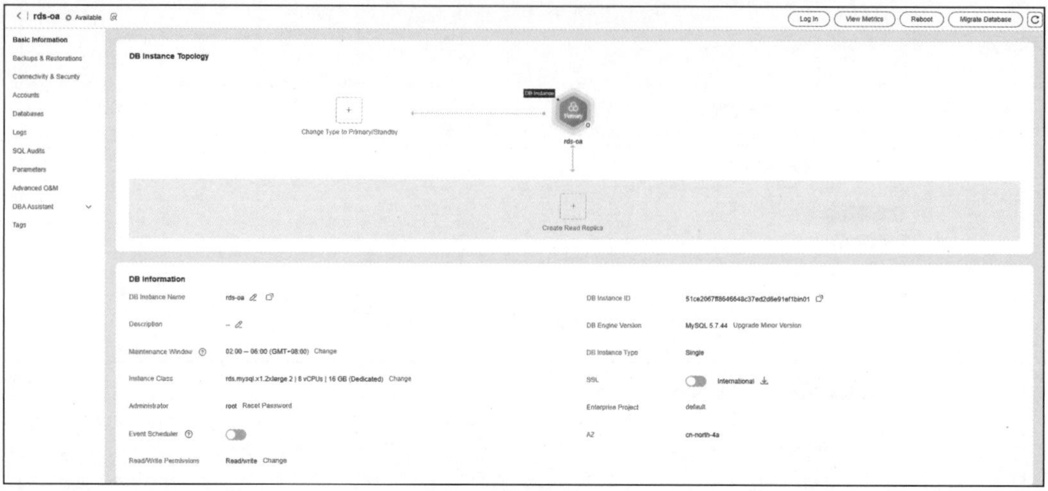

图 5-105　4-1-1rds-info（1）

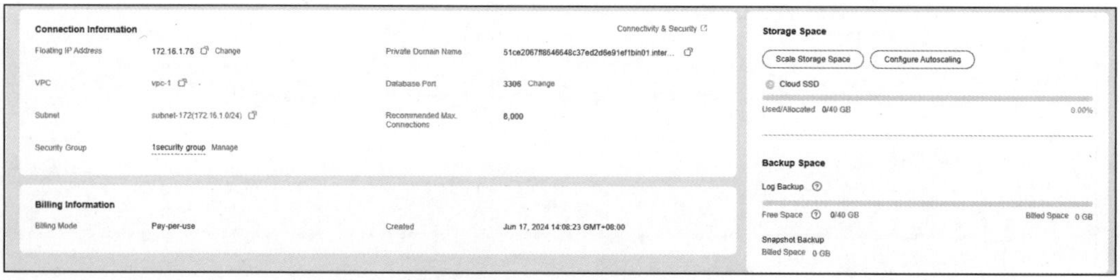

图 5-106　4-1-1rds-info（2）

Subtask 2: Migrate data in a DB instance.

Procedure:

a. Migrate data in a MySQL DB instance running on ecs-oa to the rds-oa DB instance based on the following procedure.

a) Create a DRS real-time migration task.

b) Task Name: DRS-OA

c) On the Configure Source and Destination Databases page, specify source and destination database information and click Test Connection for both the two databases.

d) Retain the default settings on the Set Task page and confirm all remarks as prompted.

e) On the Check Task page, confirm or modify the items that fail to pass the check as prompted to ensure that the check success rate reaches 100%.

f) On the Confirm Task, start the migration task immediately and view the task status on the Online Migration

Management page.

b. After the migration completes, log in to the rds-oa DB instance through the web and check whether there is the oasys database.

Screenshot requirements:

a. After the migration completes, take a screenshot of the real-time migration task list and name it 4-2-1drs-info.

b. After logging in to the rds-oa DB instance, take a screenshot of the Databases page and name it 4-2-2drs-db.

【解析】

1. 创建 DRS 实时迁移任务。

a）登录华为云控制台，进入“Data Replication Service”服务。

b）创建 DRS 实时迁移任务，选择“Online Migration Management”，单击“Create Migration Task”。

c）填写任务名称为“DRS-OA”，如图 5-107 所示。

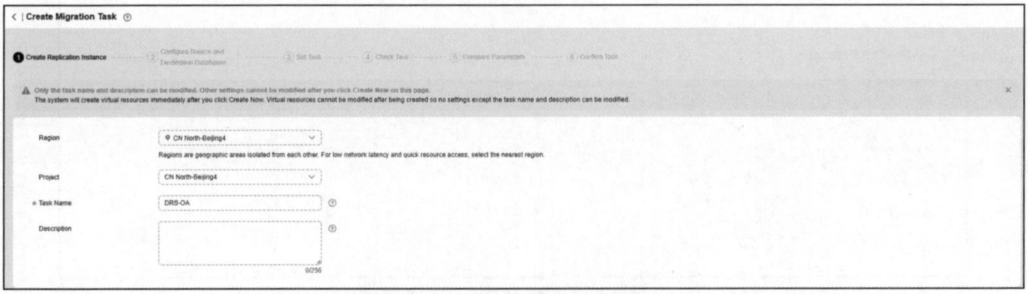

图 5-107　创建 DRS 实时迁移任务

d）配置 DRS 实例数据流动方向、源数据库引擎、目标数据库引擎、网络类型、目标数据库实例、迁移实例所在子网、迁移模式及目标库实例读写设置，如图 5-108 所示。配置源库（ecs-oa）和目标库（rds-oa）信息，测试连接情况，如图 5-109 所示。

e）在迁移设置页面，保持默认设置。

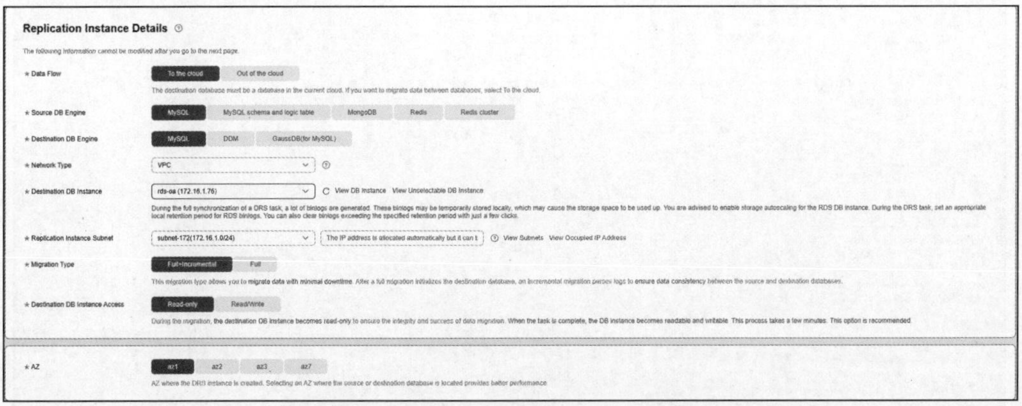

图 5-108　创建 DRS 实时迁移任务（指定实例）

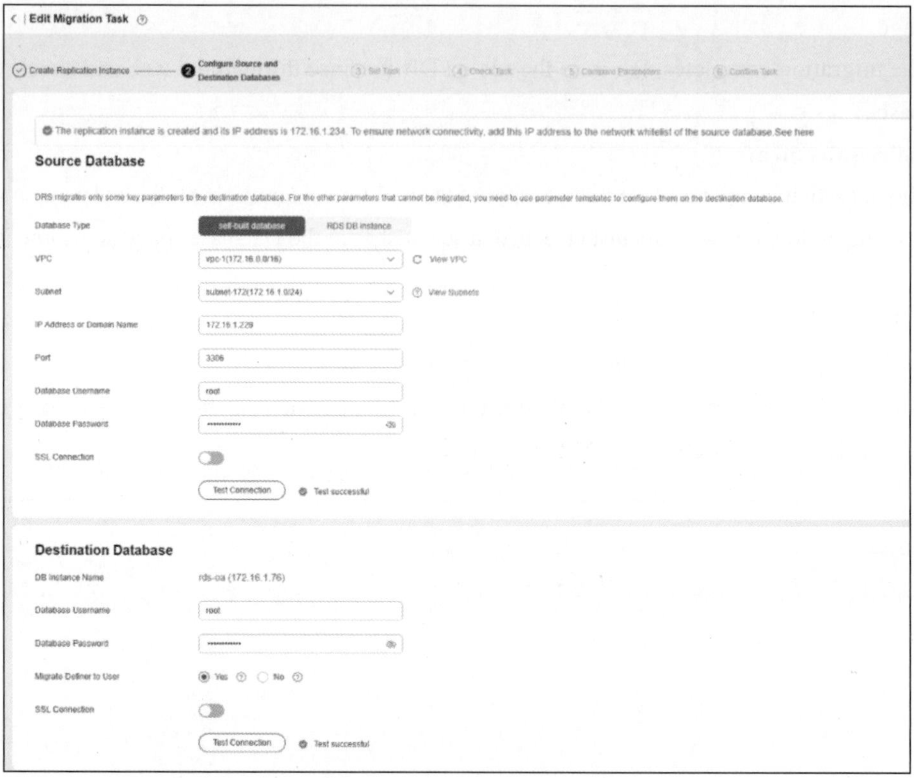

图 5-109　创建 DRS 实时迁移任务（配置源库和目标库信息）

f）进入预检查阶段，根据提示确认或修改未通过预检查的条目，如图 5-110、图 5-111、图 5-112、图 5-113、图 5-114、图 5-115 和图 5-116 所示，直到预检查进度达到 100%。

g）配置完成后，立即启动 DRS 实时迁移任务，如图 5-117 所示。

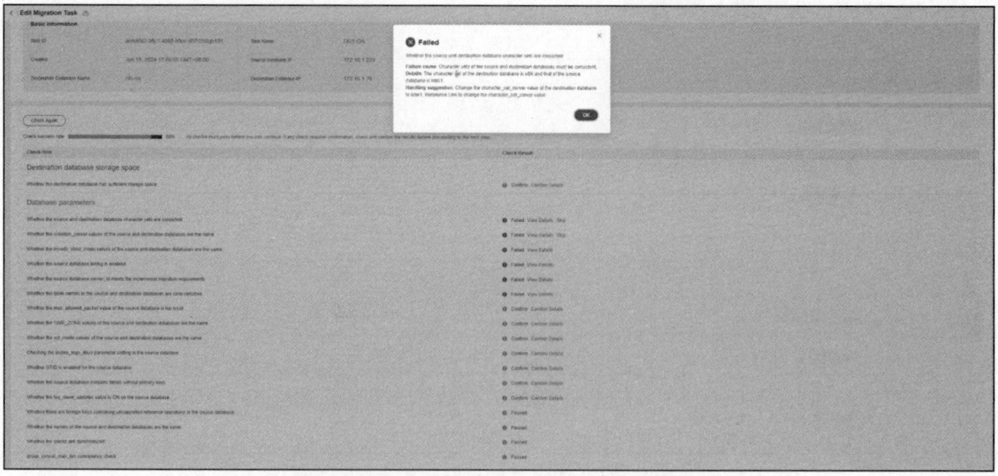

图 5-110　创建 DRS 实时迁移任务（查看未通过预检查的条目）

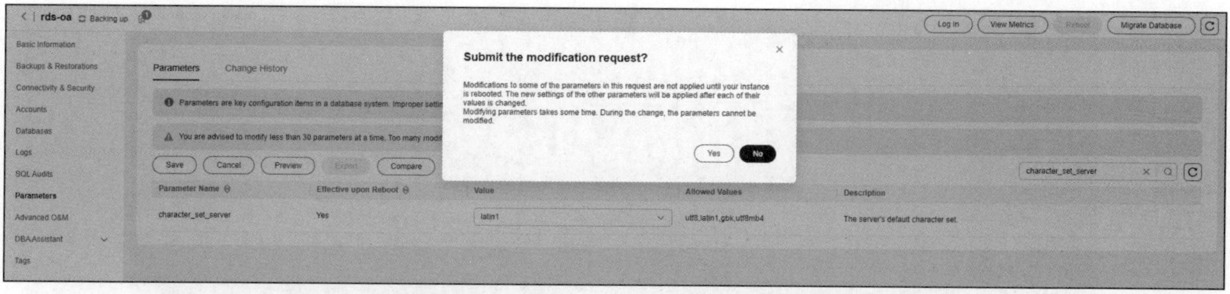

图 5-111　创建 DRS 实时迁移任务（修改未通过预检查的条目：字符集）

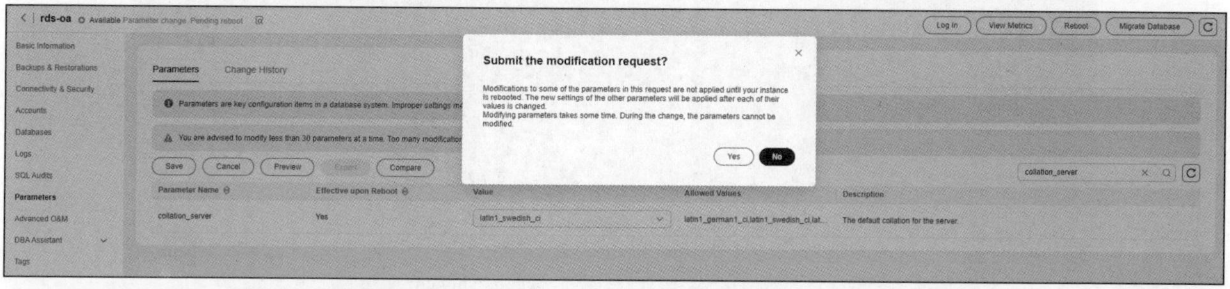

图 5-112　创建 DRS 实时迁移任务（修改未通过预检查的条目：collation_server）

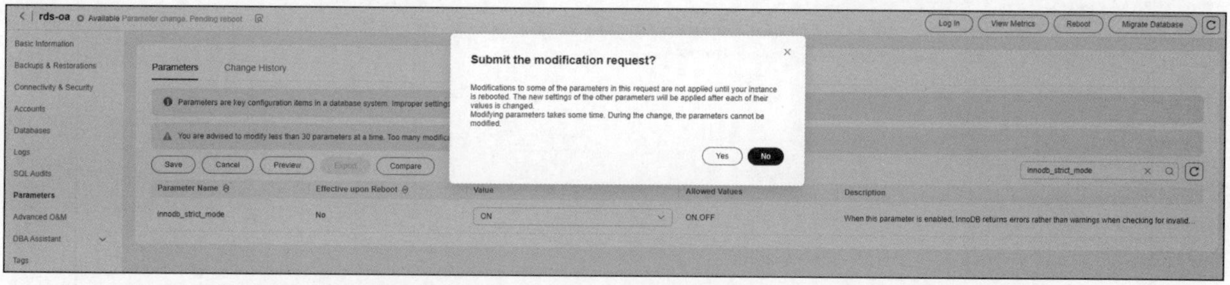

图 5-113　创建 DRS 实时迁移任务（修改未通过预检查的条目：innodb_strict_mode）

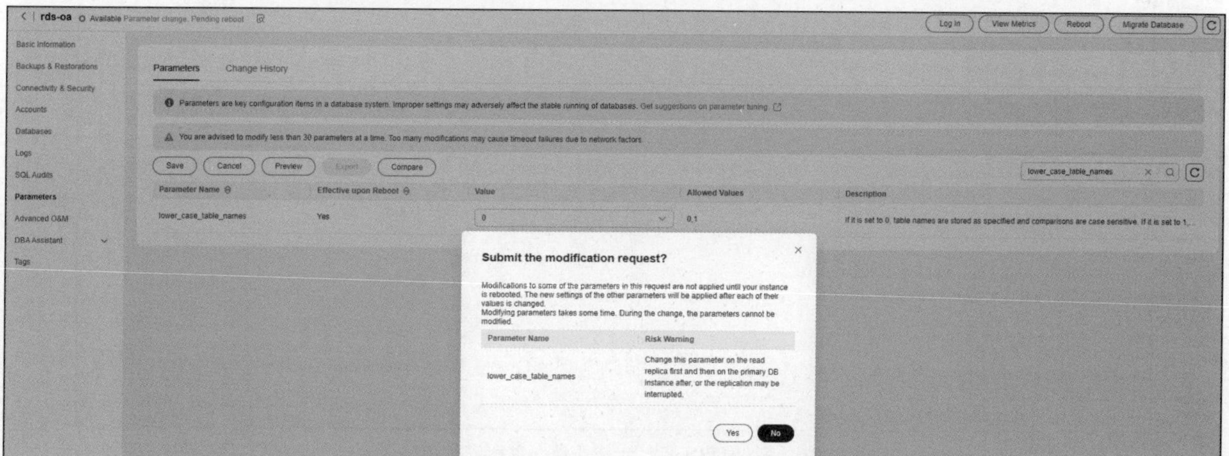

图 5-114　创建 DRS 实时迁移任务（修改未通过预检查的条目：大小写敏感性）

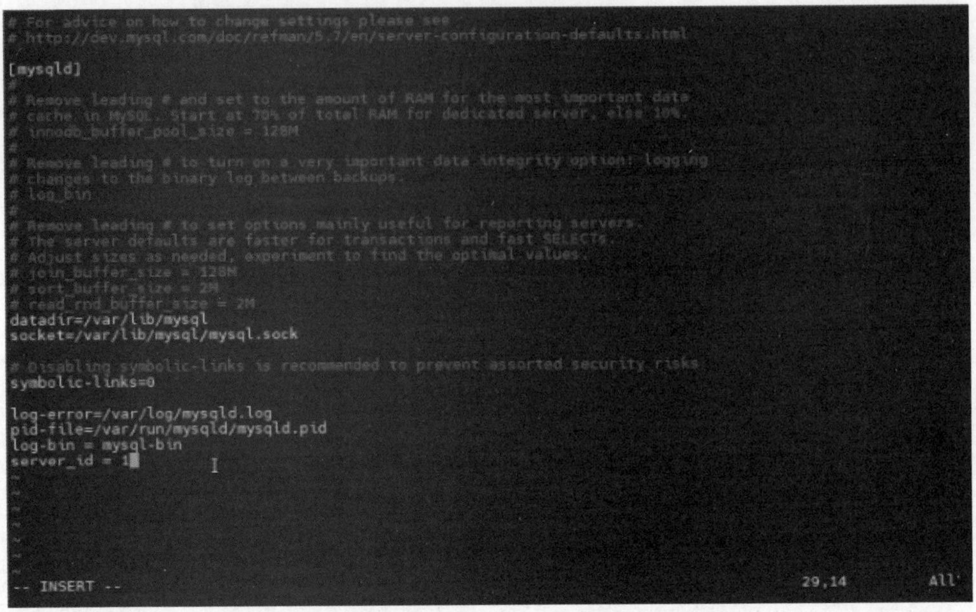

图 5-115　创建 DRS 实时迁移任务（修改/etc/my.cnf 文件）

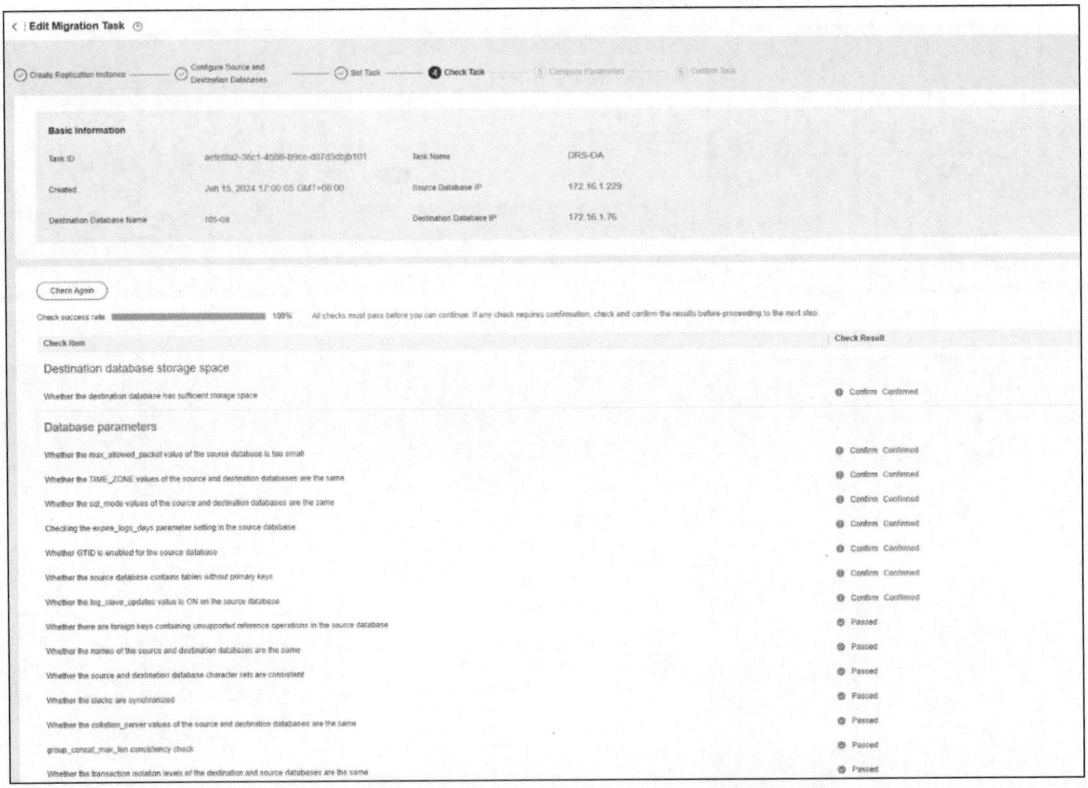

图 5-116　创建 DRS 实时迁移任务（重新进行预检查）

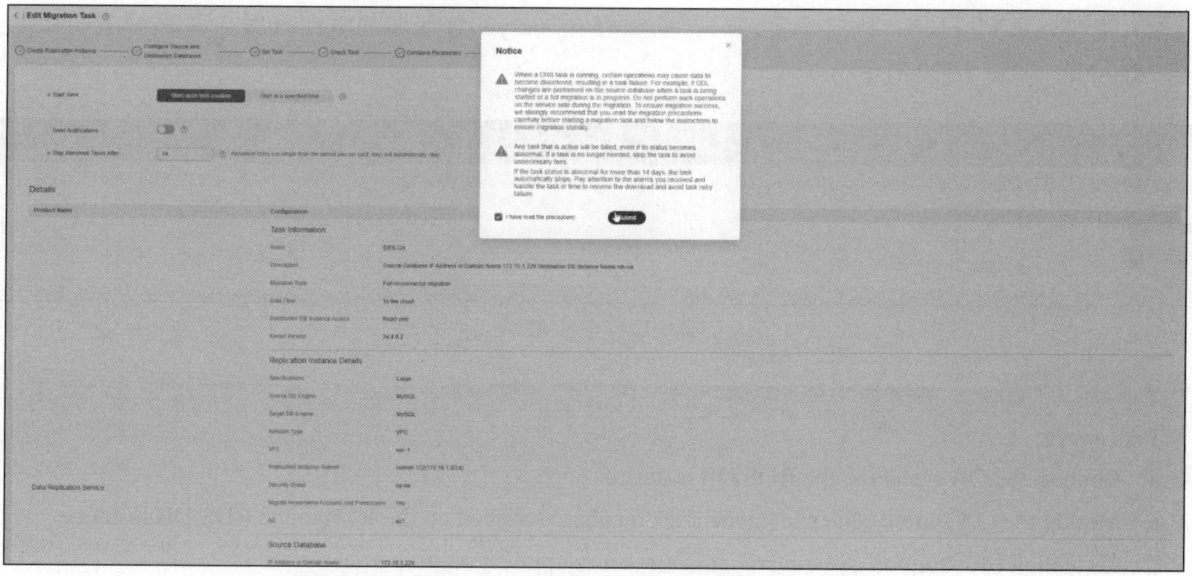

图 5-117　创建 DRS 实时迁移任务（启动 DRS 实时迁移任务）

2. 监控 DRS 实时迁移任务状态。

在实时迁移管理页面，监控 DRS 实时迁移任务状态，直至迁移完成。

3. 检查迁移结果。

a）迁移完成后，通过 Web 页面登录到 rds-oa 数据库实例。

b）检查是否存在 oasys 数据库，如图 5-118 所示。

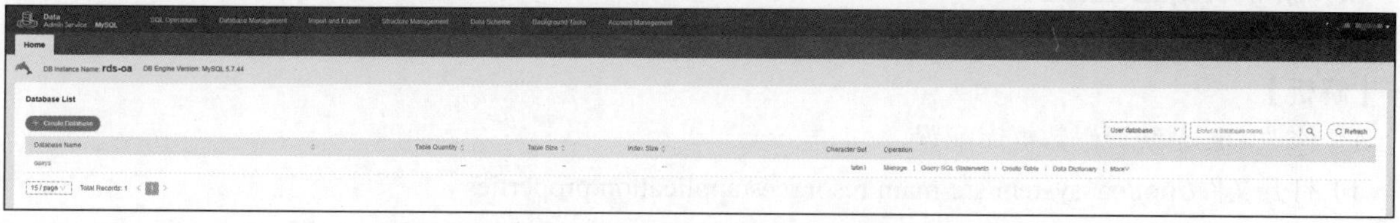

图 5-118　检查是否存在 oasys 数据库

4. 保存截图。

a）保存 DRS 实时迁移任务列表的截图，并将该截图命名为“4-2-1drs-info”，如图 5-119 所示。

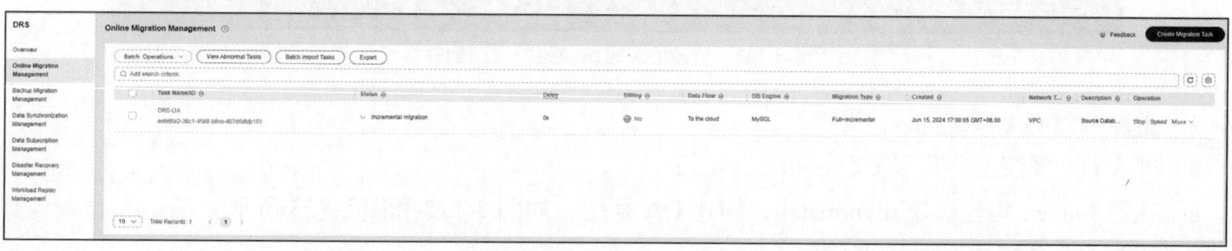

图 5-119　4-2-1drs-info

b）保存登录到 rds-oa 数据库实例后，确认存在 oasys 数据库的页面截图，并将该截图命名为“4-2-2drs-db”，如图 5-120 所示。

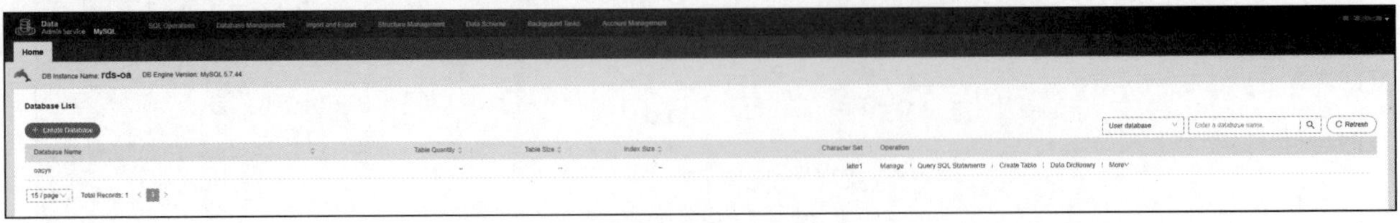

图 5-120　4-2-2drs-db

Subtask 3: Connect to a DB instance.

Procedure:

a. Connect the OA system to the RDS DB instance.

a）Modify the OA source code and connect the database (created on the VM) to the RDS DB instance.

Configuration file: /root/oa_system/src/main/resources/application.properties

Information to be modified: Database address, username, and password

b）Re-build the OA system.

Source code path: cd /root/oa_system/

Command: mvn install

c）Run the OA system and access it through the web.

Command: java -jar /root/oa_system/target/oasys.jar

Screenshot requirements:

Take a screenshot of the OA system running successfully and name it 4-3-1run-oa.

【解析】

1. 修改 OA 系统源码数据库配置。

a）打开文件/root/oa_system/src/main/resources/application.properties。

b）修改数据库 URL、用户名和密码，确保它们与 RDS 实例的信息匹配，如图 5-121 所示。

图 5-121　修改 OA 系统源码数据库配置

2. 重新构建 OA 系统。

a）进入 OA 系统源码目录 cd /root/oa-system/。

b）执行 Maven 构建命令 mvn install，构建 OA 系统，如图 5-122 和图 5-123 所示。

3. 运行 OA 系统并进行 Web 访问。

a）使用命令 java -jar /root/oa-system/target/oasys.jar 运行 OA 系统，如图 5-124 所示，结果如图 5-125 所示。

b）通过 Web 浏览器访问 OA 系统的 Web 页面，访问时使用的 URL 应为 ecs-oa 虚拟机的弹性公网 IP 加上端口号 8888，如图 5-126 所示。

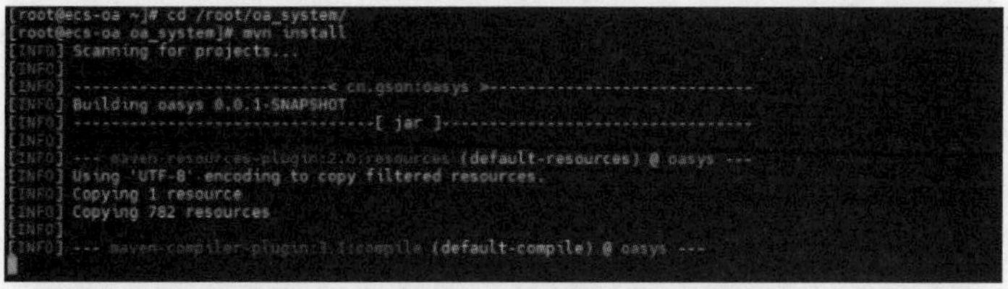

图 5-122　重新构建 OA 系统（第一部分）

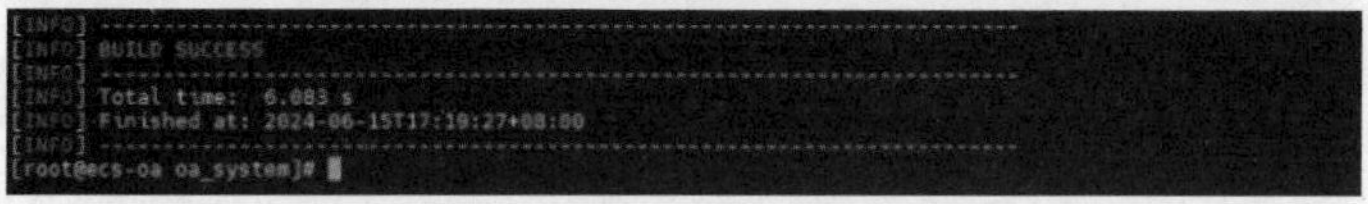

图 5-123　重新构建 OA 系统（第二部分）

图 5-124　运行 OA 系统（命令）

图 5-125　运行 OA 系统（结果）

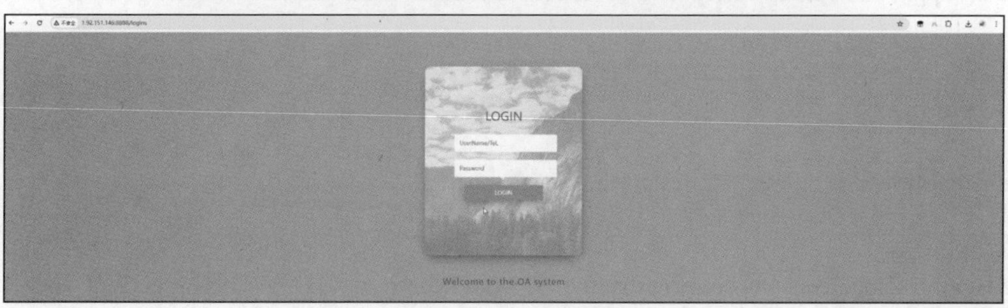

图 5-126　进行 Web 访问

4. 保存截图。

保存 OA 系统成功运行并在 Web 浏览器中正常显示的页面的截图，并将该截图命名为“4-3-1run-oa”，如图 5-127 所示。

图 5-127　4-3-1run-oa

Task 5: Deploying the OA system in a cluster (40 points)

Subtask 1: Create an image from a cloud server.

Procedure:

a. Configure automatic application startup.

a) Run the command below to create an application startup script. Application logs will be recorded in the /var/log/oasys.log file after the startup:

```
vim /etc/init.d/oasys.sh
```

The script content is as follows:

```
#!/bin/bash
sleep 10
nohup java -jar /root/oa_system/target/demo-0.0.1-SNAPSHOT.jar >> /var/log/oasys.log &
```

b)Add the application startup script to the /etc/rc.d/rc.local file and grant the execute permission on the script:

```
cp /etc/rc.d/rc.local /etc/rc.d/rc.local.bp
echo "/etc/rc.d/init.d/oasys.sh" >> /etc/rc.d/rc.local
chmod 755 /etc/rc.d/rc.local
chmod +x /etc/init.d/oasys.sh
```

c) Run the following command to restart the ECS:

```
Reboot
```

On the Huawei Cloud console, confirm that the ECS has been restarted and runs properly. Connect to the ECS again using SSH. Check whether the instant messaging application can be started properly:

```
tail -f /var/log/oasys.log
```

b. To comprehensively monitor and collect logs from the ECSs running the instant messaging application in the cluster, install the Cloud Eye and Log Tank Service (LTS) plug-ins on the ecs-oa ECS.

c. Create an image from ecs-oa.

Name: img-oa

Screenshot requirements:

a. Query the logs by running the tail -f /var/log/oasys.log command. Take a screenshot of the query result, and save it as 5-1-1auto-oa.

b. Take a screenshot of the host list on the Host Management page on the LTS console, and save it as 5-1-2lts-agent.

c. After the private image is created, take a screenshot of the private image list on the Image Management Service (IMS) console, and save it as 5-1-3ict-ims.

【解析】

1. 配置应用自启动。

a）使用文本编辑器创建启动脚本/etc/init.d/oasys.sh，如图 5-128 所示。

b）编写启动脚本，确保应用在系统启动时自动运行，并将日志输出到/var/log/oasys.log，如图 5-129 所示。

c）复制 rc.local 文件，并另存为 rc.local.bp 作为备份，修改 rc.local 文件，在其中加入启动脚本调用命令。

d）赋予 rc.local 和 oasys.sh 文件可执行权限，如图 5-130 所示。

e）重启服务器，验证应用自启动，通过 tail -f /var/log/oasys.log 命令检查日志输出情况，如图 5-131 和图 5-132 所示。

图 5-128　配置应用自启动（创建启动脚本）

图 5-129　配置应用自启动（编写启动脚本）

图 5-130　配置应用自启动（赋予可执行权限）

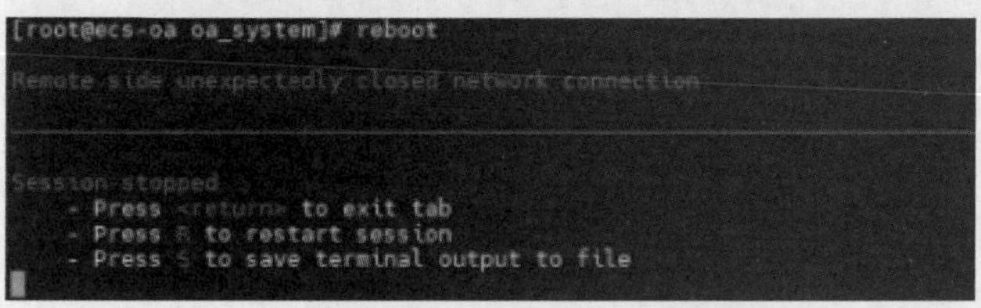

图 5-131　配置应用自启动（重启服务器）

图 5-132　配置应用自启动（检查日志输出情况）

2. 安装 CES 监控与 LTS 日志采集插件。

a）登录华为云控制台，进入“Log Tank Service”，获取 IC Agent 安装命令如图 5-133 所示。

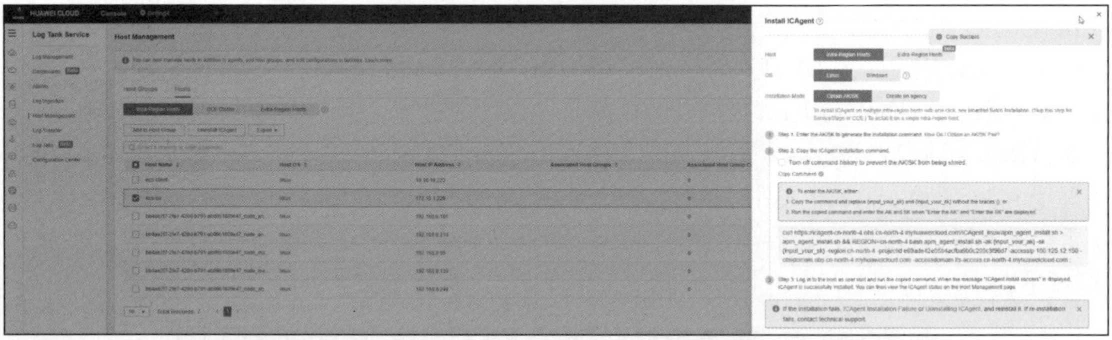

图 5-133　在“Log Tank Service”中获取 IC Agent 安装命令

b）根据华为云控制台提示，在 ecs-oa 弹性云服务器上安装监控插件和日志采集插件，如图 5-134 所示。安装完成后返回云日志查看 IC Agent，发现其已安装并运行，如图 5-135 所示。查看 CES 采集插件状态，如图 5-136 所示。

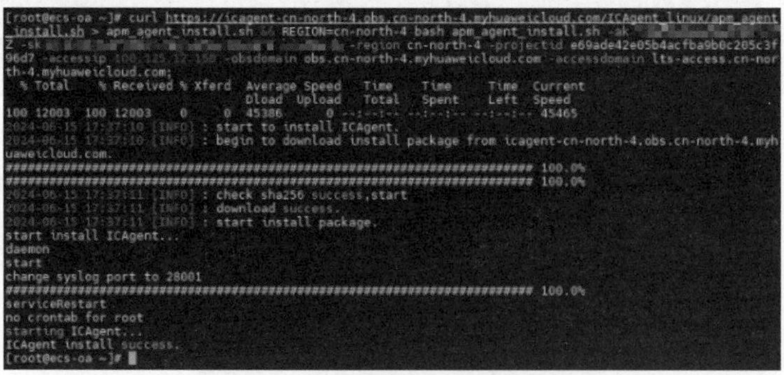

图 5-134　安装监控与日志采集插件

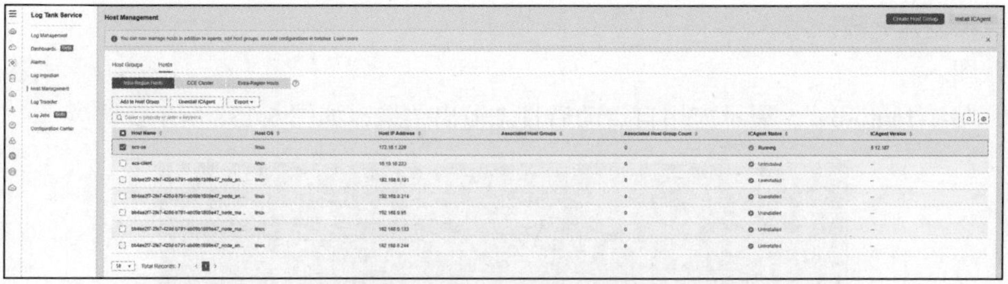

图 5-135 安装监控与日志采集插件（华为云控制台）

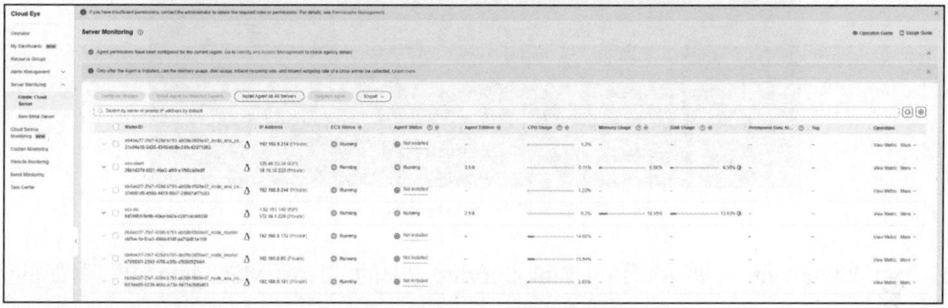

图 5-136 查看 CES 采集插件状态

3. 创建私有镜像。

a）在华为云控制台，进入“Elastic Cloud Service”服务。

b）选择 ecs-oa 弹性云服务器，进行创建私有镜像的操作，填写镜像名称为 img-oa，如图 5-137 所示。

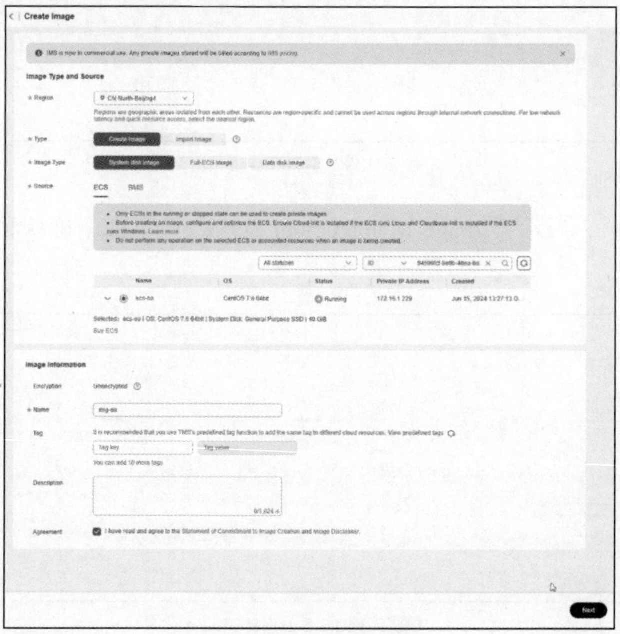

图 5-137 创建私有镜像

c）等待镜像创建完成。

4. 保存截图。

保存截图“5-1-1auto-oa”，展示应用自启动后日志输出结果，如图 5-138 所示。

图 5-138　5-1-1auto-oa

保存截图“5-1-2lts-agent”，展示“Log Tank Service”中的“Host Management”页面的主机列表，如图 5-139 所示。

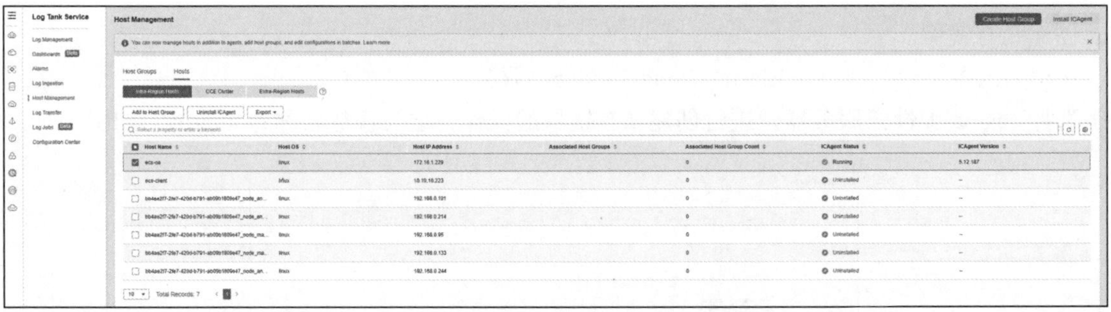

图 5-139　5-1-2lts-agent

保存截图“5-1-3ict-ims”，展示“Image Management Service”页面，确认私有镜像 img-oa 创建成功，如图 5-140 所示。

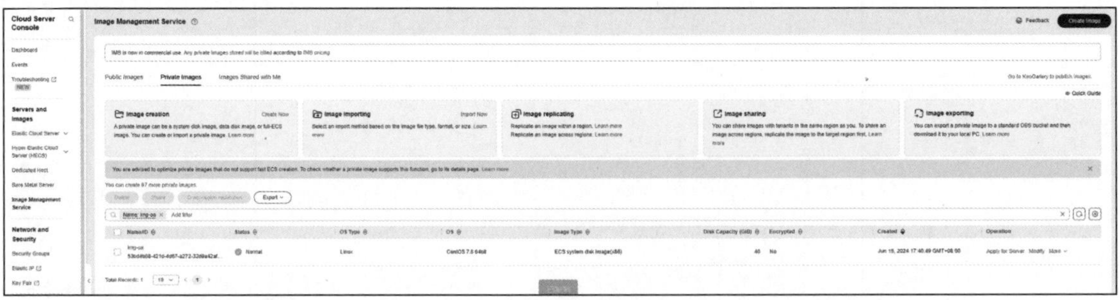

图 5-140　5-1-3ict-ims

Subtask 2: Create a load balancer.

Procedure:

Create a load balancer. Use the following settings.

a) Billing Mode: Pay-per-use

b) Specifications: Small I

c) Name: elb-oa

d) Listener Name: listener-oa

e) Create an empty backend server group named server_group-oa for listener-oa.

f) elb-oa works with Auto Scaling to balance workloads for the OA server cluster.

g) Frontend Port: 9999

h) VPC: VPC-1

i) Configure other parameters as needed.

Screenshot requirements:

Take a screenshot of basic information for listener-oa of elb-oa and name it 5-2-1listener-oa.

【解析】

1. 创建 ELB 实例。

a) 使用华为云账户登录华为云控制台。

b) 在华为云控制台中，进入“Elastic Load Balance”服务。

c) 单击“Buy Elastic Load Balance”，填写实例名称为“elb-oa”，如图 5-141 所示。

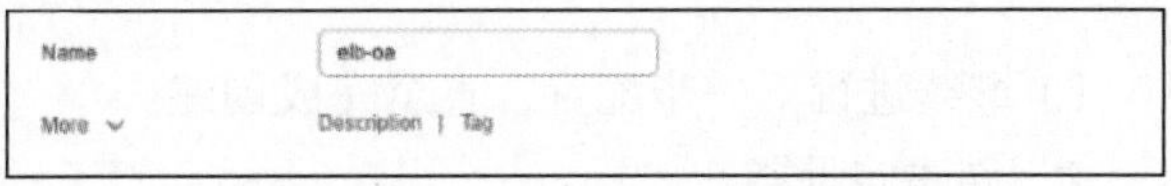

图 5-141 创建 ELB 实例（实例名称）

d) 选择计费模式为“Pay-per-use”，规格为“Small Ⅰ”，如图 5-142 所示。

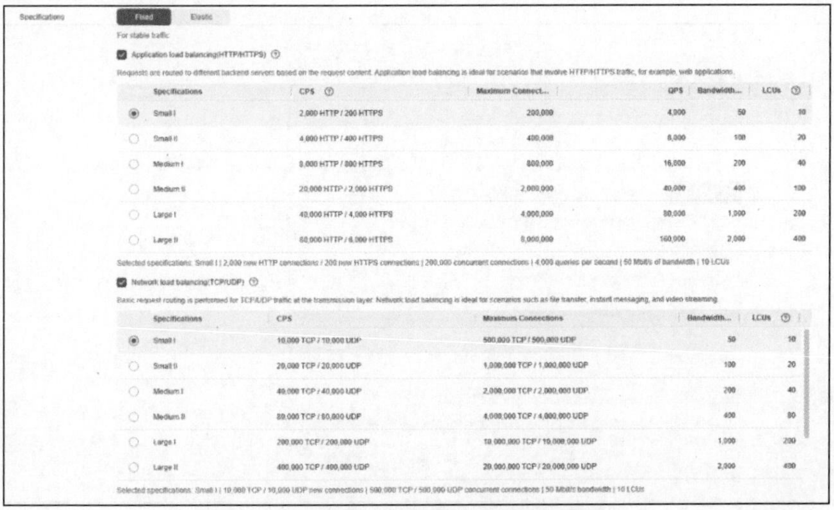

图 5-142 创建 ELB 实例（计费模式和规格）

e）选择部署在“VPC-1”内，如图 5-143 所示。

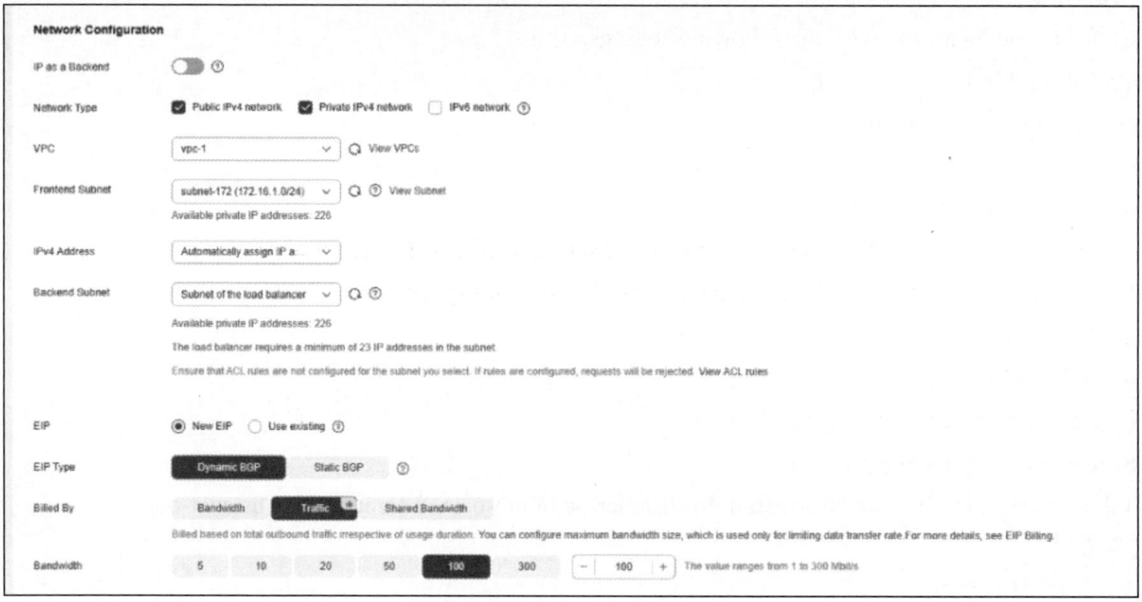

图 5-143　创建 ELB 实例（网络配置）

f）继续进行下一步配置，直至完成创建。

2. 创建监听器。

a）在 elb-oa ELB 实例详情页面，单击“Add Listener”。

b）填写监听器名称为“listener-oa”。

c）配置前端端口为 9999，如图 5-144 所示。

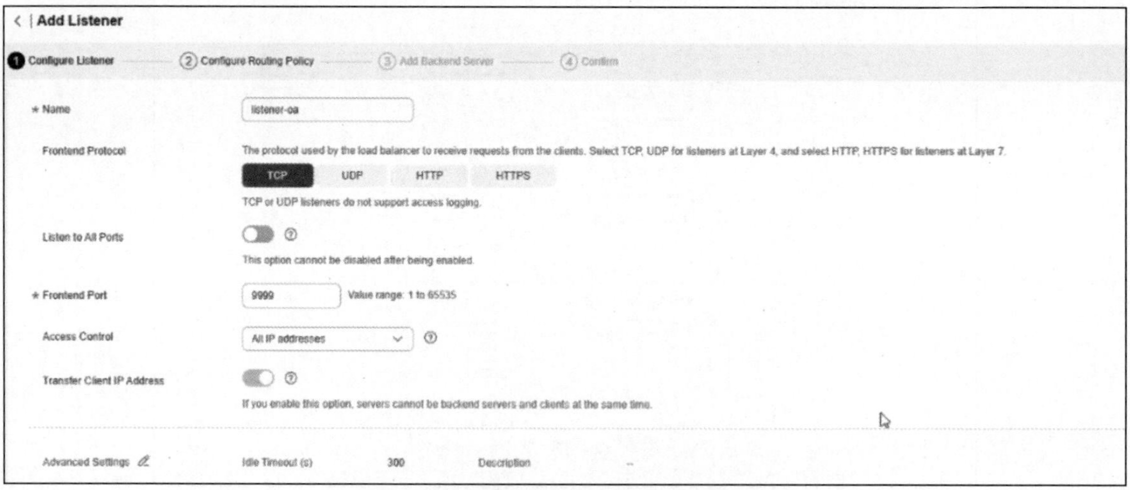

图 5-144　创建监听器（监听器名称和前端端口）

d）选择协议类型为“TCP”，如图 5-145 所示。监听器创建完成如图 5-146 所示。

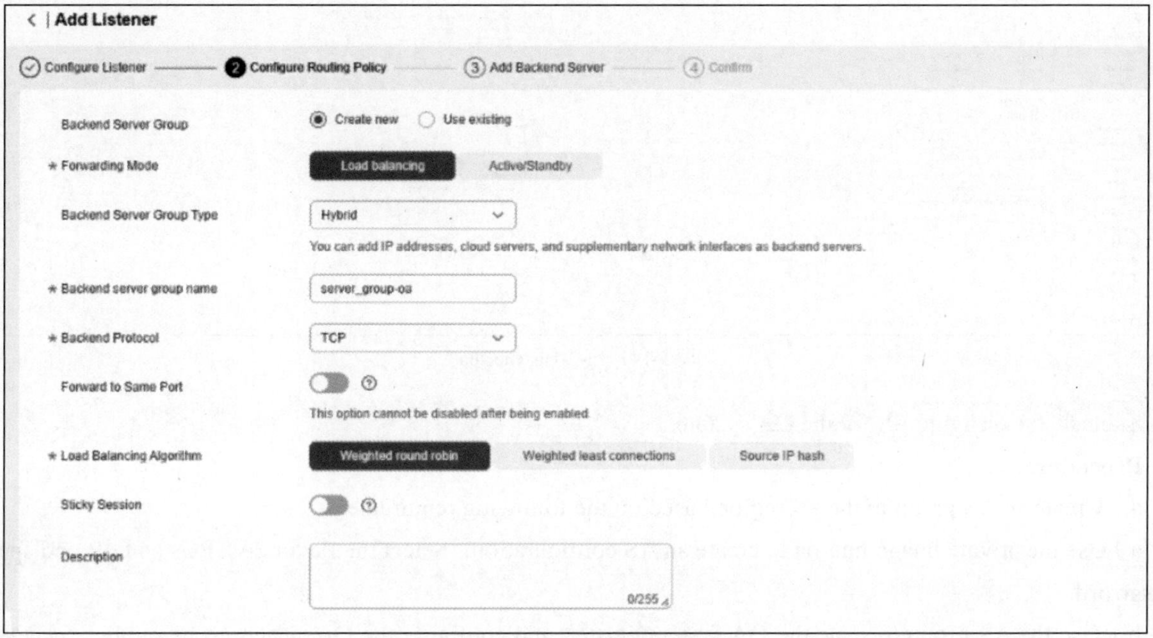

图 5-145　创建监听器（协议类型）

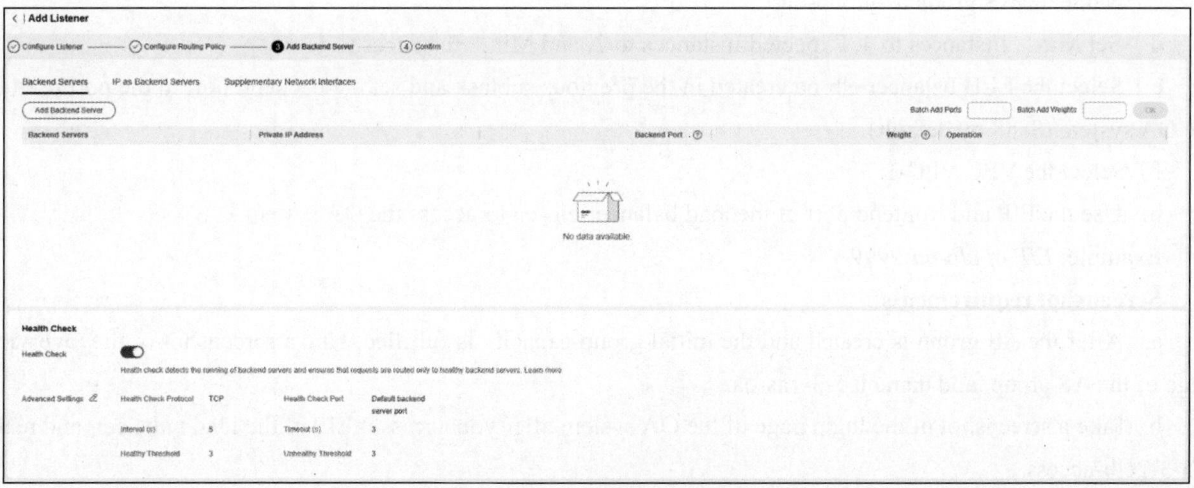

图 5-146　创建监听器（完成）

3. 保存截图。

a）在完成监听器创建后，进入 listener-oa 基本信息页面。

b）保存该页面的截图，并将该截图命名为“5-2-1listener-oa”，如图 5-147 所示。

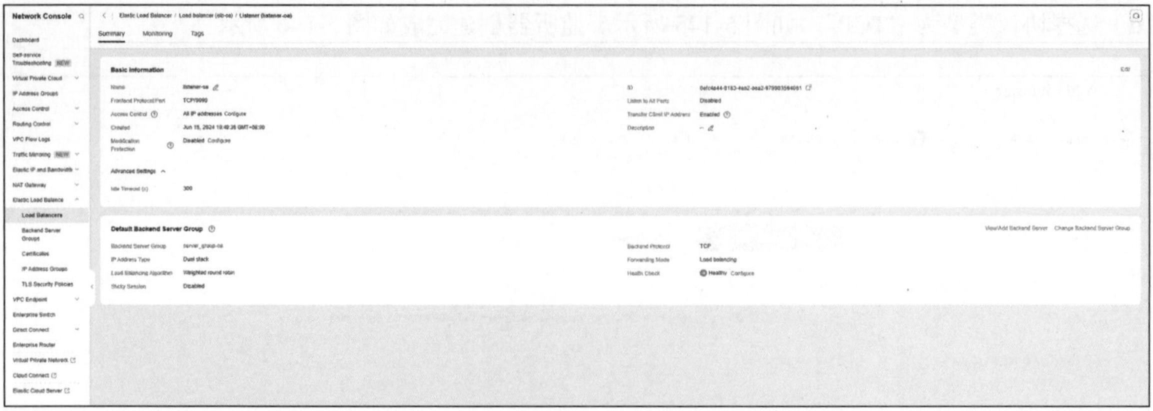

图 5-147　5-2-1listener-oa

Subtask 3: Configure AS for the OA system.

Procedure:

a. Create an AS group in the ×× region based on the following requirements.

a) Use the private image img-oa to create an AS configuration. Select the flavor 2 vCPUs | 4 GiB and specify a password.

b) Use the AS group to scale the OA system cluster, and configure the OA system to be publicly accessible from the ELB load balancer.

c) Name the AS group as-group-oa.

d) Set Max. Instances to 4, Expected Instances to 2, and Min. Instances to 1.

e) Select the ELB balancer elb-oa created in the previous subtask and set the backend port to the port used by the OA system (8888 by default).

f) Select the VPC VPC-1.

b. Use the EIP and frontend port of the load balancer elb-oa to access the OA system.

Example: *EIP of elb-oa:9999*

Screenshot requirements:

a. After the AS group is created and the initial group capacity is fulfilled, take a screenshot of the Overview page of the AS group, and name it 5-3-1as-oa.

b. Take a screenshot of the login page of the OA system after you access it EIP of the load balancer, and name it 5-3-2elb-access.

【解析】

1. 创建 AS 组。

a) 登录华为云控制台，进入“Auto Scaling”服务。

b) 单击“Create AS Group”，填写 AS 实例名称为“as-group-oa”。

c) 使用 img-oa 私有镜像创建伸缩配置，选择规格为“2 vCPUs | 4 GiB”，如图 5-148 所示，设置密码，

如图 5-149 所示。

d）配置伸缩策略，设置最大实例数为 4、期望实例数为 2、最小实例数为 1。

e）关联 ELB 实例 elb-oa，配置后端端口为 8888。

f）选择 VPC-1 虚拟私有云，如图 5-150 所示。

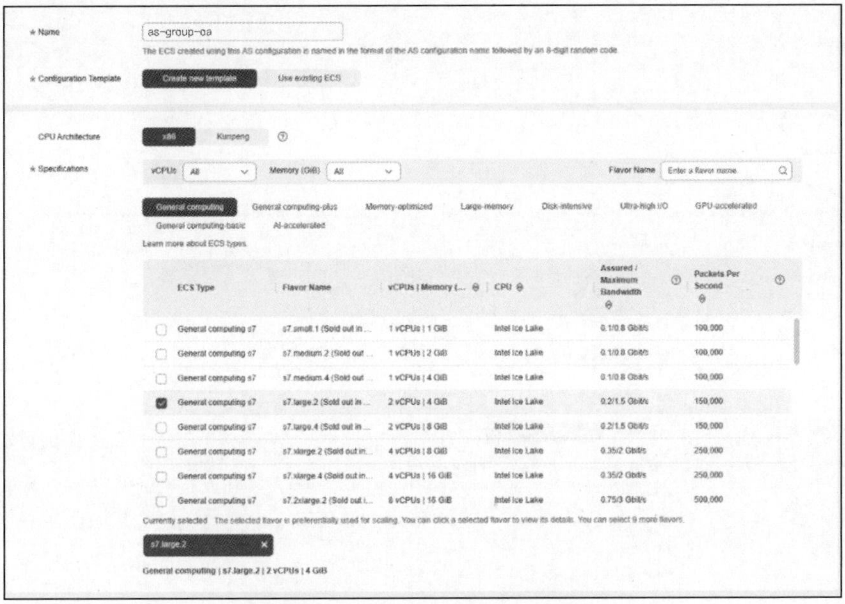

图 5-148　创建 AS 实例（伸缩配置）

图 5-149　创建 AS 实例（设置密码）

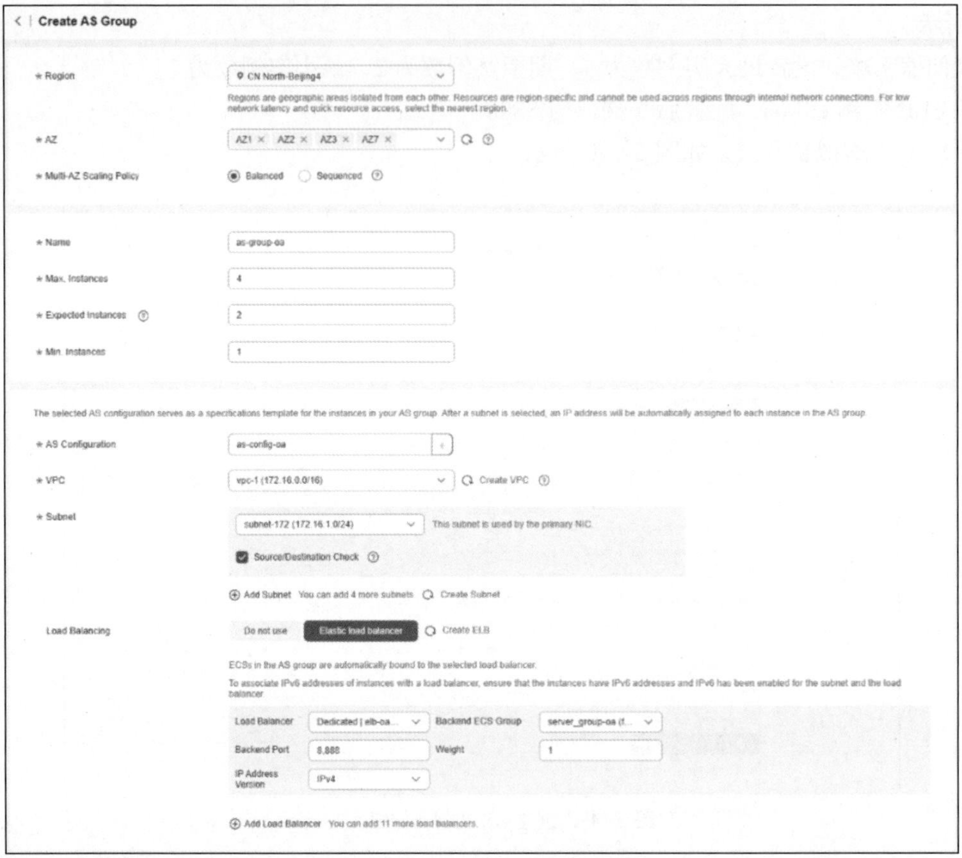

图 5-150　创建 AS 实例（伸缩组）

g）完成创建后，等待伸缩组初始化完成。

2. 通过 ELB 实例访问 OA 系统。

a）获取 ELB 实例 elb-oa 的弹性公网 IP 地址。

b）在 Web 浏览器的地址栏中输入 ELB 实例 elb-oa 的弹性公网 IP 地址及前端端口 9999，并按 Enter 键，访问 OA 系统，如图 5-151 所示。

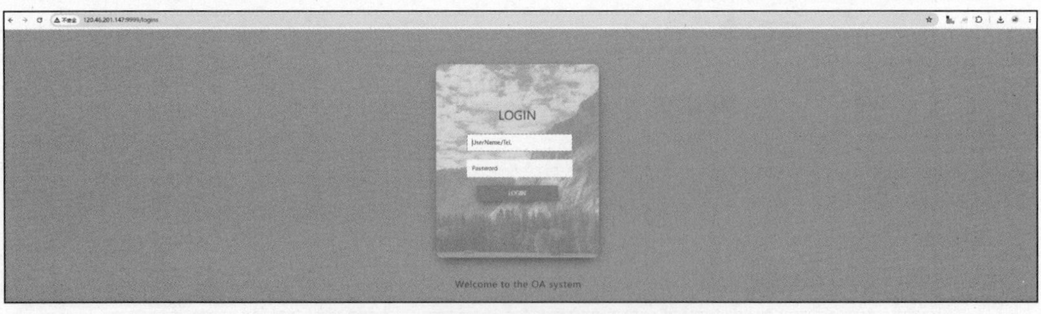

图 5-151　通过 ELB 实例访问 OA 系统

3. 保存截图。

a）进入伸缩组概览页面，确认伸缩组创建并初始化完成，保存该页面的截图，并将该截图命名为“5-3-1as-oa”，如图 5-152 所示。

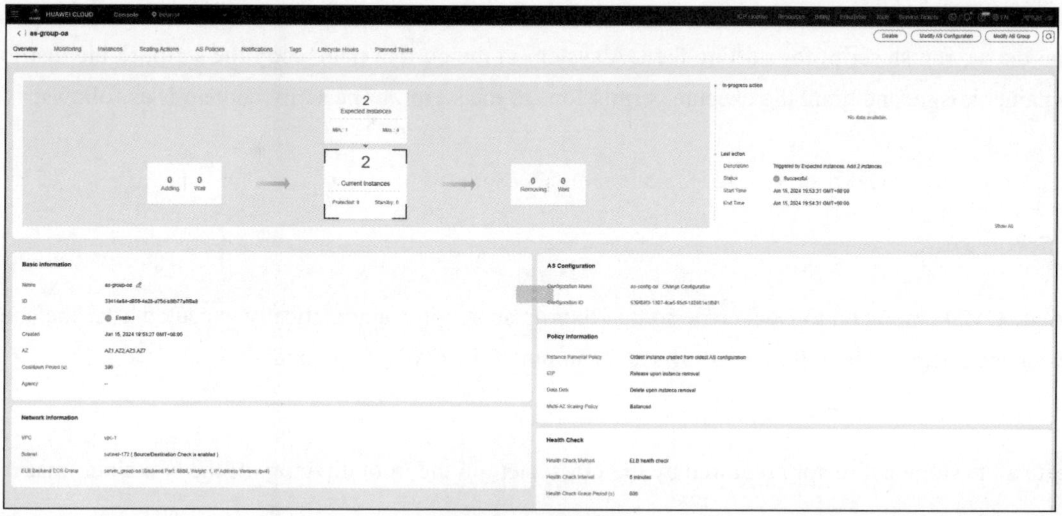

图 5-152　5-3-1as-oa

b）通过 ELB 实例 elb-oa 的弹性公网 IP 访问 OA 系统，成功进入登录页面，证明集群化部署成功，将该页面的截图命名为“5-3-2elb-access”，如图 5-153 所示。

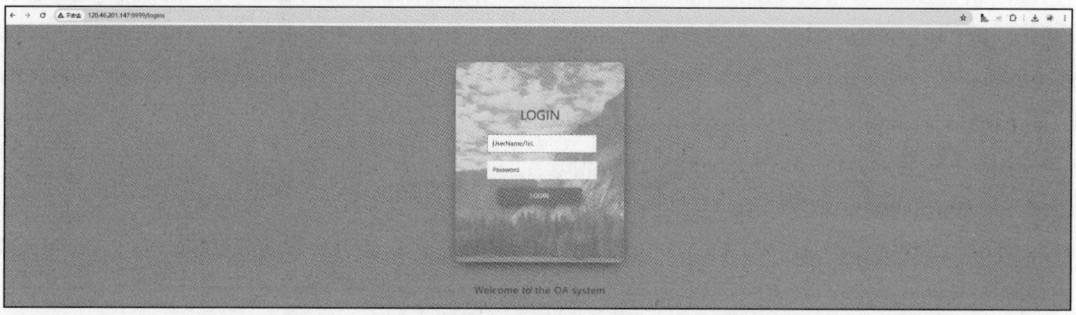

图 5-153　5-3-2elb-access

Task 6: Containerizing the OA system (40 points)

Subtask 1: Create a container image.

Procedure:

a. Use a Dockerfile meeting the following requirements to create a container image for the OA system.

a）Remotely log in to ecs-oa using SSH, install Docker, and create an oa_build directory in the /root directory.

b）Create the container image using the base image docker.io/adoptopenjdk/openjdk8:latest.

c）Perform the following operations:

Copy oasys.jar to the /usr/local directory of the container image and change the permissions to 777. The default package path on ecs-oa is as follows:

```
/root/oa_system/target/oasys.jar
chmod 777 oasys.jar
```

Write the oa_run.sh script for starting the OA system in the current path, copy the script to the /usr/local path of the container image, and grant the execute permissions to the script. The script content is as follows:

```
#!/bin/bash
nohup java -jar /usr/local/oasys.jar >/var/log/oasys.log 2>& 1 &
while true ;do
  sleep 1
done
```

Add the CMD command to Dockerfile so that the run.sh script is automatically executed after the container is started using the image. The following shows an example of the CMD command:

```
CMD ["sh","/usr/local/oa_run.sh"]
```

Create a file storage directory required by the OA system in the /root directory of the container image:

```
mkdir /root/file
mkdir /root/images
mkdir /root/attachment
```

d）Name the built image oasys:v1 .

b. Create an organization on the SWR console and push the new container image to the organization.

a）Name the organization oa-new. (If the system displays a message indicating that an organization with the same name already exists, you can add digits to the name of the organization to be created and change the organization name to, for example, oa-new001 or oa-new002.)

b）Push the new image to the oa-new organization.

Screenshot requirements:

a. Take a screenshot showing the successful creation of the container image and name it 6-1-1docker-build.

b. Take a screenshot showing the container image list and name it 6-1-2docker-img.

c. Take a screenshot of the image list (the Images tab page) in the oa-new organization and name it 6-1-3swr-ims.

【解析】

1. 构建 OA 系统容器镜像。

a）通过 SSH 登录到 ecs-oa 虚拟机。

b）安装并启动 Docker 软件，如图 5-154、图 5-155 和图 5-156 所示。

图 5-154　构建 OA 系统容器镜像（安装 Docker 软件）

```
Installed:
  docker-ce.x86_64 3:26.1.3-1.el7

Dependency Installed:
  audit-libs-python.x86_64 0:2.8.5-4.el7                    checkpolicy.x86_64 0:2.5-8.el7
  container-selinux.noarch 2:2.119.2-1.911c772.el7_8        containerd.io.x86_64 0:1.6.32-3.1.el7
  docker-buildx-plugin.x86_64 0:0.14.0-1.el7                docker-ce-cli.x86_64 1:26.1.3-1.el7
  docker-ce-rootless-extras.x86_64 0:26.1.3-1.el7           docker-compose-plugin.x86_64 0:2.27.0-1.el7
  fuse-overlayfs.x86_64 0:0.7.2-6.el7_8                     fuse3-libs.x86_64 0:3.6.1-4.el7
  libcgroup.x86_64 0:0.41-21.el7                            libsemanage-python.x86_64 0:2.5-14.el7
  policycoreutils-python.x86_64 0:2.5-34.el7                python-IPy.noarch 0:0.75-6.el7
  setools-libs.x86_64 0:3.3.8-4.el7                         slirp4netns.x86_64 0:0.4.3-4.el7_8

Complete!
[root@ecs-oa ~]# systemctl
```

图 5-155 构建 OA 系统容器镜像（Docker 软件安装完成）

```
[root@ecs-oa ~]# systemctl start docker
```

图 5-156 构建 OA 系统容器镜像（启动 Docker 软件）

c）在家目录下创建 oa_build 目录，如图 5-157 所示。

```
[root@ecs-oa ~]# mkdir oa_build
```

图 5-157 构建 OA 系统容器镜像（创建目录）

d）使用 docker pull 拉取基础镜像 docker.io/adoptopenjdk/openjdk8:latest，如图 5-158 所示，复制.jar 文件，如图 5-159 所示。

```
[root@ecs-oa ~]# docker pull docker.io/adoptopenjdk/openjdk8:latest
latest: Pulling from adoptopenjdk/openjdk8
7b1a6ab2e44d: Pull complete
0d46d26b5244: Pull complete
243eefc1dae3: Pull complete
Digest: sha256:869502b9b6ea689c27cc418d41d917a3ad4035aa82f0d92ac66935b61c31d7cb
Status: Downloaded newer image for adoptopenjdk/openjdk8:latest
docker.io/adoptopenjdk/openjdk8:latest
[root@ecs-oa ~]# docker images
REPOSITORY             TAG       IMAGE ID       CREATED       SIZE
adoptopenjdk/openjdk8  latest    536a665a61e9   2 years ago   320MB
[root@ecs-oa ~]#
```

图 5-158 构建 OA 系统容器镜像（拉取基础镜像）

```
[root@ecs-oa oa_build]# cp /root/oa_system/target/oasys.jar /root/oa_build/
```

图 5-159 构建 OA 系统容器镜像（复制文件）

e）编写 oa_run.sh 文件，如图 5-160 所示。

```
#!/bin/bash
nohup java -jar /usr/local/oasys.jar >/var/log/oasys.log 2>& 1 &
while true ;do
  sleep 1
done
```

图 5-160 构建 OA 系统容器镜像（编写 oa_run.sh 文件）

f）编写 Dockerfile 文件，如图 5-161 所示。

g）构建 OA 系统容器镜像，执行命令 docker build -t oasys:v1 .，如图 5-162 所示。

图 5-161　构建 OA 系统容器镜像（编写 Dockerfile 文件）

图 5-162　构建 OA 系统容器镜像

2. 推送 OA 系统容器镜像到 SWR。

a）登录华为云控制台，进入“Software Repository for Container”服务。

b）创建组织，名称为 oa-new001，如图 5-163 所示。

图 5-163　推送 OA 系统容器镜像到 SWR（创建组织）

c）获取 SWR 的登录信息，使用命令 docker login -u 用户名 -p 密码 registry.cn-north-4.myhuaweicloud.com 登录 SWR，如图 5-164 所示。

d）重新标记镜像，执行命令 docker tagoasys:v1 swr.cn-north-4.myhuaweicloud.com/oa- new001/oasys:v1，如图 5-165 所示。

e）推送镜像到 SWR，执行命令 docker push registry.cn-north-4.myhuaweicloud.com/oa- new/oasys:v1，如图 5-166 所示。

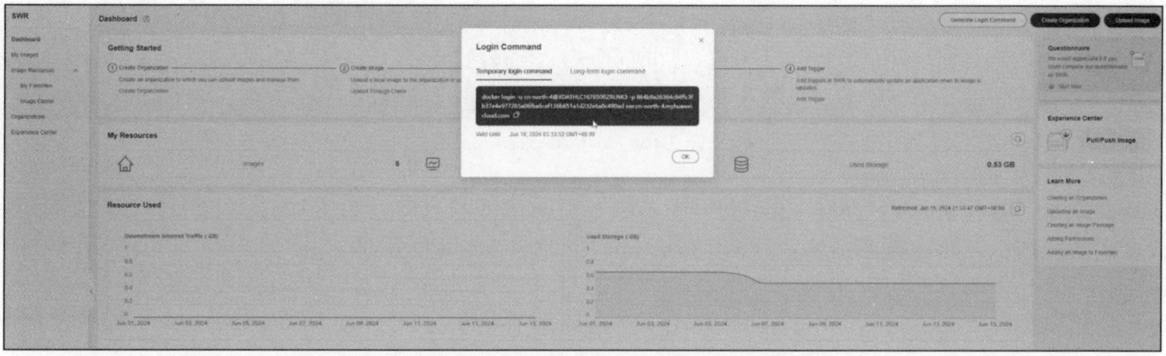

图 5-164 推送 OA 系统容器镜像到 SWR（获取登录命令）

```
[root@ecs-oa oa_build]# sudo docker tag oasys:v1 swr.cn-north-4.myhuaweicloud.com/oa-new001/oasys:v1
```

图 5-165 推送 OA 系统容器镜像到 SWR（标记镜像）

```
[root@ecs-oa oa_build]# sudo docker push swr.cn-north-4.myhuaweicloud.com/oa-new001/oasys:v1
The push refers to repository [swr.cn-north-4.myhuaweicloud.com/oa-new001/oasys]
52c787a0072d: Preparing
52c787a0072d: Pushed
43b6a80454c0: Pushed
7ed54fa25045: Pushed
a3f2301808e0: Pushed
ea81fad410c0: Pushed
5f70bf18a086: Pushed
fca86d1430e8: Pushed
c82dcd13cac1: Pushed
9f54eef41275: Pushed
v1: digest: sha256:6d77a506c908c40cd8fcc3c7956bf2d06ae917b39c4cfbff345f4d52d5dab3a0 size: 2205
[root@ecs-oa oa_build]#
```

图 5-166 推送 OA 系统容器镜像到 SWR（推送镜像）

3．保存截图。

a）保存 OA 系统容器镜像构建成功的输出信息的截图，并将该截图命名为“6-1-1docker-build”，如图 5-167 所示。

```
[root@ecs-oa oa_build]# docker build -t oasys:v1 .
[+] Building 0.1s (12/12) FINISHED                                    docker:default
 => [internal] load build definition from dockerfile                            0.0s
 => => transferring dockerfile: 276B                                            0.0s
 => [internal] load metadata for docker.io/adoptopenjdk/openjdk8:latest         0.0s
 => [internal] load .dockerignore                                               0.0s
 => => transferring context: 2B                                                 0.0s
 => [1/7] FROM docker.io/adoptopenjdk/openjdk8:latest                           0.0s
 => [internal] load build context                                               0.0s
 => => transferring context: 61B                                                0.0s
 => CACHED [2/7] WORKDIR /usr/local                                             0.0s
 => CACHED [3/7] COPY oasys.jar .                                               0.0s
 => CACHED [4/7] RUN chmod 777 oasys.jar                                        0.0s
 => CACHED [5/7] COPY oa_run.sh .                                               0.0s
 => CACHED [6/7] RUN chmod +x /usr/local/oa_run.sh                              0.0s
 => CACHED [7/7] RUN mkdir -p /root/{file,images,attachment}                    0.0s
 => exporting to image                                                          0.0s
 => => exporting layers                                                         0.0s
 => => writing image sha256:04517f29acdd6fbad8487e00c223dda3318ff00215d36dae72e45b93a356f630  0.0s
 => => naming to docker.io/library/oasys:v1                                     0.0s
[root@ecs-oa oa_build]# docker images
```

图 5-167 6-1-1docker-build

b）显示本地 OA 系统容器镜像列表，确认 oasys:v1 镜像存在，保存该列表的截图，并将该截图命名为“6-1-2docker-img”，如图 5-168 所示。

```
[root@ecs-oa oa_build]# docker images
REPOSITORY              TAG       IMAGE ID       CREATED          SIZE
oasys                   v1        04517f29ecdd   57 seconds ago   401MB
adoptopenjdk/openjdk8   latest    536a665a61e9   2 years ago      320MB
[root@ecs-oa oa_build]#
```

图 5-168　6-1-2docker-img

c）显示 SWR 中 oa-new 0001 组织的 OA 系统容器镜像列表页面，确认 oasys:v1 镜像已成功推送，保存该页面的截图，并将该截图命名为“6-1-3swr-ims”，如图 5-169 所示。

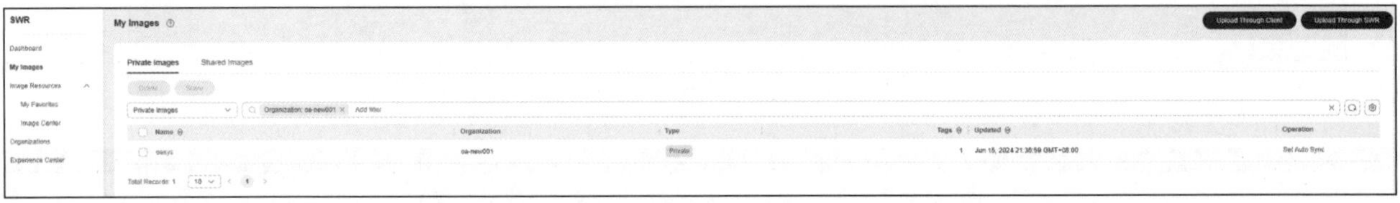

图 5-169　6-1-3swr-ims

Subtask 2: Create a CCE cluster.

Procedure:

a. Create a CCE cluster in the ×× region and configure the cluster as follows.

a）Type: CCE Standard Cluster

b）Basic Settings:

Billing Mode: Pay-per-use

Cluster Name: cce-oa

Cluster Version: v1.27 is recommended (If this version is unavailable, select another version)

Cluster Scale: Nodes: 50

Master Nodes: Single

c）Network Settings:

Network Model: VPC network

VPC: VPC-1

b. Create a node in the cluster and configure the node as follows.

a）Billing Mode: Pay-per-use

b）Node Type: Elastic Cloud Server (VM)

c）Specifications: General computing-plus | c7.xlarge.2 | 4 vCPUs | 8 GiB | AZ3

d）OS: CentOS 7.6

e）Node Name: cce-oa-×××××

f）Password: Enter a password

Screenshot requirements:

Take a screenshot of the node management page (the Nodes tab page) of the cce-oa cluster and name it 6-2-1cce-node.

【解析】

1. 创建 CCE 集群。

a）登录华为云控制台，进入“Cloud Container Engine”服务。

b）创建集群，选择集群类型为“CCE Standard Cluster”。

c）填写集群基本信息，包括计费模式、集群名称、集群版本等。

d）配置集群规模，设置为 50 节点。

e）通过选择“Single”设置高可用选项为“否”，如图 5-170 所示。

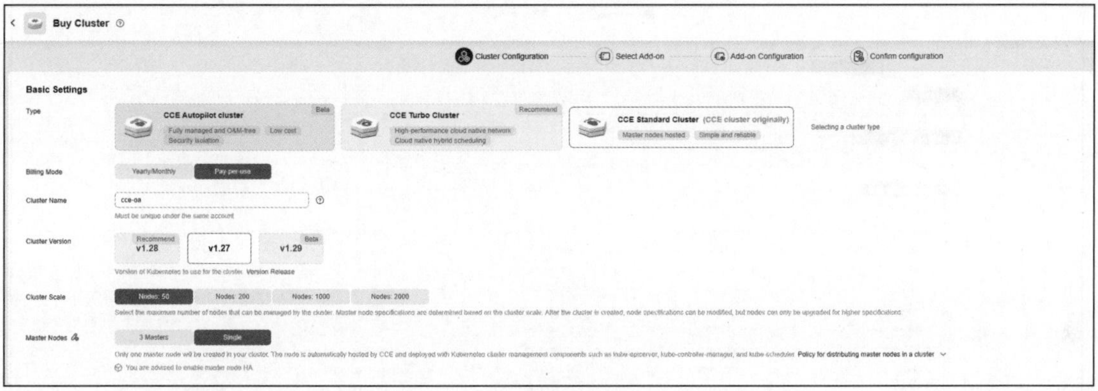

图 5-170 创建 CCE 集群（1）

f）选择网络模型为“VPC network”，并指定虚拟私有云为“VPC-1”，如图 5-171 所示。

g）完成配置后，提交创建。

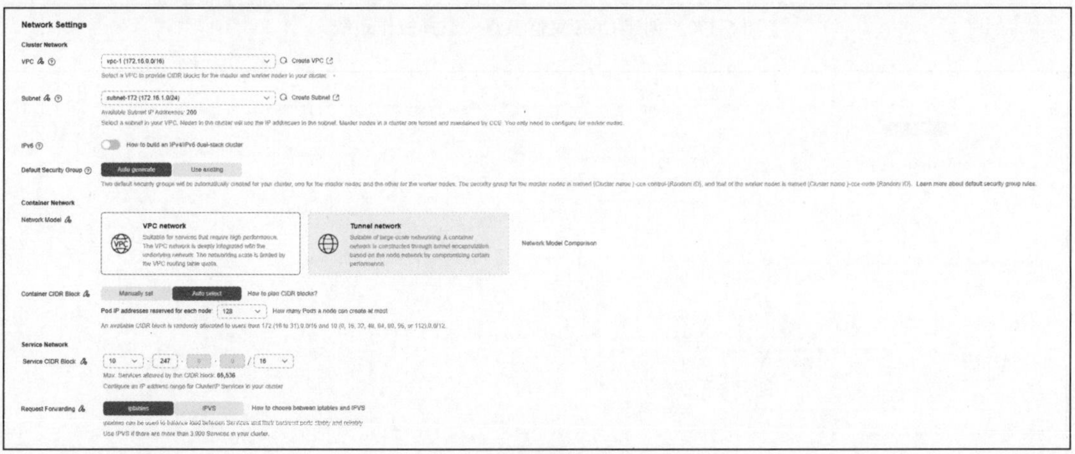

图 5-171 创建 CCE 集群（2）

2. 创建 CCE 集群节点。

a）在 CCE 集群创建完成后，进入 CCE 集群节点管理页面。

b）创建 CCE 集群节点，选择节点类型为“Elastic Cloud Server(VM)”。

c）配置节点规格为“General computing-plus | c7.xlarge.2 | 4 vCPUs—8 GiB | AZ3”。

d）选择操作系统为“CentOS 7.6”，如图 5-172 所示。

e）命名节点，例如“cce-oa-×××××”。

f）设置登录密码，如图 5-173 所示。

g）完成配置后，单击“创建”。

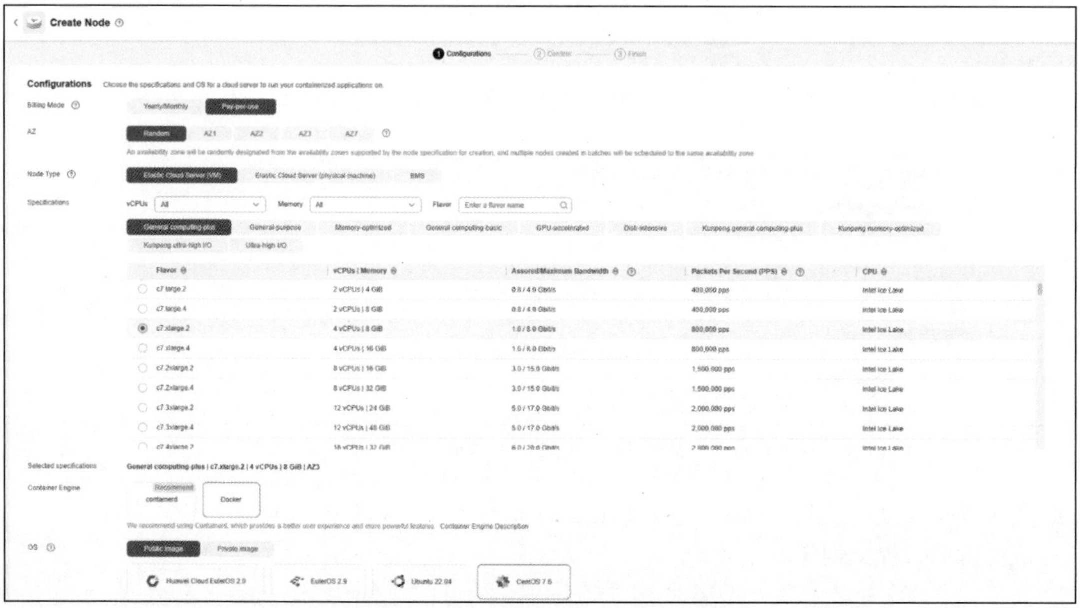

图 5-172　创建 CCE 集群节点（选择操作系统）

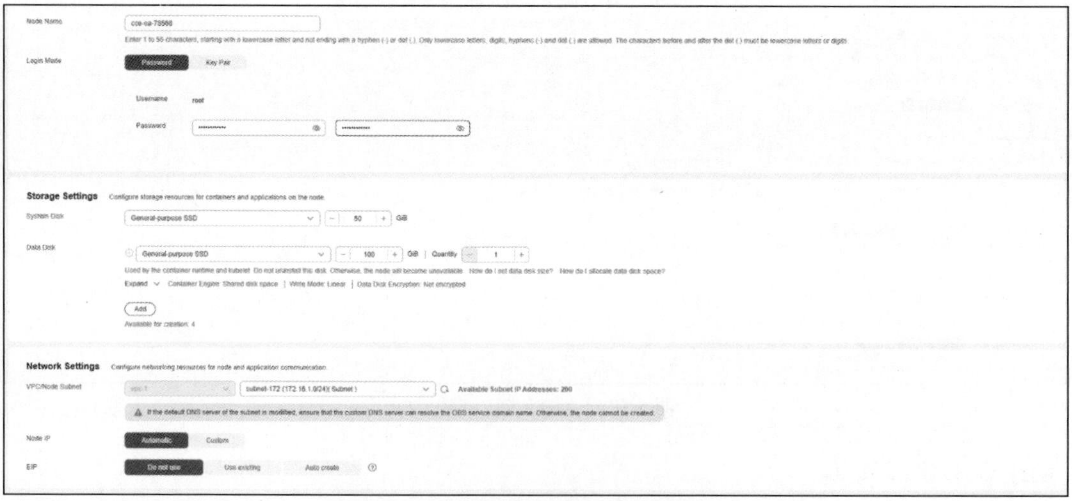

图 5-173　创建 CCE 集群节点（设置密码）

3. 进入 CCE 集群节点管理页面，确认 CCE 集群节点创建完成，保存该页面的截图，并将该截图命名为“6-2-1cce-node”，如图 5-174 所示。

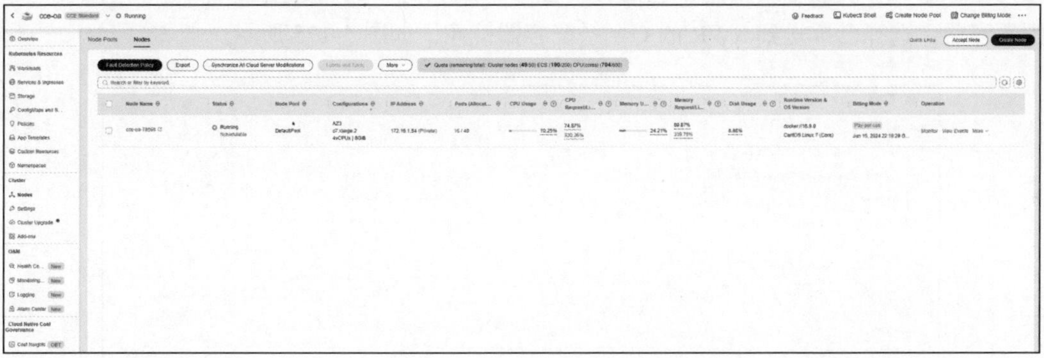

图 5-174 6-2-1cce-node

Subtask 3: Containerize the OA system.

Procedure:

a. Create a Deployment in the cce-oa cluster and configure the Deployment as follows.

a) Basic Info:

Workload Name: oasys

Pods: 1

b) Container Settings:

Image Name: Select the container image pushed to SWR.

c) Service Settings:

Service Name: oasys-service

Service Type: LoadBalancer

Load Balancer: elb-oa

Ports: Set the Container Port to the service port of the OA system and set the Service Port to 18888

b. Modify the security group configuration of the rds-oa database as required to ensure that you can log in to the containerized OA system over port 18888 of the oasys workload.

Screenshot requirements:

a. Take a screenshot of the Access Mode tab page on the oasys workload details page and name it 6-3-1oasys.

b. Take a screenshot of the successful login to the OA system through the elb-oa's public IP address and port 18888 and name it 6-3-2cce-oa. (The login must be successful. A screenshot taken on the login page will not be scored.)

【解析】

1. 创建无状态工作负载。

a ）登录华为云控制台，进入“Cloud Container Engine”服务。

b）选择“cce-oa”集群，进入工作负载管理页面。

c）单击“Create Work load”，选择“Deployment”。

d）填写无状态工作负载基本信息，包括负载名称“oasys”和实例数量 1。

e）配置容器，选择已推送到 SWR 的 OA 系统容器镜像，如图 5-175 所示。

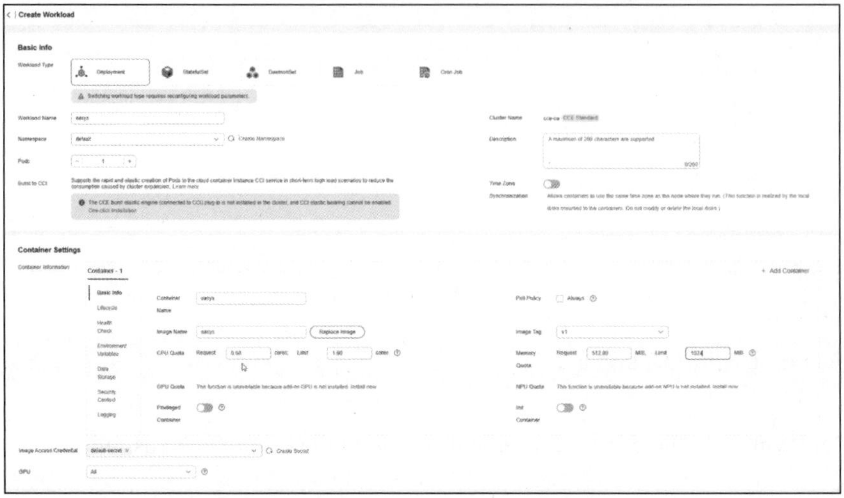

图 5-175　创建无状态工作负载（镜像选择）

f）创建服务，配置服务名称为“oasys-service”，访问类型为“LoadBalancer”，选择负载均衡器为“elb-oa”，设置端口映射，如图 5-176 所示。

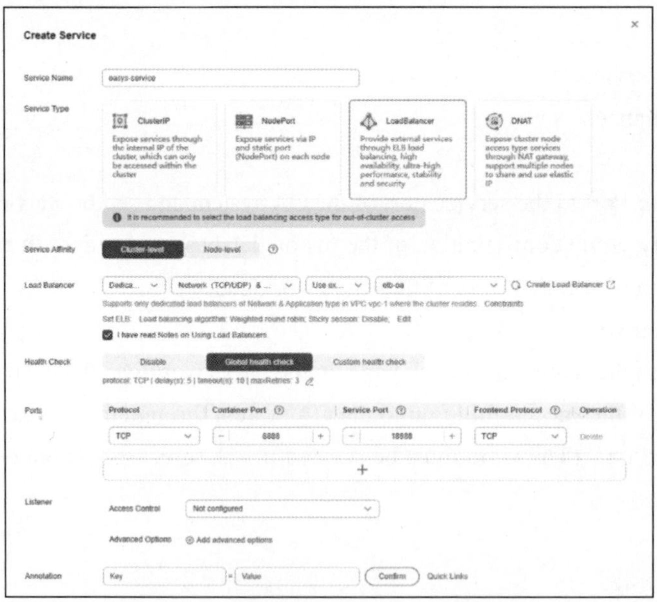

图 5-176　创建无状态工作负载（服务创建）

2. 修改数据库实例的安全组配置。

a）进入“Relational Database Service”服务，找到并选择 rds-oa 数据库实例。

b）进入安全组配置页面，添加新规则，允许 oasys 无状态工作负载访问数据库，如图 5-177 所示。

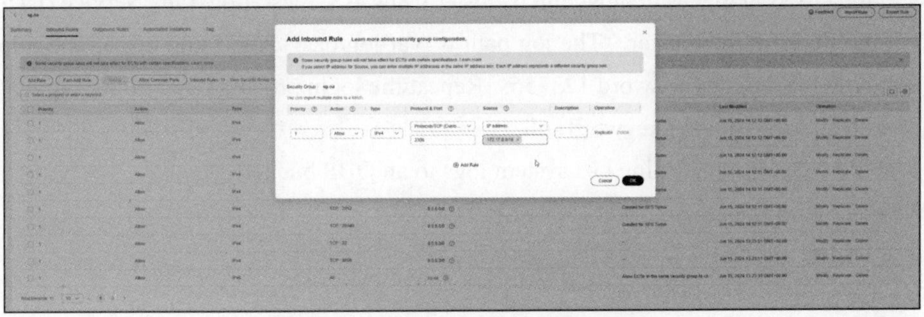

图 5-177　修改数据库实例的安全组配置

3. 保存截图。

a）进入 oasys 无状态工作负载的访问方式页面，确认负载均衡配置正确，保存该页面的截图，并将该截图命名为“6-3-1oasys”，如图 5-178 所示。

b）通过 elb-oa 的弹性公网 IP 和 18888 端口成功登录 OA 系统，保存登录成功页面的截图，并将该截图命名为“6-3-2cce-oa”，如图 5-179 所示。

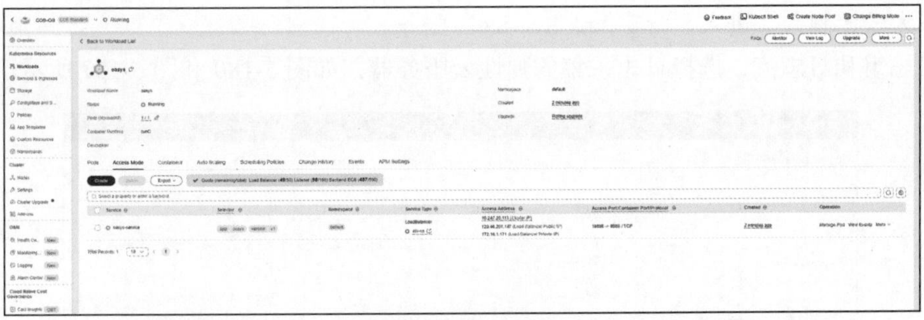

图 5-178　6-3-1oasys

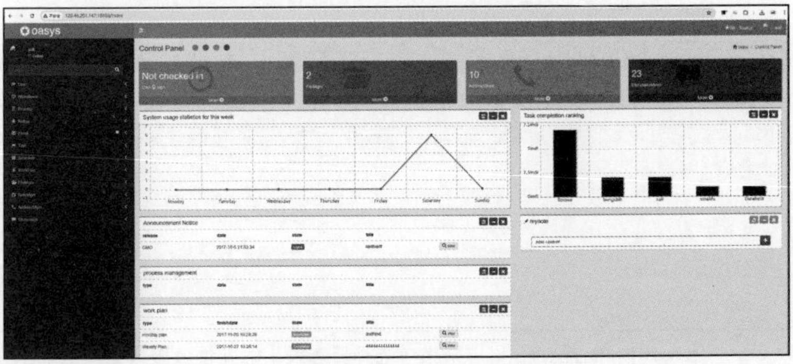

图 5-179　6-3-2cce-oa

Task 7: Managing OA system O&M (60 points)

Subtask 1: Collect, analyze, and transfer logs.

Procedure:

a. In Task 5, the OA system was deployed in a cluster using AS. Use Log Tank Service (LTS) to collect OA system logs of all the ECSs in the cluster. The log path is /var/log/oasys.log. Log out of and relog in to the OA system as user soli with the default password 123456. Repeat the login process three times. In the OA system log stream in LTS, search all logs with the keyword soli.

b. Configure the task for transferring OA system logs to an OBS bucket.

a）OBS Bucket: Select the OBS bucket created in Task 3.

b）Format: Raw Log Format

c）Log Transfer Interval: 2 minutes

d)After configuring the transfer task, log in to and log out of the OA system three times to generate logs. Wait 2 minutes and then view the transferred logs in the OBS bucket.

Screenshot requirements:

a. Take a screenshot of the search results and name it 7-1-1oa-log.

b. Take a screenshot of the transferred OA system logs and name it 7-1-2log-tanks.

【解析】

1. 配置 LTS 日志采集。

a）登录华为云控制台，进入“Log Tank Service”服务。

b）创建日志组和日志流，选择日志采集的弹性云服务器，如图 5-180 和图 5-181 所示。

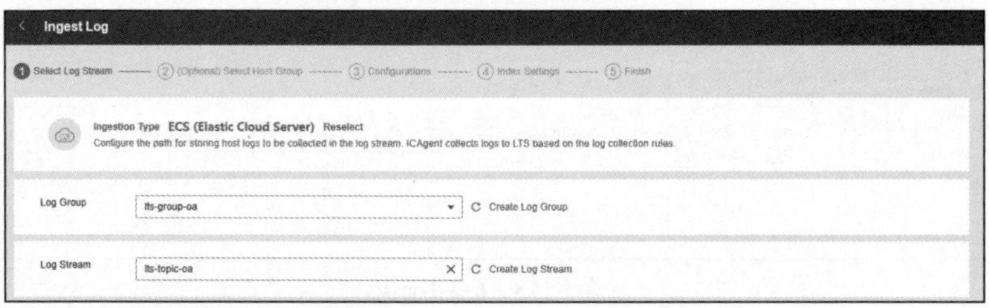

图 5-180　配置 LTS 日志采集（创建日志组和日志流）

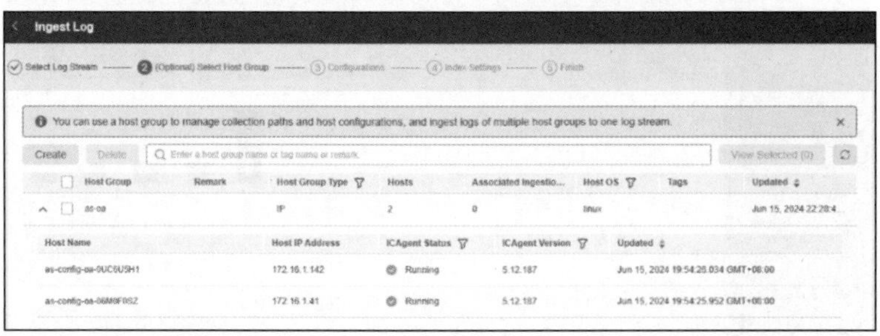

图 5-181　配置 LTS 日志采集（选择日志采集的弹性云服务器）

c）配置日志采集规则，确保正确采集日志，如图 5-182 所示。

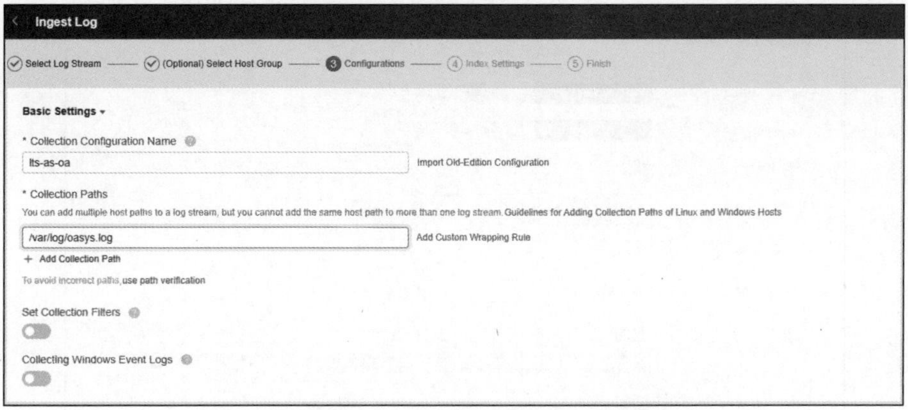

图 5-182　配置 LTS 日志采集（配置日志采集规则）

2. 日志检索与分析。

a）使用 LTS 的检索功能，对关键字“soli”进行日志的全量检索。

b）分析检索结果，确认日志中用户名中包含“soli”的用户的登录和登出信息，如图 5-183 所示。

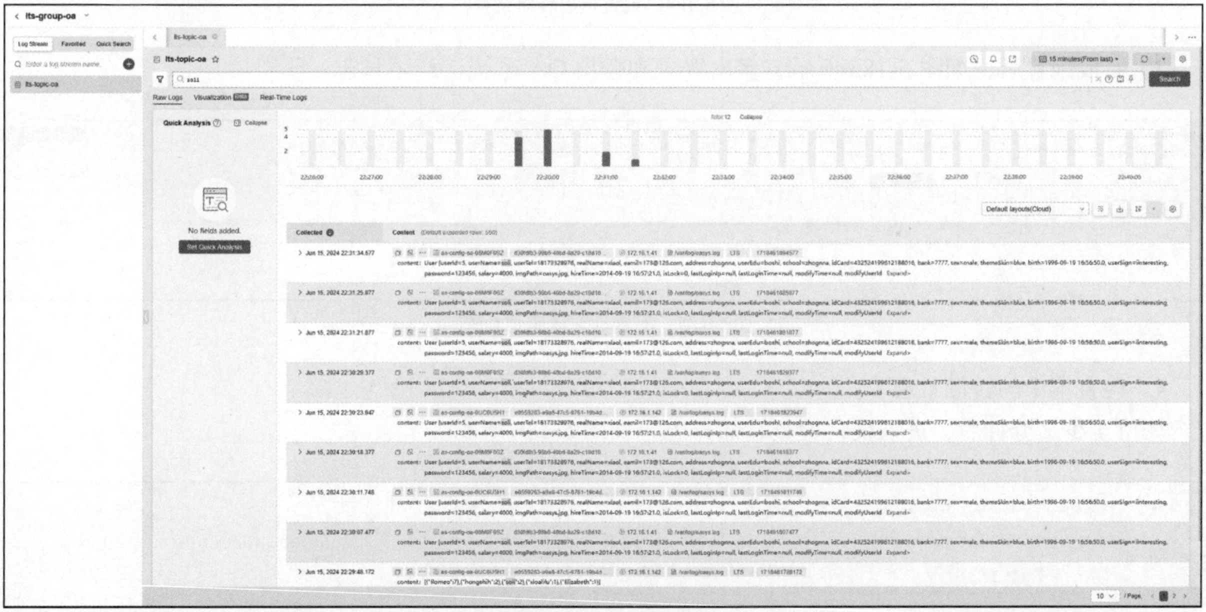

图 5-183　日志检索与分析

3. 配置日志转储到 OBS。

a）在 LTS 中配置日志转储策略，选择 Task 3 中创建的桶。

b）设置转储格式为“Raw Log Format”。

c）设置转储周期为“2 minutes”，如图 5-184 所示。

图 5-184　设置日志转储策略

d）完成配置后，如图 5-185 所示，多次登录和登出 OA 系统，产生日志。

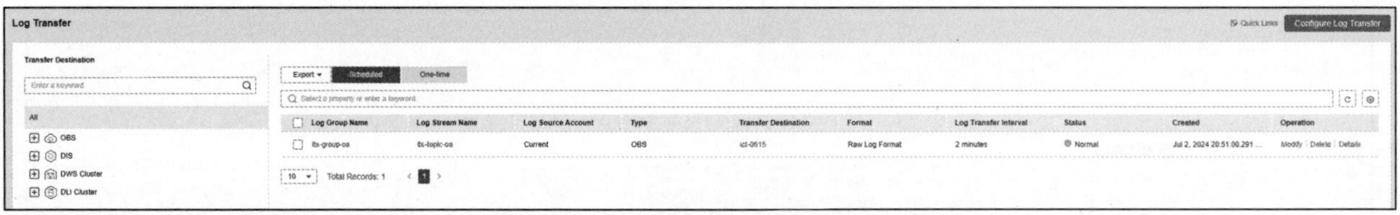

图 5-185　配置日志转储到 OBS

4. 检查桶中的转储日志。

等待至少 2 分钟后，进入桶，检查转储日志，如图 5-186 所示。

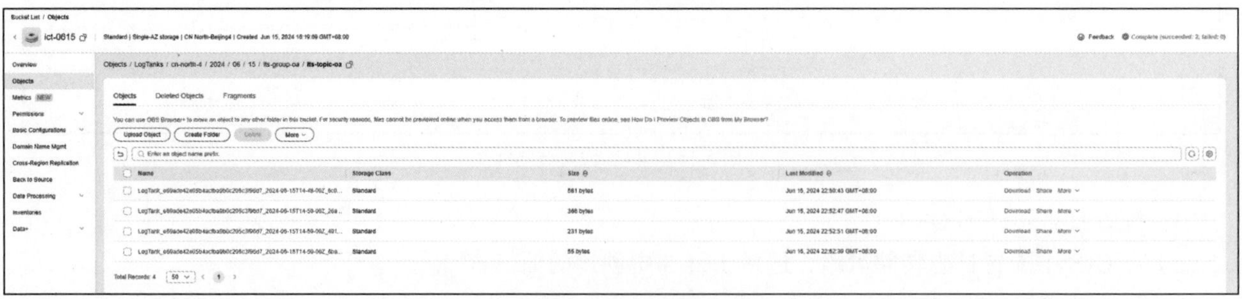

图 5-186　检查转储日志

5. 保存截图。

a）查看“Log Tank Service”中对关键字“soli”进行日志的全量检索的结果，保存该结果的截图，并将该截图命名为“7-1-1oa-log”，如图 5-187 所示。

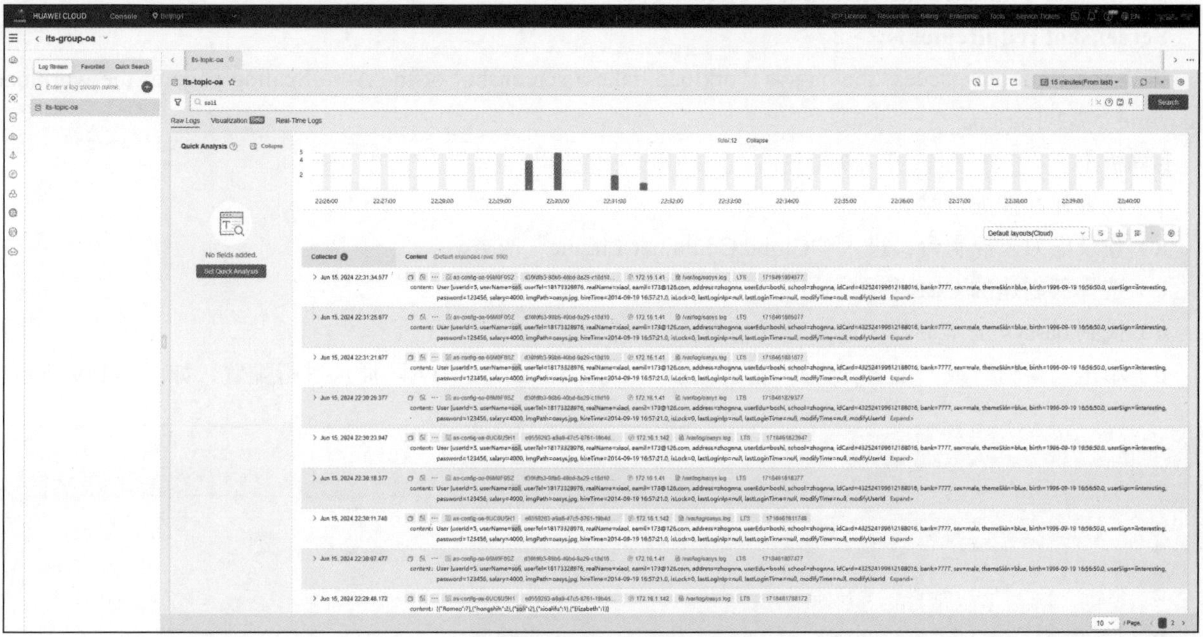

图 5-187　7-1-1oa-log

b）展示桶中转储的 OA 系统日志列表页面，保存该页面的截图，并将该截图命名为“7-1-2log-tanks”，如图 5-188 所示。

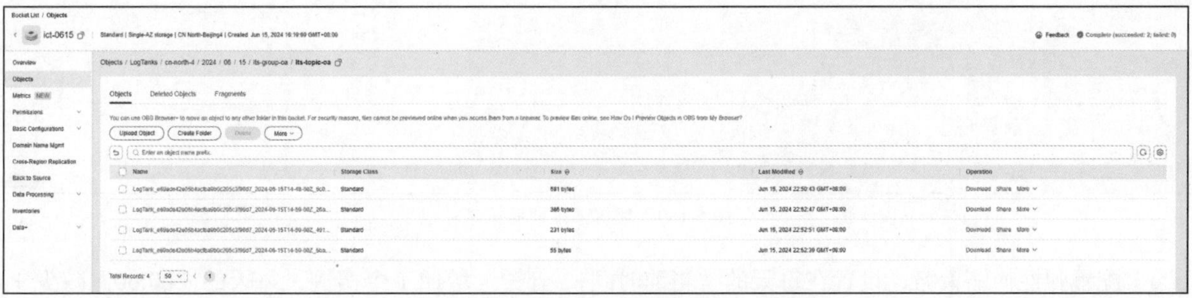

图 5-188　7-1-2log-tanks

Subtask 2: Configure auto scaling for the workload in the CCE cluster.

Procedure:

In task 6, the OA system has been deployed in a CCE cluster. Configure auto scaling for the workload based on the following requirements.

a）Configure a CustomedHPA policy.

b）Configure a periodic rule to add one pod two minutes from the current time and delete one pod, daily, at 00:00.

c）Wait for 2 minutes and check for the added pod.

Screenshot requirements:

Wait for 2 minutes, access the oa-sys workload, take a screenshot of the Auto Scaling page of the workload, and name it 7-2-1oa-hpa.

【解析】

1. 配置弹性伸缩策略。

a）登录华为云控制台，进入“Cloud Container Engine”服务。

b）选择已创建的 CCE 集群，进入工作负载管理页面。

c）找到 oa-sys 工作负载，进入其详情页面。

d）单击“编辑”或“配置弹性伸缩”，选择“CCE Advanced HPA”插件进行配置，如图 5-189 所示。

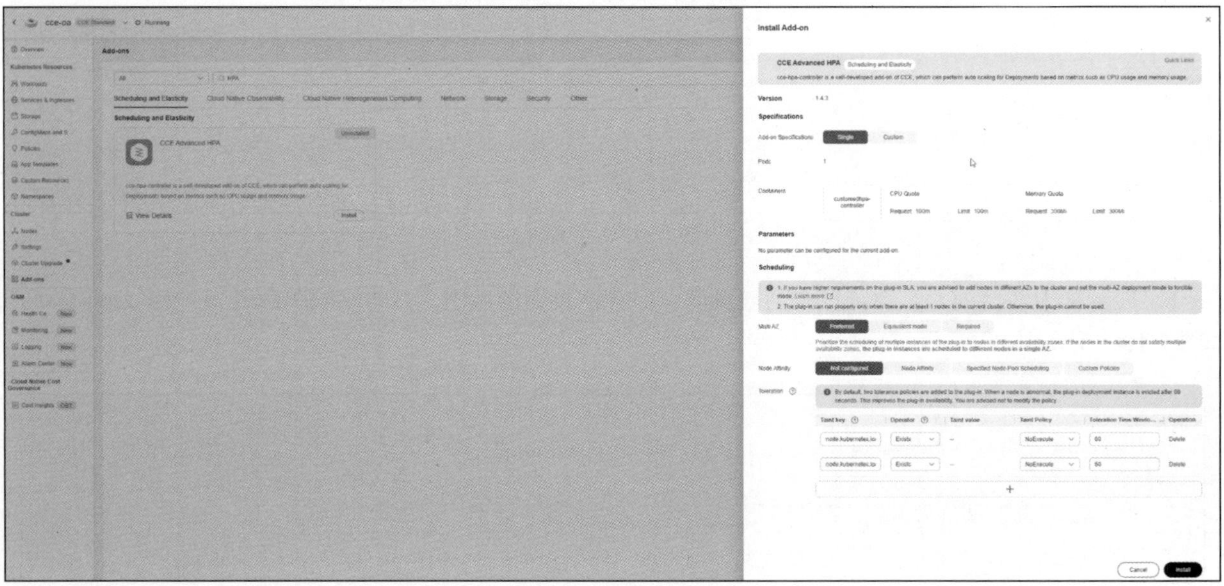

图 5-189　配置弹性伸缩策略

e）配置弹性伸缩策略，设置在每天的“当前时间+2 分钟”增加 1 个实例，每天的“00:00”减少 1 个实例，如图 5-190 所示。

f）保存配置。

2. 验证弹性伸缩效果。

a）等待 2 分钟后，重新进入 oa-sys 工作负载的详情页面。

b）检查 oa-sys 工作负载的实例数，确认已按照弹性伸缩策略增加了 1 个实例，如图 5-191 所示。

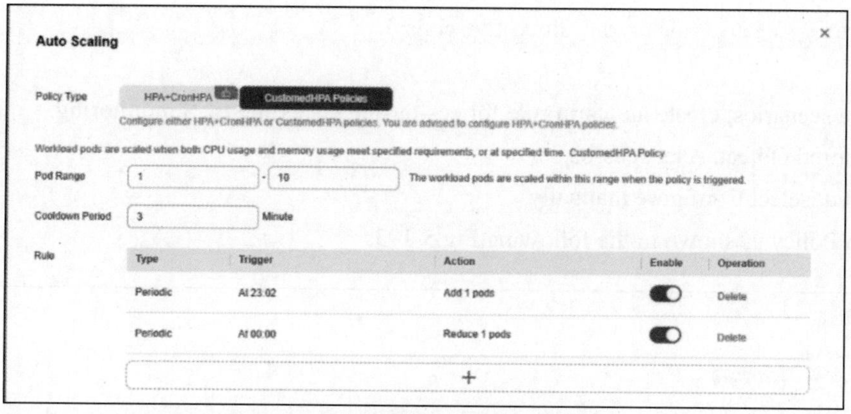

图 5-190　配置弹性伸缩策略（定时）

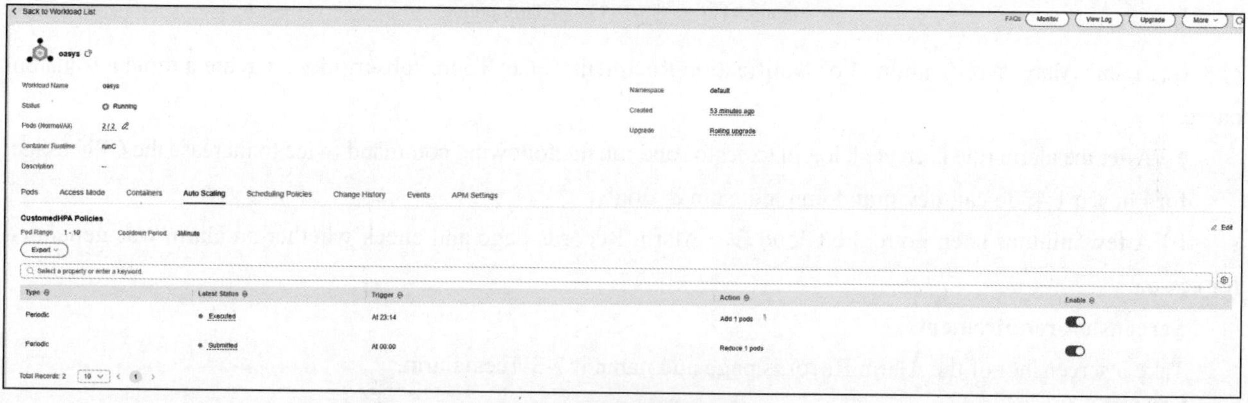

图 5-191　验证弹性伸缩效果

3. 展示 oa-sys 工作负载的弹性伸缩页面，确认实例数按照弹性伸缩策略进行了增加，保存该页面的截图，并将该截图命名为“7-2-1oa-hpa”，如图 5-192 所示。

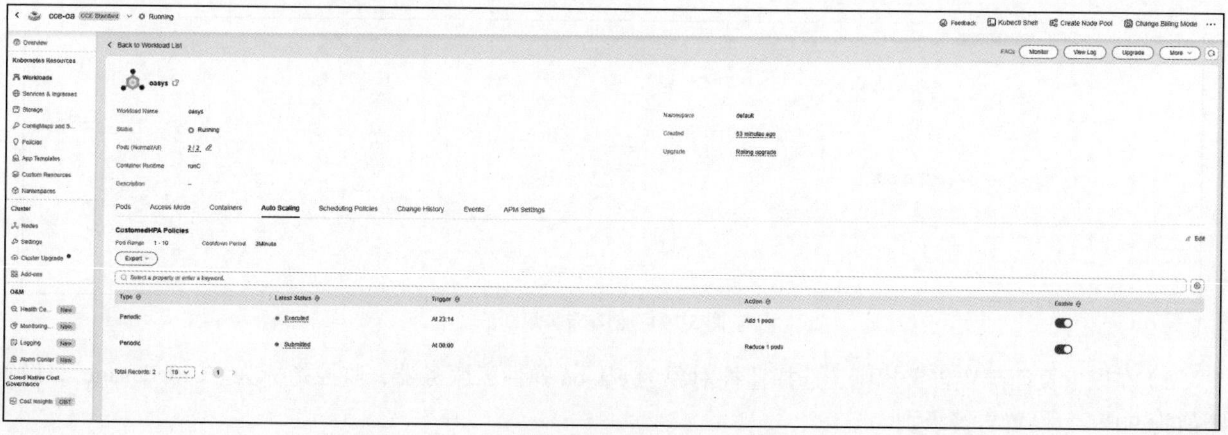

图 5-192　7-2-1oa-hpa

Subtask 3: Create an alarm rule on the Cloud Eye console.

Procedure:

In single-node scenarios, create an alarm rule for ecs-oa and check the ECS monitoring.

a) For Monitored Object, select ecs-oa.

b) For Method, select Configure manually.

c) Set Alarm Policy as shown in the following Fig.5-193.

Figure 5-193（图 5-193）　Alarm policy

d)Enable Alarm Notification. For Notification Recipient, select Topic subscription. Create a topic ict-custom name.

e) After the alarm rule is created, log in to ecs-oa and run the following command twice to increase the CPU usage:

for i in seq 1 4; do cat /dev/urandom | md5sum & done

f) A few minutes later, go to the Cloud Eye Alarm Records page and check whether an alarm was generated for ecs-oa.

Screenshot requirements:

Take a screenshot of the Alarm Records page and name it 7-3-1ces-alarm.

【解析】

1. 创建告警规则。

a) 登录华为云控制台，进入“Cloud Eye”服务。

b) 选择“Alarm Management”，创建告警规则，如图 5-194 所示。

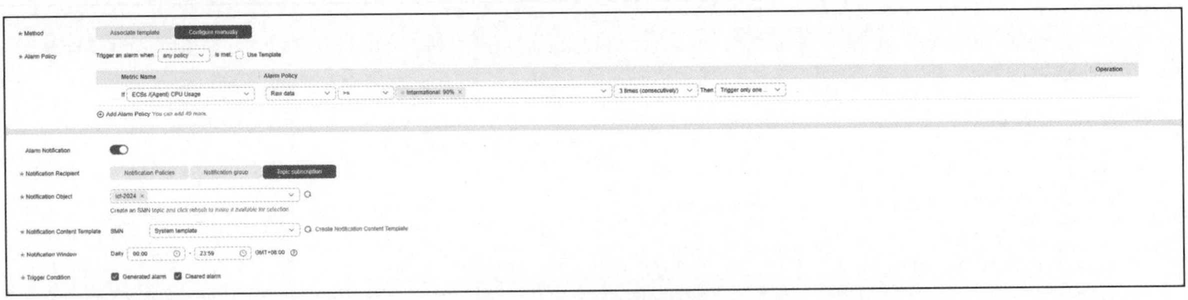

图 5-194　创建告警规则

c) 在以上页面配置告警规则，选择监控对象为 ecs-oa 弹性云服务器，监控指标为“CPU Usage”，设置阈值为 90% ，设置告警级别。

d) 配置通知方式，选择“Topic subscription”，创建主题“ict-自定义名称”。

e）保存告警规则配置，如图 5-195 所示。

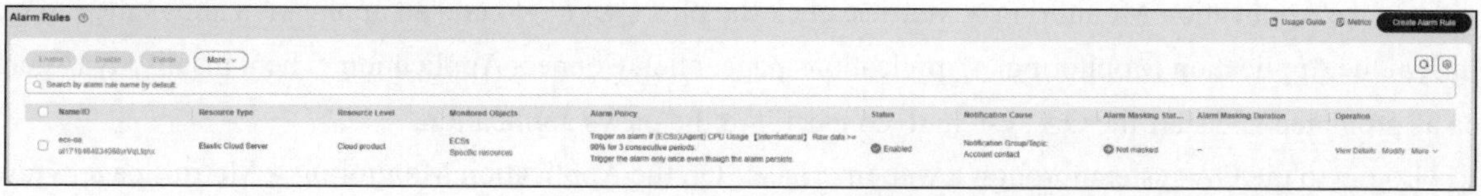

图 5-195 保存告警规则配置

2. 触发告警。

a）通过 SSH 登录到 ecs-oa 虚拟机。

b）执行两次命令 for i in seq 1 4; do cat /dev/urandom | md5sum & done，对 CPU 进行加压，如图 5-196 所示。

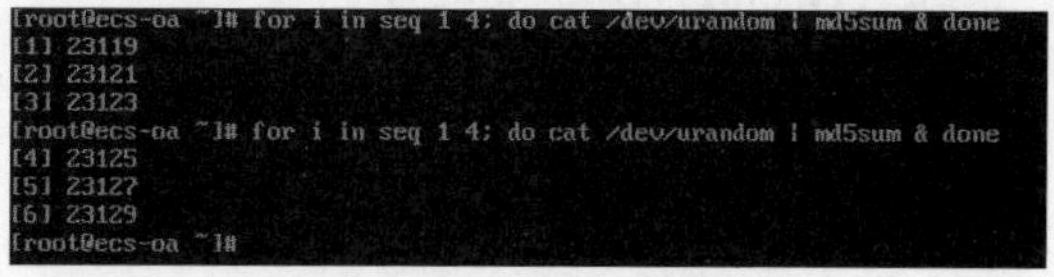

图 5-196 对 CPU 进行加压

c）等待一段时间，让 CPU 使用率达到 90%并持续足够长的时间以触发告警。

3. 验证告警。

返回“Cloud Eye”服务的“Alarm Records”页面，查看是否产生了针对 ecs-oa 的 CPU 使用率超过 90%的告警记录，如图 5-197 所示。

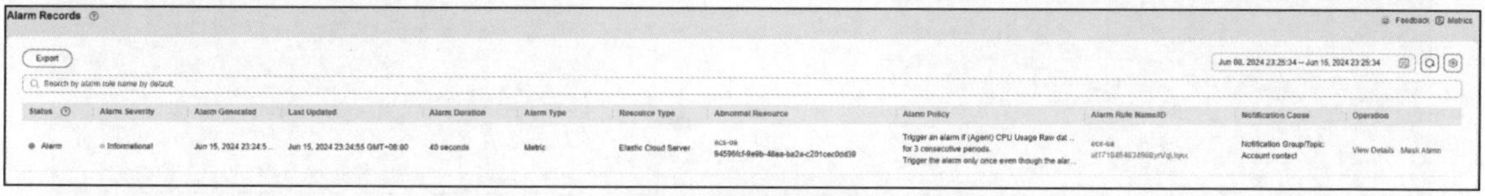

图 5-197 验证告警

4. 展示“Cloud Eye”服务的“Alarm Records”页面，确认产生了针对 ecs-oa 的 CPU 使用率超过 90%的告警记录，保存该页面的截图，并将该截图命名为“7-3-1ces-alarm”，如图 5-198 所示。

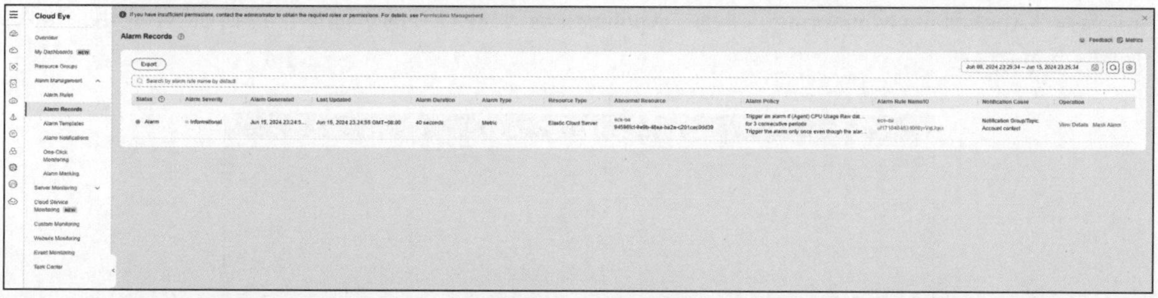

图 5-198 7-3-1ces-alarm

Subtask 4: Configure application monitoring on APM.

Procedure:

To connect the standalone enterprise environment to APM, perform the following steps.

a）Stop the OA system for the ecs-oa environment.

b) Log in to the APM console. If a message prompts you to authorize trial use, click Confirm.

c) On the Application Monitoring > Metrics, click the plus sign (+) to add an application and name it oasys.

d)On the Application Monitoring > Applications page, click Connect Application. Then, install JavaAgent for ecs-oa as prompted and start the OA system to connect it to the oasys application.

e) Log in to the OA system through a web interface. On the Application Monitoring > Metrics page, view the details (such as the topology and URL) of the oasys application.

Screenshot requirements:

Take a screenshot of the JVMMonitor page under the Info tab for the oasys application and name it 7-4-1apm-mon.

【解析】

1. 创建应用。

a) 登录华为云控制台，进入“Application Performance Management”服务。

b) 选择“Application Monitoring”下的“Metrics”，在打开的页面中，单击“+”创建应用，填写应用名称为“oasys”，如图 5-199 所示。

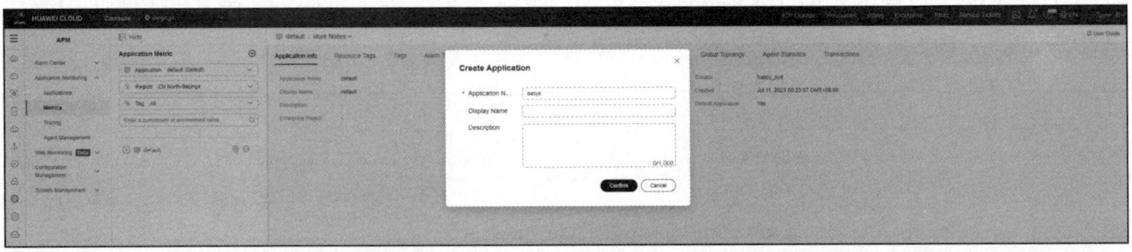

图 5-199　创建应用

c) 如果出现关于授权试用等的提示，根据提示进行确认即可。

2. 接入应用。

a) 选择“Application Monitoring”下的“Applications”，在打开的页面中，找到 oasys 应用，接入该应用，如图 5-200 所示。

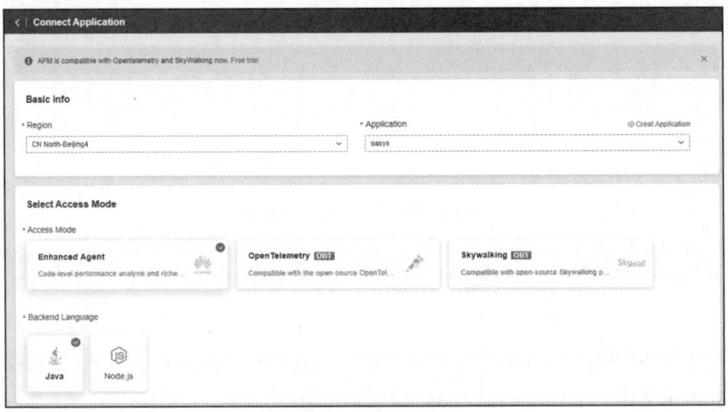

图 5-200　接入应用

b）根据提示在 ecs-oa 虚拟机中安装 JavaAgent，通常涉及下载并配置 APM 的探针的操作，获取安装命令，如图 5-201 所示。在 ecs-oa 虚拟机上安装 JavaAgent，如图 5-202 所示。

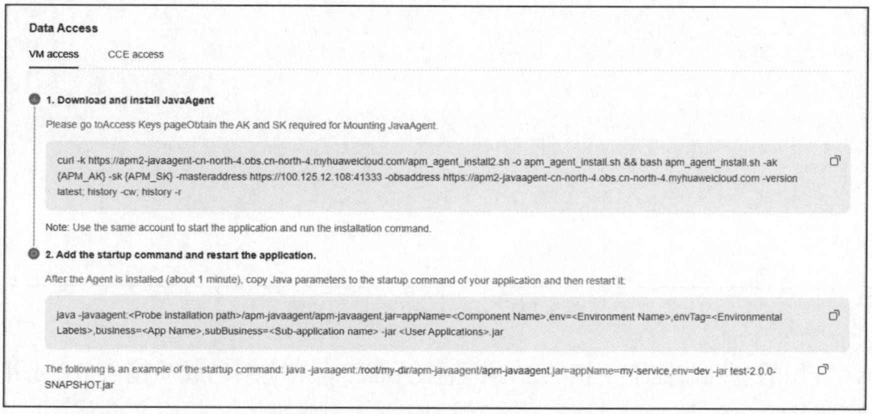

图 5-201 接入应用（获取安装命令）

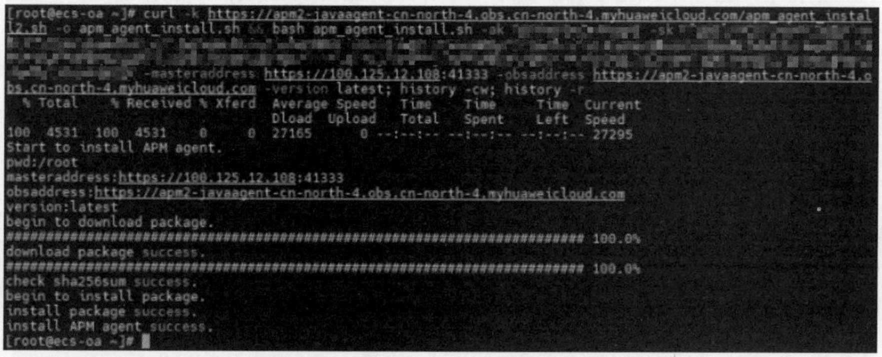

图 5-202 接入应用（安装 JavaAgent）

c）重新启动 OA 系统，确保应用正确接入 APM，如图 5-203 所示。

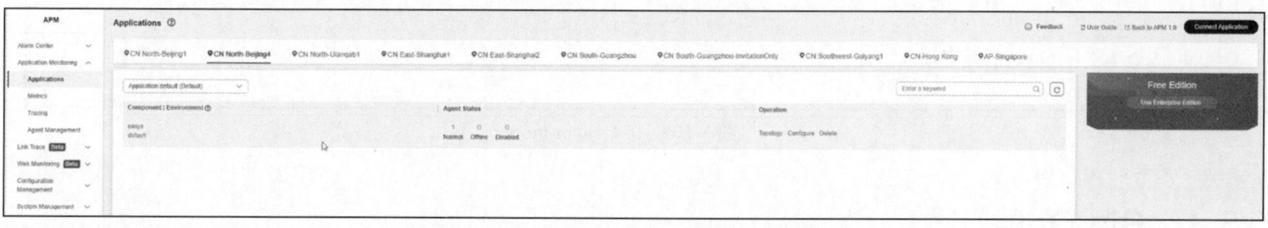

图 5-203 接入应用（应用正确接入 APM）

3. 生成并监控请求流量。

a）使用 Web 浏览器访问并登录 OA 系统，生成一定的请求流量。

b）选择“Application Monitoring”下的“Metrics”，在打开的页面中，查看 oasys 应用的监控详情，关注拓扑、接口调用等关键指标，如图 5-204 所示。

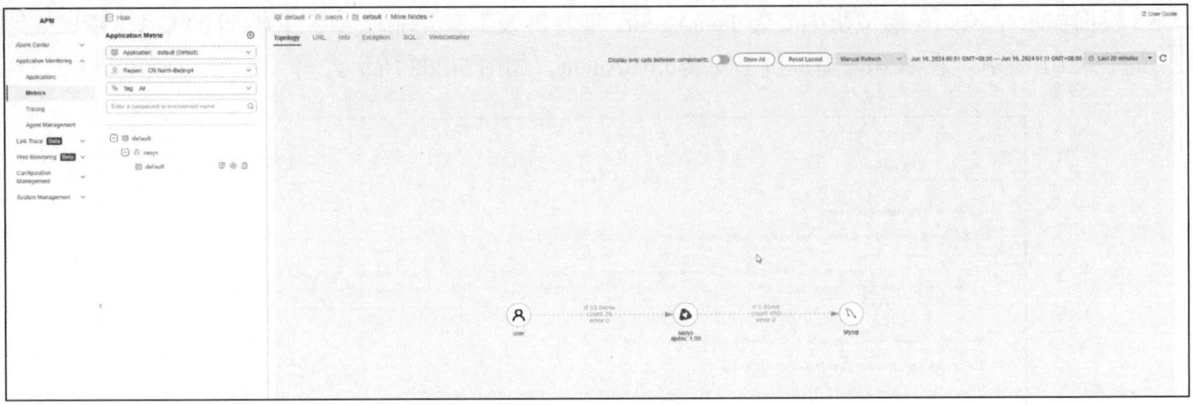

图 5-204　oasys 应用的监控详情

4. 展示 oasys 应用的基础监控下主机的 JVM 监控页面，确认应用已成功接入 APM 并被监控，保存该页面的截图，并将该截图命名为“7-4-1apm-mon”，如图 5-205 所示。

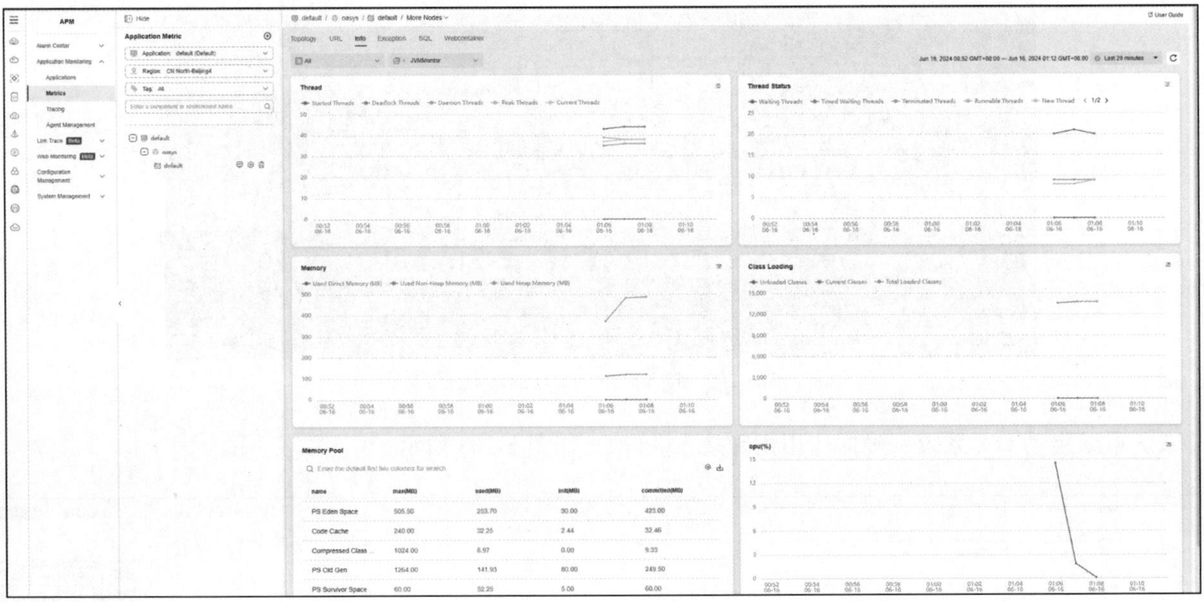

图 5-205　7-4-1apm-mon

5.4　Big Data

5.4.1　Scenarios

In-person shopping has been bouncing back, and Internet companies are opening physical stores. These companies use big data and AI tools to analyze store data and improve the shopping experience for customers. This helps the companies make more money and grow faster. Companies can use Huawei Cloud services to build platforms for data processing applications.

5.4.2 Network Topology

Network topology is shown in Fig.5-206.

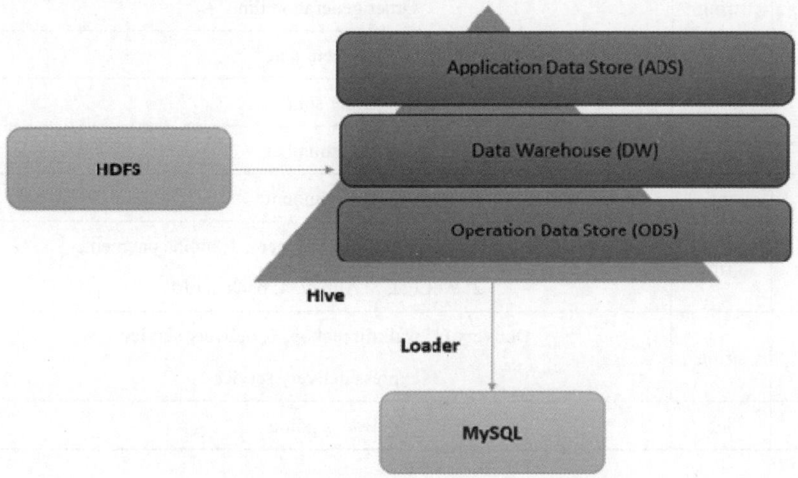

Figure 5-206（图 5-206） Network topology

5.4.3 Data Formats

The data set used in this exercise is t_trade_order.csv. The following table describes the data fields.Data Formats is shown in Table 5-5.

Table 5-5（表 5-5） Data formats

Field	Type	Description	Example
uuid	string	Order ID	order-0001
order_no	string	Order No.	1
org_seq	string	Store code	1041
member_id	string	Member ID	member-3188
user_id	string	Operator ID	agent-3321
user_name	string	Operator name	sales3321
user_tel	string	Operator phone number	salesnumber3321
head_pic_url	string	Operator photo	salesprofile3321

续表

Field	Type	Description	Example
member_name	string	Customer name	buyername2
member_head_pic_url	string	Customer photo	buyerprofile2
tel	string	Customer mobile number	buyerphone2
order_date	string	Order generation time	2020/7/2
pay_date	string	Payment date	2020/7/2
order_source	string	Order source	1
total_amount	int	Total number	6
total_money	int	Total amount	1308
pay_method	string	Payment method (0: offline payment; 1: online payment; 2: WeChat; 3: Alipay; 4: bank card）	0
delivery_method	string	Delivery (1: walk-in pickup; 2: delivery service; 3: express delivery service）	2
order_bonuspoint	int	Bonus points	131

5.4.4　Exam Resources

Exam Environment

You need to set up the exam environment on Huawei Cloud. Select the CN North-Beijing4 or CN East-Shanghai1 region.

Cloud Resources Cloud resources is shown in Table 5-6.

Tools are shown in Table 5-7.

Exercise data is shown in Table 5-8.

Table 5-6（表 5-6）　Cloud resources

Resource Name	Specifications	Remarks
Virtual Private Cloud (VPC）		
Security Group		Allow all inbound rules.
Elastic IP Address (EIP) and Bandwidth	None	EIP
MRS	MRS 1.9.2	The login passwords of the root and admin users can be changed.
RDS	5.7 standalone edition	The login password can be changed.

Table 5-7（表 5-7） Tools

Tool	Description
MobaXterm	Remote login tool
Google Chrome	

Table 5-8（表 5-8） Exercise data

Data Package	Description
t_trade_order.csv	Exercise data

5.4.5 Exam Tasks

Lab Tasks.

Each step is scored separately. Please arrange your exam time appro-priately.

Task 1: Preparing the environment (25 points)

Subtask 1: Purchase the MRS service and a MySQL cloud database.

Procedure:

a. Log in to the management console of Huawei Cloud, go to the MRS page, and purchase an MRS cluster according to the following configurations.

a）Software:

Select Custom Config.

Region: Maintain the default option

Billing Mode: Pay-per-use

Cluster Name: Enter a name, for example, mrs_test

Cluster Type: Analysis cluster

Version Type: Normal

Cluster Version: Select MRS 1.9.2 and select all components

b）Hardware:

AZ: Retain the default option

VPC: Create a VPC

Security Group: Open all ports for inbound and outbound requests

EIP: Create a pay-per-use EIP billed by bandwidth and set the bandwidth to 5 Mbit/s

Cluster Node: (minimum specifications) Master (General computing-plus 16 vCPUs | 64 GB | ac7.4xlarge.4） × 2; Analysis_Core (General computing-plus 16 vCPUs | 64 GB | ac7.4xlarge.4）× 2

c）Advanced settings:

Disable Kerberos authentication.

Set a password.

Enable secure communications.

Retain the default options for other parameters.

b. Log in to the RDS console, and purchase a MySQL database according to the following configurations.

a）Billing Mode: Pay-per-use

b）Region: Maintain the default option

c）DB Instance Name: Enter a name, for example, rds_test

DB Engine Version: 5.7

DB Instance Type: Single

Instance Class: (minimum specifications) 2 vCPUs | 4 GB

Screenshot requirements:

a. Take screenshots of the software configuration, hardware configuration, and advanced configuration tab pages, and save them as 1-1-1conf-soft, 1-1-2conf-hard, and 1-1-3conf-ad, respectively.

b. Take a screenshot of the database configuration page and save it as 1-1-4mysql.

【解析】

本题操作步骤已在题目要求中具体给出，按照题目要求执行操作步骤并完成截图。

a）将软件配置页面截图并保存，将该截图命名为“1-1-1conf-soft”，如图 5-207 所示。

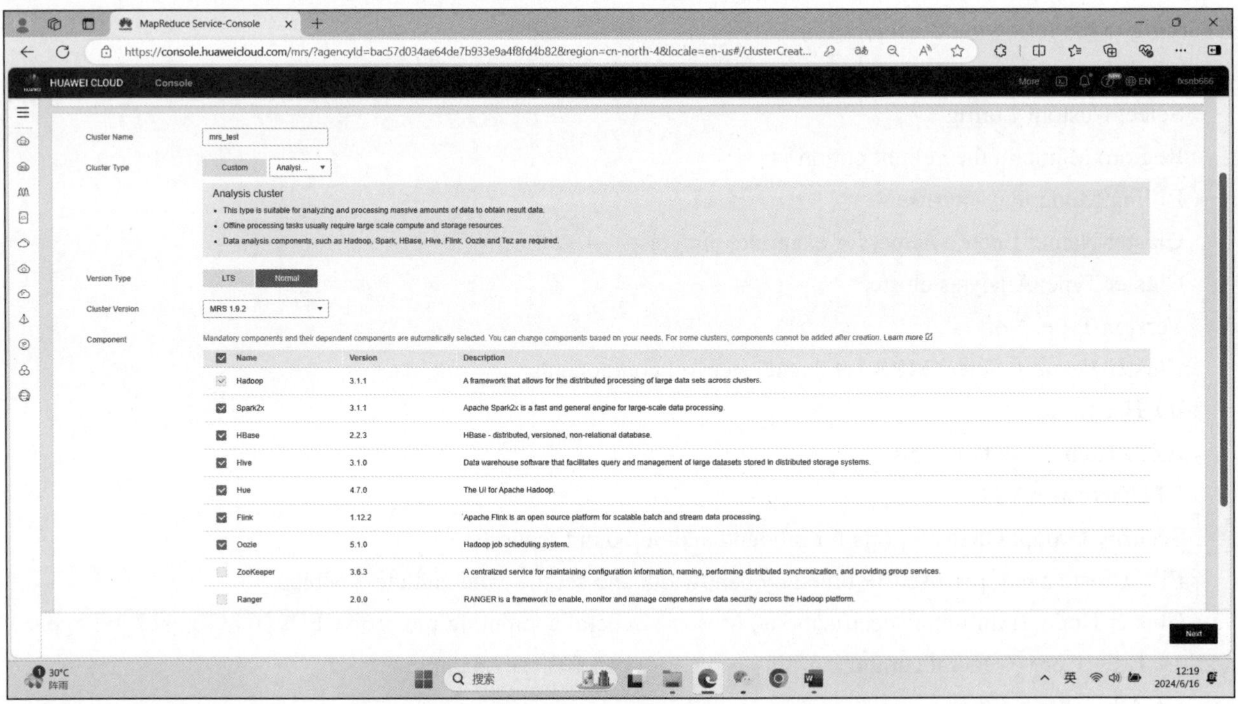

图 5-207　1-1-1conf-soft

b）将硬件配置页面截图并保存，将该截图命名为“1-1-2conf-hard”，如图 5-208 所示。

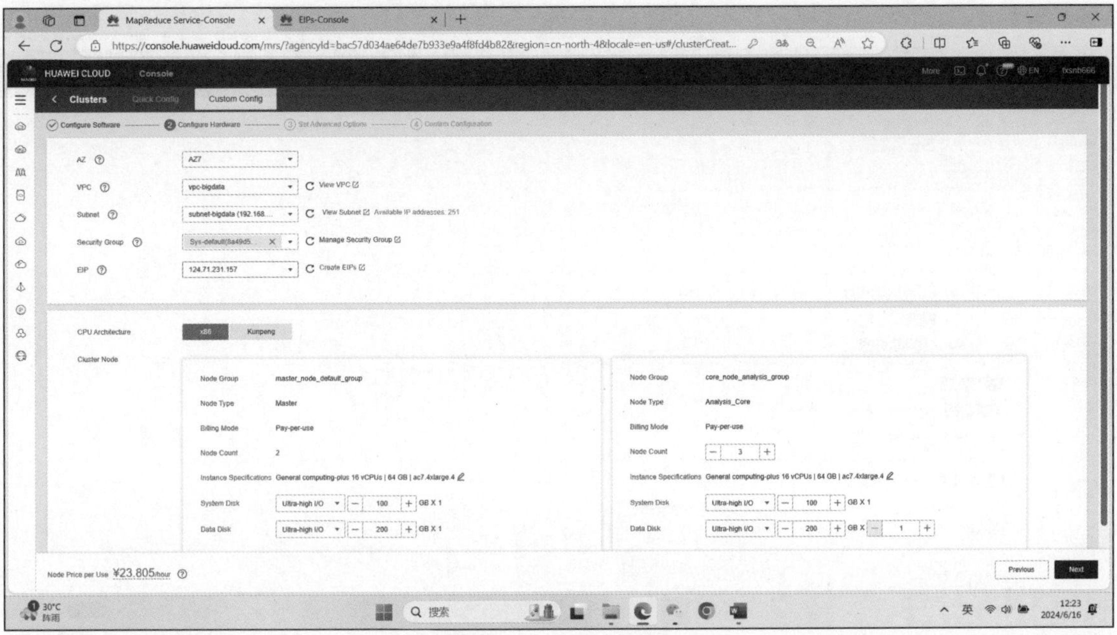

图 5-208　1-1-2conf-hard

c）将高级配置页面截图并保存，将该截图命名为“1-1-3conf-ad”，如图 5-209 所示。

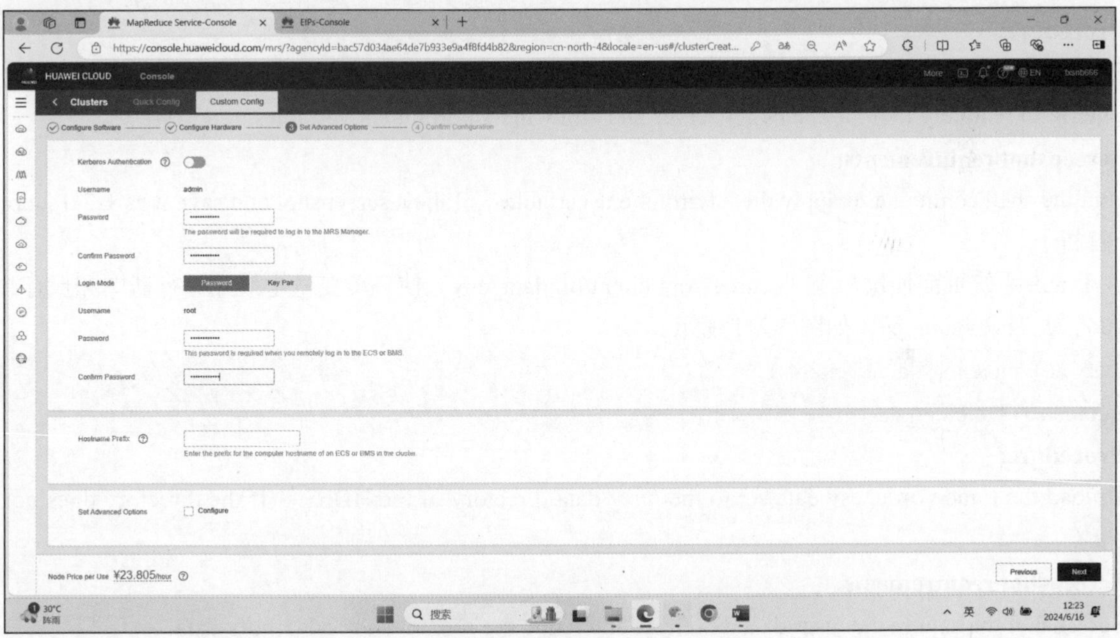

图 5-209　1-1-3conf-ad

d）将数据库配置页面（实例名称可自定义）截图并保存，将该截图命名为“1-1-4mysql”，如图 5-210 所示。

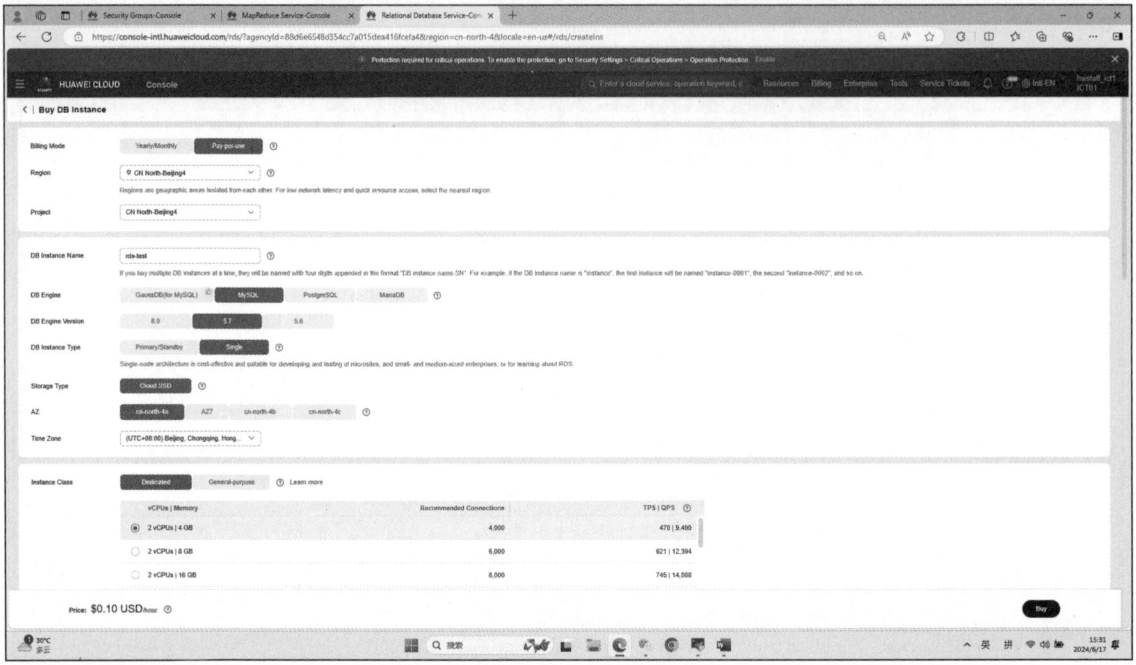

图 5-210　1-1-4mysql

Subtask 2: Apply source environment variables.

Procedure:

Log in to the MRS console, go to the details page of the created MRS cluster, and obtain the EIP. Use MobaXterm to remotely login to the target server and apply the environment variables.

Screenshot requirements:

Run the shell command to apply the environment variables. Take a screenshot and save it as 1-2-1source.

【解析】

在 Linux 系统页面使用命令“source /opt/client/bigdata_env”使环境变量生效并进行截图和保存，将该截图命名为“1-2-1source”，如图 5-211 所示。

Task 2: Uploading data (5 points)

Subtask 1: Upload data.

Procedure:

Upload the t_trade_order.csv data set to the /user/data directory of the HDFS. (If the directory does not exist, create it.)

Screenshot requirements:

Screenshot the data in the /user/data directory, and name the screen- shot 2-1-1 hdfs-data.

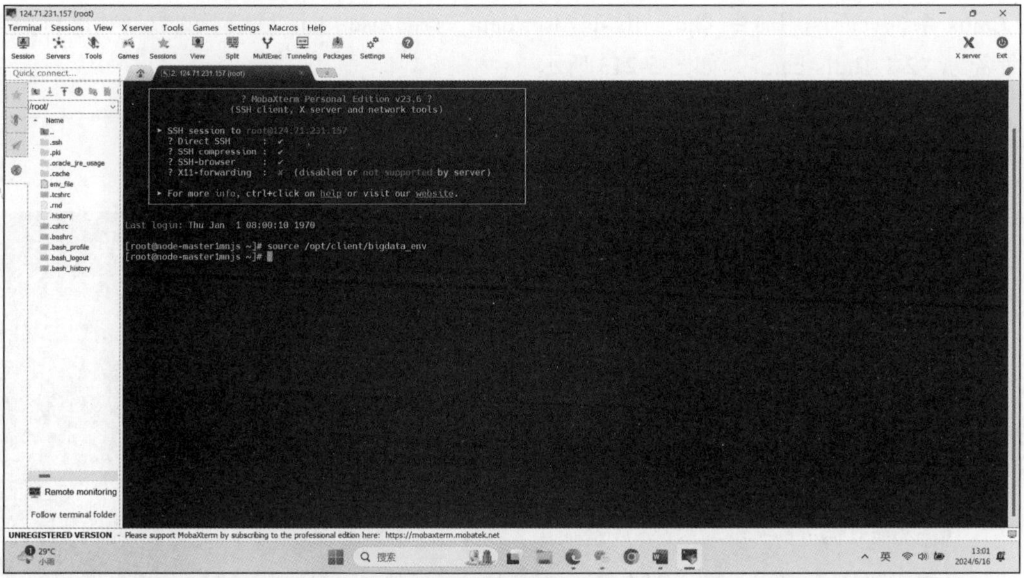

图 5-211 1-2-1source

【解析】

1. 在 Linux 系统页面使用命令“hdfs dfs -mkdir /user/data”在 HDFS 中创建一个名为“data”的目录。

2. 在 Linux 系统页面使用命令“hdfs dfs -put /root/t_trade_order.csv /user/data”将本地文件系统中的/root/t_trade_order.csv 文件上传到 HDFS 中的/user/data 目录下。

3. 部分数据展示如图 5-212 所示。

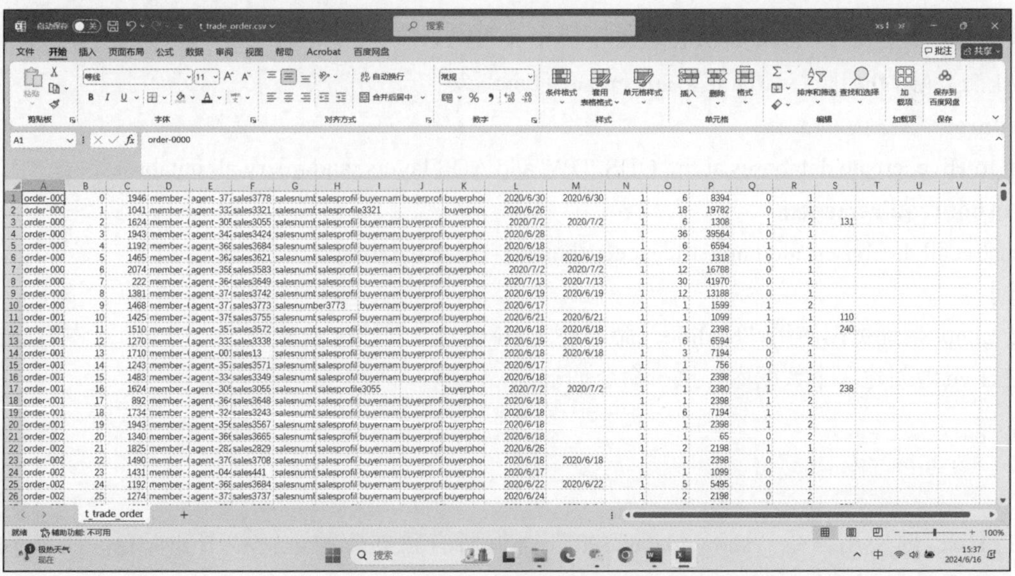

图 5-212 部分数据展示

4. 在 Linux 系统页面使用命令“hdfs dfs -ls /user/data”查看/user/data 目录下的数据并进行截图和保存，将该截图命名为“2-1-1hdfs-data”，如图 5-213 所示。

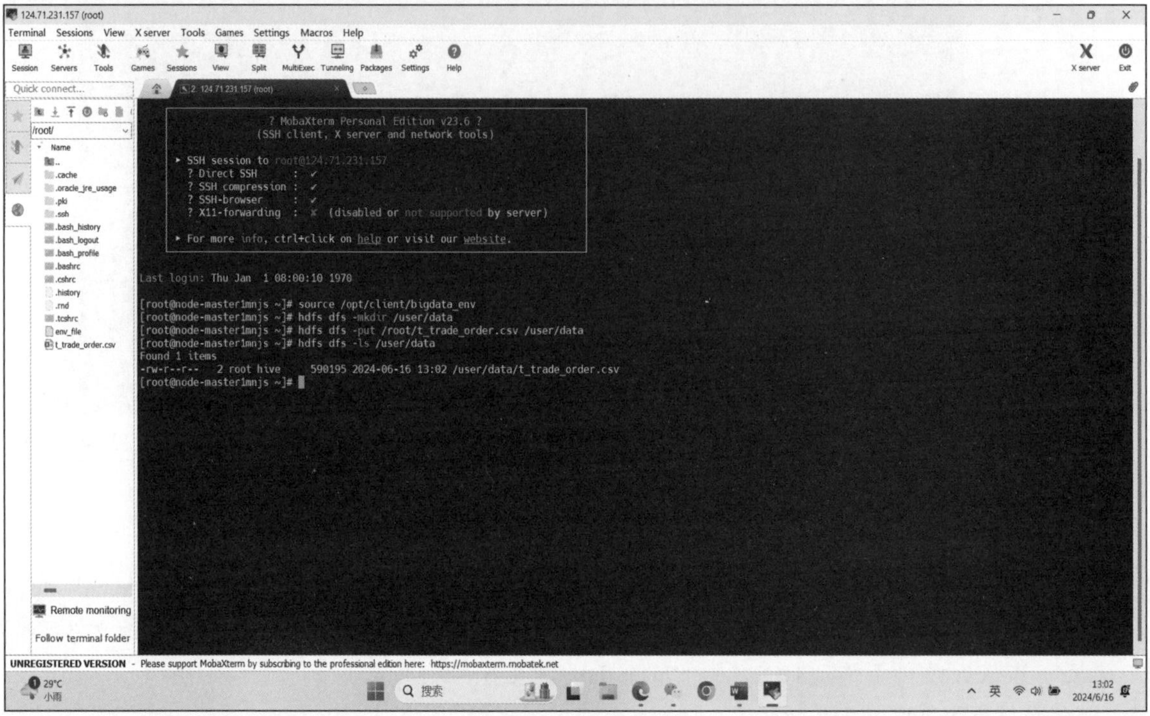

图 5-213　2-1-1hdfs-data

Task 3: Creating a data warehouse architecture (30 points)

Subtask 1: Layer the data warehouse and create a database.

Procedure:

Log in to Hive, create databases at the ODS, DW, and ADS layers, and query all databases.

Screenshot requirements:

Screenshot all databases and name the screenshot 3-1-1hive-database.

【解析】

1. 在 Linux 系统页面使用“beeline”命令进入 Hive。

2. 在 Hive 内创建 3 个数据库，执行命令如下。

```
create database ods;
create database dw;
create database ads;
```

3. 在 Hive 内使用命令“show databases;”查询所有数据库并进行截图和保存，将该截图命名为“3-1-1hive-database”，如图 5-214 所示。

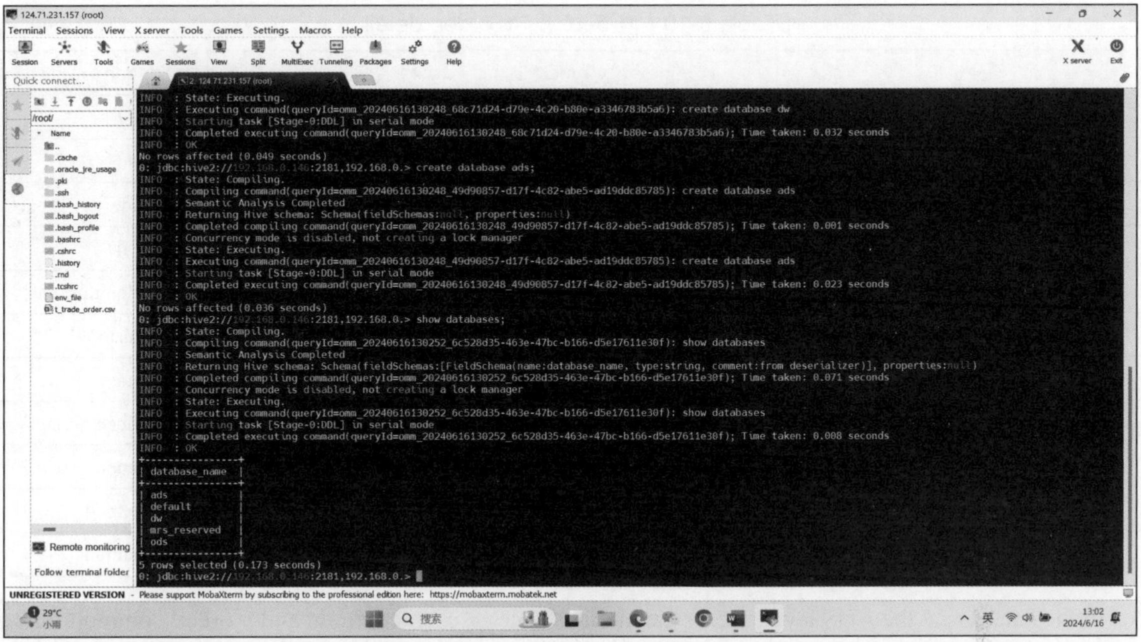

图 5-214 3-1-1hive-database

Subtask 2: Create a data table.

Procedure:

a. In the database at the ODS layer, create the internal data table t_trade_order for storing data in /user/data. (Refer to the data format description.)

b. In the database at the DW layer, create internal tables t_user_detail (operator information) and t_order_detail (order information) to store the theme data tables preprocessed at the ODS layer.

a）t_user_detail is shown in Table 5-9.

The structure of the t_user_detail table is as follows:

Table 5-9（表 5-9） t_user_detail

Field	Type	Description
user_id	string	Operator ID
user_name	string	Operator name
user_tel	string	Operator phone number
head_pic_url	string	Operator photo
uuid	string	Order ID

b）t_order_detail is shown in Table 5-10.

The structure of the t_order_detail table is as follows:

Table 5-10（表 5-10）　t_order_detail

Field	Type	Description
uuid	string	Order ID
order_no	string	Order No
org_seq	string	Store code
member_id	string	Member ID
order_date	string	Order generation time
pay_date	string	Payment date
order_source	string	Order source
total_amount	int	Total number
total_money	int	Total amount
pay_method	string	Payment method
delivery_method	string	Delivery method

c. In the database at the ADS layer, create the internal tables t_user_common and t_order_common for storing the operator metric table and order metric table processed at the DW layer.

a）t_user_common is shown in Table 5-11.

The structure of the t_user_common table is as follows:

Table 5-11（表 5-11）　t_user_common

Field	Type	Description
user_id	string	Operator ID
uuid_num	int	Total number of orders

b）t_order_common is shown in Table 5-12.

The structure of the t_order_common table is as follows:

Table 5-12（表 5-12）　t_order_common

Field	Type	Description
month	string	Month
uuid_num	int	Total number of orders
offline_num	int	Number of orders paid offline
online_num	int	Number of orders paid online
wechat_num	int	Number of orders paid using WeChat
alipay_num	int	Number of orders paid using Alipay
card_num	int	Number of orders paid using bank cards

Screenshot requirements:

a. Screenshot the structure of the t_trade_order table and name the screenshot 3-2-1trade-data.

b. Screenshot the structures of the tables t_user_detail and t_order_detail and name the screenshots 3-2-2user-detail and 3-2-3order-detail.

c. Screenshot the structures of the tables t_user_common and t_order_common and name the screenshots 3-2-4user-common and 3-2-5order-common.

【解析】

1. 根据题目要求创建 t_trade_order 表，执行命令如下。

```
create table if not exists ods.t_trade_order(
uuid string,
order_no string,
org_seq string,
member_id string,
user_id string,
user_name string,
user_tel string,
head_pic_url string,
member_name string,
member_head_pic_url string,
tel string,
order_date string,
pay_date string,
order_source string,
total_amount int,
total_money int,
pay_method string comment '付款方式（0 线下支付/1 线上 支付/2 微信/3 支付宝/4 银行卡）',
delivery_method string comment '配送方式（ 1 门店自提/2 配送 服务/3 快递服务）',
order_bonuspoint int
)
row format delimited fields terminated by ',' stored as textfile;
```

2. 根据题目要求创建 t_user_detail 表，执行命令如下。

```
create table if not exists dw.t_user_detail(
user_id string,
user_name string, user_tel string,
head_pic_url string,
uuid string )
row format delimited fields terminated by ',' stored as textfile;
```

3. 根据题目要求创建 t_order_detail 表，执行命令如下。

```
create table if not exists dw.t_order_detail(
uuid string,
order_no string,
org_seq string,
member_id string,
order_date string,
pay_date string,
order_source string,
```

```
total_amount int,
total_money int,
pay_method string,
delivery_method string )
row format delimited fields terminated by ',' stored as textfile;
```

4. 根据题目要求创建 t_user_common 表，执行命令如下。

```
create table if not exists ads.t_user_common(
user_id string, uuid_num int)
row format delimited fields terminated by ',' stored as textfile;
```

5. 根据题目要求创建 t_order_common 表，执行命令如下。

```
create table if not exists ads.t_order_common(
month string,
uuid_num int,
offline_num int, online_num int, wechat_num int,
alipay_num int, card_num int
)
row format delimited fields terminated by ',' stored as textfile;
```

6. 使用命令“desc formatted ods. t_trade_order;”查看 t_trade_order 表结构并进行截图和保存，将该截图命名为“3-2-1trade-data”，如图 5-215 所示。

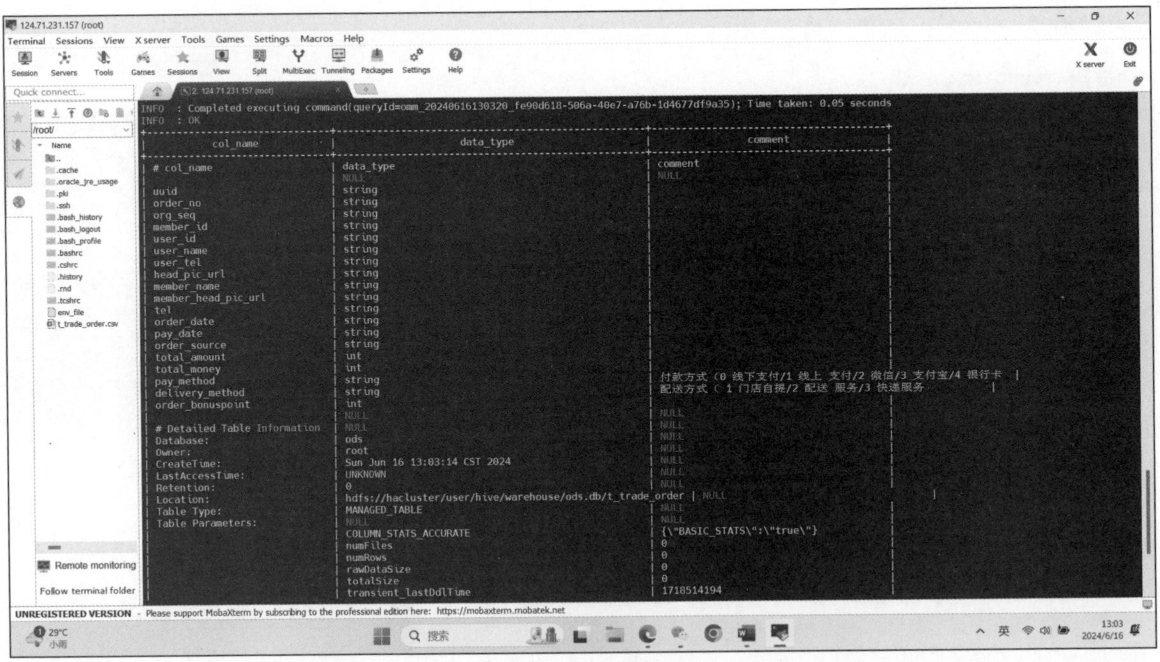

图 5-215　3-2-1trade-data

使用命令“desc formatted dw.t_user_detail;”查看 t_user_detail 表结构并进行截图和保存，将该截图命名为“3-2-2user-detail”，如图 5-216 所示。

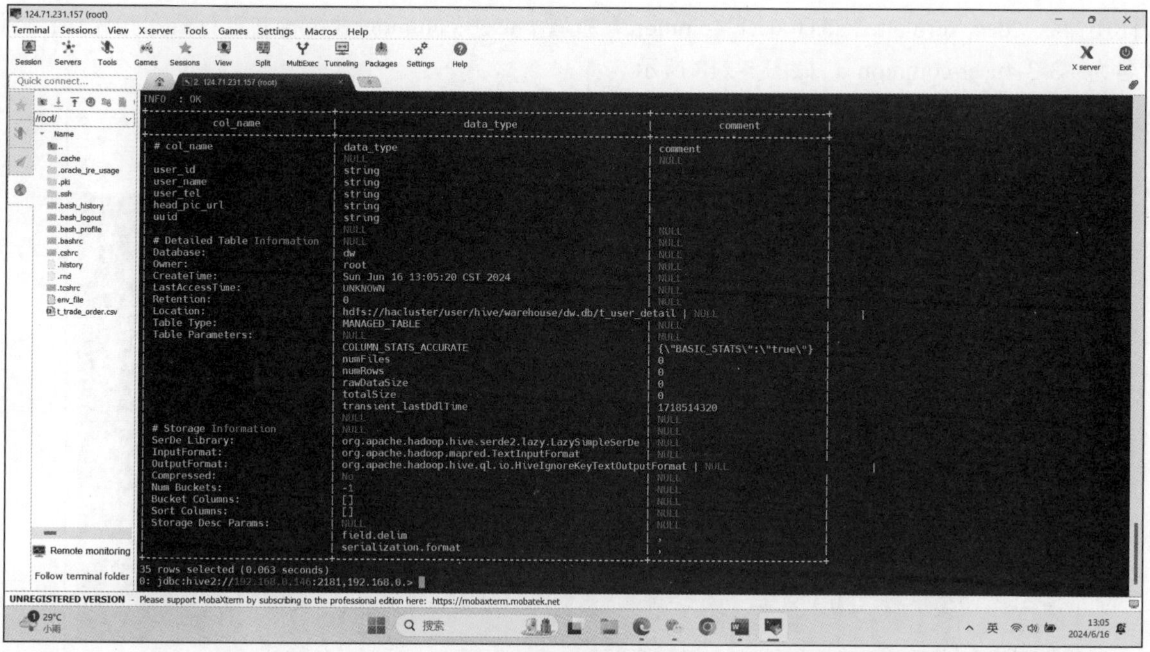

图 5-216　3-2-2user-detail

使用命令“desc formatted dw.t_order_detail;”查看 t_order_detail 表结构并进行截图和保存，将该截图命名为“3-2-3order-detail”，如图 5-217 所示。

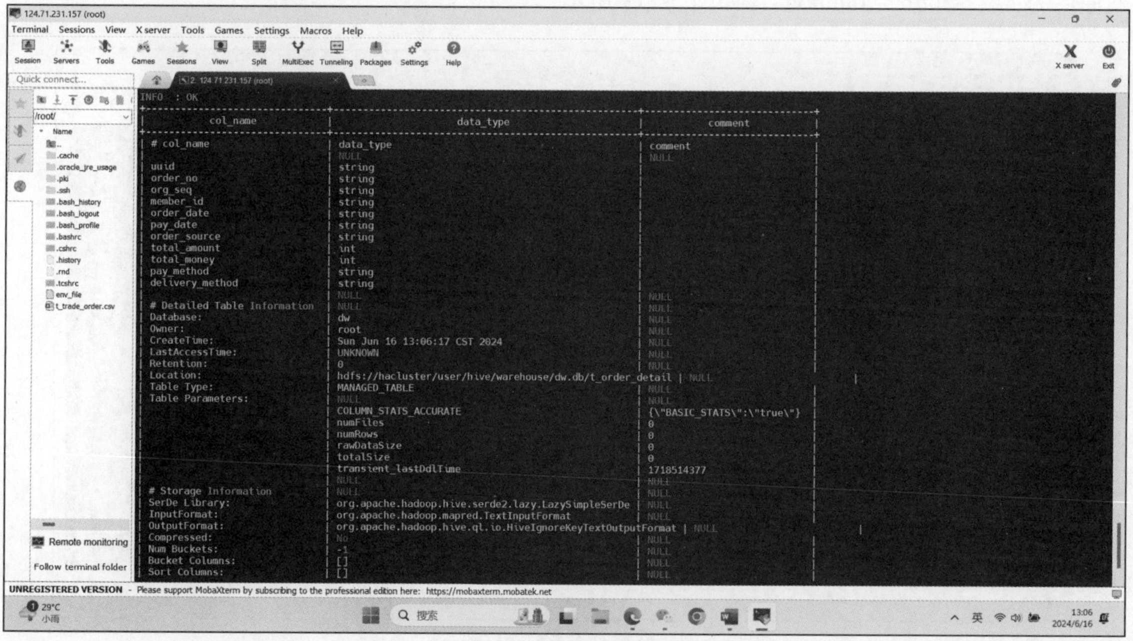

图 5-217　3-2-3order-detail

使用命令“desc formatted ads.t_user_common;”查看 t_user_common 表结构并进行截图和保存，将该截图命名为“3-2-4user-common”，如图 5-218 所示。

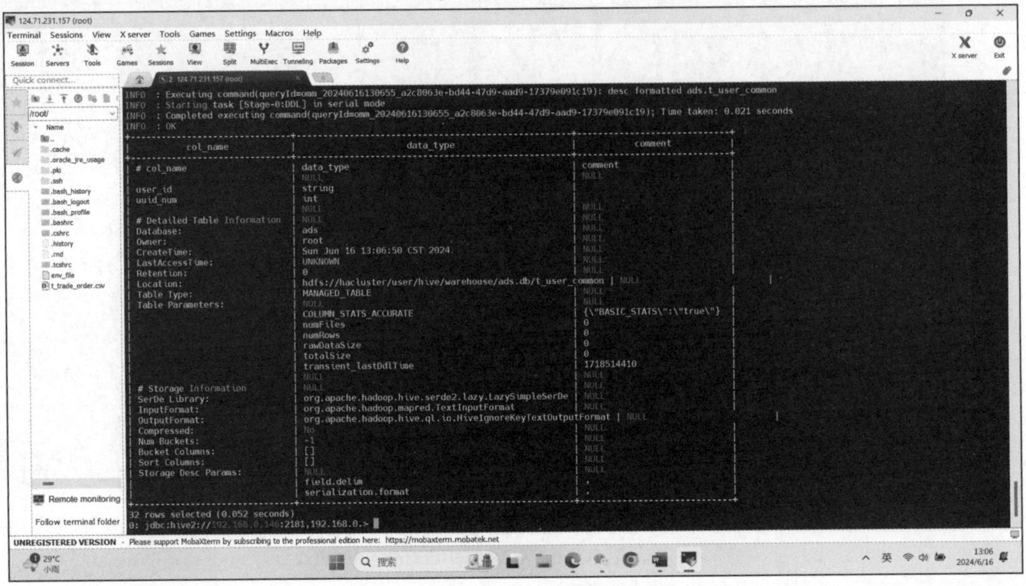

图 5-218　3-2-4user-common

使用命令“desc formatted ads.t_order_common;” 查看 t_order_common 表结构并进行截图和保存，将该截图命名为“3-2-5order-common”，如图 5-219 所示。

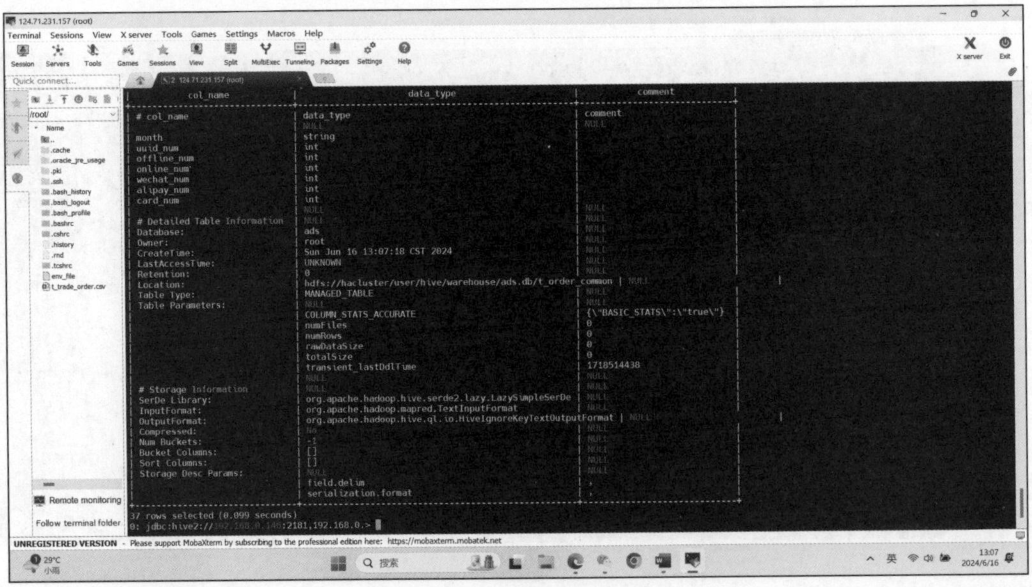

图 5-219　3-2-5order-common

Task 4:Importing data (5 points)

Subtask 1:Import local data to the corresponding Hive table.

Procedure:

Import data in /user/data to the Hive table t_trade_order.

Screenshot requirements:

Screenshot the result of querying the number of lines in the t_trade_order table in the ODS database, and name the screenshot 4-1-1trade-order-cnt.

【解析】

1. 按 Ctrl+C 键退出 Hive。

2. 在 Linux 命令行下将/user/data/t_trade_order.csv 复制到 Hive 表在 HDFS 的映射位置，执行命令如下。

hdfs dfs -cp /user/data/t_trade_order.csv /user/hive/warehouse/ods.db/t_trade_order

3. 在 Linux 命令行使用“beeline”命令进入 Hive。

4. 在 Hive 内使用“select count(*) from ods.t_trade_order;”命令查询订单数据表 t_trade_order 的行数并进行截图和保存，将该截图命名为“4-1-1trade-order-cnt”，如图 5-220 所示。

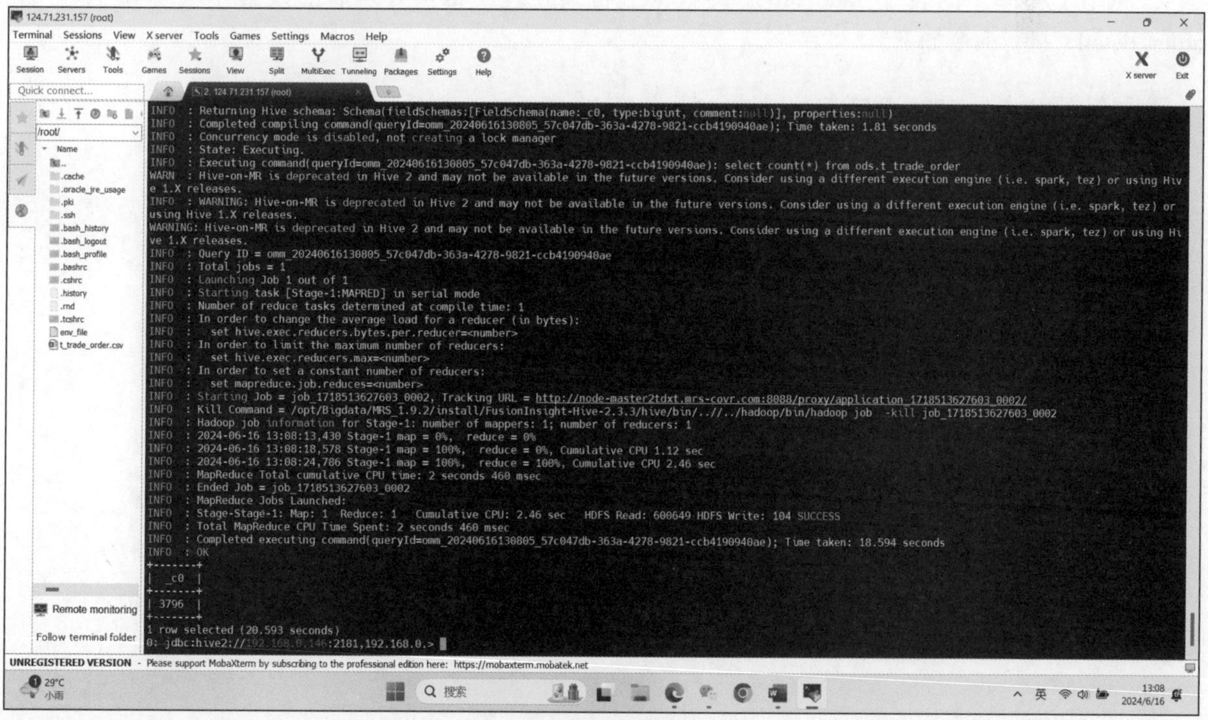

图 5-220 4-1-1trade-order-cnt

Task 5: Preprocessing data (20 points)

Subtask 1: Preprocess the t_trade_order table in the ODS database and obtain the result.

Procedure:

a. Preprocess the t_trade_order table in the ODS database and import the processed data to the t_order_detail table in the DW database. The processing method is as follows.

a）Change the format of order_date to YYY-MM-DD. For example, change 2020/7/2 to 2020-07-02.

b）Change the values of pay_method from numbers to a specific payment method name. For details about payment methods, see section 3.3.3.

b. Fields in the t_user_detail table do not need to be processed. You can directly import the fields from the t_trade_order table in the ODS database.

Screenshot requirements:

a. Screenshot the first three lines in the t_order_detail table in the DW database, and name the screenshot 5-1-1order-detail.

b. Screenshot the first three lines in the t_user_detail table in the DW database, and name the screenshot 5-1-2user-detail.

【解析】

1. 对 ODS 库中的表 t_trade_order 的数据进行预处理，将预处理后的数据导入 DW 库中的表 t_order_detail，执行命令如下。

```
INSERT INTO dw.t_order_detail(
    uuid,
    order_no,
    org_seq,
    member_id,
    order_date,
    pay_date,
    order_source,
    total_amount,
    total_money,
    pay_method,
    delivery_method
)
SELECT
    uuid,
    order_no,
    org_seq,
    member_id,
    from_unixtime(unix_timestamp(order_date, 'yyyy/MM/dd'), 'yyyy-MM-dd') AS order_date,
    pay_date,
    order_source,
    total_amount,
    total_money,
    CASE pay_method
        WHEN 0 THEN '线下支付'
        WHEN 1 THEN '线上支付'
        WHEN 2 THEN '微信'
```

```
        WHEN 3 THEN '支付宝'
        WHEN 4 THEN '银行卡'
    END AS pay_method,
    delivery_method
FROM ods.t_trade_order;
```

2. 根据题目要求从 ODS 库中的表 t_trade_order 中选取数据插入表 t_user_detail，执行命令如下。

```
INSERT INTO dw.t_user_detail
SELECT
user_id,
user_name, user_tel,
head_pic_url, uuid
FROM
ods.t_trade_order;
```

3. 在 Hive 内使用命令 “select * from dw.t_order_detail limit 3;” 查询表 t_order_detail 的前 3 行数据并进行截图和保存，将该截图命名为 “5-1-1order-detail”，如图 5-221 所示。

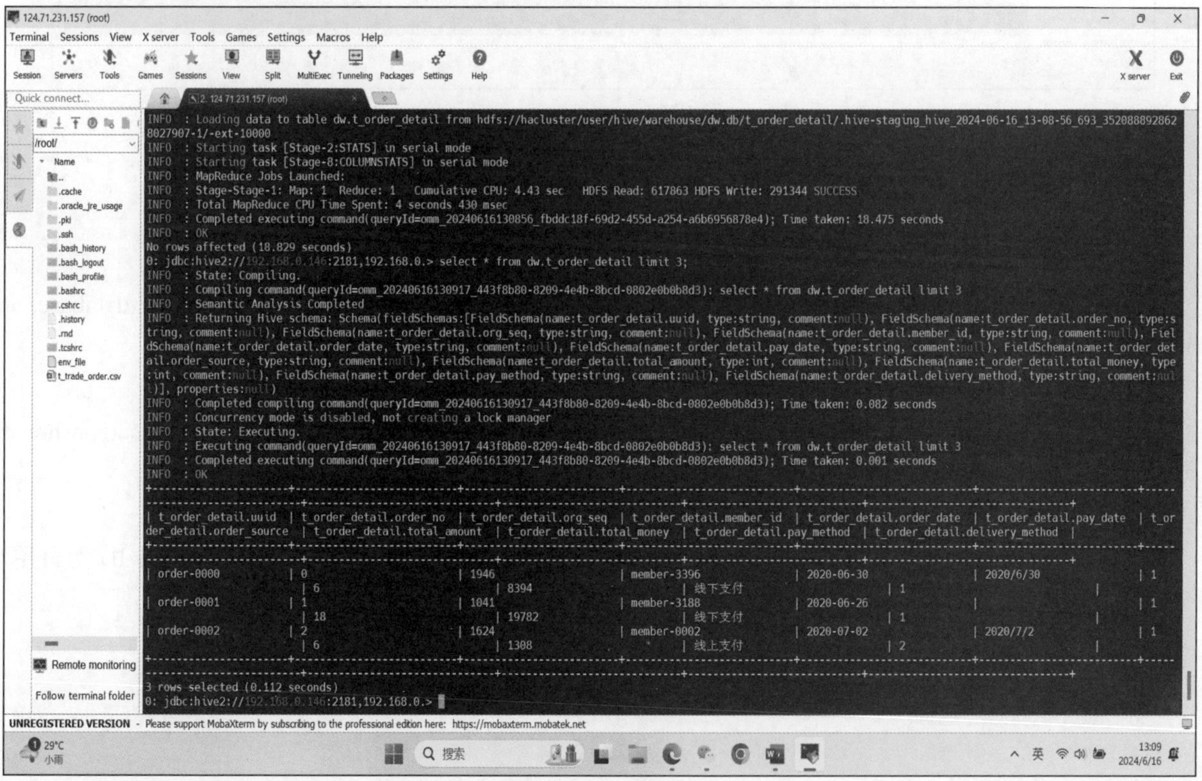

图 5-221 5-1-1order-detail

4. 在 Hive 内使用命令 “select * from dw.t_user_detail limit 3;” 查询表 t_order_detail 的前 3 行数据并进行截图和保存，将该截图命名为 “5-1-2user-detail”，如图 5-222 所示。

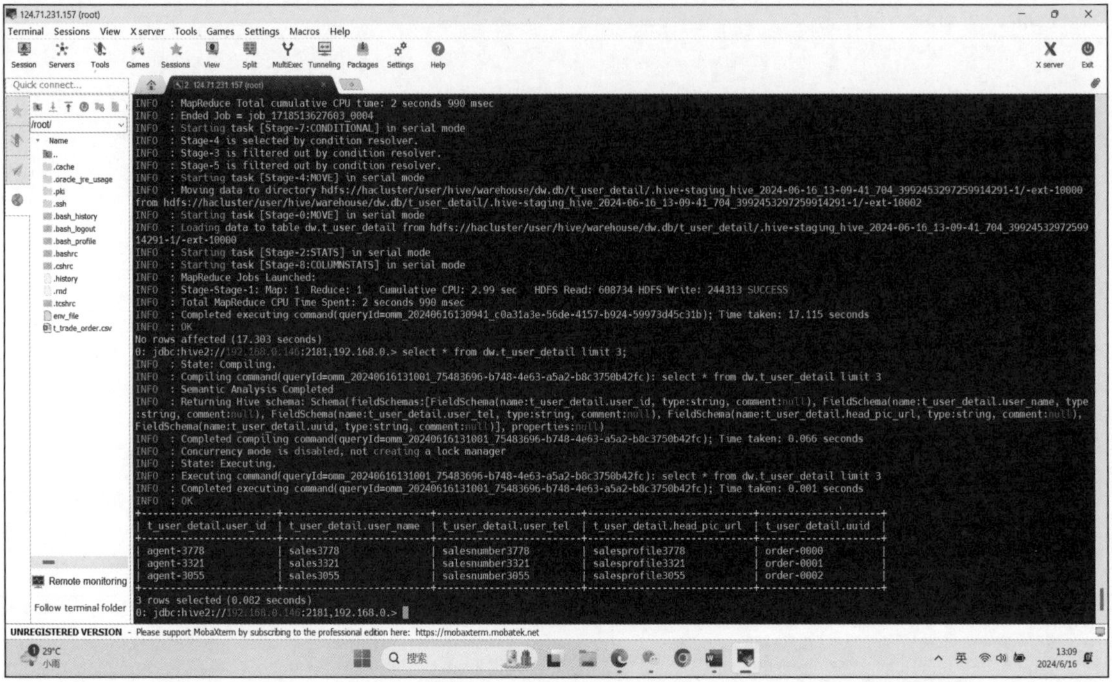

图 5-222　5-1-2user-detail

Task 6: Analyzing data (40 points)

Subtask 1:Analyze operator data metrics and load them to the ADS layer.

Procedure:

Aggregate the numbers of orders based on the operator ID in the t_user_detail table in the DW database, and write the result to the uuid_num field in the t_user_common table in the ADS database.

Screenshot requirements:

Query the orders of the operator whose user_id is agent-0170 in the t_user_common table, screenshot the result, and name the screenshot 6-1-1user-common.

【解析】

1．统计每个业务员的总订单数量，根据 DW 库中的业务员数据表 t_user_detail 的业务员 ID 对订单数量进行聚合并将聚合结果汇入业务员指标表 t_user_common 中，执行命令如下。

```
insert into ads.t_user_common(user_id, uuid_num)
select user_id, count(*) as uuid_num
from dw.t_user_detail
group by user_id;
```

2．在 Hive 内使用命令“select * from ads.t_user_common where user_id = 'agent-0170';”查询业务员指标表 t_user_common 中 user_id 为“agent-0170”的数据并进行截图和保存，将该截图命名为“6-1-1user-common”，如图 5-223 所示。

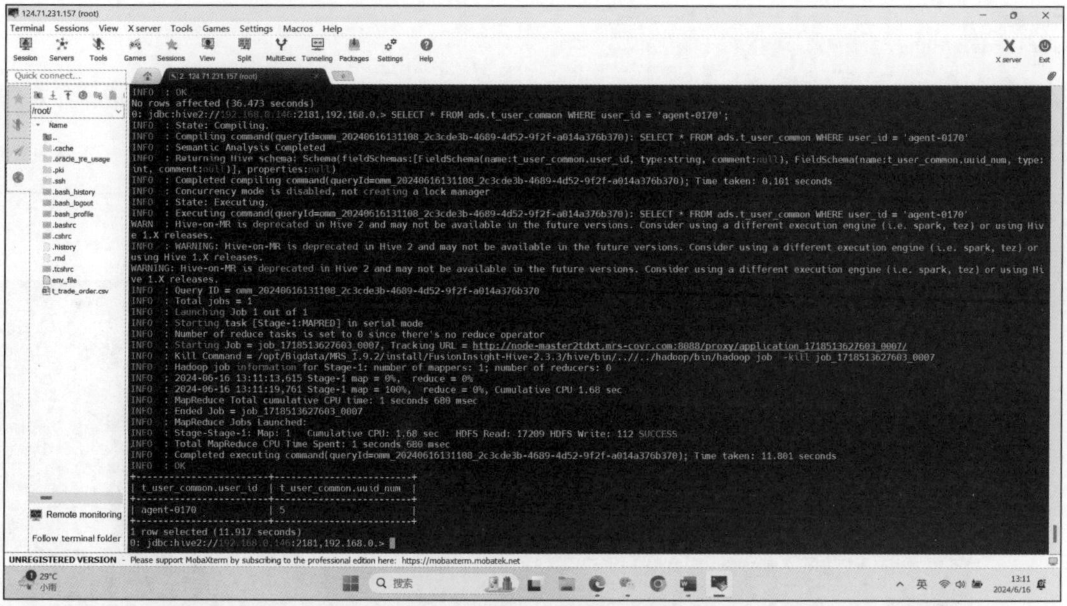

图 5-223 6-1-1user-common

Subtask 2: Analyze order data metrics and load them to the ADS layer.

Procedure:

a. Sum up the orders in each month based on the month contained in the order_date field in the t_order_detail table in the DW database, write the result to the month and uuid_num fields in the t_user_common table in the ADS database.

b. Sum up the payment methods in each month based on the month con- tained in the order_date field in the t_order_detail table in the DW database, and write the result to related fields in the t_order_common table.

Screenshot requirements:

Query the order metric table t_order_common, screenshot the result, and name the screenshot 6-1-2order-common.

【解析】

1. 统计每个月的总订单数量，根据 DW 库的数据按照月份对订单数量和付款方式进行求和并将求和结果汇入订单指标表 t_order_common 中，执行命令如下。

```
INSERT INTO ads.t_order_common(month,uuid_num,offline_num, online_num, wechat_num, alipay_num, card_num)
SELECT
substr(order_date, 1, 7) AS month,
count(*) AS uuid_num,
    sum(case when pay_method = '线上支付' then 1 else 0 end) AS offline_num,
    sum(case when pay_method = '线下支付' then 1 else 0 end) AS online_num,
    sum(case when pay_method = '微信' then 1 else 0 end) AS wechat_num,
    sum(case when pay_method = '支付宝' then 1 else 0 end) AS alipay_num,
    sum(case when pay_method = '银行卡' then 1 else 0 end) AS card_num
FROM
    dw.t_order_detail
```

```
GROUP BY
substr(order_date, 1, 7);
```

2. 在 Hive 内使用“select * from ads.t_order_common;”查询订单指标表 t_order_common 并对查询结果进行截图和保存，将该截图命名为“6-1-2order-common”，如图 5-224 所示。

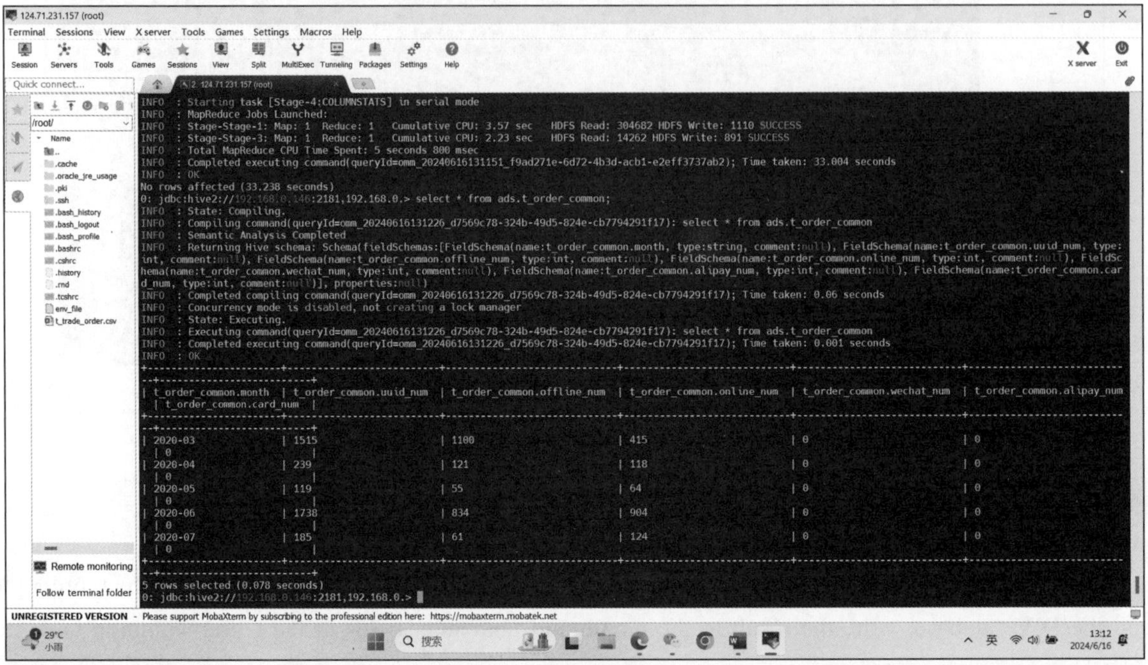

图 5-224　6-1-2order-common

Task 7: Visualizing data (10 points)

Subtask 1: Use Hue of MRS to display t_user_common data in Hive in charts.

Procedure:

Obtain the top 10 user_ids with the highest number of orders from the t_user_common table in the ADS database and display the result in a bar chart using Hue.

Screenshot requirements:

Screenshot the result and name the screenshot 7-1-1user-top.

【解析】

1. 进入 Hue。

a）进入 MRS 页面选择“MRS Manager”，如图 5-225 所示。

b）添加安全组规则并放通 9022 端口，如图 5-226 所示。

c）选择“高级”选项，并单击“继续访问 124.71.231.157（不安全）”，如图 5-227 所示。

d）进入 MRS 管理登录页面，如图 5-228 所示。

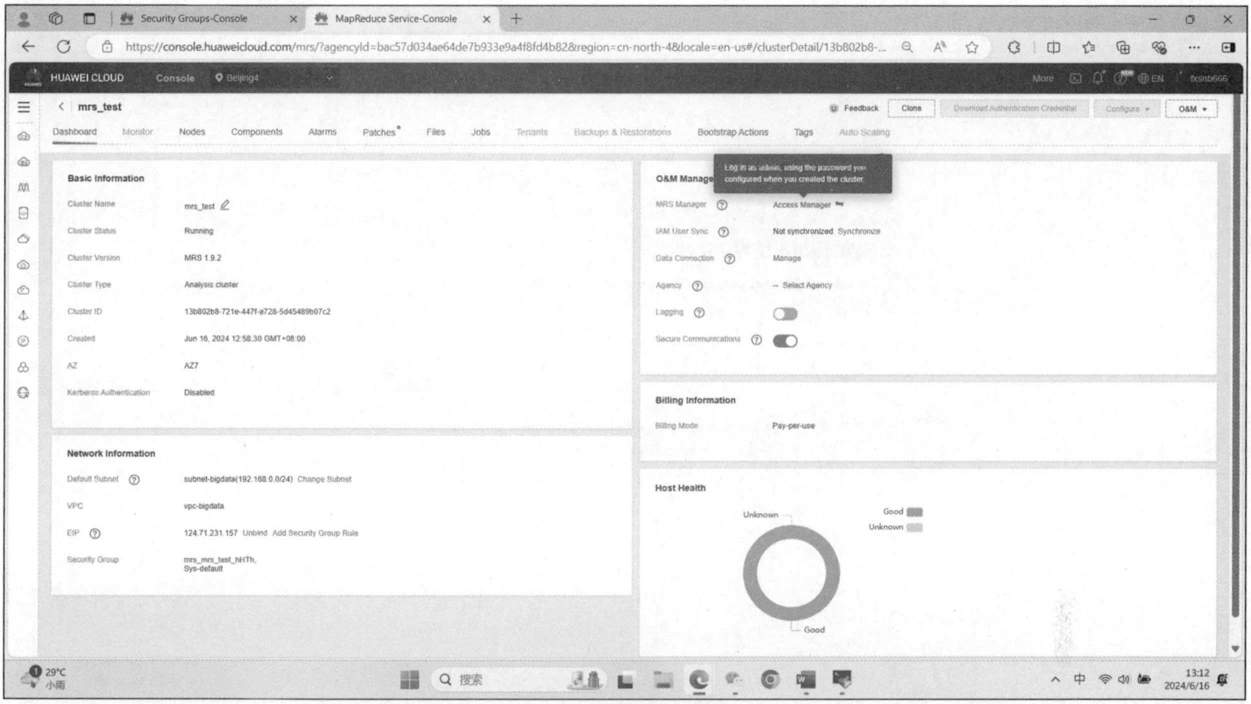

图 5-225 MRS 页面

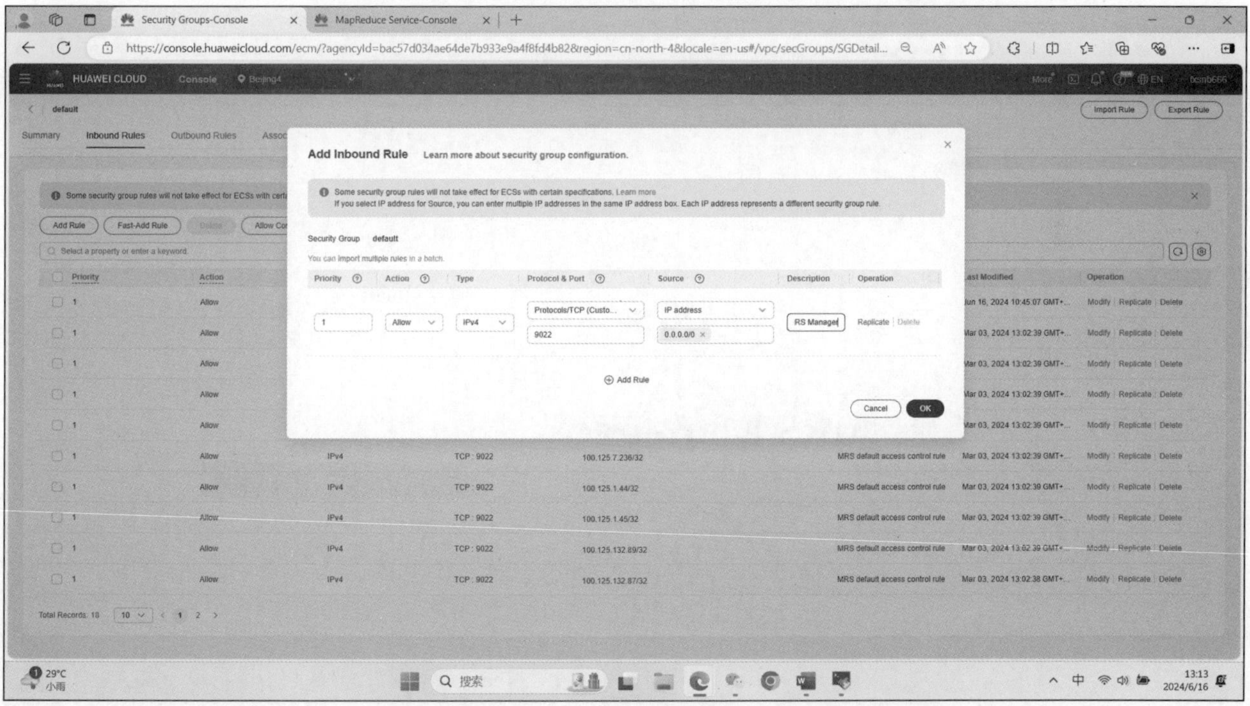

图 5-226 添加安全组规则并放通 9022 端口

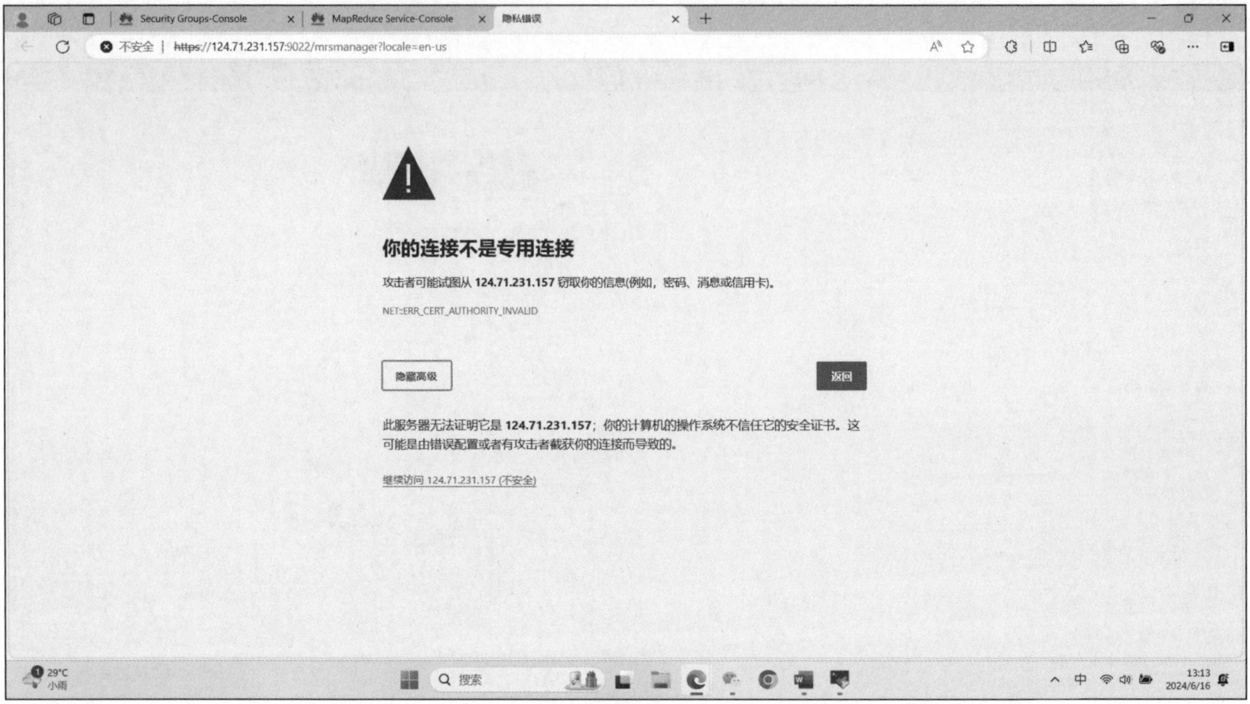

图 5-227　继续访问 124.71.231.157

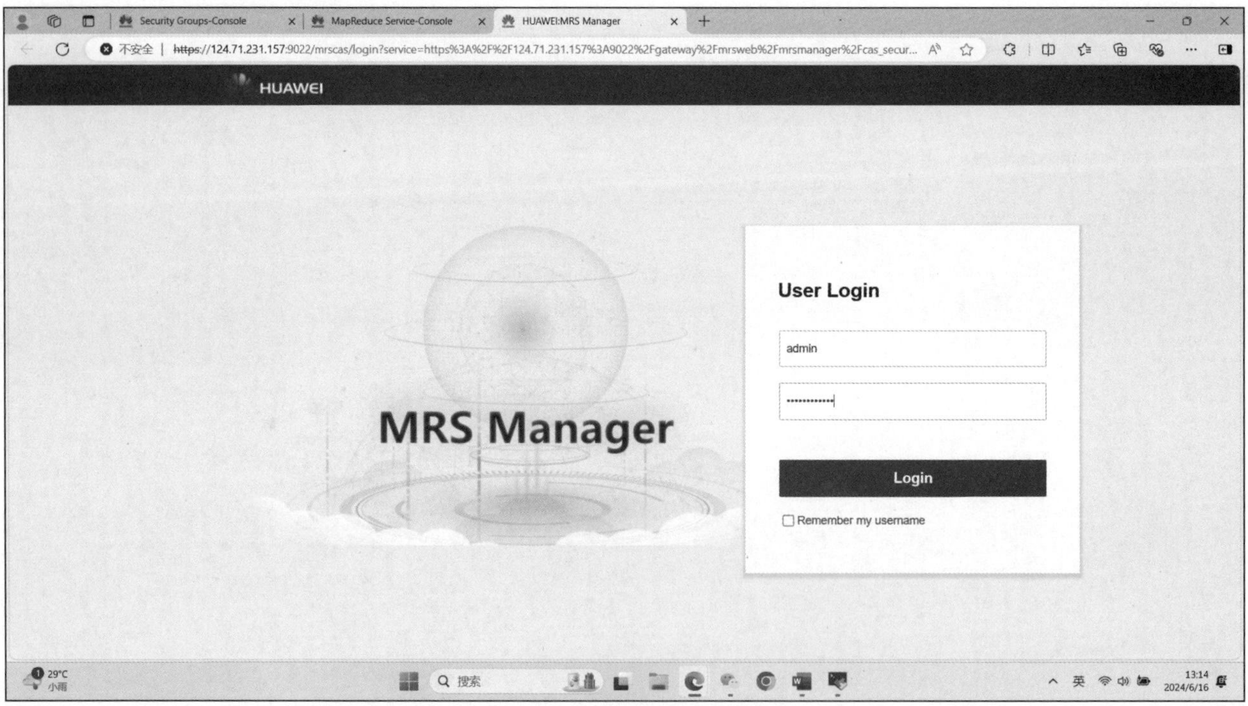

图 5-228　MRS 管理登录页面

e）输入创建的用户名和密码单机“Login”，进入 MRS 管理页面，如图 5-229 所示。

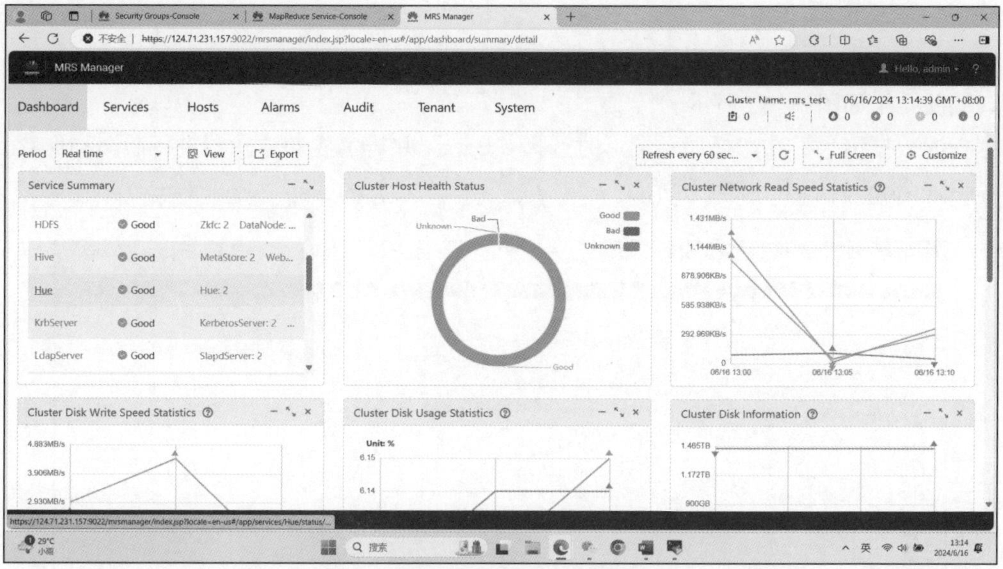

图 5-229　MRS 管理页面

f）在“Service Summary”中选择“Hue”，进入 Hue 组件页面，如图 5-230 所示。

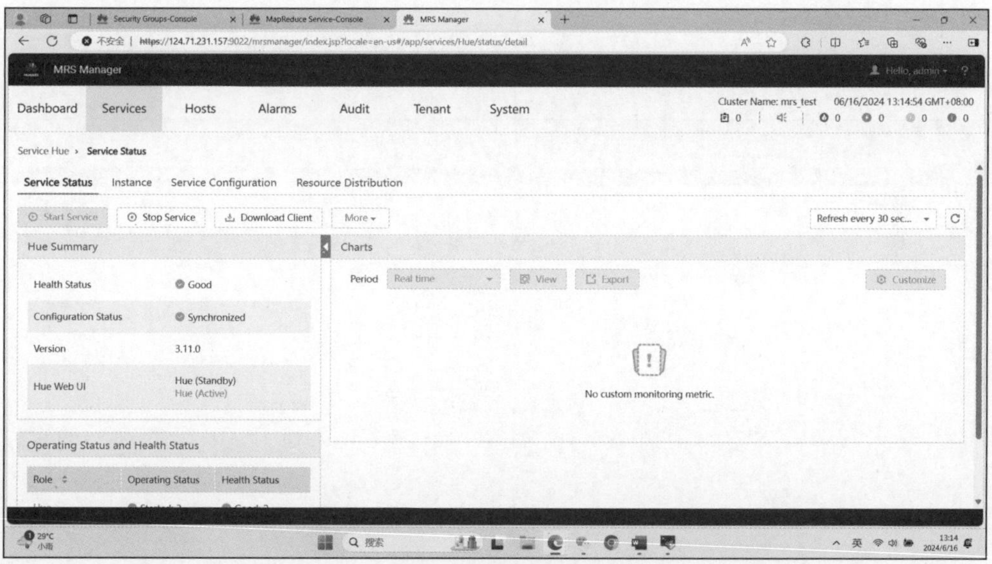

图 5-230　Hue 组件页面

2. 通过 MRS 中的 Hue 将 Hive 中的表 t_user_common 的数据通过柱状图进行展示

a）从 Hue 主节点进入 Hue 页面，在左上角选择“Hive”，如图 5-231 所示。

b）查询订单总数最高的 10 条数据对应的 user_id 和 uuid_num，执行命令如下。

```
SELECT user_id, uuid_num
FROM ads.t_user_common
ORDER BY uuid_num DESC
LIMIT 10;
```

c）查询数据结果如图 5-232 所示。

d）根据查询数据结果，在选择展示图形时选择“Bars”并对生成的柱状图进行截图和保存，将该截图命名为“7-1-1user-top”，如图 5-233 所示。

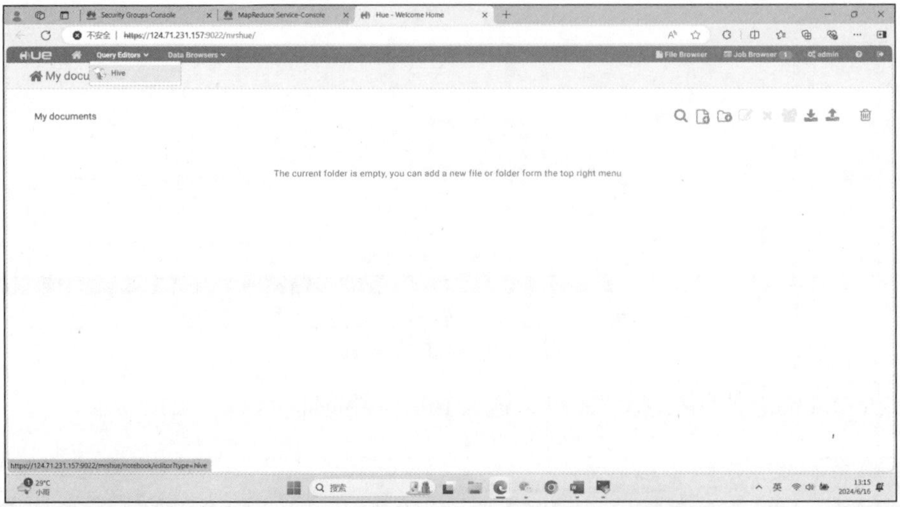

图 5-231　Hue 页面

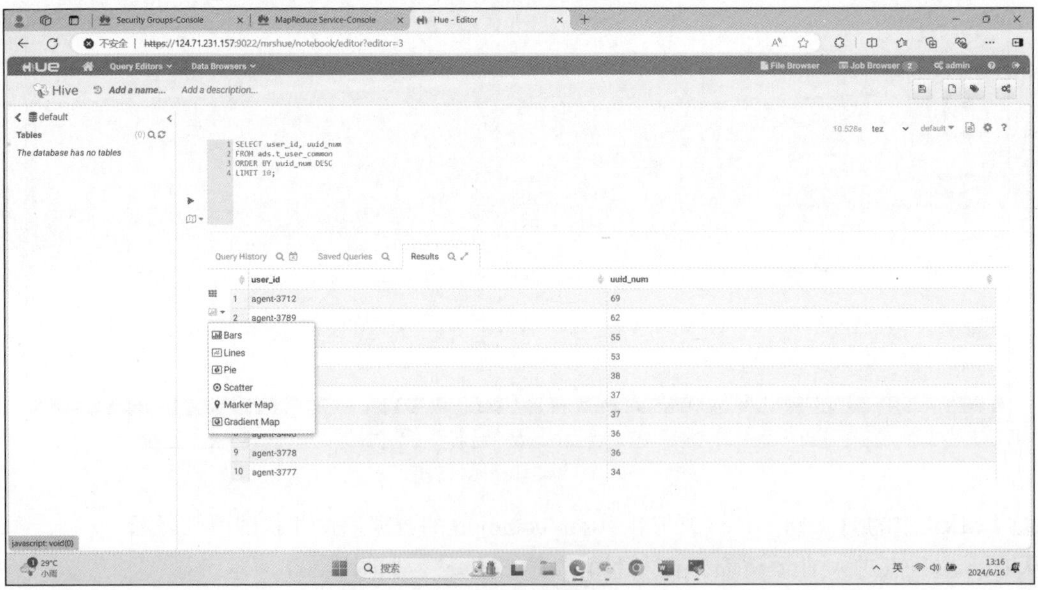

图 5-232　查询数据结果

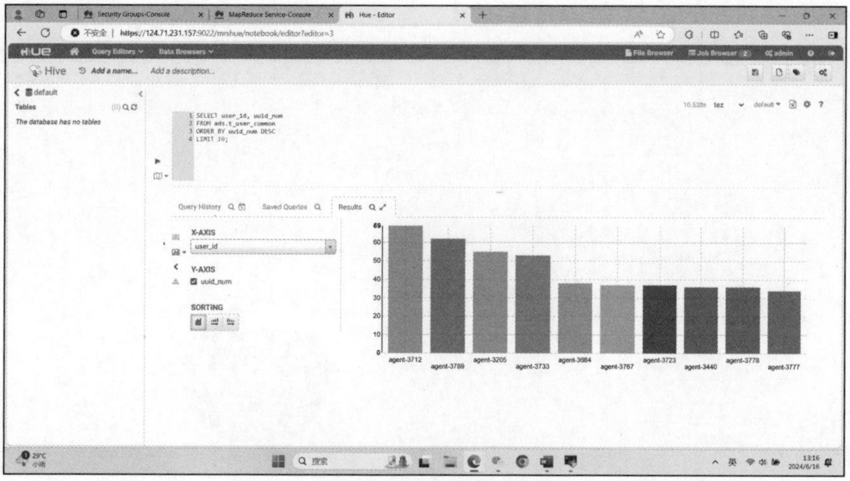

图 5-233 7-1-1user-top

Subtask 2: Use Hue of MRS to display the data of t_order_common in Hive in charts.

Procedure:

Obtain the number of orders in different payment methods in month 4 from the t_order_common table in the ADS database and display the result in a pie chart using Hue.

Screenshot requirements:

Screenshot of the result and name the screenshot 7-2-1order-top.

【解析】

1. 查询 month='4'时不同支付方式的订单数量，执行命令如下。

```
SELECT 'offline_num' AS field_name, offline_num AS value
FROM ads.t_order_common
WHERE month = '2020-04'
UNION ALL
SELECT 'online_num', online_num
FROM ads.t_order_common
WHERE month = '2020-04'
UNION ALL
SELECT 'wechat_num', wechat_num
FROM ads.t_order_common
WHERE month = '2020-04'
UNION ALL
SELECT 'alipay_num', alipay_num
FROM ads.t_order_common
WHERE month = '2020-04'
UNION ALL
SELECT 'card_num', card_num
FROM ads.t_order_common
WHERE month = '2020-04';
```

2. 根据查询的结果，在选择展示图形时选择“Pie”并对生成的饼图进行截图和保存，将该截图命名为“7-2-1order-top”，如图 5-234 所示。

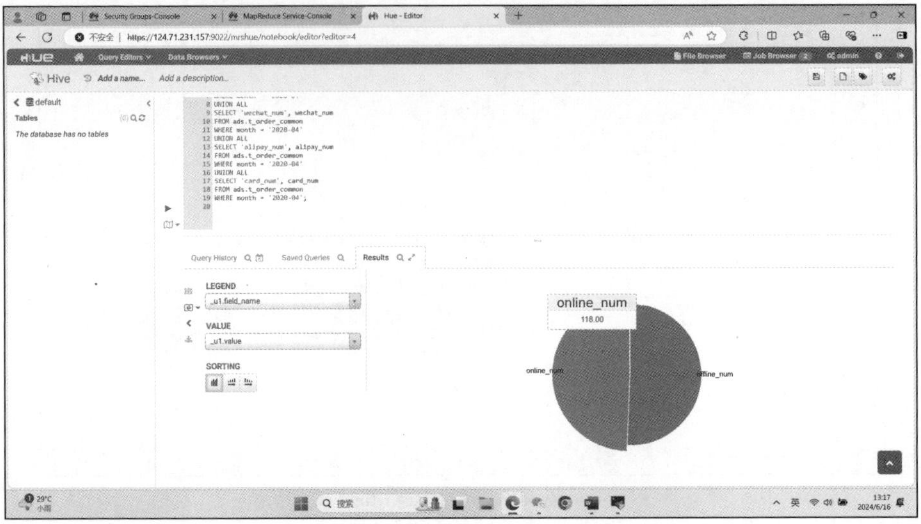

图 5-234　7-2-1order-top

Task 8: Exporting the result data to a relational database (15 points)

Subtask 1: Create a target database in MySQL.

Procedure:

Log in to the MySQL database, create the ads_rds database, and set the character set to utf8.

Screenshot requirements:

Screenshot the database list and name the screenshot 8-1-1ads-rds.

【解析】

1. 进入 RDS 页面，登录 MySQL，如图 5-235 和图 5-236 所示。

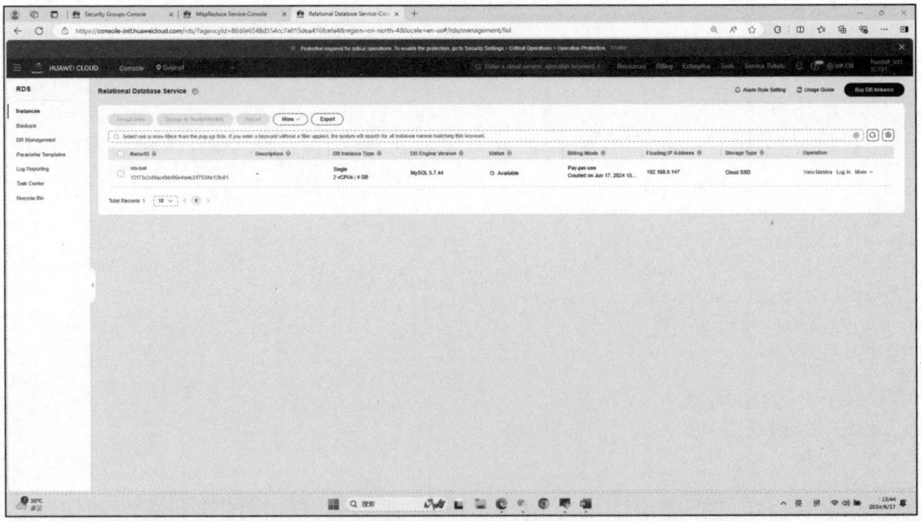

图 5-235　RDS 页面

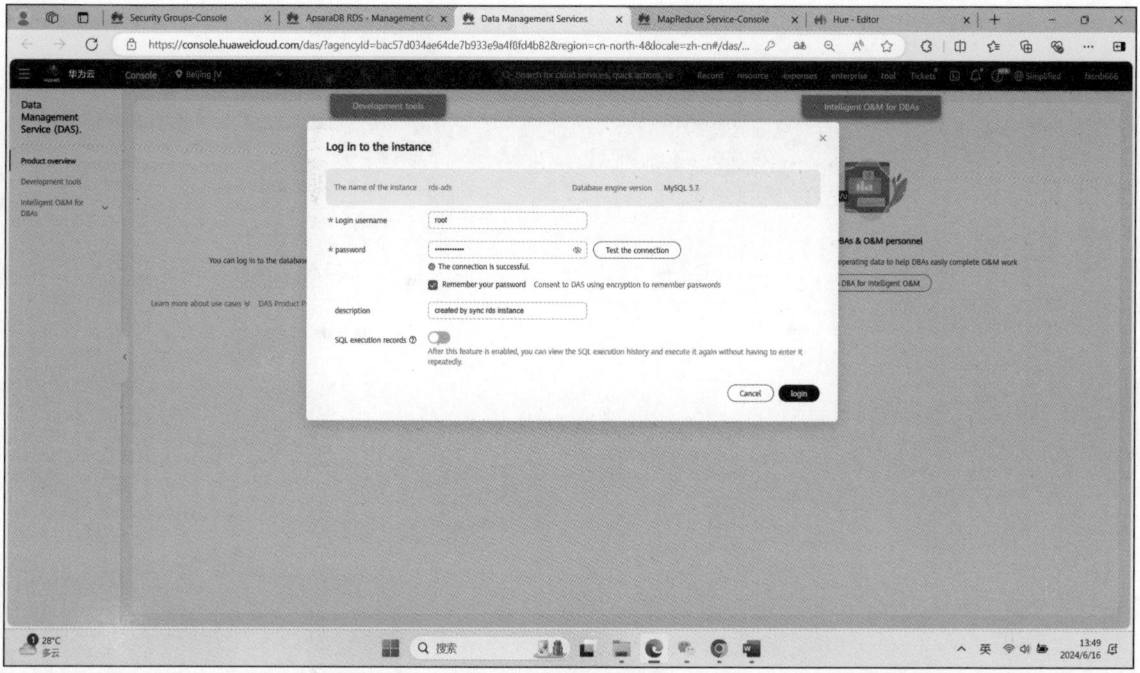

图 5-236　登录 MySQL

2. 创建数据库，如图 5-237 所示。

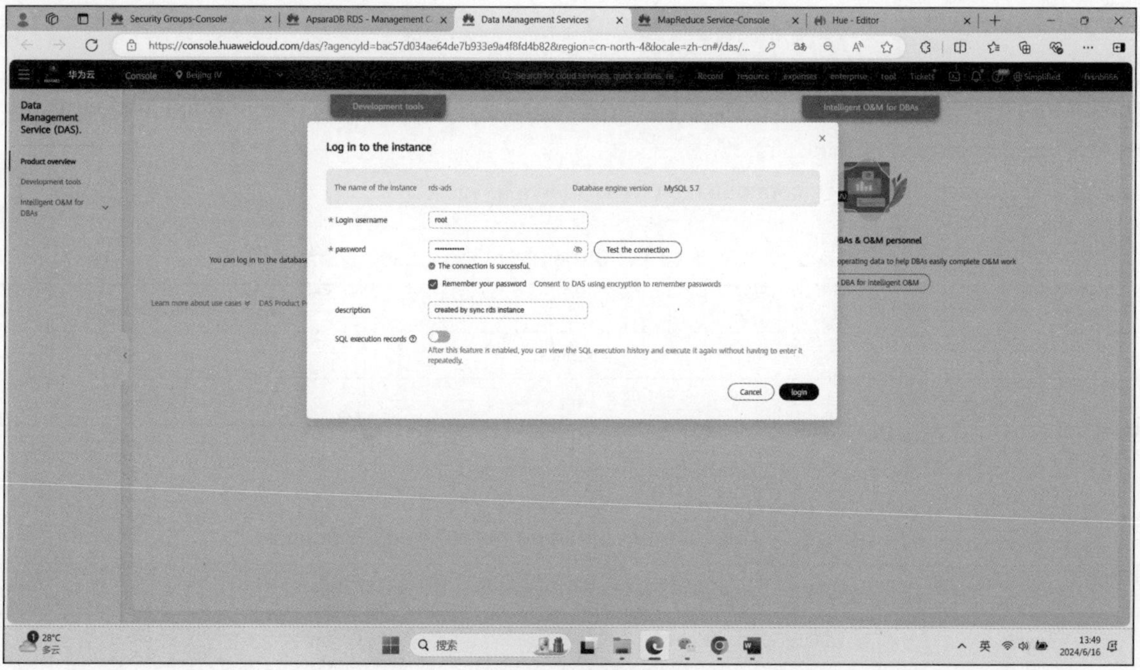

图 5-237　创建数据库

3. 展示数据库列表并进行截图和保存，将该截图命名为“8-1-1ads-rds”，如图 5-238 所示。

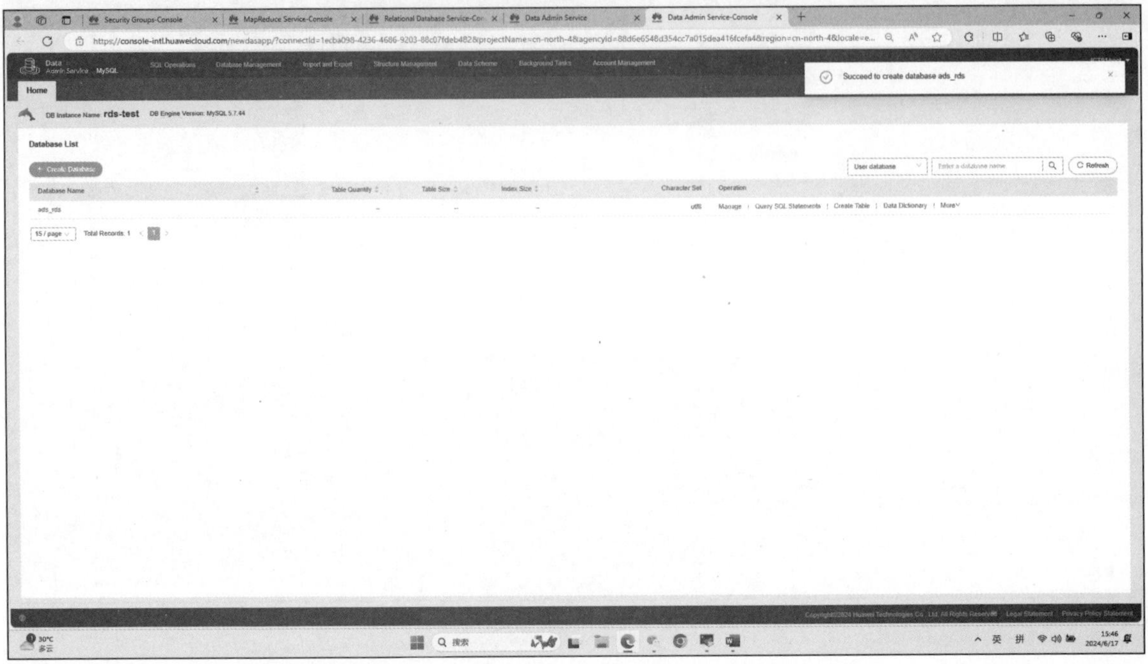

图 5-238　8-1-1ads-rds

Subtask 2: Create target tables in MySQL.

Procedure:

Login to the ads_rds database and create the target t_order_common and t_user_common.Retain the default values of Storage Engine and Character Set.

a) The structure of the t_user_common table is as shown in Table 5-13.

Table 5-13（表 5-13）　Structure of the t_user_common

Field	Type	Description
user_id	varchar32	Operator ID
uuid_num	int	Orders

b) The structure of the t_order_common table is as shown in Table 5-14.

Table 5-14（表 5-14）　Structure of the t_order_common

Field	Type	Description
month	varchar32	Month
uuid_num	int	Total number of orders

续表

Field	Type	Description
offline_num	int	Number of orders paid offline
online_num	int	Number of orders paid online
wechat_num	int	Number of orders paid using WeChat
alipay_num	int	Number of orders paid using Alipay
card_num	int	Number of orders paid using bank cards

Screenshot requirements:

Click Open Table in the Operation column to open the t_order_common, screenshot the opened table, and name the screenshot 8-2-1order-common. Similarly, open t_user_common and take a screenshot,and name the screenshot 8-2-2user-common.

【解析】

1. 进入 ads_rds 库，如图 5-239 所示。

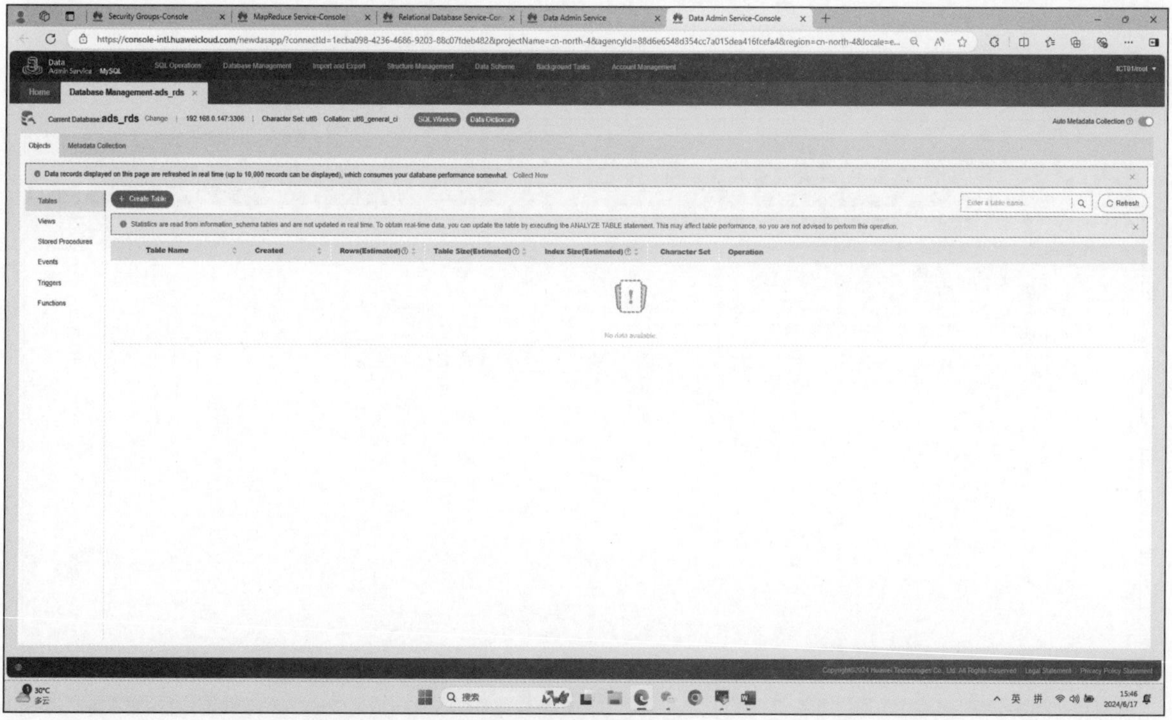

图 5-239 ads_rds 库

2. 创建 t_user_common 表的基本信息，如图 5-240 所示。

图 5-240　创建 t_user_common 表的基本信息

3. 创建 t_user_common 表的字段，如图 5-241 所示。

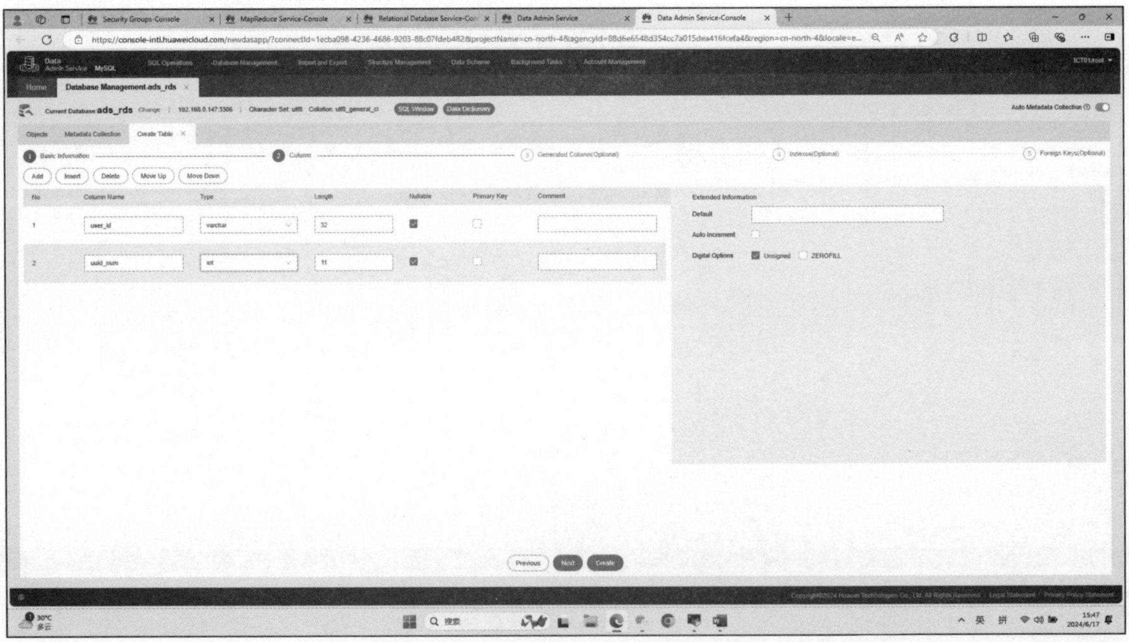

图 5-241　创建 t_user_common 表的字段

4. 创建 t_order_common 表的基本信息，如图 5-242 所示。

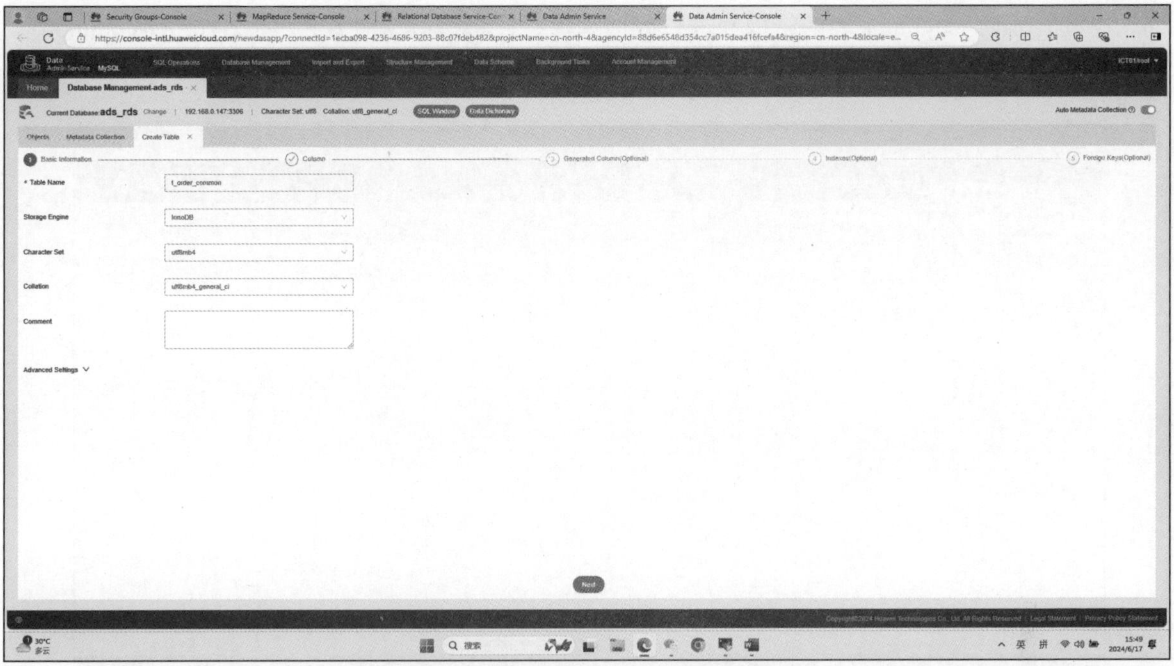

图 5-242　创建 t_order_common 表的基本信息

5. 创建 t_order_common 表的字段，如图 5-243 所示。

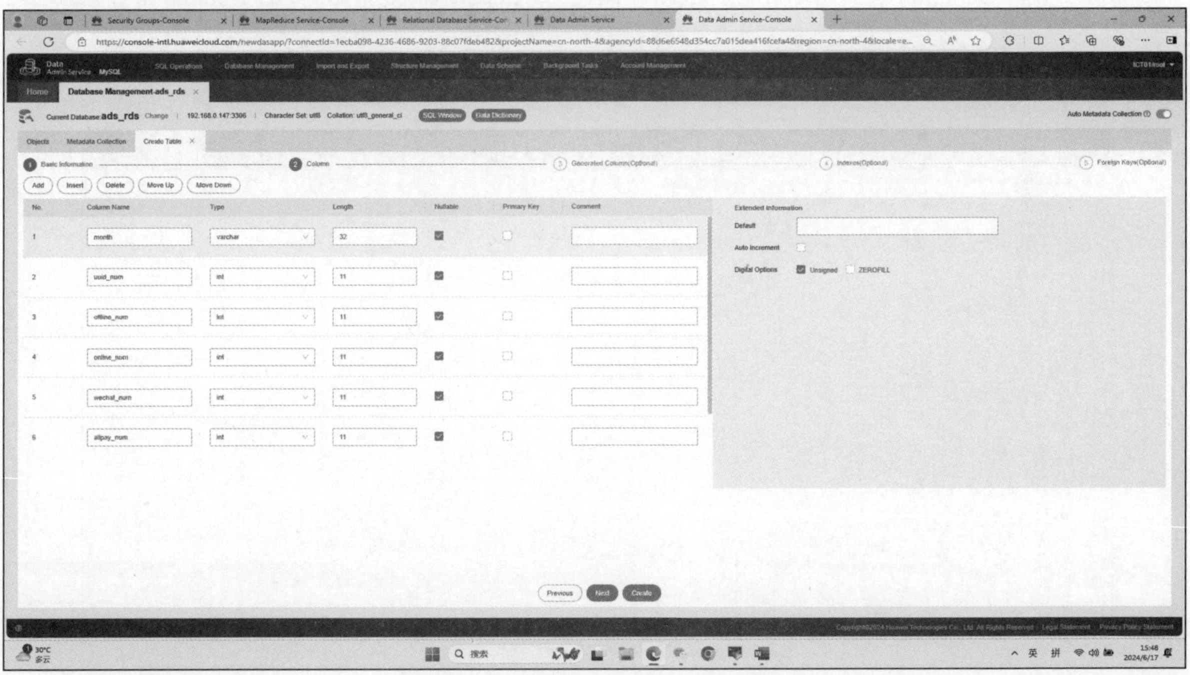

图 5-243　创建 t_order_common 表的字段

6. 展示 t_order_common 表的结构并进行截图和保存，将该截图命名为“8-2-1order-common”，如图 5-244 所示。

图 5-244　8-2-1order-common

7. 展示 t_user_common 表的结构并进行截图和保存，将该截图命名为“8-2-2user-common”，如图 5-245 所示。

图 5-245　8-2-2user-common

Subtask 3:Export Hive data to MySQL.

Procedure:

Use Loader to export Hive data result table to MySQL.

Screenshot requirements:

After the data is exported to the MySQL database, click SQL Query in the Operation column, take a screenshot of the query result of t_order_common, name the screenshot 8-3-1order-common-sql; and take a screenshot of the query result of t_user_common and name the screenshot 8-3-2user-common-sql.

【解析】

解答本题时可以参考 HCIA-Big Data 的实验手册 Loader 数据导入导出实战。

1. 创建 Hive 连接。

a）在 Hue 页面左上角选择“Sqoop”，如图 5-246 所示。

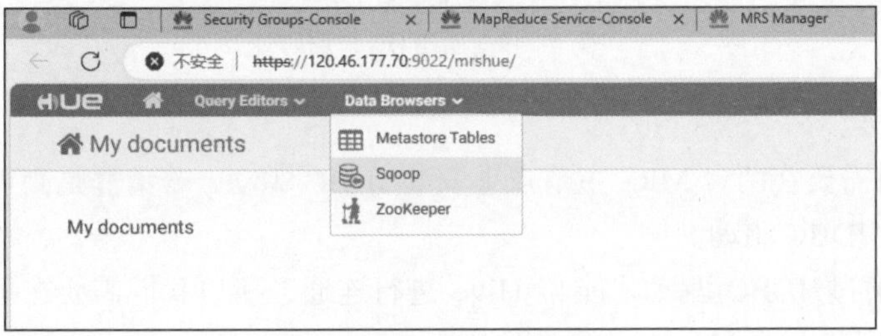

图 5-246 选择“Sqoop”

b）选择右上角的“Manage links”，如图 5-247 所示。

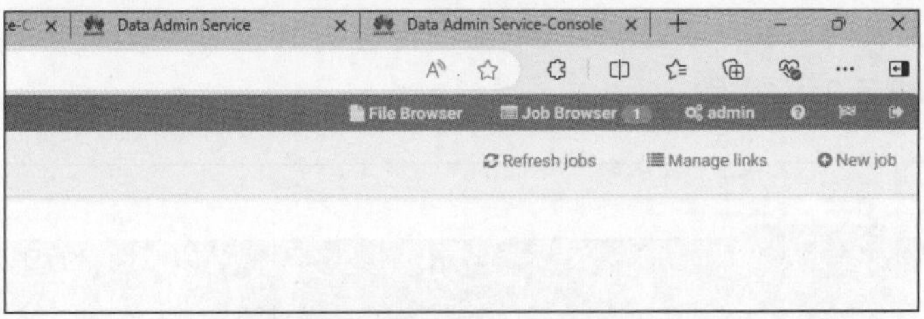

图 5-247 选择“Manager links”

c）在右上角选择“New link”，如图 5-248 所示。

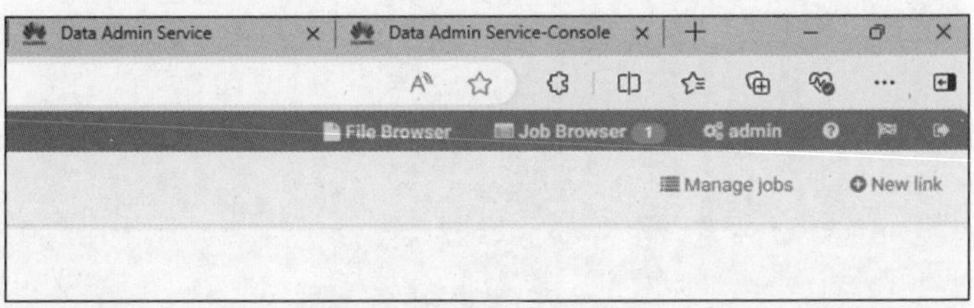

图 5-248 选择“New link”

d）在进入的页面创建 Hive 连接，如图 5-249 所示。

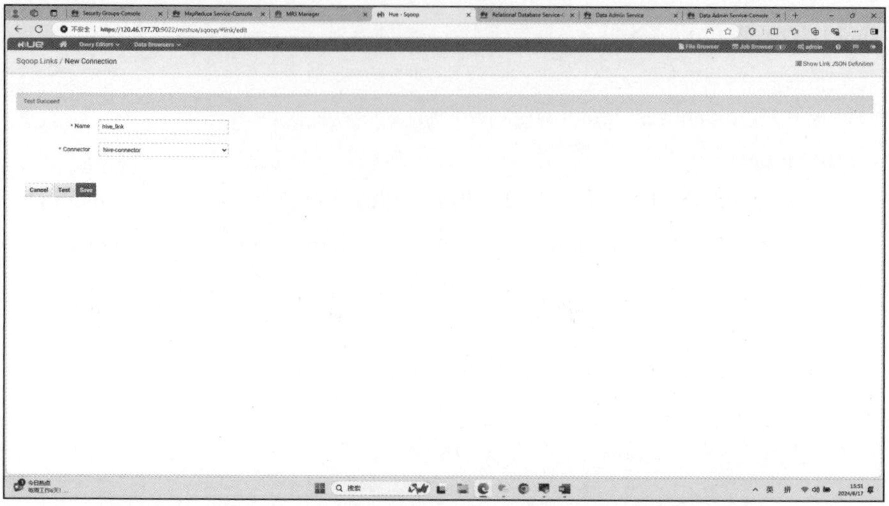

图 5-249　创建 Hive 连接

2. 创建 MySQL 连接。

创建 MySQL 连接时需要在两台 MRS 主节点上安装 JDBC 驱动，若集群是高可用集群，则需要在每一台 MRS 主节点上都安装 JDBC 驱动。

因为 MySQL 只有通过 JDBC 驱动才能与 Hive 进行连通，所以我们需要在集群的两台 MRS 主节点（master1 和 master2）上安装 JAR 包。

我们默认连接的 MRS 的 EIP 的就是 master1，我们可以在/opt/Bigdata/MRS_1.9.2/1_17_Sqoop/install/FusionInsight-Sqoop-1.99.7/server/jdbc 目录下直接上传 JAR 包。

对于 master2，我们需要购买 EIP 或者使用 scp 命令传递 JAR 包。

a）上传 JAR 包，如图 5-250 所示。

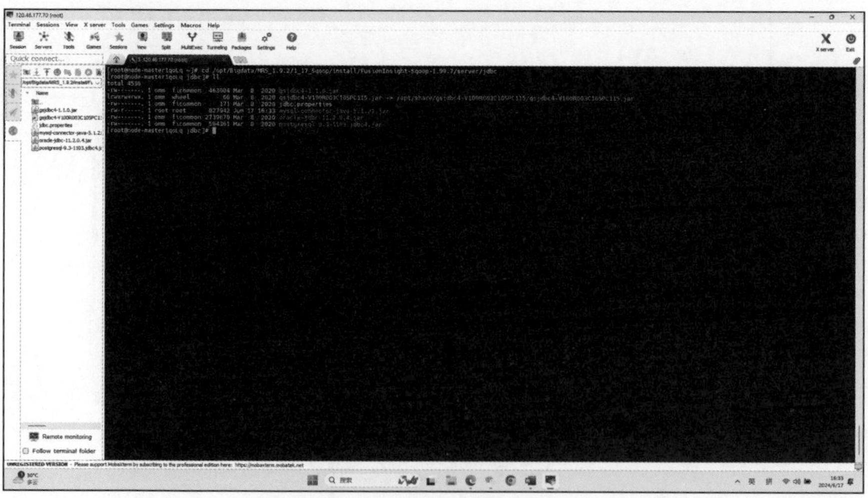

图 5-250　上传 JAR 包

b）使用命令“chown omm:wheel mysql-connector-java-5.1.21.jar”为 JAR 包赋权，如图 5-251 所示。

图 5-251　为 JAR 包赋权

c）获取 master2 的内网 IP 地址，如图 5-252 所示。

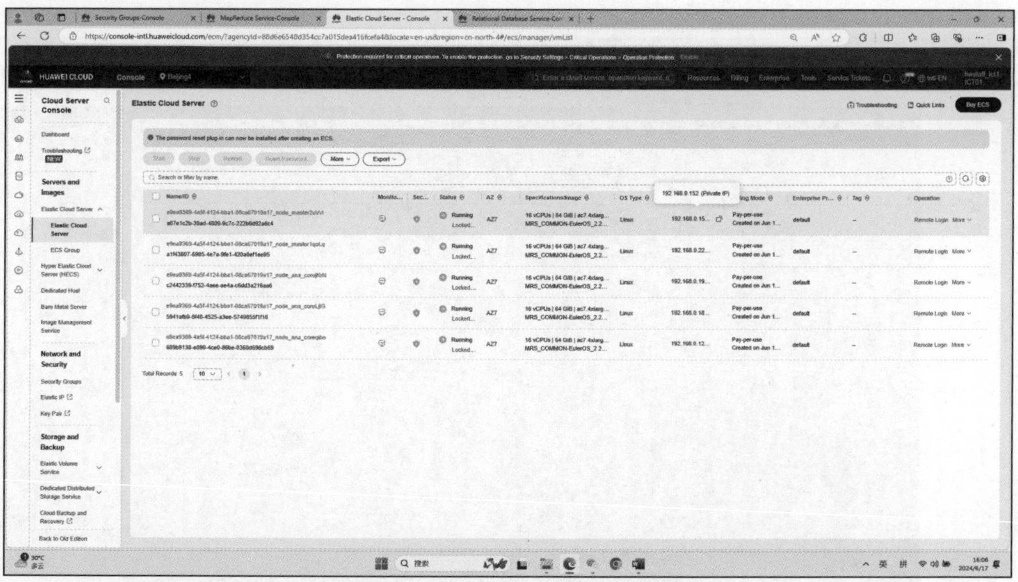

图 5-252　获取 master2 的内网 IP 地址

d）通过 scp 命令传递 JAR 包，如图 5-253 所示，参考命令如下。

```
scp /opt/Bigdata/MRS_1.9.2/1_17_Sqoop/install/FusionInsight-Sqoop-1.99.7/server/jdbc/mysql-
connector-java-5.1.21.jar root@192.168.0.188:/opt/Bigdata/MRS_1.9.2/1_17_Sqoop-1.99.7/server/jdbc
```

图 5-253　通过 scp 命令传递 JAR 包

e）为 master2 的 JAR 包赋权，如图 5-254 所示。

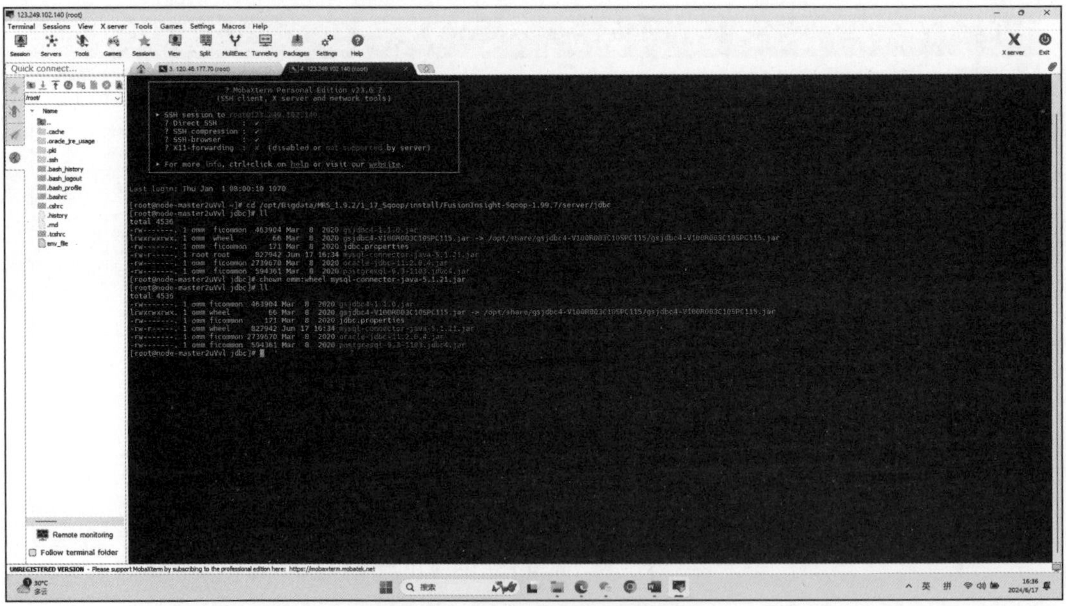

图 5-254　为 master2 的 JAR 包赋权

f）重启 Loader 服务，如图 5-255 所示。

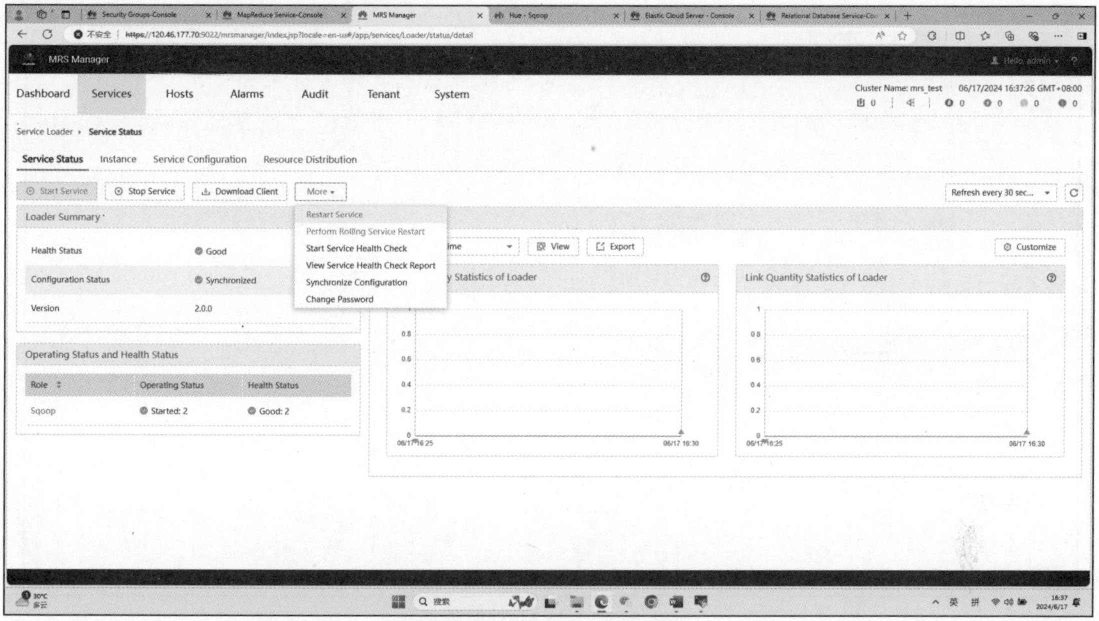

图 5-255 重启 Loader 服务

g）重启 Loader 服务之后添加安全组规则并放通 3306 端口，如图 5-256 所示。

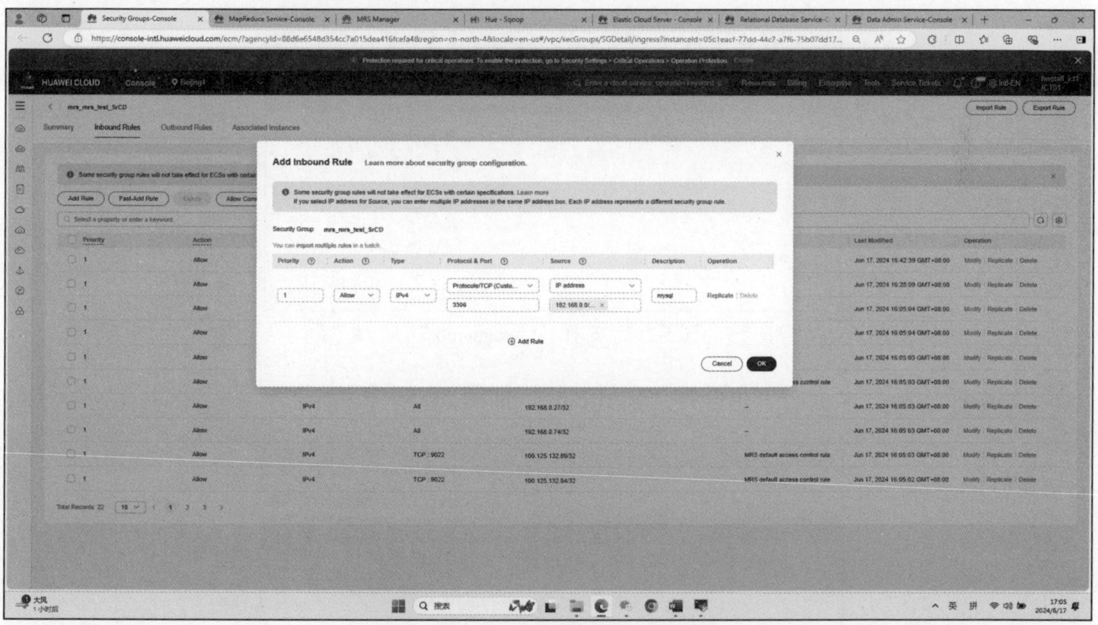

图 5-256 添加安全组规则并放通 3306 端口

h）测试 MySQL 连接，如图 5-257 所示。

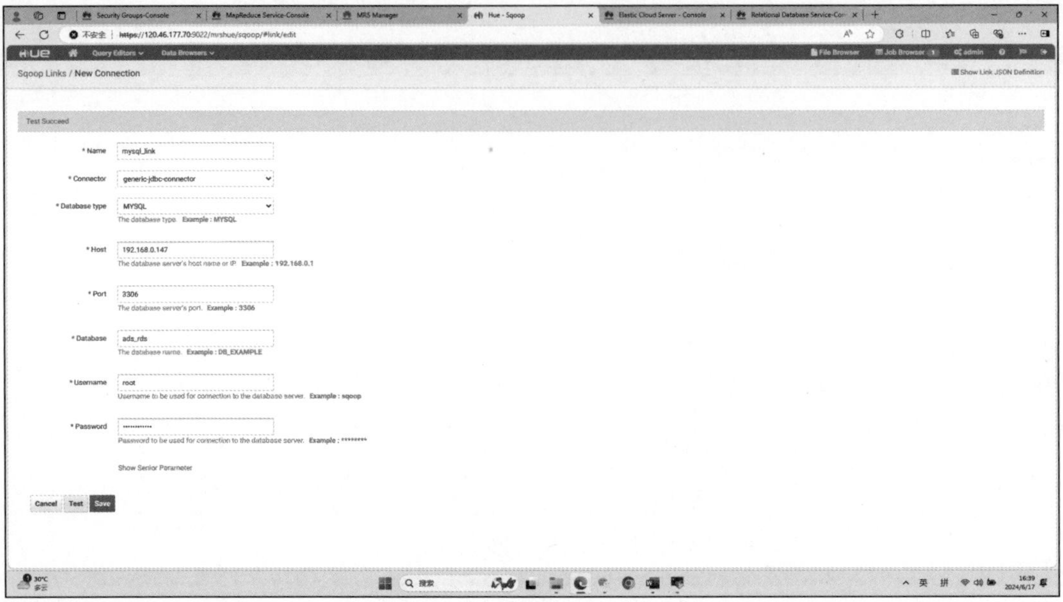

图 5-257　测试 MySQL 连接

3. 创建 job。

a）在 Hue 页面右上角选择“Manage jobs”，如图 5-258 所示。

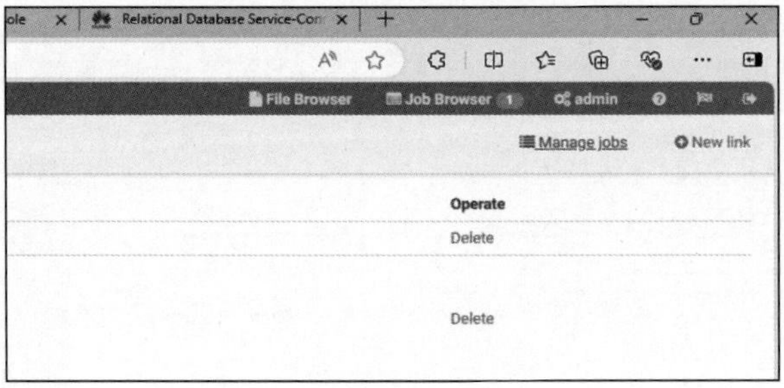

图 5-258　选择“Manage jobs”

b）在“Manage jobs”页面右上角选择“New job”，如图 5-259 所示。

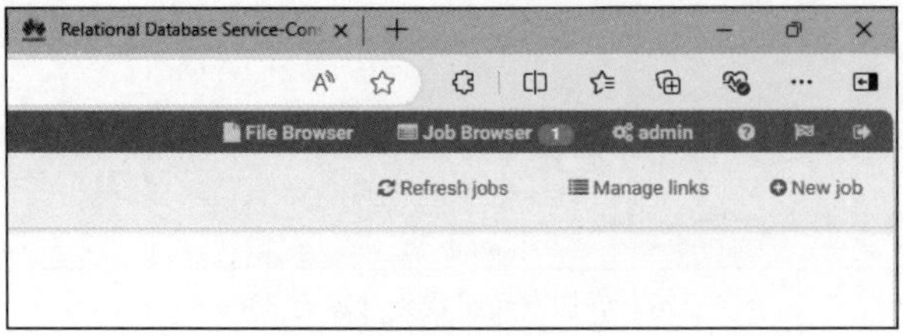

图 5-259　选择“New job”

c）在创建 job 页面选择创建连接，选择名称，从数据源 hive_link 到数据源 mysql_link，如图 5-260 所示。

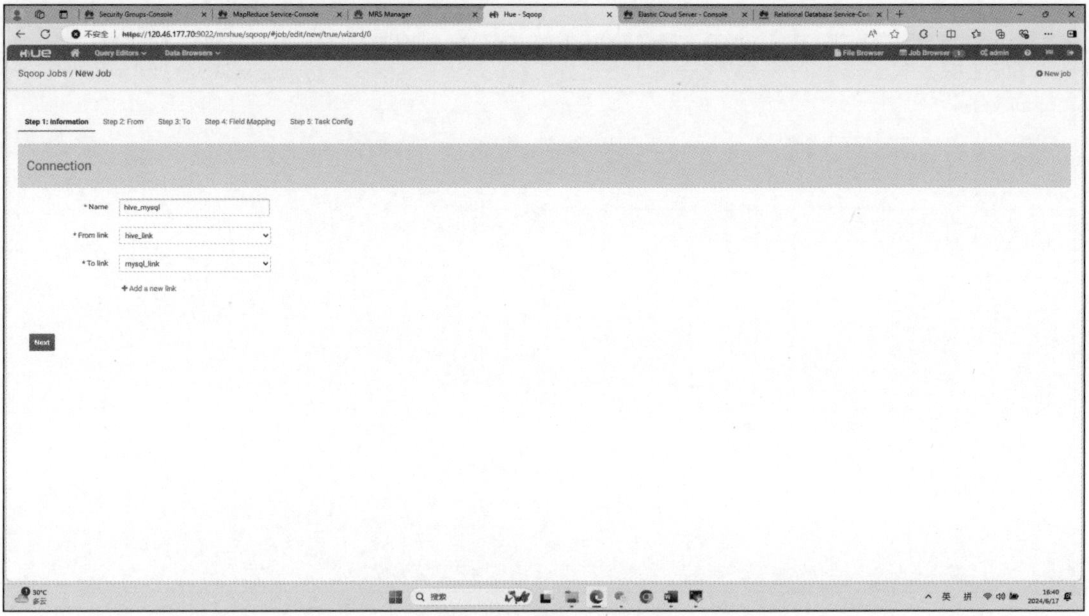

图 5-260　创建 job 页面

d）选择 Hive 的数据库和表，如图 5-261 所示。

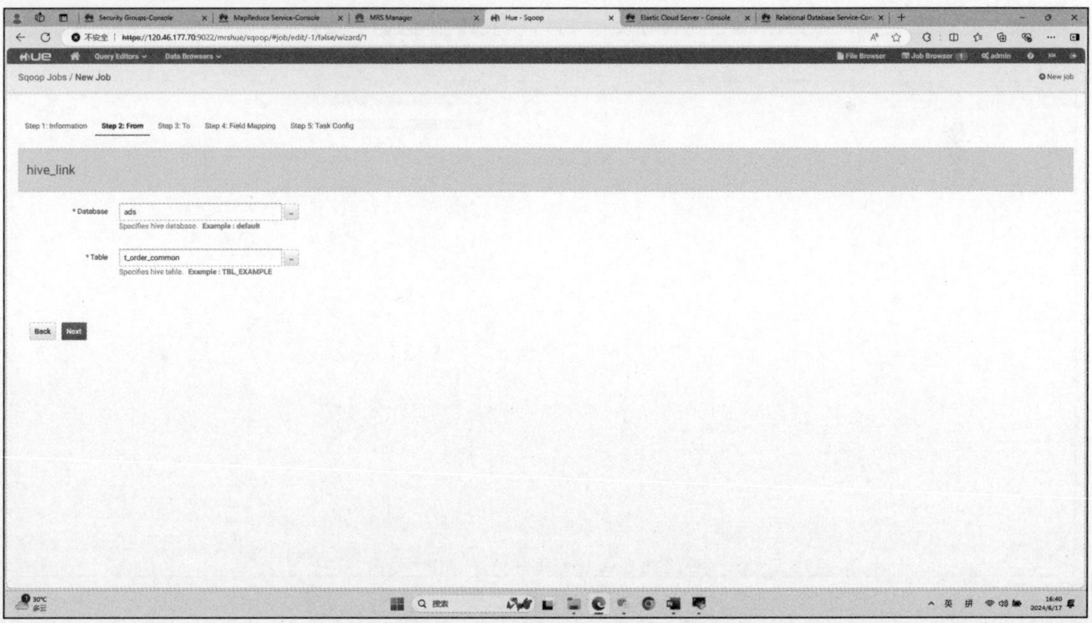

图 5-261　选择 Hive 的数据库和表

e）选择 RDS 内的表，如图 5-262 所示。

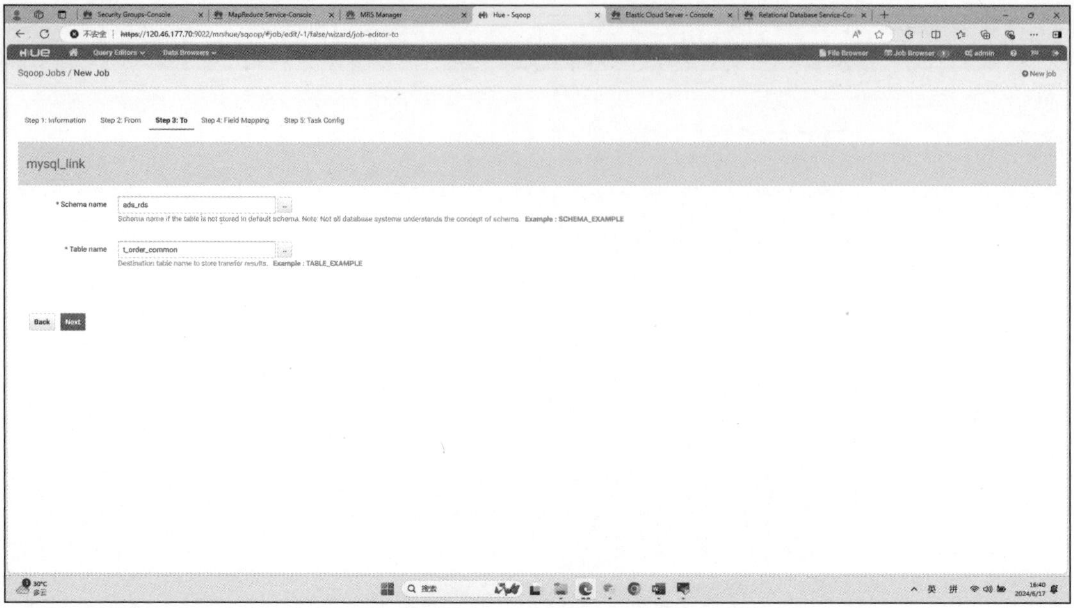

图 5-262　选择 RDS 内的表

f）开始传输，如图 5-263 所示。

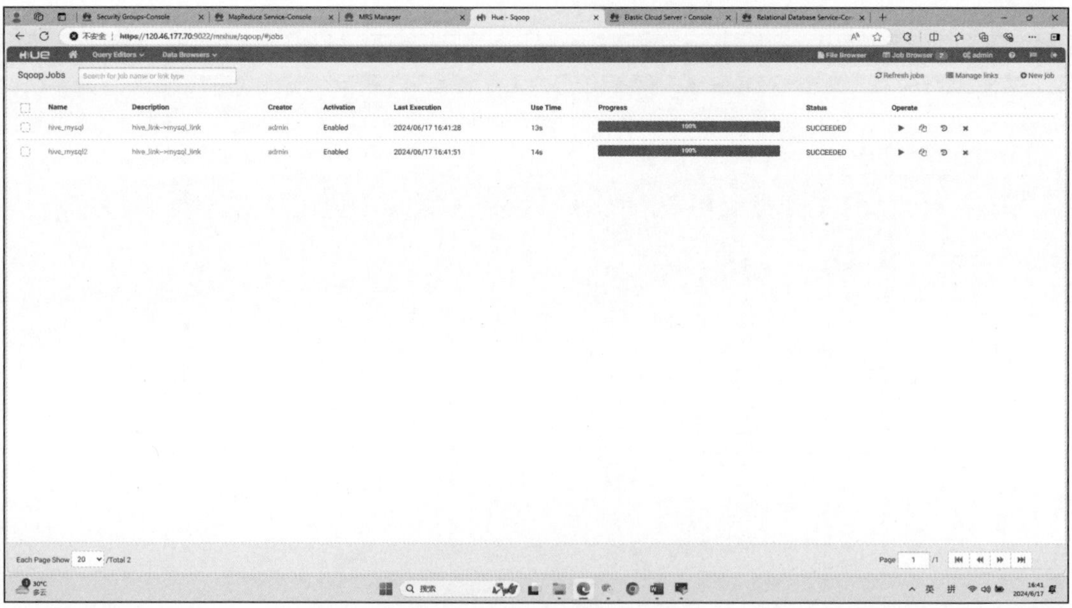

图 5-263　等待传输完成

g）对 t_user_common 表的操作同上。

4. 保存截图。

a）进入 RDS，选择命令行，如图 5-264 所示。

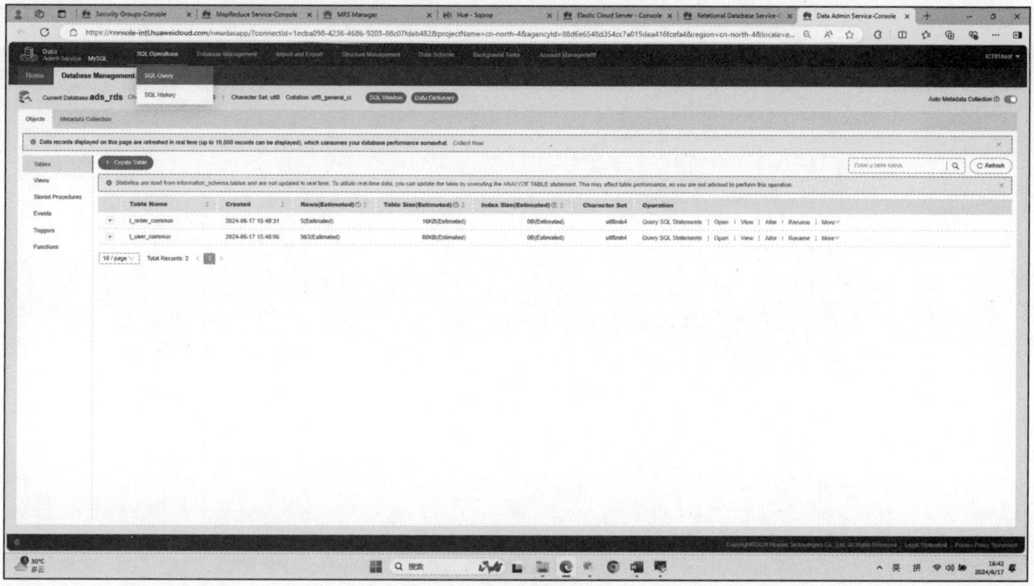

图 5-264 选择命令行

b）使用命令“select * from t_order_common”查询 t_order_common 表的数据并进行截图和保存，将该截图命名为“8-3-1order-common-sql”，如图 5-265 所示。

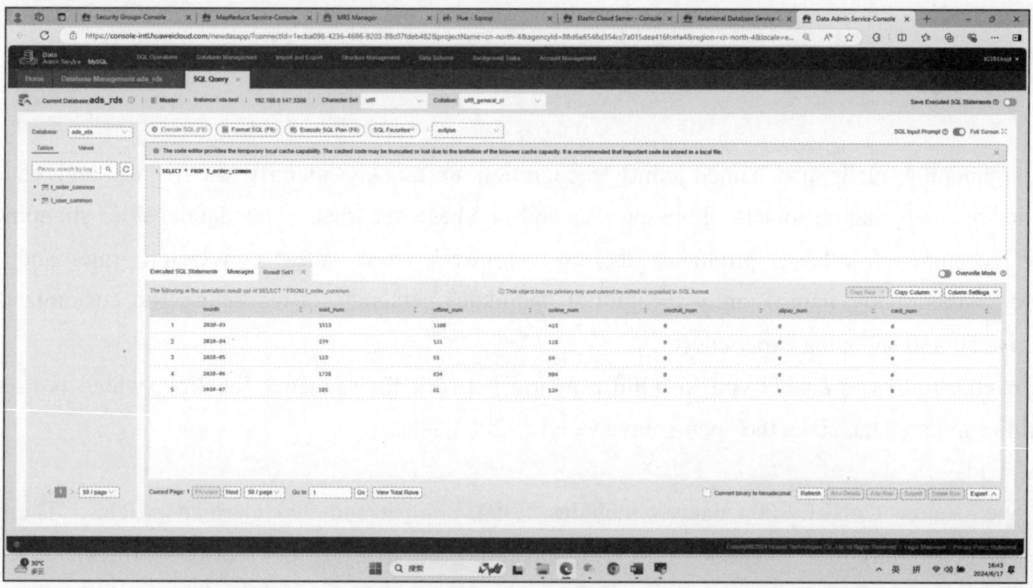

图 5-265 8-3-1order-common-sql

c）使用命令“select * from t_user_common”查询 t_user_common 表的数据并进行截图和保存，将该截图命名为“8-3-2user-common-sql”，如图 5-266 所示。

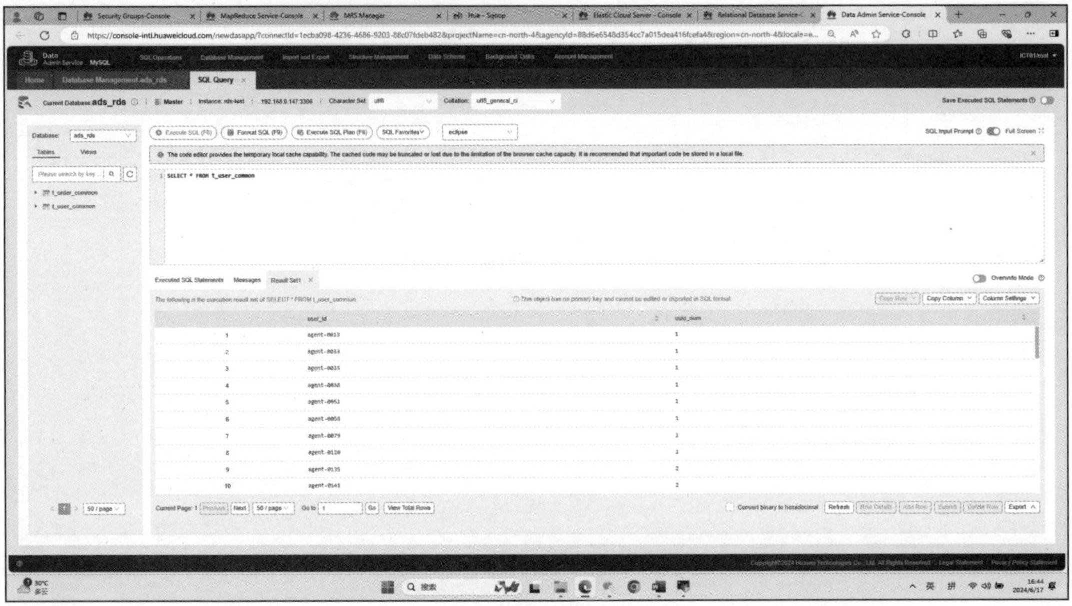

图 5-266　8-3-2user-common-sql

5.5　AI

5.5.1　Scenarios

Smart shopping malls use named entity recognition to quickly identify the names and categories of commodities by analyzing customers' shopping lists and purchase histories. This data enables shopping malls to accurately recommend related products, thereby improving the sales conversion rate and customer satisfaction. Additionally, named entity recognition facilitates personalized marketing and customized services, resulting in a tailored shopping experience.

This exercise aims to enable you to build a neural network for sequence labeling, which is used to label named entities in text data, using the open-source CoNLL-2003 dataset.

Data Fields

The open-source CoNLL-2003 dataset includes 1,393 English and 909 German articles. There are four entities: PER (personnel), LOC (location), ORG (organization), and MISC (other types of entities).

BIO is the most commonly used label set in NER tasks. Table 5-15 below describes the definition of BIO.

Table 5-15（表 5-15） Definition of BIO

Field	Description
B	Beginning of an entity
I	Inside an entity
O	Outside of any entity

Example data

Example data is shown in Fig. 5-267.

1. The data file is structured into four columns, each divided by a space. Words are listed line by line, with sentences separated by an empty line. Each line begins with the word itself, followed by its part-of-speech (POS) tag, a syntactic chunk identifier, and a named entity tag. Named entities are labeled as B-TYPE or I-TYPE to indicate the word's inclusion in a TYPE phrase, while the O tag signifies words outside of any phrase.

2. We only need named entity tags. We then convert the sequences of words and their corresponding entity tags into datasets.

3. We use a BiLSTM-CRF network to build a named entity recognition model that predicts the entity tags for given input sequences.

```
-DOCSTART- -X- -X- O

SOCCER NN B-NP O
- : O O
JAPAN NNP B-NP B-LOC
GET VB B-VP O
LUCKY NNP B-NP O
WIN NNP I-NP O
, , O O
CHINA NNP B-NP B-PER
IN IN B-PP O
SURPRISE DT B-NP O
DEFEAT NN I-NP O
. . O O

Nadim NNP B-NP B-PER
Ladki NNP I-NP I-PER
```

Figure 5-267（图 5-267） Example data

5.5.2 Exam Resources

Exam Environment

You need to set up the exam environment on Huawei Cloud. Select the CN North-Beijing4 region, as shown in Table 5-16.

Table 5-16（表 5-16） Exam Environment

Exam Environment	Exam Platform	AI Computing Framework	Software Image
Notebook	Huawei Cloud ModelArts	MindSpore 1.10t	mindspore_1.10.0-cann_6.0.1-py_3.7-euler_2.8.3

Cloud Resources

Cloud Resources is shown in Table 5-17.

Table 5-17（表 5-17） Cloud Resources

Resource	Specifications	Remarks
ModelArts	Image: mindspore _ 1.10.0-cann_6.0.1-py_3.7-euler_2.8.3 Specifications: Ascend: 1*Ascend 910—ARM: 24vCPUs 96GB	Chinese mainland

5.5.3 Exam Tasks

Lab Tasks

Each step in a task is scored separately. The total score of this task is 450 points. Please manage your exam time appropriately.

Task 1: Preprocessing data (120 points)

Subtask 1: Prepare the cloud exam environment (MindSpore).

Procedure:

a. Purchase the ModelArts development environment on the Huawei Cloud official website (CN North-Beijing4 is recommended). The specifications are as follows.

a）Software:

Name: Enter a name

Auto Stop: Set it to 8 hours

Image: Choose mindspore_1.10.0-cann_6.0.1-py_3.7-euler_2.8.3 from Public image

Resource Type: Select Public resource pool

Type: Select ASCEND

Flavor: Select Ascend: 1*Ascend 910|ARM: 24vCPUs 96GB

Disk Size: Enter 5

b）Click Next to view the product name and configuration.

b. Upload your local data to the directory in the Huawei Cloud development environment. Decompress the NER.zip file using the appropriate Linux command. Screenshot the entire interface once you have extracted the data and code. Adjust your notebook settings to display line numbers in the code cells.

Screenshot requirements:

a. Screenshot the environment creation page, name it 1-1-1env1, and ensure that it displays the product name and specifications.

b. Upload your local data to the directory in the notebook development environment. Decompress the NER.zip file using the appropriate Linux command. Screenshot the entire interface once you have extracted the data and code. Adjust your notebook settings to display line numbers in the code cells. Ensure that your screenshot shows the decompress command and the file structure after decompression, and name the screenshot 1-1-2env2.

【解析】

1. 按照配置要求购买 ModelArts 开发环境，如图 5-268、图 5-269、图 5-270、图 5-271 和图 5-272 所示。

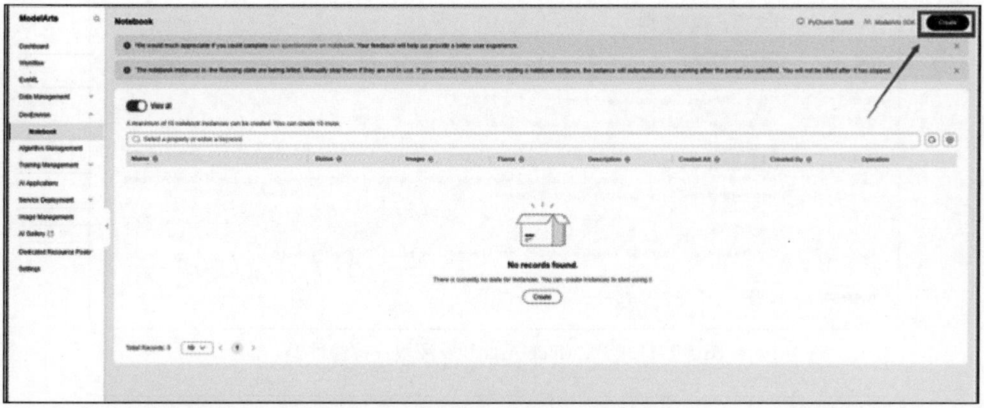

图 5-268 购买 ModelArts 开发环境（控制台）

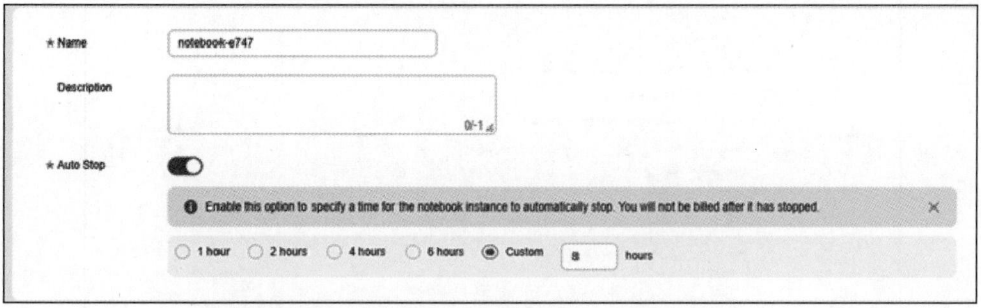

图 5-269 购买 ModelArts 开发环境（名称及自动停止）

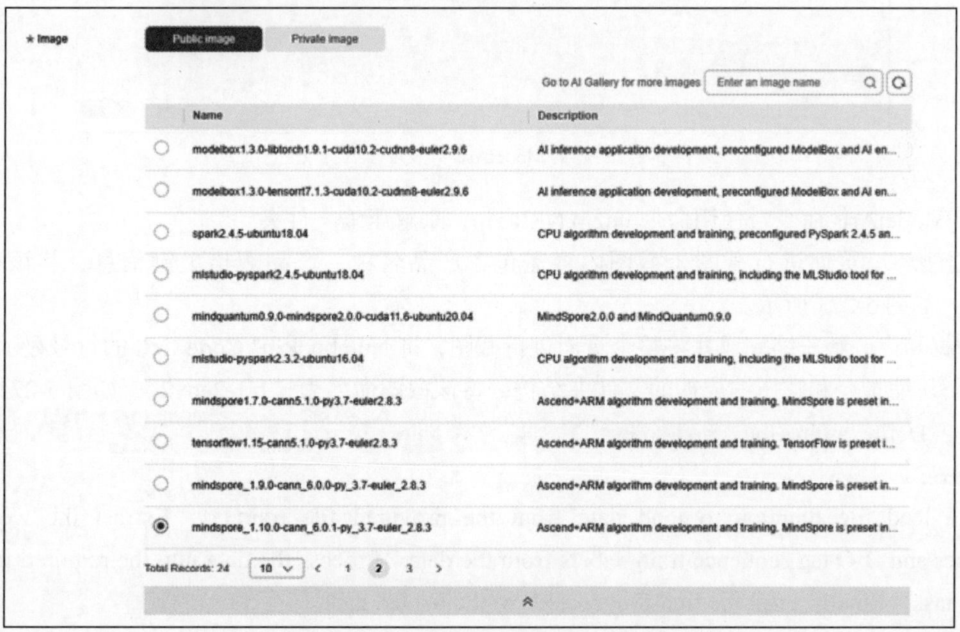

图 5-270 购买 ModelArts 开发环境（镜像选择）

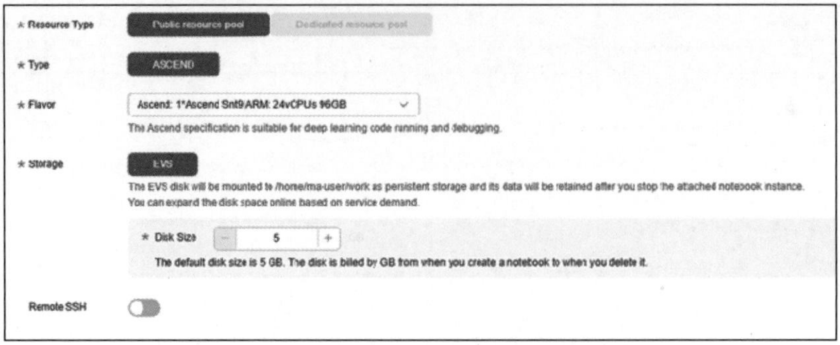

图 5-271　购买 ModelArts 开发环境（镜像种类）

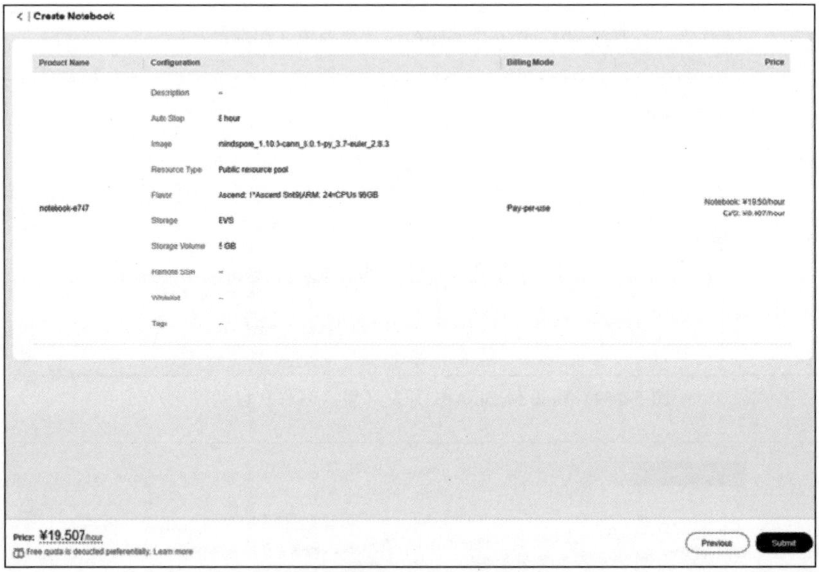

图 5-272　购买 ModelArts 开发环境（提交）

2．进入 ModelArts 命令台使用命令 unzip NER.zip，来解压缩文件夹。

3．将创建环境页面进行截图，截图内容需包含产品名称、产品规格关键信息，将该截图命名为"1-1-1env1"，如图 5-273 所示。

4．将数据和代码解压缩完成并将整个页面进行截图，将 Notebook 中 Code Cell 的行号显示出来，截图内容需包含解压缩指令和解压缩成功的文件夹结构，将该截图命名为"1-1-2env2"，如图 5-274 所示。

Subtask 2: Define a function to load data.

Procedure:

Define a load_file function to load data from the provided file train.txt. Extract the word sequence train_sentences and BIO tag sequence train_labels from the data. Process the data into the required format for the named entity task. Finally, print the first four records of the loaded data.

Screenshot requirements:

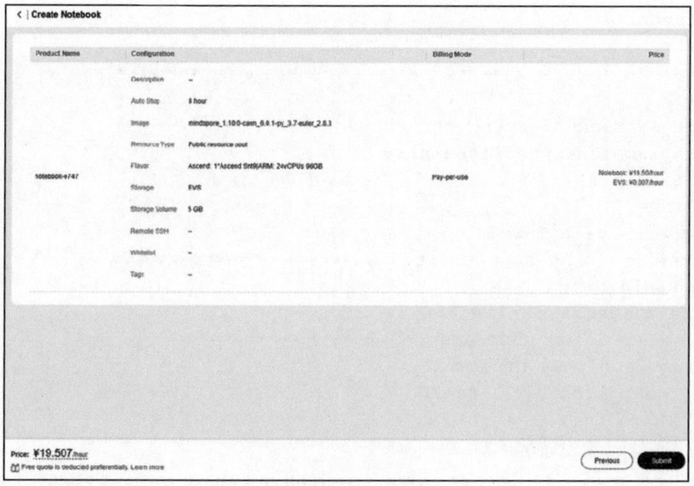

图 5-273 1-1-1env1

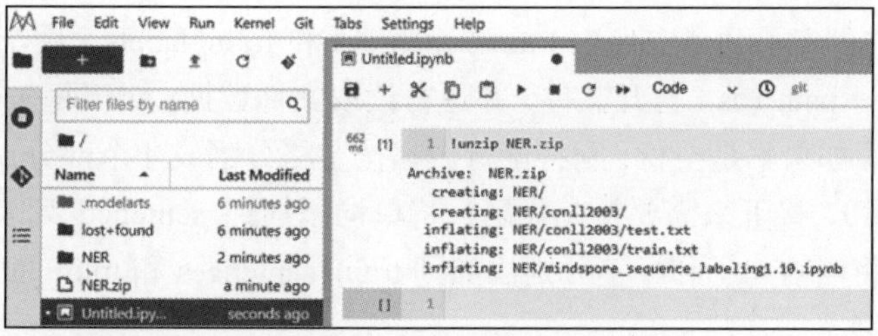

图 5-274 1-1-2env2

a. Screenshot the load_file Python code, and name it 1-2-1define. Screenshot the code for calling the function, and name it 1-2-2load_data.

b. Screenshot the first four records of the loaded data and the output result, and name it 1-2-3print_data.

【解析】

需补全的代码如下。

```
import os
dataroot_path = "./conll2003"

# Define the load_file function for loading data.
def load_file(path):
    # Load the dataset
    train_sentences = []
    train_labels = []
    with open(dataroot_path + path) as f:
        sentence = []
        labels = []
        for line in f:
            line = line.strip()
            if line:
                word, pos, chunk, label = line.split()
                #======================= To be supplemented 1 ======================
```

```
                sentence.                    # TBD
                labels.                      # TBD
                #=========================================================
            else:
                train_sentences.append(sentence)
                train_labels.append(labels)
                sentence = []
                labels = []
    return train_sentences, train_labels
#======================= To be supplemented 2 =======================
# Load the dataset train.txt
train_sentences, train_labels =     # TBD
#======================= To be supplemented 3 =======================
    # Print the first four rows of data.
train_sentences[], train_labels[]   # TBD
```

1. 分析以上代码，得出以下思路。

a）代码中，定义了一个名为 load_file 的函数，用于加载数据。该函数接收一个路径参数 path，并从该路径参数 path 指定的路径中读取数据。

b）在函数内部，首先创建了两个空列表 train_sentences 和 train_labels，用于存储读取的数据。然后使用 with open(dataroot_path + path) as f:打开文件，并逐行读取文件数据。对于每一行数据，先删除首尾空格，然后判断该行是不是空行。如果不是空行，则将该行数据按空格分割成 4 个部分：单词（word）、词性（pos）、块（chunk）和标签（label）。接下来需要补充代码，将单词添加到 sentence 列表中，将标签添加到 labels 列表中。如果是空行，则将当前句子和标签分别添加到 train_sentences 和 train_labels 列表中，并将 sentence 和 labels 列表重置为空列表。

c）函数返回包含所有句子和标签的两个列表 train_sentences 和 train_labels。

d）填空处应该填写“sentence.append(word)”和“labels.append(label)”。因为我们需要将每个单词添加到当前句子的列表中，并将对应的标签添加到当前句子的标签列表中。

e）调用函数加载数据，并且输出前 4 条数据。

2. 将 load_file 函数的代码截图，并将该截图命名为“1-2-1define”，如图 5-275 所示。

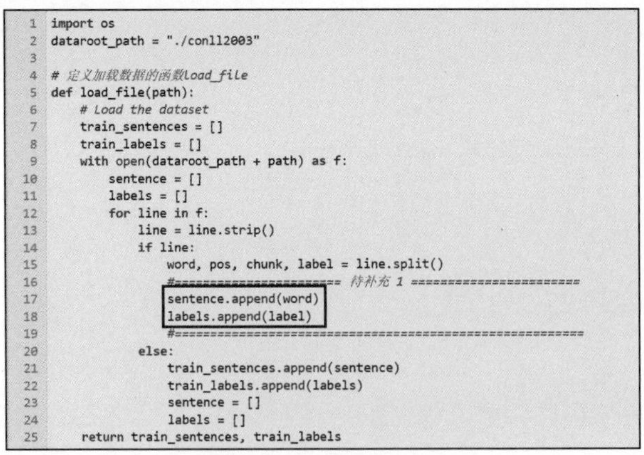

```
import os
dataroot_path = "./conll2003"

# 定义加载数据的函数load_file
def load_file(path):
    # Load the dataset
    train_sentences = []
    train_labels = []
    with open(dataroot_path + path) as f:
        sentence = []
        labels = []
        for line in f:
            line = line.strip()
            if line:
                word, pos, chunk, label = line.split()
                #===================== 待补充 1 =====================
                sentence.append(word)
                labels.append(label)
                #===================================================
            else:
                train_sentences.append(sentence)
                train_labels.append(labels)
                sentence = []
                labels = []
    return train_sentences, train_labels
```

图 5-275　1-2-1-define

3. 将调用函数的代码截图，并将该截图命名为“1-2-2load_data”，如图 5-276 所示。

```
 #====================== 待补充 2 ======================
# Load the dataset train.txt
train_sentences, train_labels = load_file("/train.txt")
```

图 5-276　1-2-2load_data

4. 将输出加载数据的前 4 条数据的代码和输出结果截图，并将该截图命名为“1-2-3print_data”，如图 5-277 所示。

```
 #====================== 待补充 3 ======================
    # 输出前4长数据
train_sentences[:4], train_labels[:4]
```

```
([['-DOCSTART-'],
  ['EU', 'rejects', 'German', 'call', 'to', 'boycott', 'British', 'lamb', '.'],
  ['Peter', 'Blackburn'],
  ['BRUSSELS', '1996-08-22']],
 [['O'],
  ['B-ORG', 'O', 'B-MISC', 'O', 'O', 'O', 'B-MISC', 'O', 'O'],
  ['B-PER', 'I-PER'],
  ['B-LOC', 'O']])
```

图 5-277　1-2-3print_data

Subtask 3: Build a word table and code the data tags.

Procedure:

a. Build a word table word_to_idx based on the extracted word sequence.

b. Map the entity tags to their respective numerical codes using tag_to_idx. The code assignments are as follows: "B-PER" to 0, "I-PER' to 1, "B-ORG" to 2, "I-ORG" to 3, "B-LOC" to 4, "I-LOC" to 5, "B-MISC" to 6, "I-MISC" to 7, and "O" to 8.

c. View the first five records in the word_to_idx table.

Screenshot requirements:

a. Screenshot the Python code used for requirement a, and name it 1-3-1word_to_idx.

b. Screenshot the Python code used for requirement b, and name it 1-3-2tag_to_idx.

c. Screenshot the Python code used for requirement c plus the result, and name it 1-3-3word_to_idx_items.

【解析】

需补全的代码如下。

```
# Build the word table word_to_idx based on the extracted word sequence.
word_to_idx = {}
word_to_idx['<pad>'] = 0

for sentence, tags in training_data:
    #====================== To be supplemented 1 ======================
    for word in sentence:
        if word not in word_to_idx:
            word_to_idx[word] =          # TBD
```

```
 #======================= To be supplemented 2 =======================
tag_to_idx =        # TBD
# View the first five rows of data records in the word_to_idx word table. (Two methods can be used.Choose
# any one to implement. Scores can be given as long as the result is correct.)
 #======================= To be supplemented 3 =======================
# Method 1
items =        # TBD
items[:5]
```

1. 分析以上代码，得出以下思路。

a）根据要求 a 和 b 可以看出，需要构建一个单词表 word_to_idx，将每个单词映射到一个唯一的索引。同时，还需要构建一个标签表 tag_to_idx，将每个标签也映射到一个唯一的索引。

b）在补全第一部分的代码时，我们需要遍历训练数据中的每个句子和对应的标签。对于每个句子中的单词，如果它不在单词表 word_to_idx 中，就将其添加到字典中，并将其映射到一个唯一的索引。这里使用 len(word_to_idx) 来生成新的索引值，因为字典的长度正好等于当前最大的索引值加 1。

c）在补全第二部分的代码时，我们需要遍历训练数据中的所有标签，并使用集合去重。然后，使用 enumerate 函数遍历所有不同的标签，并将它们添加到标签表 tag_to_idx 中。这里使用字典推导式来简化代码。

d）根据要求 c 可以看出，需要查看单词表 word_to_idx 中的前 5 行数据。这里提供了两种方法，选择其中一种方法实现即可。

第一种方法是将字典转换为列表，然后取前 5 个元素。第二种方法是使用 OrderedDict 来保持字典的顺序，然后取前 5 个元素。

2. 将用于满足要求 a 的 Python 代码截图，并将该截图命名为“1-3-1word_to_idx”，如图 5-278 所示。

3. 将用于满足要求 b 的 Python 代码截图，并将该截图命名为“1-3-2tag_to_idx”，如图 5-279 所示。

4. 将用于满足要求 c 的 Python 代码及输出结果截图，并将该截图命名为“1-3-3word_to_idx_items”，如图 5-280 和图 5-281 所示。

```
# 基于提取的词序列进行单词表word_to_idx构建
word_to_idx = {}
word_to_idx['<pad>'] = 0

for sentence, tags in training_data:
    #======================= 待补充 1 =======================
    for word in sentence:
        if word not in word_to_idx:
            word_to_idx[word] = len(word_to_idx)
```

图 5-278　1-3-1word_to_idx

```
#======================= 待补充 2 =======================
tag_to_idx = {"B-PER": 0, "I-PER": 1, "B-ORG": 2, "I-ORG": 3, "B-LOC": 4, "I-LOC": 5, "B-MISC": 6, "I-MISC":7, "O": 8}
```

图 5-279　1-3-2tag_to_idx

```
# 查看单词表word_to_idx中的前5条数据（2种方法，只要结果正确即可得分）
 #======================= 待补充 3 =======================
# 方法1
items = list(word_to_idx.items())
items[:5]

[('<pad>', 0), ('-DOCSTART-', 1), ('EU', 2), ('rejects', 3), ('German', 4)]
```

图 5-280　1-3-3word_to_idx_items（1）

```
# 查看单词表word_to_idx单词表中的前5条数据（2种方法，只要结果正确即可得分）
 #======================= 待补充 3 =======================
# 方式2
from collections import OrderedDict
ordened_dict_items = OrderedDict(word_to_idx)
list(ordened_dict_items.items())[:5]
```

图 5-281 1-3-3word_to_idx_items（2）

Subtask 4: Convert data formats.

Procedure:

a. Trim the data to a maximum sequence length of 10. For shorter sequences, add padding, and then generate tensors that include the input sequence, its corresponding tags, and the sequence length.

b. View the values of data.shape, label.shape, and seq_length.shape of the first four data records.

Screenshot requirements:

a. Screenshot the Python code used for requirement a, and name it 1-4-1prepare_sequence.

b. Screenshot the Python code used for requirement b plus the result, and name it 1-4-2returned_prepare_sequence.

【解析】

需要补全的代码如下。

```
#========================== To be supplemented 1 ======================
# Import one dependency libraries.

#=====================================================================

#========================== To be supplemented 2 ======================
def prepare_sequence(seqs, word_to_idx, tag_to_idx, ):      # TBD
#=====================================================================
    seq_outputs, label_outputs, seq_length = [], [], []
    for seq, tag in seqs:
        #========================== To be supplemented 3 ==========================
        if  :   # TBD
        #=============================================================
            seq_length.append(len(seq))
            idxs = [word_to_idx[w] for w in seq]
            labels = [tag_to_idx[t] for t in tag]
            idxs.extend([word_to_idx['<pad>'] for i in range(max_len - len(seq))])
            labels.extend([tag_to_idx['O'] for i in range(max_len - len(seq))])
            seq_outputs.append(idxs)
            label_outputs.append(labels)
        else:
            seq_length.append(max_len)
            idxs = [word_to_idx[w] for w in seq[:max_len]]
            labels = [tag_to_idx[t] for t in tag[:max_len]]
            #========================== To be supplemented 4 =================
```

```
            seq_outputs.        # TBD
            label_outputs.        # TBD
            #==============================================================

    #======================== To be supplemented 5 ========================
        return mindspore._______(  , mindspore.int64), \
            mindspore.Tensor(label_outputs, mindspore.int64), \
            mindspore.Tensor(seq_length, mindspore.int64)
    #======================== To be supplemented 6 ========================
    # Display the values of data.shape, label.shape, and seq_length.shape of the first four data records.
    data, label, seq_length = prepare_sequence(training_data[ ], word_to_idx, tag_to_idx)    # TBD
                    # TBD
    #==============================================================
```

1. 分析以上代码得知，它的作用是将输入的序列（seq）和对应的标签（tag）分别转换为模型可以接收的格式。具体来说，它会将单词和标签分别转换为对应的索引，并将序列长度填充到相同值（max_len）。

2. 根据以上分析可以整理出以下思路。

a）导入依赖库：需要导入 mindspore 依赖库，以便使用 MindSpore 框架的功能。同时，还需要导入 numpy 依赖库，用于处理数组。

b）定义函数：定义一个名为 prepare_sequence 的函数，其可以接收 4 个参数：seqs（输入的序列）、word_to_idx（单词到索引的映射）、tag_to_idx（标签到索引的映射）和 max_len（序列的最大长度，默认为 10）。

c）判断序列长度：如果序列长度小于 max_len，则将序列长度填充到 max_len，否则，保持序列长度不变。

d）转换单词和标签：将序列中的单词和标签分别转换为对应的索引，并将填充的部分用''和'O'表示。

e）返回结果：将转换后的单词、标签和序列长度封装成 MindSpore 的 Tensor 对象，并返回。

3. 根据要求 b 将前 4 个数据记录的 data、label 和 seq_length 的形状显示，来补全代码。

a）在原始代码中，prepare_sequence 函数被调用时，传入的参数是 training_data[]，这表示传入的是整个训练集。为了查看前 4 个数据记录的 data、label 和 seq-length 的形状，我们需要将参数改为 training_data[:4]，这样就会传入前 4 个数据。

b）接下来，我们使用 print 函数分别输出 data、label 和 seq_length 的形状。这样可以方便地查看这些变量的形状是否符合预期。

4. 将用于满足要求 a 的 Python 代码截图，并将该截图命名为“1-4-1prepare_sequence”，如图 5-282 所示。

5. 将用于满足要求 b 的 Python 代码及输出结果截图，并将该截图命名为“1-4-2returned_ prepare_sequence”，如图 5-283 所示。

```python
#========================= 待补充 1 （5分）=========================
# 导入依赖库
import mindspore
#=================================================================

#========================= 待补充 2 （5分）=========================
def prepare_sequence(seqs, word_to_idx, tag_to_idx,max_len=10):
#=================================================================
    seq_outputs, label_outputs, seq_length = [], [], []
    for seq, tag in seqs:
        #========================= 待补充 3 （5分）=========================
        if max_len> len(seq):
        #=================================================================
            seq_length.append(len(seq))
            idxs = [word_to_idx[w] for w in seq]
            labels = [tag_to_idx[t] for t in tag]
            idxs.extend([word_to_idx['<pad>'] for i in range(max_len - len(seq))])
            labels.extend([tag_to_idx['O'] for i in range(max_len - len(seq))])
            seq_outputs.append(idxs)
            label_outputs.append(labels)
        else:
            seq_length.append(max_len)
            idxs = [word_to_idx[w] for w in seq[:max_len]]
            labels = [tag_to_idx[t] for t in tag[:max_len]]
            #========================= 待补充 4 （10分）=========================
            seq_outputs.append(idxs)
            label_outputs.append(labels)
            #=================================================================

            #========================= 待补充 5 （5分）=========================
    return mindspore.Tensor(seq_outputs, mindspore.int64), \
            mindspore.Tensor(label_outputs, mindspore.int64), \
            #=================================================================
            mindspore.Tensor(seq_length, mindspore.int64)
```

图 5-282　1-4-1prepare_sequence

```python
#========================= 待补充 6 （10分）=========================
# 查看前4条数据的data.shape, label.shape, seq_length.shape大小结果
data, label, seq_length = prepare_sequence(training_data[:4], word_to_idx, tag_to_idx)
data.shape, label.shape, seq_length.shape
#=================================================================
```

```
((4, 10), (4, 10), (4,))
```

图 5-283　1-4-2returned_ prepare_sequence

Task 2: Building models (140 points)

Subtask 1: Complete the code of the compute_score function.

Procedure:

a. Complete the code of the compute_score function: write the code that calculates the first emission probability indicated by score += in the blank space.

b. Complete the code of the compute_score function: write the code that calculates the label transition probability from i-1 to i (valid when mask == 1) in the blank space.

c. Complete the code of the compute_score function: write the code that predicts the emission probability of tags[i] (valid when mask == 1) in the blank space.

Screenshot requirements:

Take a screenshot of the Python code above and name it 2-1-1compute_score.

【解析】

需补全的代码如下。

```
def compute_score(emissions, tags, seq_ends, mask, trans, start_trans, end_trans):
    # emissions: (seq_length, batch_size, num_tags)
    # tags: (seq_length, batch_size) The padded label.
    # mask: (seq_length, batch_size)

    seq_length, batch_size = tags.shape
    mask = mask.astype(emissions.dtype)

    # Set score to the initial transition probability.
    # shape: (batch_size,)
    score = start_trans[tags[0]]
    #========================== To be supplemented 1  ==========================
    # score += The first emission probability
    # shape: (batch_size,)
    score += [0, mnp.arange(), tags[0]]        # TBD
    #=======================================================================

    for i in range(1, seq_length):
         #========================== To be supplemented 2 ==========================
        # The label transition probability from i-1 to i (valid when mask == 1)
        # shape: (batch_size,)
        score += [tags[i - 1], tags[i]] *   # TBD: Sum based on the position in each Seq.
        #=======================================================================

        #========================== To be supplemented 3 ==========================
        # Predict the emission probability of tags[i] (valid when mask == 1).
        # shape: (batch_size,)
        score += [i, mnp.arange(), tags[i]] *   # TBD
        #=======================================================================

    # End the transition.
    # shape: (batch_size,)
    last_tags = tags[seq_ends, mnp.arange(batch_size) ]
    # score += End transition probability
    # shape: (batch_size,)
    score += end_trans[last_tags]

    return score
```

1. 分析以上代码，得出以下思路。

a）根据要求 a 得知，compute_score 的作用是计算给定标签序列的分数。它接收以下参数。

- emissions：形状为(seq_length, batch_size, num_tags)的张量，表示每个时间步和每个批次中每个标签的发射概率。
- tags：形状为(seq_length, batch_size)的张量，表示填充后的标签序列。
- seq_ends：一个布尔数组，表示标签序列结束的位置。
- mask：形状为(seq_length, batch_size)的张量，表示有效位置的掩码。
- trans：转移概率矩阵，形状为(num_tags, num_tags)。
- start_trans：初始转移概率向量，形状为(num_tags,)。
- end_trans：结束转移概率向量，形状为(num_tags,)。

b）首先，将 mask 张量的数据类型转换为 emissions 张量的数据类型。然后，将分数初始化为第一个标签的初始转移概率。接下来，对于标签序列中的每个时间步，计算从第 i-1 个到第 i 个标签的转移概率（仅在 mask 为 1 时有效），并将其累加到分数中。之后，预测第 i 个标签的发射概率（仅在 mask 为 1 时有效），并将其累加到分数中。最后，将最后一个标签的结束转移概率累加到分数中。

2. 补充计算第一个标签的发射概率的 Python 代码。

在原始代码中，分数被初始化为第一个标签的初始转移概率。为了计算第一个发射概率并将其累加到分数中，我们需要从 emissions 张量中获取第一个时间步和每个批次的第一个标签对应的发射概率。这可以通过使用索引[0,mnp.arange(batch_size），tags[0]]来实现。这样，我们就可以得到一个形状为(batch_size,)的张量，用于表示第一个标签的发射概率。然后，我们可以将其累加到分数中。

3. 补充计算转移概率的 Python 代码，仅在 mask 为 1 时有效。

在原始代码中，我们需要计算从第 i-1 个到第 i 个标签的转移概率，并且这个转移概率仅在 mask 为 1 时有效。为了实现这一点，我们可以使用 trans 矩阵来获取从 tags[i - 1]到 tags[i]的转移概率。然后，我们可以将这个转移概率乘 mask[i]，以便仅考虑有效位置。最后，我们将结果累加到分数中。

4. 补充预测发射概率的 Python 代码，仅在 mask 为 1 时有效。

在原始代码中，我们需要预测第 i 个标签的发射概率，并且仅在 mask 为 1 时有效。为了实现这一点，我们可以从 emissions 张量中获取第 i 个时间步和每个批次的第 i 个标签对应的发射概率。这可以通过使用索引[i, mnp.arange(batch_size），tags[i]]来实现。然后，我们可以将这个发射概率乘 mask[i]，以便仅考虑有效位置。最后，我们将结果累加到分数中。

5. 按照题目要求将 Python 代码进行截图，并将该截图命名为“2-1-1compute_score”，如图 5-284 所示。

```python
def compute_score(emissions, tags, seq_ends, mask, trans, start_trans, end_trans):
    # emissions: (seq_length, batch_size, num_tags)
    # tags: (seq_length, batch_size)  填充后的标签label
    # mask: (seq_length, batch_size)

    seq_length, batch_size = tags.shape
    mask = mask.astype(emissions.dtype)

    # 将score设置为初始转移概率
    # shape: (batch_size,)
    score = start_trans[tags[0]]
    #========================= 待补充 1（10分） =========================
    # score += 第一次发射概率
    # shape: (batch_size,)
    score += emissions[0, mnp.arange(batch_size), tags[0]]
    #====================================================================

    for i in range(1, seq_length):
         #========================= 待补充 2（10分） =========================
        # 标签由i-1转移至i的转移概率（当mask == 1时有效）
        # shape: (batch_size,)
        score += trans[tags[i - 1], tags[i]] * mask[i]  # 按每个Seq中的位置相加
        #====================================================================

        #========================= 待补充 3（10分） =========================
        # 预测tags[i]的发射概率（当mask == 1时有效）
        # shape: (batch_size,)
        score += emissions[i, mnp.arange(batch_size), tags[i]] * mask[i]
        #====================================================================

    # 结束转移
    # shape: (batch_size,)
    last_tags = tags[seq_ends, mnp.arange(batch_size)]
    # score += 结束转移概率
    # shape: (batch_size,)
    score += end_trans[last_tags]

    return score
```

图 5-284　2-1-1compute_score

Subtask 2: Calculate the log_sum_exp of the scores of all possible output sequences corresponding to the input sequence.

Procedure:

a. Complete the code of the compute_normalizer function to extend the score dimension for calculating the total score.

b. Complete the code of the compute_normalizer function to extend the emission dimension for calculating the total score.

c. Complete the return value of the compute_normalizer function and calculate the log_sum_exp for the scores of all possible paths.

Screenshot requirements:

Take a screenshot of the Python code above and name it 2-2-1compute_normalizer.

【解析】

需补全的代码如下。

```
def compute_normalizer(emissions, mask, trans, start_trans, end_trans):
    # emissions: (seq_length, batch_size, num_tags)
    # mask: (seq_length, batch_size)

    seq_length = emissions.shape[0]
    # Set score to the initial transition probability and add the first emission probability.
    # shape: (batch_size, num_tags)
    score = start_trans + emissions[0]

    for i in range(1, seq_length):
        #========================== To be supplemented 1  ==========================
        # Extend the score dimension to calculate the total score.
        # shape: (batch_size, num_tags, 1)
        broadcast_score = score.             # TBD
        #===================================================================

        #========================== To be supplemented 2  ==========================
        # Extend the emission dimension to calculate the total score.
        # shape: (batch_size, 1, num_tags)
        broadcast_emissions = emissions[i].      # TBD
        #===================================================================

        # Calculate score_i using the formula (7).
        # In this case, broadcast_score indicates all possible paths from token 0 to the current token.
        # log_sum_exp corresponding to score
        # shape: (batch_size, num_tags, num_tags)
        next_score = broadcast_score + trans + broadcast_emissions

        # Perform the log_sum_exp operation on score_i to calculate the score of the next token.
        # shape: (batch_size, num_tags)
        next_score_max = next_score.max()
        next_score = mnp.log(mnp.sum(mnp.exp(next_score - next_score_max), axis=1)) + next_score_max

        # The score changes only when mask == 1.
        # shape: (batch_size, num_tags)
        score = mnp.where(mask[i].expand_dims(1), next_score, score)
    # Add the end transition probability.
    # shape: (batch_size, num_tags)
    score += end_trans
    #========================== To be supplemented 3  ==========================
```

```
    # Calculate log_sum_exp based on the scores of all possible paths.
    # shape: (batch_size,)
    return mnp. (mnp. (mnp. (score）, axis=1))     # TBD
    #==================================================================
```

1. 分析以上代码，得出以下思路。

a）根据要求 a 得知，这段代码的作用是计算给定发射概率矩阵、掩码矩阵、转移概率矩阵、初始转移概率和结束转移概率的归一化因子。这段代码采用的算法是一个用于完成标签序列标注任务的动态规划算法，该算法可以计算最可能的标签序列的概率。

b）在第一个步骤中，我们需要将分数矩阵扩展到 3 个维度，以便计算所有可能路径的总分数。这里我们使用 expand_dims 函数来实现这一点。具体来说，我们将 score 矩阵的第三个维度设置为 1，这样就可以将其与转移概率矩阵和发射概率矩阵进行广播相加。

c）在第二个步骤中，我们需要将发射概率矩阵扩展到两个维度，以便计算所有可能路径的总分数。同样，我们使用 expand_dims 函数来实现这一点。具体来说，我们将 emissions[i]矩阵的第一个维度设置为 1，这样就可以将其与分数矩阵和转移概率矩阵进行广播相加。

d）在最后一个步骤中，我们需要计算所有可能路径的对数概率之和。为了实现这一点，我们首先计算分数矩阵的指数形式，然后沿着第二个维度求和，最后取对数。这里我们使用 mnp.exp、mnp.sum 和 mnp.log 函数来实现这一点。

2. 按照题目要求将 Python 代码进行截图，并将该截图命名为“2-2-1compute_normalizer”，如图 5-285 所示。

```
def compute_normalizer(emissions, mask, trans, start_trans, end_trans):
    # emissions: (seq_length, batch_size, num_tags)
    # mask: (seq_length, batch_size)

    seq_length = emissions.shape[0]
    # 将score设置为初始转移概率，并加上第一次发射概率
    # shape: (batch_size, num_tags)
    score = start_trans + emissions[0]

    for i in range(1, seq_length):
         #========================= 待补充 1（5分） =========================
        # 扩展score的维度用于总score的计算
        # shape: (batch_size, num_tags, 1)
        broadcast_score = score.expand_dims(2)
        #==================================================================

         #========================= 待补充 2（5分） =========================
        # 扩展emission的维度用于总score的计算
        # shape: (batch_size, 1, num_tags)
        broadcast_emissions = emissions[i].expand_dims(1)
        #==================================================================

        # 根据公式(7)，计算score_i
        # 此时broadcast_score是由第0个到当前Token所有可能路径
        # 对应score的log_sum_exp
        # shape: (batch_size, num_tags, num_tags)
        next_score = broadcast_score + trans + broadcast_emissions

        # 对score_i做log_sum_exp运算，用于下一个Token的score计算
        # shape: (batch_size, num_tags)
        next_score_max = next_score.max()
        next_score = mnp.log(mnp.sum(mnp.exp(next_score - next_score_max), axis=1)) + next_score_max

        # 当mask == 1时，score才会变化
        # shape: (batch_size, num_tags)
        score = mnp.where(mask[i].expand_dims(1), next_score, score)
    # 最后加结束转移概率
    # shape: (batch_size, num_tags)
    score += end_trans
     #========================= 待补充 3（10分） =========================
    # 对所有可能的路径得分求log_sum_exp
    # shape: (batch_size,)
    return mnp.log(mnp.sum(mnp.exp(score), axis=1))
    #==================================================================
```

图 5-285　2-2-1compute_normalizer

Subtask 3: Construct CRF.

Procedure:

a. Add the code of the __init__ method in the CRF class to define the initial transition probability.

b. Add the construct method in the CRF class.

Screenshot requirements:

Take a screenshot of the Python code used for CRF construction and name it 2-3-1CRF_construct.

【解析】

需补全的代码如下。

```
import mindspore
import mindspore.nn as nn
import mindspore.numpy as mnp
from mindspore import Parameter
from mindspore.common.initializer import initializer, Uniform

def sequence_mask(seq_length, max_length, batch_first=False) :
    """Generate the mask matrix based on the actual length and maximum length of the sequence."""
    range_vector = mnp.arange(0, max_length, 1, seq_length.dtype)
    result = range_vector < seq_length.view(seq_length.shape + (1,))
    if batch_first:
        return result.astype(mindspore.int64)
    return result.astype(mindspore.int64).swapaxes(0, 1)

class CRF(nn.Cell):
    def __init__(self, num_tags: int, batch_first: bool = False, reduction: str = 'sum') -> None:
        if num_tags <= 0:
            raise ValueError(f'invalid number of tags: {num_tags}')
        super().__init__()
        if reduction not in ('none', 'sum', 'mean', 'token_mean'):
            raise ValueError(f'invalid reduction: {reduction}')
        self.num_tags = num_tags
        self.batch_first = batch_first
        self.reduction = reduction
        #========================== To be supplemented 1  ==========================
        # TBD: Define the initial transition probability
        self.start_transitions =  (initializer( (0.1), ( ,)), name='start_transitions')
        #==================================================================
        self.end_transitions = Parameter(initializer(Uniform(0.1), (num_tags,)),
                                         name='end_transitions')
        self.transitions = Parameter(initializer(Uniform(0.1), (num_tags, num_tags)),
                                     name='transitions')

    def construct(self, emissions, tags=None, seq_length=None) :
        if tags is None:
            #========================== To be supplemented 2  ==========================
            return self.           # TBD: Prediction mode
        return self._forward(emissions, tags, seq_length)
    #==================================================================

    def _forward(self, emissions, tags=None, seq_length=None) :
        if self.batch_first:
            batch_size, max_length = tags.shape
```

```
            emissions = emissions.swapaxes(0, 1)
            tags = tags.swapaxes(0, 1)
        else:
            max_length, batch_size = tags.shape

        if seq_length is None:
            seq_length = mnp.full((batch_size,), max_length, mindspore.int64)

        mask = sequence_mask(seq_length, max_length)

        # shape: (batch_size,)
        numerator = compute_score(emissions, tags, seq_length-1, mask, self.transitions,
                                  self.start_transitions, self.end_transitions)
        # shape: (batch_size,)
        denominator = compute_normalizer(emissions, mask, self.transitions, self.start_transitions,
                                         self.end_transitions)
        # shape: (batch_size,)
        llh = denominator - numerator

        if self.reduction == 'none':
            return llh
        if self.reduction == 'sum':
            return llh.sum()
        if self.reduction == 'mean':
            return llh.mean()
        return llh.sum() / mask.astype(emissions.dtype) .sum()

    def _decode(self, emissions, seq_length=None) :
        if self.batch_first:
            batch_size, max_length = emissions.shape[:2]
            emissions = emissions.swapaxes(0, 1)
        else:
            batch_size, max_length = emissions.shape[:2]

        if seq_length is None:
            seq_length = mnp.full((batch_size,), max_length, mindspore.int64)

        mask = sequence_mask(seq_length, max_length)

        return viterbi_decode(emissions, mask, self.transitions, self.start_transitions,
                              self.end_transitions)
```

1. 分析以上代码，得出以下思路。

a）根据要求 a 得知，这段代码实现了一个 CRF（Conditional Random Field，条件随机场）模型，用于完成标签序列标注任务。CRF 模型是一种概率图模型，可以预测给定输入序列的标签序列。在自然语言处理中，CRF 模型常用于完成词性标注、命名实体识别等任务。

b）代码中的 CRF 类继承自 nn.Cell，表示一个神经网络层。__init__方法定义了 CRF 模型的参数，包括标签数量、是否使用批量优先的输入格式以及损失函数的计算方式。construct 方法根据输入的发射矩阵、标签序列和标签序列长度计算损失值或预测标签序列。

2. 根据以上思路补全代码。

a）初始化 start_transitions 参数，代码如下。

self.start_transitions = Parameter(initializer(Uniform(0.1), (num_tags,)), name='start_transitions')

这里使用 Parameter 类将 start_transitions 定义为一个可学习的参数，并使用均匀分布初始化，范围为[0, 0.1]。num_tags 表示标签的数量，在这里表示在 CRF 模型中，从初始状态转移到各个标签的概率。

b）在 construct 方法中，当 tags 为 None 时，表示需要进行预测，此时调用_decode 方法计算预测的标签序列，代码如下。

return self._decode(emissions,seq_length)

这里调用_decode 方法，输入发射矩阵 emissions 和序列长度 seq_length，计算预测的标签序列。这里没有给出_decode 方法的具体实现，但其通常包括以下步骤。

- 根据输入的发射矩阵和序列长度生成掩码矩阵，用于过滤无效的位置。
- 使用维特比算法（Viterbi Algorithm）寻找最可能的标签序列。
- 返回预测的标签序列。

3. 将构建上述 CRF 模型的 Python 代码截图，并将该截图命名为“2-3-1CRF_construct”，如图 5-286 所示。

```python
import mindspore
import mindspore.nn as nn
import mindspore.numpy as mnp
from mindspore import Parameter
from mindspore.common.initializer import initializer, Uniform

def sequence_mask(seq_length, max_length, batch_first=False):
    """根据序列实际长度和最大长度生成mask矩阵"""
    range_vector = mnp.arange(0, max_length, 1, seq_length.dtype)
    result = range_vector < seq_length.view(seq_length.shape + (1,))
    if batch_first:
        return result.astype(mindspore.int64)
    return result.astype(mindspore.int64).swapaxes(0, 1)

class CRF(nn.Cell):
    def __init__(self, num_tags: int, batch_first: bool = False, reduction: str = 'sum') -> None:
        if num_tags <= 0:
            raise ValueError(f'invalid number of tags: {num_tags}')
        super().__init__()
        if reduction not in ('none', 'sum', 'mean', 'token_mean'):
            raise ValueError(f'invalid reduction: {reduction}')
        self.num_tags = num_tags
        self.batch_first = batch_first
        self.reduction = reduction
        #======================== 待补充 1（10分） ========================
        self.start_transitions = Parameter(initializer(Uniform(0.1), (num_tags,)), name='start_transitions')  #初始转移概率定义
        #=================================================================
        self.end_transitions = Parameter(initializer(Uniform(0.1), (num_tags,)), name='end_transitions')
        self.transitions = Parameter(initializer(Uniform(0.1), (num_tags, num_tags)), name='transitions')

    def construct(self, emissions, tags=None, seq_length=None):
        if tags is None:
            #======================== 待补充 2（20分） ========================
            return self._decode(emissions, seq_length)   #预测模式
        return self._forward(emissions, tags, seq_length)
    #=================================================================
```

Figure 5-286（图 5-286）　2-3-1CRF_construct

Subtask 4: Build the BiLSTM+CRF model.

Procedure:

a. Add the BiLSTM code for the __init__ method in the BiLSTM_CRF class.

b. Add the Dense code for the __init__ method in the BiLSTM_CRF class.

c. Add the construct method in the BiLSTM_CRF class. Create the two network layers missing in the structure shown in Fig. 5-287.

d. Add the return value of the construct method.

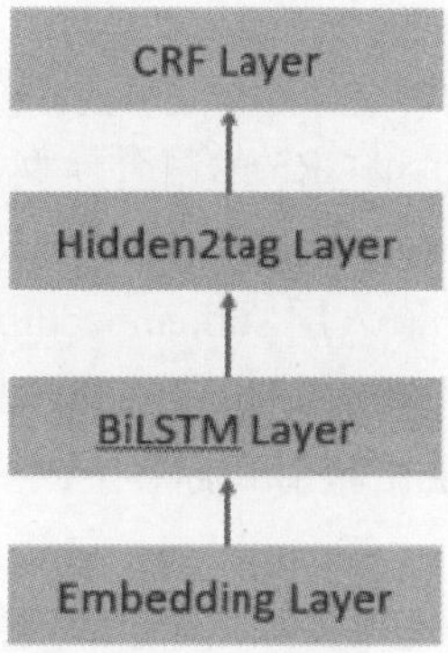

图 5-287 Procedure

Screenshot requirements:

Take a screenshot of the Python code used for model building above and name it 2-4-1BiLSTM_CRF.

【解析】

需补全的代码如下。

```
class BiLSTM_CRF(nn.Cell):
    def __init__(self, vocab_size, embedding_dim, hidden_dim, num_tags, padding_idx=0):
        super().__init__()

        self.embedding = nn.Embedding(vocab_size, embedding_dim, padding_idx=padding_idx)
        #========================= To be supplemented 1  =========================
        self.lstm = nn. (embedding_dim, hidden_dim // 2, bidirectional= , batch_first=True)    # TBD
        #=================================================================

        #========================= To be supplemented 2 =========================
        self.hidden2tag = nn. (hidden_dim,  , 'he_uniform')        # TBD
        #=================================================================
        self.crf = CRF(num_tags, batch_first=True)


    def construct(self, inputs, seq_length, tags=None):
        #========================= To be supplemented 3  =========================
        embeds = self.        # TBD
        #=================================================================

        outputs, _ = self.lstm(embeds, seq_length=seq_length)

        #========================= To be supplemented 4 =========================
        feats = self.     # TBD
        #=================================================================

        crf_outs = self.crf(feats, tags, seq_length)

        #========================= To be supplemented 5 =========================
        return         # TBD
        #=================================================================
```

1. 分析以上代码，得出以下思路。

a)根据要求 a 得知,这段代码定义了一个名为 BiLSTM_CRF 的类,它是一个 BiLSTM(Bidirectional Long Short-Term Memory，双向长短时记忆网络) 和 CRF 的组合模型。这个模型用于完成序列标注任务，如词性标注、命名实体识别等。

b) 在__init__方法中，首先定义了一个嵌入层 self.embedding，用于将输入的单词索引转换为固定维度的向量表示。然后定义了一个 BiLSTM 层 self.lstm，用于处理序列数据。接着定义了一个全连接层 self.hidden2tag，用于将表示 BiLSTM 层的输出映射到标签空间。最后定义了一个 CRF 层 self.crf，用于计算序列数据的标签概率分布。

c) 在 construct 方法中，首先通过嵌入层将输入的单词索引转换为向量表示。然后将向量表示输入 BiLSTM 层，得到序列数据的隐藏状态表示。接着通过全连接层将隐藏状态表示映射到标签空间，得到标签概率分布。最后使用 CRF 层计算最终的标签概率分布，并返回结果。

2. 根据以上思路补全代码。

a) 在__init__方法中，需要补全 BiLSTM 层的参数，包括输入维度、隐藏层大小、是否使用 BiLSTM 以及是否使用批量优先的数据格式，具体代码如下。

self.lstm = nn.LSTM(embedding_dim, hidden_dim // 2, bidirectional=True, batch_first=True)

这里使用了 MindSpore 框架中的 nn.LSTM 类，其中 embedding_dim 表示输入维度，即向量表示的维度；hidden_dim // 2 表示隐藏层大小，即 BiLSTM 层输出的维度；bidirectional=True 表示使用 BiLSTM；batch_first=True 表示使用批量优先的数据格式。

b) 在__init__方法中，需要补全全连接层的参数，包括输入维度、输出维度以及权重初始化方法，具体代码如下。

```
self.hidden2tag = nn.Dense(hidden_dim, num_tags, weight_init='he_uniform')
```

这里使用了 MindSpore 框架中的 nn.Dense 类，其中 hidden_dim 表示输入维度，即 BiLSTM 层输出的维度；num_tags 表示输出维度，即标签空间的大小；weight_init='he_uniform'表示使用 He 正态分布初始化权重。

c) 在 construct 方法中，需要补全嵌入层的调用，将输入的单词索引转换为向量表示，具体代码如下。

```
embeds = self.embedding(inputs)
```

这里调用了 self.embedding 对象，将输入的单词索引 inputs 转换为对应的向量表示。

d) 在 construct 方法中，需要补全全连接层的调用，将 BiLSTM 层的输出映射到标签空间，具体代码如下。

```
feats = self.hidden2tag(outputs)
```

这里调用了 self.hidden2tag 对象，将 BiLSTM 层的输出 outputs 映射到标签空间，得到标签概率分布。

e) 在 construct 方法中，需要补全返回值，返回 CRF 层的输出结果，具体代码如下。

```
return crf_outs
```

这里返回了 CRF 层的输出结果 crf_outs，即最终的标签概率分布。

3. 将构建模型的 Python 代码截图，并将该截图命名为“2-4-1BiLSTM_CRF”，如图 5-288 所示。

```python
class BiLSTM_CRF(nn.Cell):
    def __init__(self, vocab_size, embedding_dim, hidden_dim, num_tags, padding_idx=0):
        super().__init__()

        self.embedding = nn.Embedding(vocab_size, embedding_dim, padding_idx=padding_idx)
        #======================== 待补充 1 (20分) ========================
        self.lstm = nn.LSTM(embedding_dim, hidden_dim // 2, bidirectional=True, batch_first=True)
        #=================================================================

        #======================== 待补充 2 (10分) ========================
        self.hidden2tag = nn.Dense(hidden_dim, num_tags, 'he_uniform')
        #=================================================================
        self.crf = CRF(num_tags, batch_first=True)


    def construct(self, inputs, seq_length, tags=None):
        #======================== 待补充 3 (10分) ========================
        embeds = self.embedding(inputs)
        #=================================================================

        outputs, _ = self.lstm(embeds, seq_length=seq_length)

        #======================== 待补充 4 (10分) ========================
        feats = self.hidden2tag(outputs)
        #=================================================================

        crf_outs = self.crf(feats, tags, seq_length)

        #======================== 待补充 5 (10分) ========================
        return crf_outs
        #=================================================================
```

图 5-288　2-4-1BiLSTM_CRF

Task 3: Model Training and Saving (130 points)

Subtask 1: Instantiate the model.

Procedure:

a. Set the values of hyperparameters embedding_dim and hidden_dim to 64 and 32, respectively.

b. Instantiate the BiLSTM+CRF model created in task 2.

Screenshot requirements:

Take a screenshot of the Python code used for model instantiation and name it 3-1-1model.

【解析】

1. 题目要求设置 embedding_dim、hidden_dim 超参数分别对应值 64、32，基于 Task 2 中构建的 BiLSTM+CRF 模型进行实例化。

2. 将实例化模型的 Python 代码截图，并将该截图命名为“3-1-1model”，如图 5-289 所示。

```python
# 定义超参数的值
embedding_dim = 16
hidden_dim = 32
```

```python
# 实例化模型 model
model = BiLSTM_CRF(len(word_to_idx), embedding_dim, hidden_dim, len(tag_to_idx))
```

图 5-289　3-1-1model

Subtask 2: Select an optimizer.

Procedure:

Select and instantiate an optimizer for subsequent model training and debugging. Options include SGD, Adam, and Momentum.

Screenshot requirements:

Take a screenshot of the Python code used for optimizer selection, and name it 3-2-1Optimizer.

【解析】

需要补全的代码如下。

```
#=======================To be supplemented 1 =====================
# The optimizer can be SGD, Momentum, or Adam.
optimizer = nn. (model.trainable_params(), learning_rate=0.001, weight_decay=1e-4)    # TBD
```

1. 分析以上代码，得出以下思路。

a）题目要求选择 1 种优化器并实例化，用于后续模型训练调试，可选择的优化器如 SGD、Adam、Momentum，从中选择 1 种，以下是其中的参数。

- model.trainable_params()：表示模型中需要训练的参数，即权重和偏置等。
- learning_rate=0.01：学习率，用于控制每次更新参数时的步长大小。较大的学习率可能导致模型收敛速度较快，但可能不稳定；较小的学习率可能导致模型收敛速度较慢，但可能更稳定。
- weight_decay=0.0：权重衰减，用于防止过拟合。权重衰减通过在损失函数中添加一个正则项（权重的平方和）来实现。较大的权重衰减值会导致模型更加倾向于选择较小的权重，从而降低过拟合的风险。

b）根据题目要求，可从三种优化器中任选一种，这里选择 Adam。

2. 将选择优化器的 Python 代码截图，并将该截图命名为“3-2-1Optimizer”，如图 5-290 所示。

```
# optimizer 可选 SGD、Momentum、Adam
optimizer = nn.Adam(model.trainable_params(), learning_rate=0.01,  weight_decay=0.0)
# optimizer = nn.SGD(model.trainable_params(), learning_rate=0.001, weight_decay=1e-4)
```

图 5-290　3-2-1Optimizer

Subtask 3: Train and save the model.

Procedure:

a. Import the needed dependency libraries and use a derivative function to calculate the forward computation result and gradient of a given function.

b. Add the train_step function.

c. Rewrite the provided code. Take batches of data from the training data to participate in training. Multiple training epochs are supported. Define the hyperparameters batch_size and epoch.

d. Use the optimizer selected in subtask 2 to train the model. Adjust the hyperparameters, optimizer, or sequence length during model training, and ensure that the final loss of the trained model is less than 0.2. Save the model whose loss is less than 0.2 in the current path, and name it LSTM_CRFNet.ckpt.

Screenshot requirements:

a. Take a screenshot of the Python code used for requirement a, and name it 3-3-1import.

b. Take a screenshot of the Python code used for requirement b, and name it 3-3-2train_step.

c. Take a screenshot of the Python code used for requirement c, and name it 3-3-3batch_epoch.

d. Take a screenshot of the Python code used for requirement d plus the loss of the model, and name it

3-3-4Loss.

e. Take a screenshot of the directory structure that keeps the saved model file in requirement d, and name it 3-3-5model_file.

【解析】

需要补全的代码如下。

```
#=======================To be supplemented 1  =====================
# Use functional differentiation to import the dependency library.
import   as ops   # TBD
#===================================================================
grad_fn = ops.value_and_grad(model, None, optimizer.parameters)

def train_step(data, seq_length, label):
    #=======================To be supplemented 2 =====================
    loss, grads =     # TBD
    optimizer( )        # TBD
    #===============================================================
return loss
from tqdm import tqdm

#=======================To be supplemented 3 ======================
#Rewrite the provided code and add the training of customized batch_size and epoch
steps = 500
with tqdm(total=steps) as t:
    for i in range(steps):
        loss = train_step(data, seq_length, label)
        t.set_postfix(loss=loss)
        t.update(1)

# batch_size = 8
# epochs = 5
# steps = len(training_data) //batch_size*epochs
# with tqdm(total=steps) as t:
#     for epoch in range(epochs):
#         for i in range(len(training_data) //batch_size) :
#             loss = train_step(data[ ], seq_length[ ], label[ ])        # TBD
#             t.set_postfix(loss=loss)
#             t.update(1)
#==========================================================================================
import mindspore as ms
#=======================To be supplemented 4 =====================
# Save the model parameter as LSTM_CRFNet.ckpt
ms.          # TBD
```

1. 根据以上代码，得出以下思路。

a）根据要求 a 得知，这段代码的作用是通过定义一个训练步骤的 train_step 函数，在模型的训练过程中更新模型参数。具体来说，该函数使用了 MindSpore 框架中的 ops.value_and_grad 函数来计算模型的损失值和梯度，然后使用优化器（optimizer）来根据梯度更新模型参数。

b）定义 grad_fn：grad_fn = ops.value_and_grad(model, None, optimizer.parameters)，这里使用 ops.value_and_grad 函数创建了一个计算模型损失值和梯度的函数对象 grad_fn。其中，model 表示模型、None

表示没有额外的输入参数、optimizer.parameters 表示优化器的参数。

c）定义 train_step 函数：这个函数接收 3 个参数，分别是数据（data）、序列长度（seq_length）和标签（label）。在函数内部，首先调用 grad_fn 计算损失值和梯度：loss, grads = grad_fn(data, seq_length, label)。然后，使用优化器根据梯度更新模型参数：optimizer(grads)。最后，返回损失值：return loss。

d）根据要求 b 和 c 得知，这段代码的作用是使用 tqdm 库来显示训练过程中的进度条，并在每个训练步骤中更新损失值。同时，它还支持自定义批量大小（batch_size）和训练轮数（epochs）。

e）这样设置 train_step 函数是为了在每个训练步骤中计算损失值。这个函数通过将数据分成批次进行处理，可以有效地利用内存资源，并加速训练过程。在这里，将批量大小设置为 8，表示每次处理 8 个数据。将训练轮数设置为 5，表示整个训练集将被遍历 5 次。

f）根据要求 d 分析代码，得知需要保存模型参数，ms.save_checkpoint 函数是 MindSpore 框架中的一个函数，用于保存模型参数。它将模型参数保存为名为“LSTM_CRFNet.ckpt”的文件。这个文件可以在之后的训练或推理过程中被加载，以便恢复模型的状态。

2. 将用于满足要求 a 的 Python 代码截图，并将该截图命名为“3-3-1import”，如图 5-291 所示。

```
#=======================待补充1 （5分）=====================
# 使用函数式微分，导入依赖库
import mindspore.ops as ops
#=================================================================
grad_fn = mindspore.ops.value_and_grad(model, None, optimizer.parameters)
```

图 5-291　3-3-1import

3. 将用于满足要求 b 的 Python 代码截图，并将该截图命名为“3-3-2train_step”，如图 5-292 所示。

```
def train_step(data, seq_length, label):
    #=======================待补充2 （20分）=====================
    loss, grads = grad_fn(data, seq_length, label)
    optimizer(grads)
    #=================================================================
    return loss
```

图 5-292　3-3-2train_step

4. 将用于满足要求 c 的 Python 代码截图，并将该截图命名为“3-3-3batch_epoch”，如图 5-293 所示。

```
from tqdm import tqdm

#======================待补充3 基于提供的代码内容改写，增加自定义batch_size和epoch的训练（25分）=====================
# steps = 500
# with tqdm(total=steps) as t:
#     for i in range(steps):
#         loss = train_step(data, seq_length, label)
#         t.set_postfix(loss=loss)
#         t.update(1)
#==========================================================================================
batch_size = 8
epochs = 5
steps = len(training_data)//batch_size*epochs
with tqdm(total=steps) as t:
    for epoch in range(epochs):
        for i in range(len(training_data)//batch_size):
            loss = train_step(data[i*batch_size:(i+1)*batch_size], seq_length[i*batch_size:(i+1)*batch_size], label[i*batch_size:(i+1)*batch_size])
            t.set_postfix(loss=loss)
            t.update(1)

```

图 5-293　3-3-3batch_epoch

5. 将用于满足要求 d 的 Python 代码及输出的 loss 截图，并将该截图命名为“3-3-4Loss” ，如图 5-294 所示。

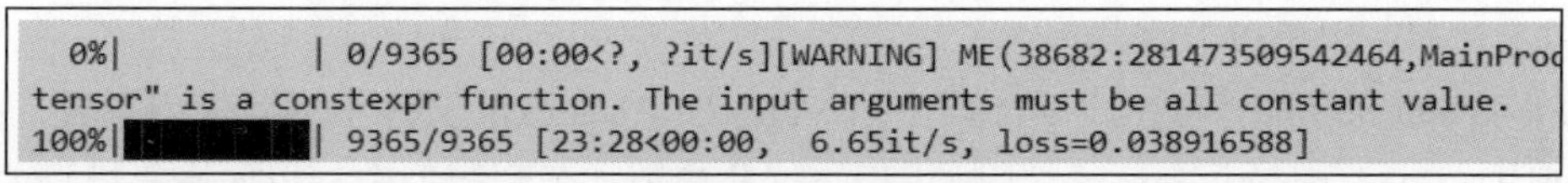

图 5-294 3-3-4Loss

6. 将用于满足要求 d 的保存模型参数的文件所在的目录结构截图，并将该截图命名为“3-3-5model_file”，如图 5-295 所示。

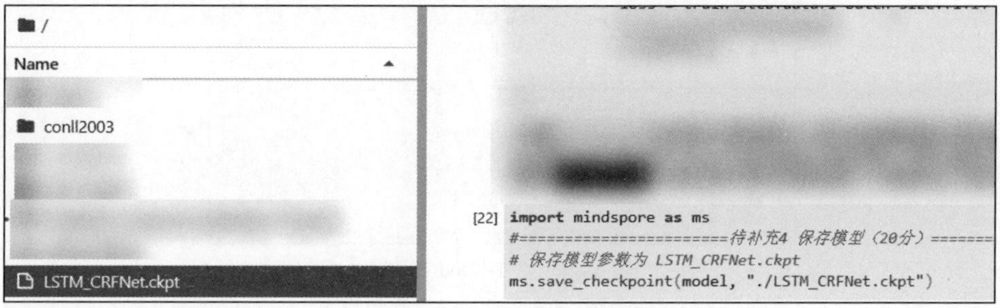

图 5-295 3-3-5model_file

Subtask 4: Export the model in AIR format.

Procedure:

a. Store model parameters in the parameter dictionary.

b. Load the parameters to the network and export them in AIR format. Name the exported model LSTM_CRF.

Screenshot requirements:

a. Take a screenshot of the Python code used for requirements a and b, and name it 3-4-1load_model.

b. Take a screenshot of the directory structure that keeps the exported file for requirement b, and name it 3-4-2AIR_model.

【解析】

需要补全的代码如下。

```
from mindspore import export, load_checkpoint, load_param_into_net
from mindspore import Tensor
import numpy as np

model = BiLSTM_CRF(len(word_to_idx), embedding_dim, hidden_dim, len(tag_to_idx))
#======================To be supplemented 1 =====================
# Store model parameters in the parameter dictionary.
param_dict =        # TBD

#======================To be supplemented 2 =====================
# Load parameters to the network.
load_param_into_net(model, param_dict)
# Export the model as LSTM_CRF.mindir
 (model, data,seq_length, file_name= , file_format= )       # TBD
```

1. 分析以上代码，得出以下思路。

代码中的 load_checkpoint 函数用于从指定的 LSTM_CRFNet.ckpt 文件中加载模型参数，并将其存储在 param_dict 字典中。load_param_into_net 函数用于将这些参数加载到模型中，以便恢复模型的状态。export 函数用于将模型导出为 AIR 格式的文件，以便在其他设备上进行推理或部署。

2. 根据以上思路补全代码，并将用于满足要求 a、b 的 Python 代码截图，将该截图命名为“3-4-1load_model”，如图 5-296 所示。

```
from mindspore import export, load_checkpoint, load_param_into_net
from mindspore import Tensor
import numpy as np

model = BiLSTM_CRF(len(word_to_idx), embedding_dim, hidden_dim, len(tag_to_idx))
#======================待补充 1 =====================
# 将模型参数存入parameter的字典中
param_dict = load_checkpoint("LSTM_CRFNet.ckpt")

#======================待补充 2 =====================
# 将参数加载到模型中
load_param_into_net(model, param_dict)
# 模型导出为 LSTM_CRF.mindir
export(model, data,seq_length, file_name='LSTM_CRF', file_format='AIR')
```

图 5-296　3-4-1load_model

3. 将导出文件所在的目录结构截图，将该截图命名为“3-4-2AIR_model”，如图 5-297 所示。

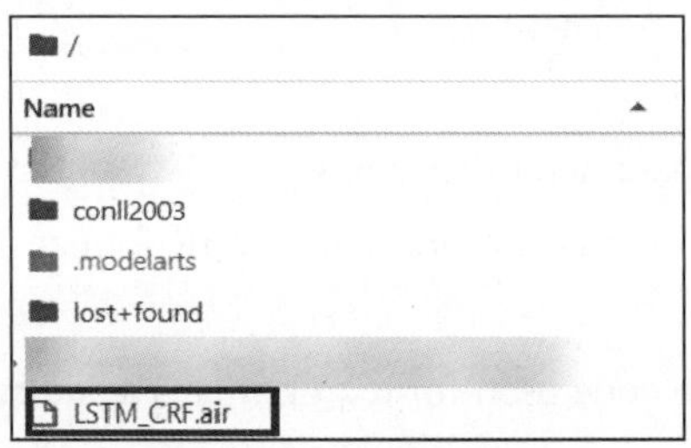

图 5-297　3-4-2AIR_model

Task 4: Using the model for prediction (60 points)

Subtask 1: Load the trained model.

Procedure:

Load LSTM_CRFNet.ckpt, store the model parameters to the parameter dictionary, and load the parameters to the network.

Screenshot requirements:

Take a screenshot of the Python code used for requirement a, and name it 4-1-1load_model.

【解析】

```
from mindspore import load_checkpoint, load_param_into_net

model = BiLSTM_CRF(len(word_to_idx), embedding_dim, hidden_dim, len(tag_to_idx))

# Store model parameters in the parameter dictionary.
param_dict = load_checkpoint("LSTM_CRFNet.ckpt")
#======================To be supplemented 1 =====================
```

```
    # Load parameters to the network.
            # TBD
```

1. 分析以上代码，得出以下思路。

a）load_param_into_net 函数是 MindSpore 框架中的一个函数，用于将参数加载到模型中。它接收两个参数：一个是模型对象，另一个是包含参数的字典。

b）在这段代码中，首先使用 load_checkpoint 函数从指定的 LSTM_CRFNet.ckpt 文件中加载模型参数，并将其存储在 param_dict 字典中。然后调用 load_param_into_net 函数将这些参数加载到模型对象 model 中，以便恢复模型的状态。这样，就可以使用这个已经训练好的模型进行推理或继续训练。

2. 根据以上思路补全代码，并将要求 a 的 Python 代码截图，将该截图命名为“4-1-1load_model”，如图 5-298 所示。

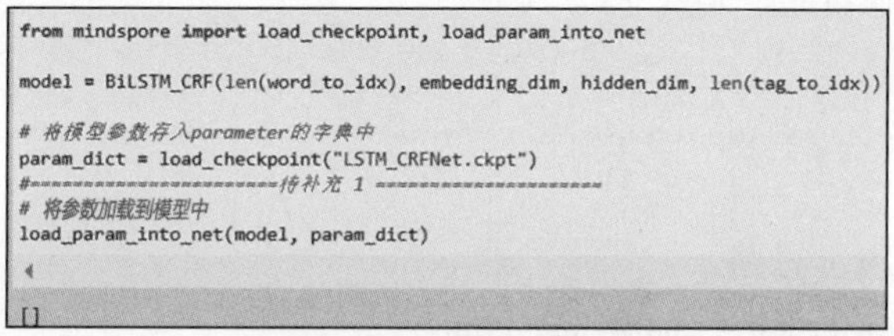
```
from mindspore import load_checkpoint, load_param_into_net

model = BiLSTM_CRF(len(word_to_idx), embedding_dim, hidden_dim, len(tag_to_idx))

# 将模型参数存入parameter的字典中
param_dict = load_checkpoint("LSTM_CRFNet.ckpt")
#=======================待补充 1 =====================
# 将参数加载到模型中
load_param_into_net(model, param_dict)

[]
```

图 5-298　4-1-1load_model

Subtask 2: Process test data.

Procedure:

a. Call the load_file function to load the test data.

b. Modify the get_dataset function to ensure that the test data is processed in the same way as the training data.

c. Create a vocabulary for the test data.

d. Call the prepare_sequence function to prepare the test data for model input.

Screenshot requirements:

a. Take a screenshot of the Python code used for requirement a, and name it 4-2-1load_test.

b. Take a screenshot of the Python code used for requirement b, and name it 4-2-2get_testdata.

c. Take a screenshot of the Python code used for requirement c, and name it 4-2-3testword_to_idx.

d. Take a screenshot of the Python code used for requirement d, and name it 4-2-4prepare_test_sequence.

【解析】

需要补全的代码如下。

```
#=======================To be supplemented 1 =====================
# Load test.txt dataset
test_sentences, test_labels =      # TBD
def get_dataset(sentences, labels):
    dataset = []
    for i in range(len(sentences)):
        #=======================To be supplemented 2 =====================
        data_sample =          # TBD
```

```
        dataset.              # TBD
        #====================================================
    return dataset

# Obtain four data records for test.
test_data = get_dataset(test_sentences[:4], test_labels)
len(test_data)
word_to_idx = {}
word_to_idx['<pad>'] = 0
#======================To be supplemented 3 =====================
for sentence, tags in  :              # TBD
    for word in sentence:
        if  :             # TBD
            word_to_idx[word] = len(word_to_idx)
#=========================================================

# tag_to_idx = {"B": 0, "I": 1, "O": 2}
tag_to_idx = {"B-PER": 0, "I-PER": 1, "B-ORG": 2, "I-ORG": 3, "B-LOC": 4, "I-LOC": 5, "B-MISC": 6,
              "I-MISC":7, "O": 8}
#======================To be supplemented 4 =====================
data, label, seq_length =          # TBD
```

1. 分析以上代码，得出以下思路。

a）按照要求 a 调用 load_file 函数，加载 test_data。

b）按照要求 b 改写 get_dataset 函数，将 test_data 处理方式修改为与 training_data 处理方式一致。在这段代码中，get_dataset 函数的目的是将输入的句子和标签组合成数据样本，并将这些数据样本收集到一个列表中，最终返回这个列表作为数据集。这个过程是通过遍历输入的句子列表 sentences 和对应的标签列表 labels 来实现的。对于每一对句子和标签，它们被组合成一个元组 data_sample = (sentence, label)，然后使用 append 函数将该元组添加到 dataset 列表中。

c）使用元组来组合句子和标签有几个好处。首先，元组的不可变性保证了一旦数据样本被创建，其内容不会被意外修改，这有助于保持数据的完整性。其次，元组可以存储不同类型的对象，适合用来表示由句子（字符串）和标签（可能是数字或其他类型的数据）组成的数据样本。最后，元组的处理速度比列表的处理速度快，因为元组是不可变的，这使得元组它们在某些操作中更加高效。

d）根据要求 c、d 得知，这段代码的作用是创建一个词汇表（word_to_idx）和一个标签表（tag_to_idx），并将 test_data 格式转换为模型所需的格式。具体来说，它执行以下操作。

- 创建一个空的词汇表，并将填充符（<pad>）映射到索引 0。
- 遍历测试数据中的每个句子和对应的标签，将句子中的单词添加到词汇表中（如果该单词尚未在词汇表中存在）。这样可以确保词汇表中包含所有出现在测试数据中的单词。
- 创建一个标签表，将不同的标签映射到唯一的索引。
- 调用一个名为 prepare_sequence 的函数，将测试数据格式转换为模型所需的格式。这里没有给出这个函数的实现，但可以推测它会将句子和标签转换为整数序列，并计算每个整数序列的长度。

2. 将用于满足要求 a 的 Python 代码截图，并将该截图命名为“4-2-1load_test”，如图 5-299 所示。
3. 将用于满足要求 b 的 Python 代码截图，并将该截图命名为“4-2-2get_testdata”，如图 5-300 所示。

```
#======================待补充 1 =====================
# Load test.txt dataset
test_sentences, test_labels = load_file("/test.txt")
```

图 5-299 4-2-1load_test

```
def get_dataset(sentences, labels):
    dataset = []
    for i in range(len(sentences)):
        #======================待补充 2 =====================
        data_sample = tuple((test_sentences[i], test_labels[i]))
        dataset.append(data_sample)
        #===================================================
    return dataset

# 取4条数据测试
test_data = get_dataset(test_sentences[:4], test_labels)
len(test_data)
```

图 5-300 4-2-2get_testdata

4. 将用于满足要求 c 的 Python 代码截图，并将该截图命名为“4-2-3testword_to_idx”，如图 5-301 所示。

```
word_to_idx = {}
word_to_idx['<pad>'] = 0
#======================待补充 3 =====================
for sentence, tags in test_data:
    for word in sentence:
        if word not in word_to_idx:
            word_to_idx[word] = len(word_to_idx)
#===================================================

# tag_to_idx = {"B": 0, "I": 1, "O": 2}
tag_to_idx = {"B-PER": 0, "I-PER": 1, "B-ORG": 2, "I-ORG": 3, "B-LOC": 4, "I-LOC": 5, "B-MISC": 6, "I-MISC":7, "O": 8}
```

图 5-301 4-2-3testword_to_idx

5. 将用于满足要求 d 的 Python 代码截图，并将该截图命名为“4-2-4prepare_test_sequence”，如图 5-302 所示。

```
#======================待补充 4 =====================
data, label, seq_length = prepare_sequence(test_data, word_to_idx, tag_to_idx)
```

图 5-302 4-2-4prepare_test_sequence

Subtask 3: Use the model for prediction.

Procedure:

a. Call the post_decode function to view the digitally encoded results of the first four predictions for the test data.

b. Convert the digital codes to real tags and view the first four predictions.

Screenshot requirements:

a. Take a screenshot of the Python code used for requirement a plus the output, and name it 4-3-1decode.

b. Take a screenshot of the Python code used for requirement b plus the result, and name it 4-3-2idx_to_tag.

【解析】

需要补全的代码如下。

```
# Use the model to predict possible path scores and candidate sequences.
score, history = model(data, seq_length)
score

#========================To be supplemented 1 ======================
# Perform post-processing on the predicted score.
predict =  (score,  ,  )            # TBD
predict
idx_to_tag = {idx: tag for tag, idx in tag_to_idx.items()}

def sequence_to_tag(sequences, idx_to_tag):
    outputs = []
    for seq in sequences:
        outputs.append([idx_to_tag[i] for i in seq])
    return outputs
#========================To be supplemented 2 ======================
                        # TBD
```

1. 调用写好的参数，传入需要的参数即可。

2. 将用于满足要求 a 的 Python 代码及输出结果截图，并将该截图命名为“4-3-1decode”，如图 5-303 所示。

```
#=======================待补充 1 ======================
# 使用后处理函数进行预测得分的后处理
predict = post_decode(score, history, seq_length)
predict
```

```
[[8], [2, 8, 6, 8, 8, 8, 6, 8, 8, 0], [8, 8], [2, 3, 3, 8, 8, 8]]
```

图 5-303　4-3-1decode

3. 将用于满足要求 b 的 Python 代码及输出结果截图，并将该截图命名为“4-3-2idx_to_tag”，如图 5-304 所示。

```
#=======================待补充 2 ======================
sequence_to_tag(predict, idx_to_tag)
```

```
[['O'],
 ['B-ORG', 'O', 'B-MISC', 'O', 'O', 'O', 'B-MISC', 'O', 'O', 'B-PER'],
 ['O', 'O'],
 ['B-ORG', 'I-ORG', 'I-ORG', 'O', 'O', 'O']]
```

图 5-304　4-3-2idx_to_tag